IMPERIALISMO
ECOLÓGICO

ALFRED W. CROSBY

IMPERIALISMO ECOLÓGICO

A expansão biológica da Europa 900-1900

Tradução
José Augusto Ribeiro
Carlos Afonso Malferrari

1ª reimpressão

Copyright © 1986 by Cambridge University Press
Publicado pelo The Press Syndicate of the University of Cambridge em 1986
Traduzido da reimpressão de 1991

*Grafia atualizada segundo o Acordo Ortográfico da Língua Portuguesa de 1990,
que entrou em vigor no Brasil em 2009.*

Título original
Ecological Imperialism
The Biological Expansion of Europe, 900-1900

Capa
Jeff Fisher

Preparação
Maria Cristina Guimarães Aranyi

Revisão
Juliane Kaori
Renato Potenza Rodrigues

Índice remissivo
Gabriela Morandini

Atualização ortográfica
Verba Editorial

Dados Internacionais de Catalogação na Publicação (CIP)
(Câmara Brasileira do Livro, SP, Brasil)

Crosby, Alfred W.
    Imperialismo ecológico : a expansão biológica da Europa,
900-1900 / Alfred W. Crosby ; tradução José Augusto Ribeiro, Carlos
Afonso Malferrari. — São Paulo : Companhia das Letras, 2011.

    Título original: Ecological Imperialism : The Biological
Expansion of Europe, 900-1900.
    Bibliografia
    ISBN 978-85-359-1859-5

    1. Biogeografia 2. Ecologia humana 3. Europeus — Migração
4. Geografia humana I. Título.

11-03971	CDD -304.2

Índice para catálogo sistemático:
1. Europa : Expansão biológica : Ecologia humana 304.2

2022

Todos os direitos desta edição reservados à
EDITORA SCHWARCZ S.A.
Rua Bandeira Paulista, 702, cj. 32
04532-002 — São Paulo — SP
Telefone: (11) 3707-3500
www.companhiadasletras.com.br
www.blogdacompanhia.com.br
facebook.com/companhiadasletras
instagram.com/companhiadasletras
twitter.com/cialetras

Para
Julia e James Traue
e para a equipe da
Biblioteca Alexander Turnbull
(Wellington, Nova Zelândia)

SUMÁRIO

Agradecimentos *11*

1. Prólogo *13*
2. Revisitando a Pangeia: o Neolítico reconsiderado *20*
3. Os escandinavos e os cruzados *53*
4. As ilhas Afortunadas *82*
5. Ventos *115*
6. Fácil de alcançar, difícil de agarrar *143*
7. Ervas *155*
8. Animais *181*
9. Doenças *205*
10. Nova Zelândia *226*
11. Explicações *280*
12. Conclusão *305*

Apêndice: O que foi a "varíola" de Nova Gales do Sul
    em 1789? *319*
Notas *321*
Índice remissivo *366*
Sobre o autor *375*

Os descobrimentos da América e da passagem para as Índias pelo cabo da Boa Esperança são os dois maiores e mais importantes eventos registrados na história da humanidade.

ADAM SMITH, *Wealth of nations* (1776)

Contudo, se empunharmos a espada do extermínio à medida que avançarmos, não teremos direito de lamentar a devastação.

CHARLES LYELL, *Principles of geology* (1832)

Onde quer que o europeu tenha andado, a morte parece ter perseguido o aborígine. Podemos olhar para a larga extensão das Américas, da Polinésia, do cabo da Boa Esperança e da Austrália, e encontraremos o mesmo resultado.

CHARLES DARWIN, *The voyage of the "Beagle"* (1839)

O descobrimento da América e a ultrapassagem do cabo abriram novo campo para a burguesia em ascensão. Os mercados das Índias orientais e da China, a colonização da América, o comércio com as colônias, o incremento dos meios de troca e, em geral, das matérias-primas deram ao comércio, à navegação e à indústria um impulso jamais conhecido antes, e, daí, um rápido avanço ao elemento revolucionário na cambaleante sociedade feudal.

KARL MARX E FRIEDRICH ENGELS, *Manifesto do Partido Comunista* (1848)

AGRADECIMENTOS

É IMPOSSÍVEL DAR CRÉDITO a todos aqueles cuja ajuda foi indispensável na elaboração deste livro: legiões de bibliotecários, sobretudo os que trabalharam obscuramente no intercâmbio de livros emprestados por bibliotecas, colegas que fizeram críticas cuidadosas e — mais importante e mais difícil de lembrar — aqueles que, lendo o trabalho, fizeram observações espontâneas, levando-me a caminhos que de outra forma eu jamais teria encontrado. Desejo particularmente agradecer à Biblioteca da Universidade do Texas, por reunir tão magnífica coleção de fontes, e à Universidade do Texas, pela generosidade com que me concedeu tempo e recursos para esta pesquisa. Uma bolsa da Fulbright na Biblioteca Alexander Turnbull, na Nova Zelândia, e um ano e meio em New Haven, Connecticut, no Instituto Nacional de Humanidades e como conferencista da William B. Cardozo, na Universidade de Yale, foram também vitais para o meu trabalho. Agradeço também a *The Environmental Review* e *The Texas Quarterly* por ter concedido permissão de republicarmos as partes deste livro que apareceram inicialmente em suas páginas.

Agradeço vivamente às pessoas que me encorajaram de maneira mais direta e me resgataram quando eu já ia quase perdendo a energia, inclusive, naturalmente, Frank Smith, meu editor. Bem antes há Wilbury A. Crockett, o maior professor de inglês do mundo e o primeiro a informar-me que a vida do espírito era respeitável; Jerry Gough, que reafirmou isso décadas depois; Edmund Morgan e Howard Lamarr, cujas atenções sugeriram que eu devia insistir em insistir; e Donald Worster e William McNeill, que me prestaram a grande homenagem de acreditar que eu estava fazendo isso. Sou especialmente grato a

Daniel H. Norris e Lynette M. McManemin, que leram capítulos deste livro para mim, e a William McNeill, que o leu todo no primeiro rascunho, com casca e tudo.

Desejo expressar muita gratidão, por atos específicos de assistência, aos mágicos dos computadores da Universidade do Texas, em Austin: Morgan Watkins, que preparou a cópia final; Clive Dawson, que num sábado, altas horas, recuperou o capítulo 10, que havia sido acidentalmente apagado; e Frances Karttunen, que começou dizendo: "Al, isto é apenas um terminal de computador. Não entre em pânico", e me proporcionou muitos *bits* e *bytes* de orientação, em inglês e espanhol.

NOTA DO AUTOR

Desde a primeira publicação deste *Imperialismo ecológico* muitos amigos meus gentilmente apontaram um erro na afirmação da página 175: o eucalipto, a árvore mais famosa da Austrália, espalhou-se amplamente em torno do Mediterrâneo e tornou-se a única grande exceção à regra de que as plantas nativas das Neoeuropas não conseguem se aclimatar à Europa.

1. PRÓLOGO

> *Deem-me a pena de um condor! Façam-me de tinteiro a cratera do Vesúvio! Amigos, sustentem meus braços!*
> Herman Melville, *Moby Dick*

OS EMIGRANTES EUROPEUS e seus descendentes estão em toda parte, e isso exige uma explicação.

Mais que qualquer outra, é difícil explicar a distribuição pelo mundo dessa subdivisão da espécie humana. A localização das outras subdivisões faz sentido — sentido que é óbvio. É na Ásia que vive a maior parte das muitas variedades de asiáticos. Os africanos negros vivem em três continentes, mas a maioria concentra-se nas latitudes originais, os trópicos, situando-se face a face com o oceano de permeio. Os ameríndios, com poucas exceções, vivem nas Américas e praticamente todos os aborígines australianos habitam a Austrália. Os esquimós vivem nas terras circumpolares, e os melanésios, polinésios e micronésios espalham-se por ilhas de um só oceano, por maior que seja este. Todos esses povos expandiram-se geograficamente — cometeram, se assim quisermos, atos de imperialismo —, mas expandiram-se por áreas adjacentes ou pelo menos próximas àquelas em que já viviam, ou, no caso dos povos do Pacífico, foram para a ilha mais próxima e desta para a seguinte, não importa quantos quilômetros de água houvesse entre uma e outra. Os europeus, ao contrário, parecem ter brincado de pular carniça por todos os quadrantes do globo.

Os europeus — uma divisão dos caucasianos cuja principal característica é o desenvolvimento tecnológico e o comportamento político, muito mais que qualquer traço físico — vivem em grande número e em blocos compactos no Norte da Eurásia, do Atlântico ao Pacífico. Eles ocupam um território muito maior do que ocupavam há um milênio ou mesmo há quinhentos anos, mas essa é a parte do mundo em que viveram ao longo de sua história registrada, e daí se expandiram de modo tradicional, para áreas contíguas. Eles também compõem a grande maioria da população do que chamaremos as Neoeuropas, terras distantes milhares de quilômetros da Europa e igualmente distantes umas das outras. A população da Austrália é quase toda de origem europeia; a da Nova Zelândia, cerca de nove décimos europeia. Nas Américas ao norte do México existem minorias consideráveis de afro-americanos e *mestizos* (cômoda expressão hispano-americana que usarei para designar a miscigenação ameríndia e branca), mas passa de 80% a proporção de habitantes de ascendência europeia. Nas Américas ao sul do trópico de Capricórnio, a população também é predominantemente branca. São de origem europeia 85 a 95% dos habitantes dos três estados mais meridionais do Brasil (Paraná, Santa Catarina e Rio Grande do Sul). No Uruguai, contíguo ao Rio Grande do Sul, a proporção é também, aproximadamente, de nove décimos de brancos. Quanto à Argentina, algumas estimativas a avaliam como 90% e outras como 100% europeia. Em contraste, a população do Chile é apenas um terço europeia; quase todos os outros chilenos são *mestizos*. Mas se considerarmos todos os povos dessa grande fatia do continente que desce do trópico de Capricórnio em direção ao polo sul, veremos que a grande maioria de seus habitantes se compõe de europeus. Mesmo que aceitemos as estimativas mais altas quanto ao número de *mestizos*, de afro-americanos e ameríndios, serão de origem inteiramente europeia três de cada quatro pessoas da região temperada da América do Sul.[1] Para usar um termo da apicultura, os europeus enxamearam vezes seguidas e escolheram novos lares como se cada enxame fosse fisicamente repelido pelos demais.

As Neoeuropas são intrigantes, mas não só pela desarmonia entre sua localização e a identidade cultural da maioria de seus habitantes. Essas terras atraem a atenção, o firme e invejoso olhar da maior parte da humanidade, devido a seus excedentes de alimentos. Elas constituem a maioria das poucas nações do mundo que sistematicamente, década após década, exportam grande quantidade de alimentos. Em 1982, o valor total das exportações agrícolas no mundo, de todos os produtos agrícolas que atravessaram fronteiras nacionais, foi de 210 bilhões de dólares. Desse valor, o Canadá, os Estados Unidos, a Argentina, o Uruguai, a Austrália e a Nova Zelândia responderam por 64 bilhões de dólares — pouco mais de 30%, total e percentagem que seriam ainda mais altos se acrescidos das exportações do Sul do Brasil. Foi ainda maior a participação das Neoeuropas nas exportações de trigo, o mais importante produto agrícola do comércio internacional. Em 1982, de 18 bilhões de dólares em trigo que cruzaram fronteiras nacionais, as Neoeuropas exportaram cerca de 13 bilhões. No mesmo ano, as exportações mundiais de um cereal rico em proteínas como a soja, o mais importante dos novos produtos do comércio internacional de alimentos desde a Segunda Guerra Mundial, somaram 7 bilhões de dólares, dos quais 6,3 bilhões exportados pelos Estados Unidos e pelo Canadá. As Neoeuropas lideram também as exportações de carne bovina e ovina, fresca, resfriada e congelada, assim como de vários outros alimentos. Sua participação no comércio internacional dos produtos mais vitais e mais importantes do setor alimentício é muito maior que a participação do Oriente Médio nas exportações de petróleo.[2]

Esse papel dominante das Neoeuropas no comércio internacional de alimentos não é questão apenas de produtividade bruta. A União Soviética habitualmente lidera a produção mundial de trigo, aveia, cevada, centeio, batata, leite, carne de carneiro, açúcar e vários outros alimentos. A China produz mais arroz e painço que qualquer outro país e é o que dispõe do maior rebanho suíno. Em termos de produtividade por área, alguns países batem as Neoeuropas, cujos agricultores, pouco numerosos mas superiores em tecnologia, especializam-se mais na agricultura extensiva que na intensiva. Sua produtividade por agricultor é enorme, mas a produtividade por hectare não impressiona tanto. Essas regiões ocupam no mundo o primeiro lugar na produção de alimentos *em relação ao volume consumido localmente*, ou, dito de outro modo, na produção de excedentes exportáveis. Para citar um exemplo extremo, os Estados Unidos, em 1982, colheram uma porcentagem minúscula do arroz produzido no mundo, mas responderam por um quinto de todas as exportações de arroz, vendendo mais que qualquer outro país.[3]

Voltaremos a discutir a produtividade das Neoeuropas no último capítulo, mas agora vamos tratar da propensão dos europeus a emigrar para regiões ultramarinas, uma de suas características mais marcantes e das que mais têm a ver com a produtividade da agricultura neoeuropeia. Os europeus foram compreensivelmente lentos no deixar a segurança da terra--mãe. As populações das Neoeuropas só começaram a tornar-se tão brancas quanto hoje bem depois que Cabot, Magalhães e outros navegadores chegaram às novas terras, e muitos anos passados da instalação dos primeiros colonos brancos. Em 1800, em seguida a quase dois séculos de bem-sucedida colonização europeia, e embora fosse sob todos os aspectos a mais atraente das Neoeuropas para os imigrantes europeus, os Estados Unidos tinham uma população de menos de 5 milhões de brancos, além de cerca de 1 milhão de negros.[4] A América do Sul meridional, depois de mais de duzentos anos de ocupação europeia, era ainda mais retardatária, e dispunha de menos de meio milhão de brancos. A Austrália tinha apenas 10 mil e a Nova Zelândia ainda era um país maori.[5]

Veio então o dilúvio. De 1820 a 1930, bem mais de 50 milhões de europeus emigraram para as terras neoeuropeias no ultramar. Esse número corresponde a aproximadamente um quinto de toda a população da Europa no início desse período.[6] Por que um tão imenso movimento de gente atravessando tais distâncias? As condições de vida na Europa forneceram impulso considerável — explosão populacional com a resultante escassez de terra cultivável, rivalidades nacionais, perseguição às minorias — e a utilização da energia do vapor nas viagens oceânicas e terrestres evidentemente facilitaram as migrações de longa distância. Mas quais eram, e de que natureza, as forças de atração das Neoeuropas? Naturalmente eram muitas e variavam conforme a região dessas terras recém-encontradas. Mas em todas essas regiões, dando-lhes cor e forma capazes de persuadir qualquer homem sensato a investir seu capital e mesmo a vida de toda a família em alguma aventura neoeuropeia, havia o denominador comum de fatores que talvez devam ser designados como biogeográficos.

Comecemos por aplicar ao problema o que chamo a técnica Dupin, inspirada no detetive de Edgar Allan Poe, C. Auguste Dupin, que descobriu a inestimável "Carta oculta", não escondida na encadernação de um livro ou numa perfuração invisível no pé de uma cadeira, mas sim onde qualquer um podia vê-la, num porta-cartas. Uma descrição dessa técnica, uma espécie de corolário da navalha de Ockam,* diz o seguinte: faça perguntas simples, porque as respostas a perguntas complicadas provavelmente serão complicadas demais para podermos testá-las, e, pior ainda, fascinantes demais para desistirmos delas.

Onde ficam as Neoeuropas? Geograficamente, elas estão espalhadas, mas todas se situam em latitudes similares. Pelo menos dois terços delas, se não a sua totalidade, encontram-se nas zonas temperadas dos hemisférios norte e sul, o que significa que elas têm, *grosso modo*, o mesmo clima. As plantas das quais os europeus sempre dependeram para obter alimento e fibras, e os animais provedores também de alimento e fibras, e ainda de energia, couro, ossos e adubo, costumavam dar-se bem nos climas não muito quentes, com a precipitação anual de cinquenta a 150 centímetros de chuva. Essas condições são características

---

* "Navalha de Ockam" é a expressão pela qual ficou conhecida uma das proposições filosóficas de Guilherme de Ockam (1285-1349), religioso franciscano inglês, fundador do nominalismo e o mais importante pensador europeu do século XIV. Para eliminar muitas entidades concebidas pelos filósofos escolásticos a fim de explicar a realidade, Ockam sustentou que, na ordem do universo, "a pluralidade não deve ser assumida sem necessidade". A navalha de Ockam cortou, assim, algumas invenções metafísicas. (N. T.)

de todas as Neoeuropas, ou pelo menos das partes férteis em que os europeus se instalaram densamente. Seria de esperar que os ingleses, os espanhóis e os alemães fossem atraídos sobretudo por lugares onde o trigo e o gado se desenvolveriam bem, o que de fato veio a acontecer.

As Neoeuropas localizam-se sobretudo em zonas temperadas, mas suas biotas nativas são claramente diversas umas das outras, e cada uma delas é diferente da biota da Eurásia setentrional. Esse contraste torna-se gritante quando reparamos em alguns dos principais animais de pasto de, digamos, mil anos atrás. O gado europeu, o búfalo norte-americano,[7] a lhama sul-americana, o canguru da Austrália e o pássaro moa da Nova Zelândia (de três metros de altura e agora, infelizmente, extinto) não eram propriamente irmãos. Os parentes mais próximos, o boi e o búfalo, não passavam de primos distantes; e mesmo o búfalo e seu mais próximo parente do Velho Mundo, o raro bisão europeu, são de espécies diferentes. Às vezes os colonizadores europeus achavam a flora e a fauna neoeuropeia insuportavelmente bizarras. Na Austrália da década de 1830, J. Martin queixou-se de que

> as árvores retinham as folhas e soltavam a casca, os cisnes eram pretos, as águias, brancas, as abelhas, sem ferrão, alguns mamíferos tinham bolsas, outros punham ovos, e, além de ser mais quente nas colinas e mais frio nos vales, até as amoras-pretas eram vermelhas.[8]

Há, aqui, um paradoxo que impressiona. As partes do mundo que hoje, em termos de população e cultura, mais se parecem com a Europa estão muito longe dela — na verdade, do outro lado de um oceano. Embora tenham clima semelhante ao da Europa, sua fauna e sua flora originais são diferentes da fauna e da flora europeias. As regiões que hoje mais exportam alimentos de origem europeia — cereais e carnes — não tinham, há apenas quinhentos anos, trigo, cevada, centeio, gado, porcos, carneiros ou mesmo cabras.

A solução desse paradoxo é simples de enunciar, embora difícil de explicar. A América do Norte, a parte meridional da América do Sul, a Austrália e a Nova Zelândia ficam longe da Europa em termos de distância, mas têm clima semelhante, e a fauna e a flora europeias podem prosperar nessas regiões se não enfrentarem competição muito feroz. Em geral, a competição tem sido suave. Nos pampas, os cavalos ibéricos e o gado expulsaram a lhama e a ema; na América do Norte, povos de línguas indo-europeias impuseram-se a povos que falavam o algonquino, o muskhogean e outros idiomas ameríndios; nos antípodas, os dentes-de-leão e os gatos domésticos avançaram, enquanto recuavam o quivi e o canguru. Por quê? Talvez o ser humano europeu tenha triunfado por sua superioridade em armas, organização e fanatismo, mas qual é a razão pela qual o sol jamais se põe sobre o império do dente-de-leão? Talvez o êxito do imperialismo europeu tenha um componente biológico, ecológico.

2. REVISITANDO A PANGEIA: O NEOLÍTICO RECONSIDERADO

> *Deus disse: "Que as águas que estão sob o céu se reúnam numa só massa e que apareça o continente" e assim se fez. Deus chamou ao continente "terra" e à massa das águas "mares", e Deus viu que isso era bom.*
> Gênesis I: 9-10

> *Três coisas delgadas que melhor sustentam o mundo: o delgado fio de leite que vai da vaca ao balde; a lâmina delgada de cereal verde que vem do chão; a fina linha de coser nas mãos da mulher experiente.*
> The triads of Ireland (século IX)

AO CONSIDERAR AS NEOEUROPAS, é preciso começar do começo, e isso não quer dizer 1492 ou 1788,* mas cerca de 200 milhões de anos atrás, quando teve início a sucessão de eventos geológicos que trouxe essas terras à sua localização atual. Há 200 milhões de anos, quando os dinossauros ainda perambulavam por aí, todos os continentes estavam juntos, num supercontinente a que os geólogos deram o nome de Pangeia.[1] Ele se estendia por dezenas de graus de latitude, e por isso podemos inferir que apresentava algumas variações de clima. Nessa massa única de terra não havia grande variedade de formas de vida. Um só continente significava uma só arena para a competição, e, portanto, apenas um conjunto de vencedores na luta darwinista pela sobrevivência e pela reprodução. Os répteis, inclusive todos os dinos-

---

* Em 1492 Colombo chegou à América. Em 1788 teve início a colonização britânica na Austrália. (N. T.)

sauros, foram as espécies dominantes de animais terrestres da Pangeia — e, portanto, do mundo — por um período três vezes mais longo que o da atual liderança dos mamíferos. Ainda assim, os répteis diversificaram-se em apenas dois terços do número de ordens que os mamíferos já conseguiram produzir.

Há uns 180 milhões de anos, a Pangeia passou a rachar e a romper-se, como algum imenso *iceberg* plano que começasse a derreter no calor da corrente do Golfo. Primeiro, ela se dividiu em dois grandes continentes, e, em seguida, em massas menores, que se tornaram, com o tempo, os continentes que conhecemos. O processo foi mais complicado do que podemos aqui descrever (na verdade, mais complicado do que os geólogos conseguiram compreender até agora). Mas, em termos gerais, a Pangeia rompeu-se ao longo de linhas de intensa atividade sísmica, que mais tarde se converteram em cordilheiras submersas. A mais investigada dessas cordilheiras é a do Meio-Atlântico, que ferve e borbulha do mar da Groenlândia ao monte submarino Spiess, a vinte graus de latitude e vinte de longitude a sudoeste da Cidade do Cabo, na África do Sul. Dessa e de outras antigas cordilheiras submersas verteu (e em alguns casos ainda verte) a lava que construiu o novo fundo do oceano, arrastando os continentes, de um lado e outro de determinada cordilheira, para cada vez mais longe uns dos outros. Quando essas plataformas do fundo do mar, afastando-se das cordilheiras que de certo modo as geraram, colidem umas com as outras, elas se precipitam para o abismo do fundo da terra, rangendo e triturando-se, algumas vezes empurrando em direção ao céu maciços continentais de montanhas e outras vezes criando trincheiras submarinas que são os pontos de maior profundidade na superfície do planeta. Os geólogos, às vezes de uma insensibilidade de pedra para certas nuances, deram a essa atividade, assustadora pela vastidão e pela capacidade de consumir toda uma era de uma só vez, o nome de "deslizamento" dos continentes.[2]

Quando os mamíferos sucederam aos dinossauros como os animais terrestres dominantes no planeta e, ao longo das últimas dezenas de milhões de anos, começaram a diversificar-se

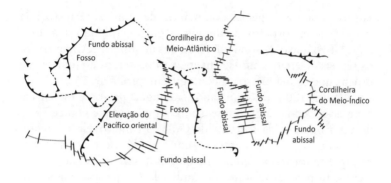

As suturas da Pangeia. Reproduzido com a permissão de W. Kenneth Hamblin, *The earths dynamic systems* (Minneapolis, Burgess Publishing Co., 1982), p. 23.

em suas miríades de ordens, a separação dos continentes parecia ter chegado ao ponto extremo, seguramente mais extremo que hoje. Havia grandes mares interiores dividindo a América do Sul e a Eurásia em dois subcontinentes cada. Nesses fragmentos da Pangeia as formas de vida desenvolveram-se independentemente, e em muitos casos com exclusividade. Isso ajuda a explicar a notável diversificação dos mamíferos e a velocidade em que eles conseguiram realizá-la.[3]

O deslizamento dos continentes explica, em grande parte, as diferenças, às vezes extremas, de flora e fauna entre a Europa e as Neoeuropas. Um viajante europeu que navegue para qualquer das Neoeuropas deve cruzar uma ou mais dessas cordilheiras e trincheiras submersas. A Europa e as Neoeuropas deixaram de ser parte da mesma massa continental há muitos milhões de anos (exceção feita às efêmeras conexões no ártico, entre a América do Norte e a Eurásia). Nesses milhões de anos, os ancestrais do búfalo americano, do gado eurasiano e do canguru australiano percorreram, a passos e saltos, caminhos divergentes de evolução. Cruzar essas suturas submersas é como saltar de um desses caminhos para outro, e quase pular de um para outro mundo.[4] (Há "suturas" que não estão debaixo d'água e não separam continentes, mas, por amor à brevidade, é melhor ignorá-las aqui.)

Quando a Pangeia sofreu a primeira ruptura e dividiu-se nos supercontinentes setentrional e meridional, só a América do Norte, de todas as Neoeuropas, permaneceu no mesmo supercontinente da Europa, e assim as duas compartilharam as mesmas latitudes e viveram um passado de histórias similares. As diferenças de fauna e flora entre a Europa e a América do Norte são menores que as diferenças entre qualquer delas e as outras Neoeuropas. Mesmo assim, foram diferenças suficientes para deixar sem fôlego o naturalista finlandês Peter Kalme, ao chegar à Filadélfia, recém-desembarcado da Europa, em 1748:

> Descobri que acabava de chegar a um novo mundo. Onde quer que olhasse para o chão, eu achava em todo canto plantas que jamais vira antes. Quando vi uma árvore, fui obrigado a parar e perguntar aos que estavam comigo qual era o nome dela [...] Fui tomado de terror à ideia de defrontar muitas partes novas e desconhecidas da história natural.[5]

Os biogeógrafos, acertadamente, designaram a América do Norte e a Eurásia, incluindo a Europa, como diferentes províncias ou sub-regiões biológicas. Afinal, Nero lançou os cristãos aos leões, não aos pumas.[6] Quanto às demais Neoeuropas, não há dúvida de que merecem inclusão em categorias biogeográficas diferentes da Europa. Todas as três, por exemplo, têm grandes pássaros não voadores, alguns do tamanho do homem.

A ruptura da Pangeia e a descentralização dos processos de evolução começaram há 180 ou 200 milhões de anos. Por quase todos os períodos daí em diante, e com a exceção de uns poucos casos divergentes da tendência dominante (por exemplo, a periódica rejunção da América do Norte à Eurásia pelo reaparecimento da passagem terrestre no lugar do atual estreito de Bering, e a consequente coabitação de biotas), as forças centrífugas prevaleceram na evolução das formas de vida. Essa tendência, predominante desde que alguns de nossos distantes ances-

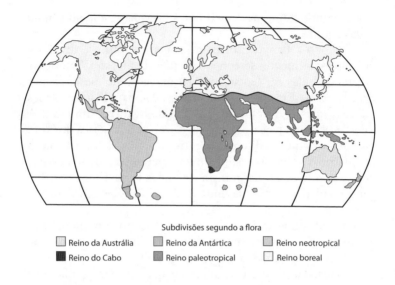

Subdivisões segundo a flora

- Reino da Austrália
- Reino do Cabo
- Reino da Antártica
- Reino paleotropical
- Reino neotropical
- Reino boreal

Flora: regiões do mundo.

trais mamíferos se sustentaram roubando ovos de dinossauro, cessou há cerca de meio milênio (fração minúscula, um mero segundo no relógio geológico) e desde então passaram a ser predominantes as forças centrípetas. A ruptura da Pangeia foi consequência de fatores geológicos e do ritmo do deslizamento continental. Nossa atual reconstituição da Pangeia, por meio de navios e aviões, é produto da cultura humana e das acelerações e inclinações da tecnologia. Para contar essa história, não temos, felizmente, de voltar atrás 200 milhões de anos, mas apenas de 1 a 3 milhões.

Os mais adaptáveis e, por isso, os mais amplamente distribuídos dos grandes animais terrestres de hoje são os seres humanos, e isso vale tanto para os indivíduos da espécie *Homo sapiens* como para seus predecessores hominídeos, e vale para um longo decurso de tempo — longo do ponto de vista desses indivíduos. Outras criaturas tiveram de esperar por mudanças

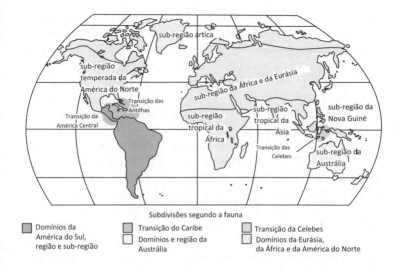

Fauna: regiões do mundo. Os mapas 2 e 3 foram reproduzidos com a permissão de Wilfred T. Neill, *The geography of life* (New York, Columbia University Press, 1970), pp. 98 e 99.

genéticas específicas, que as capacitassem a migrar para áreas radicalmente diferentes das de seus ancestrais — tiveram de esperar que os incisivos crescessem até constituir verdadeiras adagas, antes de enfrentar com êxito as hienas na estepe, ou que os cabelos engrossassem e virassem pelos, antes de poder viver no Norte — mas não os homens nem os hominídeos. Estes realizaram não uma mudança específica, mas uma transformação genética generalizada: eles desenvolveram maiores e melhores cérebros, capacitados para o uso da linguagem e para a manipulação de instrumentos.

Esse crescimento do tecido nervoso, concentrado na caixa do tesouro que é o cérebro, teve início há alguns milhões de anos e foi tornando o hominídeo cada vez mais capaz de "cultura". Cultura é um sistema de armazenamento e alteração de padrões de comportamento, não nas moléculas do código genético, mas nas células do cérebro. Essa mudança tornou os membros do gênero *Homo* os maiores especialistas em adaptabilidade de toda a natureza. Foi como se o pescador do conto de fadas, ao qual o peixe encantado ofereceu a realização de três desejos, tivesse pedido como primeiro desejo a realização de todos os seus desejos posteriores.[7]

Esses macacos de cérebro dilatado fizeram uso da nova capacidade de adaptação emigrando, deixando o lar ancestral (provavelmente a África) e atravessando as suturas secas da Pangeia, rumo à Eurásia. Desde então, homens e hominídeos migram; ao que parece, tentaram ocupar todas as fendas, todas as frestas e todos os nichos que encontraram acima da linha da maré. Nossos ancestrais (*Homo erectus*) — dotados de cérebro centenas de centímetros cúbicos, em média, menores que os nossos — aumentaram de número, migraram por todo o trópico do Velho Mundo e, há uns 750 mil anos, mudaram-se para a zona temperada norte, domiciliando-se na Europa e na China.[8] Há cerca de 100 mil anos, o cérebro humano já era tão grande quanto hoje, tamanho que provavelmente não será excedido.[9] Podemos ter ou não ter conseguido modelar, desde então, algumas circunvoluções, mas não há dúvida de que o efetivo desenvolvimento físico do cérebro, em nossa espécie, estava completo há uns 40 mil anos, quando apareceu o *Homo sapiens* (o homem sábio!), o rosto emplastrado com o primeiro pigmento natural encontrado por perto e empunhando um cajado pontiagudo ou com uma pedra na extremidade.

A ocupação do Velho Mundo pelo homem ia da Europa e da Sibéria à região mais meridional da África e às ilhas das Índias Orientais. Ainda assim, havia continentes inteiros e miríades de ilhas que não tínhamos explorado ou colonizado. Ainda não havíamos atravessado uma só das suturas cada vez maiores, e de águas profundas, da Pangeia.[10]

Esses primitivos humanos estavam a ponto de realizar um movimento da mesma magnitude daquele que os levaria da Terra a outro planeta. Estavam prestes a deixar o núcleo fragmentado da Pangeia, a Eurásia mais a África — um mundo de formas de vida com as quais seus ancestrais tinham convivido por milhões de anos — em busca de mundos onde nem humanos ou hominídeos, nem macacos de qualquer natureza tinham jamais existido, mundos dominados por plantas, animais e espécies de microvida cujas formas muitas vezes divergiam radicalmente dos padrões de vida do Velho Mundo.

Esses novos mundos eram a América do Norte e a do Sul e a Austrália. (Para chegar à Nova Zelândia, um mamífero terrestre precisaria ser ou morcego ou excelente marinheiro, e o *Homo sapiens* chegou lá tardiamente.) Fazia muito tempo — a maior parte do tempo de existência desse gênero — que indivíduos do gênero *Homo* viviam nas Índias Orientais. As águas entre essas ilhas eram quentes e os estreitos eram curtos — e, além disso, o raso estreito entre a Nova Guiné e a Austrália torna-se terra firme durante as eras glaciais. Membros da nossa espécie voltaram-se para o sul e caminharam para a Austrália há uns 40 mil anos, proporcionando a esse continente seu primeiro mamífero placentário. O segundo, o cão chamado dingo, chegou há apenas 8 mil anos ou ainda mais recentemente. (Essas datas e outras citadas neste capítulo são objeto de controvérsias nas quais não precisamos nos envolver. Estamos interessados em sequências, não em datas absolutas.)

Existem provas de que algumas espécies e mesmo gêneros de marsupiais e répteis australianos, criaturas consideravelmente maiores que as dos tempos históricos, desapareceram mais ou menos no mesmo momento em que os humanos se disseminavam por esse continente. É uma tentação promover a coincidência cronológica à categoria de prova e responsabilizar os invasores por essa extinção, embora seja muita credulidade supor que aqueles humanos da Idade da Pedra pudessem dizimar, sozinhos, os gigantes da Austrália. Eles podem, sim, ter contado com a ajuda de doenças que os acompanharam no trajeto das Índias Orientais para o sul. Eles tinham o fogo, que os aborígines de tempos históricos usaram para promover todos os anos a queimada de grandes extensões do continente. Em tempos tão remotos, essa prática poderia ter alterado o hábitat dos gigantes a ponto de tornar impossíveis a vida e a reprodução.[11]

Passar das Índias Orientais à Austrália exigia apenas a travessia de uns poucos estreitos, quentes e curtos. Chegar à América era bem mais difícil. O problema não estava nas águas frias, brumosas e perigosas do estreito de Bering; na verdade, esse estreito foi uma larga rodovia de tundra a maior parte do tempo desde a chegada dos integrantes do gênero *Homo* à Sibéria. O problema era a hostilidade do clima nas latitudes mais altas. Não havia, na Sibéria, muitos seres humanos em condições de seguir os bandos de caribus e assemelhados através da Beríngia até o Alasca. Uma vez no Alasca, o primitivo migrante humano defrontava-se com uma calota continental de gelo que ocupava boa parte da América ao norte do México. Nos períodos quentes, abria-se um corredor para o sul, do Alasca a Alberta e além. De modo geral, no entanto, a passagem para pedestres entre a Ásia e as viçosas pastagens e florestas da América do Norte era miseravelmente difícil.

É provável que os humanos só tenham ultrapassado a borda sul da calota gelada da América do Norte bem depois da chegada de outros humanos à Austrália, mas no Novo Mundo, como na Austrália, parece ter havido uma coincidência entre a chegada dos humanos caçadores de caça pesada e a extinção de muitas espécies de grandes mamíferos: mamutes, mastodontes, bichos-preguiça terrícolas gigantes, búfalos gigantes e cavalos, por exemplo. Incontestavelmente alguns animais dessas espécies gigantes foram mortos pelos humanos — tanto que encontramos pontas de lança feitas de pedra entre as costelas de mamutes —, mas muitos especialistas relutam em atribuir a extinção de espécies inteiras a esses caçadores humanos. De novo, os humanos podem ter sido parte, apenas, de uma onda de espécies invasoras, inclusive parasitos e patógenos, que atacaram a fauna nativa. Mas por que deveriam parasitos e patógenos concentrar-se nos mamíferos maiores? Como e por que seres que não os humanos escolheriam principalmente esses animais que representavam as maiores quantidades de comida?[12] O *Homo sapiens* encontrou um paraíso de caça na Austrália e nas Américas. Esses três continentes estavam repletos de saborosos herbívoros sem qualquer experiência de defesa contra agressores humanos, o que proporcionou aos recém-chegados quantidades inesgotáveis de proteínas, gordura, couro e ossos. A expansão do *Homo sapiens* na Austrália e nas Américas deve ter levado a um grande incremento do número total de humanos na Terra. As Américas e a Austrália eram édens aos quais Deus acrescentou Adão e Eva muito tardiamente. "É impossível que isso se repita", escreveu François Bordes em *The old Stone Age*, "até que o homem desembarque em algum planeta hospitaleiro de alguma outra estrela."[13]

Há cerca de 10 mil anos, as maiores calotas de gelo começaram a derreter, menos as da Antártida e da Groenlândia, e os oceanos ergueram-se até aproximadamente os níveis de hoje, inundando as planícies que ligavam a Austrália à Nova Zelândia e o Alasca à Sibéria, e isolando essa vanguarda da humanidade em suas novas pátrias. Desde essa época e até que os europeus adquirissem o hábito de navegar por sobre as suturas da Pangeia, esses povos viveram e desenvolveram-se em isolamento quase absoluto. Chegava ao fim uma das interrupções momentâneas do modelo de evolução divergente que prevalecia desde o rompimento da Pangeia: nos milênios seguintes, a flutuação genética e, pela primeira vez, a flutuação cultural entraram em perfeita consonância com o deslizamento dos continentes.

A humanidade, então, lançou-se a seu próximo salto, que não dizia respeito à migração geográfica e sim à mutação cultural: a Revolução Neolítica, ou, com maior exatidão, as Revoluções Neolíticas. De acordo com a definição clássica, a Revolução Neolítica teve início quando os humanos passaram a triturar e polir, mais que lascar seus instrumentos, dando-lhes forma final, e terminou quando eles aprenderam a fundir metais em quantidade e a fazer com eles instrumentos que permaneciam afiados por mais tempo e eram mais duráveis que seus equivalentes de pedra. Nesse meio-tempo, diz a história, os humanos inventaram a agricultura, domesticaram todos os animais de que hoje dispomos no campo e no curral, aprenderam a escrever, construíram cidades e criaram a civilização. A história completa de tudo isso seria muito mais complicada, mas essa definição servirá para nossos propósitos.[14]

Vanguarda tecnológica da humanidade, os povos da encruzilhada do Velho Mundo, o Oriente Médio, percorreram mais rapidamente que quaisquer outros a estrada que nos levou ao que somos hoje. Vanguarda geográfica da humanidade, os pioneiros isolados da Austrália e das Américas tiveram história diferente. Os aborígines da Austrália[15] mantiveram-se no patamar paleolítico; não fundiram metais e não construíram cidades. Quando se viram face a face, no século XVIII, o capitão Cook e os nativos australianos estavam em lados opostos da Revolução Neolítica.

Os povos do Novo Mundo tiveram sua própria Revolução ou Revoluções Neolíticas, mais espetaculares na Mesoamérica e na América Andina. Em comparação com o que sucedera no Velho Mundo, essas revoluções começaram lentas, aceleraram-se tardiamente e disseminaram-se como se o hemisfério ocidental fosse, de algum modo, menos hospitaleiro às técnicas e artes da civilização que o hemisfério oriental. Quando os conquistadores chegaram com o ferro e o aço, os povos das mais altas culturas ameríndias estavam ainda nos estágios iniciais da metalurgia. Eles usavam os metais em ornamentos e ídolos, não como instrumentos.

Por que foi o Novo Mundo tão tardiamente civilizado? Talvez porque o eixo mais longo das Américas corra na direção norte-sul, e assim as plantas alimentícias ameríndias, das quais todas as civilizações do Novo Mundo dependiam, tiveram de espalhar-se por climas radicalmente diferentes, ao contrário das culturas principais do Velho Mundo, que se disseminaram na direção leste-oeste por regiões com climas parecidos. Talvez porque os agricultores americanos tivessem necessitado de um longo período para conseguir que seu principal recurso, o milho, inicialmente não mais que de uma espécie de planta avarenta, se transformasse na riquíssima fonte de alimento que os europeus encontraram na década de 1490. Em contraste com o milho, o trigo, de início o mais importante dos cultivares europeus, já era altamente produtivo quando foi explorado pela primeira vez. O primeiro milho não podia sustentar populações urbanas; o primeiro trigo podia, e assim a civilização do Velho Mundo adiantou-se uns mil anos em relação à do Novo Mundo.

Uma especulação como essa, mesmo que se prove correta, não explica por que a Revolução Neolítica americana foi tão inferior à do Velho Mundo na domesticação de animais. Os ameríndios eram melhores nisso que os aborígines, que domesticaram apenas o cão, mas não passavam de amadores se comparados com os povos do hemisfério oriental. Comparemos o conjunto dos animais domesticados nas Américas (o cão, a lhama, o porquinho da Índia e algumas aves) com o dos animais domesticados no Velho Mundo: cão, gato, boi, cavalo, porco, carneiro, cabra, rena, búfalo indiano, galinha, ganso, pato, abelha e muitos mais. Por que esse contraste? Não parece provável que os animais selvagens do hemisfério oriental fossem mais domesticáveis que os do hemisfério ocidental. Na verdade, o ancestral do nosso gado, o auroque do Velho Mundo, parecia um candidato tão pouco promissor quanto o búfalo norte-americano.[16] Alguns estudiosos dizem que entre os ameríndios os animais eram extremamente valorizados, considerados criaturas iguais aos humanos ou até superiores, e não servidores em potencial. Os deuses do Novo Mundo, em contraste com os do Velho Mundo (pelo menos um dos mais conhecidos destes), não deram aos humanos o "domínio sobre os peixes do mar e os pássaros do céu, e sobre todas as coisas vivas que se movam sobre a face da Terra".[17]

Ou talvez o contraste entre as revoluções neolíticas do Velho Mundo e do Novo Mundo fosse apenas questão de oportunidade. Mark Nathan Cohen, em seu livro *The food crisis in Prehistory — Overpopulation and the origins of agriculture*, situa a pressão populacional como a verdadeira força propulsora da migração da humanidade paleolítica, da África para o resto dos continentes habitáveis. Ele também credita à pressão dos números os primórdios da agricultura. Sua tese, brutalmente abreviada e simplificada, é a seguinte: quando os pioneiros australianos e americanos chegaram à última fronteira e encontraram as águas que levavam apenas à Antártida, o mundo atrás deles estava repleto de caçadores e coletores. Não havia outros espaços para a população excedente e de certo modo já se encontravam no mundo todas as pessoas que seria possível alimentar com os recursos tecnológicos do Paleolítico. O *Homo sapiens* precisava, e não pela primeira vez na história da espécie, tornar-se celibatário ou inteligente. Como seria de prever, a espécie escolheu a segunda alternativa.

Em todo o mundo, a leste e a oeste, as populações começaram a trocar a dependência às hordas de grandes animais (muitos dos quais em rápido declínio) pela exploração de animais menores e de plantas. Os coletores tornaram-se mais importantes, e os caçadores, menos, e a força da necessidade levou a humanidade a produzir, ali e então, seus maiores botânicos e zoólogos práticos de todos os tempos. Onde as condições fossem particularmente adequadas — onde, por exemplo, o trigo selvagem crescia concentrado e com espigas que, quando cortadas com foices de pedra, não se desfaziam —, as peças do quebra--cabeça da domesticação se acomodaram e os coletores transformaram-se em agricultores. É provável que a consciência da pressão demográfica, o *primum mobile*, fosse maior nos centros de ocupação humana mais antigos (isto é, os do Velho Mundo) que nas regiões de fronteira, o que poderia explicar a maior aceleração da Revolução Neolítica no Velho Mundo, em cotejo com seu ritmo no Novo Mundo.[18]

Mas já passamos muito tempo em especulações não confirmadas ou pelo menos não confirmáveis. Quaisquer que tenham sido as razões, os ameríndios e os aborígines chegaram tarde à plenitude da Revolução Neolítica — e pagaram por isso. Tradicionalmente, os guardadores de aves domésticas conseguem adestrá-las a apressar-se batendo com uma vara nas últimas a chegar. Da mesma forma, a história castigou os retardatários da Revolução Neolítica, ou melhor, da Revolução Neolítica da maneira como ocorreu no Velho Mundo.

O triunfo dos invasores europeus das Américas e da Austra-lásia deveu-se, como veremos, tanto à Revolução Neolítica do Velho Mundo quanto aos acontecimentos na Europa, entre a era em que Abraão apascentava seus rebanhos no Crescente Fértil e aquela em que Colombo, Magalhães e Cook cruzaram as suturas da Pangeia. Assim, para procurar as raízes do êxito do imperia-lismo europeu, devemos dirigir-nos ao Oriente Médio, a Abraão, a Gilgamesh e aos antepassados culturais de todos nós, consumi-dores de pão de trigo e de ferro fundido e capazes de registrar nossos pensamentos alfabeticamente.

Com todos os seus notáveis avanços na metalurgia, nas ar-tes, na escrita, na política e na vida urbana, a Revolução Neo-lítica do Velho Mundo teve como fundamento o controle direto e a exploração de muitas espécies em benefício de uma só: o *Homo sapiens*. O polegar oposto aos outros dedos da mão capa-citara o hominídeo a agarrar e manejar instrumentos; no Neo-lítico, esses humanos conseguiriam agarrar e manipular seg-mentos completos da biota a seu redor. Há 9 mil anos, os povos do Velho Mundo já tinham promovido a conscrição do trigo, da cevada, das ervilhas e lentilhas, dos jumentos, carneiros e ca-bras. (O cão fora domesticado muito antes; de fato, ele tinha sido a única domesticação do Paleolítico.)[19] O gado bovino man-teve-se independente por alguns milênios mais, e os camelos e cavalos por tempo ainda maior, mas entre 4 e 5 mil anos atrás os humanos do Sudoeste da Ásia e arredores haviam completa-do, com poucas exceções, a domesticação de todas as plantas cultivadas e de todos os animais de criação mais criticamente importantes para a civilização do Velho Mundo, de então e de agora.[20]

A Suméria, primeira verdadeira civilização humana, apare-ceu há 5 mil anos na Mesopotâmia meridional, nas planícies em torno do curso inferior do Tigre e do Eufrates. É aí que come-ça a crônica escrita da humanidade, expressão — primeiro em argila e depois em papiro, pergaminho, pano e papel — da assombrosa continuidade da civilização do Velho Mundo. Nós — você que lê e eu que escrevo esta sentença — somos parte de tal continuidade; estas palavras estão em forma alfabética de escrita, uma inteligentíssima invenção do Oriente Médio, produzida por povos ainda mais influenciados que nós pelo exemplo sumério. Os sumérios e os inventores do alfabeto — e você e eu — pertencemos, qualquer que seja nossa herança genética, a uma categoria comum: herdeiros das culturas pós-neolíticas do Velho Mundo. Todos os povos da Idade da Pedra, inclusive os poucos que ainda vivem, e todos os ameríndios pré-colombianos, por maior que seja sua sofisticação, pertencem a outra categoria. As populações indígenas das Neoeuropas estavam na segunda categoria até a chegada dos europeus, vindos do outro lado das suturas da Pangeia. A transição de uma categoria a outra foi angustiante, e muitos indivíduos, e mesmo povos, não resistiram e fracassaram.

Se nós, quem quer que sejamos, compararmos os sumérios com os caçadores e coletores que os precederam ou viveram desde então, veremos que o contraste entre esses povos da aurora da civilização e qualquer povo da Idade da Pedra é maior que o contraste entre os sumérios e nós. Ao estudar caçadores e coletores, estamos examinando povos que são profundamente "outros". Examinando os sumérios e outros antigos povos civilizados do Oriente Médio (acadianos, egípcios, israelitas, babilônios etc.), estaremos de olhos postos num espelho muito antigo e empoeirado. Começaremos procurando aí informações sobre quem era Colombo e quem somos nós.

Os sumérios eram um povo grande e poderoso e sabiam de onde vinham sua grandeza e seu poder: das colheitas de cevada, ervilhas e lentilhas e dos rebanhos de gado, carneiros, porcos e cabras. Com uma consciência mais humilde da importância dessas espécies servidoras do que tende a ser a nossa, não tiveram o atrevimento de conferir a si mesmos o crédito pela existência delas. Davam graças, por elas, aos deuses e semideuses: a Ehlis, Enki, Lahar, Ashnan e seus pares ia todo o louvor por terem levado a abundância à casa dos humanos, que antes viviam "abraçando a poeira".[21] Quando esses deuses ungiram com suas bênçãos os habitantes do Oriente Médio, os caçadores e coletores de todos os lugares tornaram-se obsoletos, assim como os agricultores do Novo Mundo.

Em resumo e somando tudo, os sumérios dispunham de alimento, fibras, couro, ossos, fertilizantes e animais cativos em quantidade muito maior que qualquer outro povo no mundo. Os caçadores e os coletores tinham, frequentemente, mais alimento nutritivo, em maior variedade, que os agricultores do Oriente Médio, mas seus suprimentos eram menos abundantes, exceto para os raros afortunados que viviam em paraísos como o litoral noroeste da América do Norte, diante do oceano Pacífico. Aí, era comum formarem-se excedentes que ultrapassavam as necessidades imediatas dos caçadores e coletores e respectivas famílias, sendo difícil preservá-los. Os agricultores do Novo Mundo dispunham de culturas tão confiáveis e nutritivas como as da Suméria, como o milho e a batata, mas estavam em situação de grande inferioridade quanto à qualidade e à quantidade de seus animais de criação.

O mais importante contraste entre os sumérios e seus herdeiros, de um lado, e o resto da humanidade, do outro, dizia respeito aos animais de criação. Nada havia, por exemplo, nas Neoeuropas (ou, especificamente nesse caso, na América tropical ou na África ao sul do Sudão), que pudesse incrementar tanto a mobilidade, o poder, a força militar e a majestade geral dos humanos como o cavalo. O poeta que escreveu (ou os poetas que escreveram) o Livro de Jó estava muito impressionado com o cavalo:

> Com ímpeto e estrondo devora a distância
> e não para, ainda que soe o clarim.
> Ao toque da trombeta ele relincha!
> Fareja de longe a batalha,
> os gritos de mando e os alaridos.

Jeová reivindicava para si próprio o crédito pelo cavalo, e perguntava ao pobre Jó: "És tudo que dás ao cavalo seu brio,/ e lhe revestes de crinas o pescoço?". Jó não respondeu, sabendo identificar uma questão retórica quando se defrontava com ela. Mas poderia ter oferecido em troca esta reflexão: a humanidade conseguira fazer uma coisa que, em termos práticos, era quase tão impressionante quanto a criação do cavalo. A humanidade conseguira domá-lo. Um milênio mais tarde, Sófocles, que não fora obrigado a conviver com um único e onipotente deus, estava mais livre para louvar a humanidade e declarar que uma de suas maiores realizações fora domar "o cavalo selvagem de crinas ao vento".[22]

A domesticação do cavalo, do boi e outros animais do Velho Mundo deu aos sumérios e seus herdeiros, da Europa a China, uma enorme vantagem sobre os povos que, para produzir, dispunham de pouco mais que a força do próprio corpo. Jó, por exemplo, era bilionário para os padrões dos revolucionários do Neolítico do Novo Mundo. Antes que a miséria lhe descesse sobre a casa e levasse embora suas posses mundanas e lhe cobrisse de pústulas o pobre corpo, Jó possuía 7 mil ovelhas, 3 mil camelos, quinhentas parelhas de bois e quinhentos jumentos. Em comparação, Montezuma, com todas as suas legiões, era pobre em termos de proteínas, gordura, fibras, couro e especialmente força e mobilidade; e os indígenas das Neoeuropas ainda estavam "abraçando a poeira".[23]

A verdadeira força de uma sociedade, entretanto, não repousa nos bilionários mas na gente comum e sua respectiva força; aqui, novamente, os herdeiros da Suméria levavam vantagem sobre os herdeiros de outras culturas. Eles tinham como aliados seus animais de criação, os quais, como se fossem primos benevolentes numa grande família, proviam os meios de vida quando o trabalho e a sorte da família nuclear não se mostravam suficientes. De modo geral, esses primos — porcos, cordeiros e vacas — davam conta de si mesmos enquanto esperavam o chamado para prover as necessidades dos senhores. O gado moderno pode ficar esperando o alimento e morrer de fome se não for alimentado, mas na maior parte dos milhares de anos desde a domesticação de seus ancestrais, o gado teve de lutar por alimento, agregar-se em busca de abrigo, e a maior parte do tempo dependeu, para defender-se, das próprias presas, dos próprios chifres e da própria velocidade, recebendo pouco mais que uma insignificante e insuficiente orientação dos donos.

Poderíamos citar milhares de exemplos da importância dos animais domesticados para os herdeiros da Suméria, variando do prosaico ao bizarro. Quantas crianças pequenas e frágeis, expulsas do seio materno por irmãos recém-nascidos, sobreviveram alimentando-se do leite de cabra ou de vaca até poderem adaptar-se a alimentos sólidos? (O nome da temível doença nutricional conhecida como *kwashiorkor*, que significa, literalmente, "a doença do bebê deposto pelo nascimento do filho seguinte", vem do idioma *ga*, de Gana, onde a mosca tsé-tsé e a tripanossomíase impedem a existência de animais de leite.)[24] Quantos cavaleiros mongóis, ferozes e terríveis, não resistiram aos tempos de maior fome nas campanhas do Grande Cã bebendo quantidades precisamente medidas do sangue de seus cavalos, o suficiente para sobreviver mas não tanto que enfraquecesse a montaria?[25]

Os agricultores da Europa ao norte dos Pirineus e dos Alpes foram muitas vezes louvados por sua capacidade de manter e mesmo de aumentar a fertilidade do solo. Nos casos mais merecedores de admiração, eles de fato enriqueceram o solo, pela rotação cuidadosa das culturas, pelo cultivo da terra adubada e pela semeadura debaixo de plantas especialmente ricas em nutrientes do solo ("esterco verde"), mas, acima de tudo, pela mistura ao solo do excremento dos animais. O gado que provê carne, leite, couro e energia também provê esses agricultores dos meios de produzir grãos, vegetais e fibra em grande quantidade, nos mesmos lotes de terreno cultivados antes pelos pais dos pais de seus pais. Os agricultores da Europa ocidental eram os sacerdotes, e os animais, os acólitos, nos antigos rituais da semeadura, da colheita e do reabastecimento.[26]

O agricultor bem-sucedido da sociedade suméria, europeia ou de qualquer outra tinha geralmente uma esposa — e isso acontecia quase sempre, se um dos dois tivesse êxito e o mantivesse. Ele dependia dela e ela dependia dele, e ambos dependiam dos organismos servidores que tinham à sua volta. Se essa família ampliada de espécies perdesse um de seus principais integrantes — a porca, a colheita de aveia ou o próprio patriarca — a sobrevivência dos outros membros da família ficava ameaçada. No mundo pré-industrial, no qual os músculos frequentemente eram mais importantes que o cérebro, a viúva precisava de algo mais que o legado tradicional. Se tivesse filhos dependentes precisaria de muito mais que isso, ainda que esse legado incluísse um pedaço de terra (a menos que o falecido tivesse deixado também alguns animais). Quanto à terra, ela poderia ou não trabalhá-la, mas quanto aos animais, seus primos da família ampliada que mencionamos antes, eles poderiam se cuidar sozinhos nas terras comuns e com as sobras.

The nun's priest's tale, de Geoffrey Chaucer, conta a história do marido que, ao morrer, deixou à pobre viúva apenas um pedaço de terra, uma renda ínfima e duas filhas — seguramente a receita para a miséria e mesmo para a tragédia. Mas as três mulheres conseguem acertar a vida, pois herdaram também um galo ("de modos mais barulhentos que um órgão"), algumas galinhas, três porcas, três vacas e uma ovelha chamada Molly. Os animais fornecem aos humanos os elementos de uma dieta que não vai dar-lhes as gorduras de um frade chauceriano, mas que será nutritiva e virá em quantidade suficiente. As outras necessidades da mãe e das filhas podiam ser supridas com a troca do alimento e da lã excedentes. Elas naturalmente não tinham vinho, "nem branco nem tinto", mas estavam bem providas de pão, *bacon*, algumas vezes um ou dois ovos e muito leite. Tudo isso, junto com grãos e vegetais que era fácil conseguir, resultava numa dieta que continha todos os nutrientes necessários, luxo muitas vezes fora do alcance de pessoas que, por necessidade ou compulsão, tornam-se vegetarianas.[27]

A capacidade de os animais domesticados — recurso natural renovável — criarem alimentos para os humanos a partir do que os humanos não comem serviu aos europeus em lugares do mundo com os quais nem os sumérios nem Chaucer jamais sonharam. Em 1771, um sobrevivente da primeira viagem do capitão Cook ao Pacífico deu graças a uma cabra leiteira, que por três anos servira bem aos europeus nas Índias Ocidentais, viajara uma vez ao redor do mundo no *Dolphin*, com o capitão John Byron, e depois no *Endeavour*, com Cook, "e jamais ficou seca ao longo desse tempo todo". Aqueles que ela beneficiou (e o benefício pode ter sido a própria vida, pois a desnutrição matava muito nessas viagens) prometeram "recompensar seus serviços, vitaliciamente, numa boa pastagem inglesa".[28]

A metáfora de humanos e animais domesticados formando uma só família ampliada é particularmente apropriada para os europeus do Noroeste. As três mulheres da obra de Chaucer e os britânicos da tripulação do *Dolphin* e do *Endeavour* faziam parte dessa minoria da espécie humana e da classe dos mamíferos em geral que mantêm, na vida adulta, a capacidade infantil de digerir leite em quantidade. Poucos adultos da África negra e do Sudeste Asiático e ainda menos adultos indígenas da Australásia e das Américas conseguem tolerar o leite depois da infância, a não ser em pequenas quantidades. O leite, de fato, faz-lhes mal e eles precisam dar-se ao trabalho de transformá-lo em queijo ou iogurte para poder digeri-lo. Isso deve ter desencorajado, pelo menos em alguns deles, a ideia de adotar a vida pastoril.[29] A vantagem de digerir bem o leite talvez pareça insignificante hoje, mas pode ter sido considerável no passado, quando tantas populações viviam com frequência à beira da inanição. Os produtores de leite doméstico podem ser especialmente valiosos em regiões ainda não tomadas pelos agricultores. Quando, por exemplo, da invasão romana da Inglaterra, Júlio Cesar descobriu seu interior habitado por pessoas — talvez antepassados de Chaucer e dos marinheiros do *Dolphin* e do *Endeavour* — que nem caçavam nem plantavam, mas viviam de seus rebanhos, "carne e leite constituindo sua principal dieta...".[30]

De todas as admiráveis características da viúva em *The nun's priest's tale*, nenhuma é mais importante que sua fecundidade e sua habilidade para levar as crianças à maturidade. Criar duas filhas saudáveis no tempo de Chaucer, a época da Peste Negra, era uma realização digna de aplausos. O êxito na procriação foi também característico de muitos dos herdeiros de Suméria. Deus prometeu a Abraão, uma das figuras eminentes entre os primeiros desses herdeiros, que "multiplicaria grandemente e com abundância os teus descendentes, até que eles fossem tão numerosos quanto as estrelas no céu e os grãos de areia na praia. Teus descendentes possuirão as cidades de teus inimigos". Abraão, como pastor, tinha acesso aos aminoácidos essenciais para garantir um bom começo desse futuro. Jó, um de seus descendentes, dispunha, antes da adversidade, não apenas de rebanhos como prova de prosperidade, mas também de uma prole: sete filhos e três filhas.[31]

Os povos que herdaram as plantas cultivadas e os animais domesticados das culturas avançadas do Sudoeste da Ásia (europeus, indianos, chineses e outros) prosperaram e multiplicaram-se, mas se assim o fizeram foi tanto apesar quanto por causa de organismos, instituições e modos de civilização. Agricultores e criadores descobriram que seu novo modo de explorar a natureza era uma espada de dois gumes. Embora não fossem necessariamente os primeiros na terra a cultivar plantas, eles foram os primeiros a praticar a agricultura extensiva. Extraindo a energia do animal por meio de instrumentos como o arado, eles provavelmente produziram mais alimento por trabalhador humano (e não por área de terra) que outros agricultores primitivos. Eles cultivavam os pequenos grãos, que se desenvolvem melhor em conjuntos exclusivos e não entremeados de outras plantas, como eram e continuam sendo cultivados tão frequentemente na América ameríndia o milho, o feijão e a abóbora. Essa técnica do Oriente Médio produzia grandes quantidades de cevada e trigo, mas deixava a terra nua duas vezes ao ano, uma antes do plantio e outra depois da colheita, porque todas as sementes eram plantadas de uma vez e de uma só vez chegavam à maturidade.[32] Qualquer sistema de cultivo, mas especialmente esse, produz sem querer plantas domesticadas: as ervas daninhas, que, tanto quanto suas culturas, são criação do agricultor.

"Erva daninha" não é uma expressão científica. Não se refere a qualquer planta de qualquer espécie ou gênero ou categoria específicos e reconhecidos pela taxonomia científica, mas a qualquer planta que cresça onde os humanos não a querem. É comum essas "ervas" serem plantas que evoluíram originalmente para desempenhar o papel secundário de colonizar o terreno nu depois de incêndios, deslizamentos, enchentes e outros eventos da mesma ordem, e que se revelaram maravilhosamente predispostas a disseminar-se pelas extensões desmatadas pelo arado ou pela foice do agricultor do Neolítico. Já tolerantes à luz direta do sol e ao solo perturbado, elas passaram a tolerar também as sandálias, as botas e o casco dos animais. Sempre prontas a crescer rapidamente em seguida aos desastres, elas evoluíram com facilidade, de modo a sobreviver e rebrotar em seguida ao puxar, arrancar e mastigar do gado que pasta. O agricultor chama-lhes a praga de sua vida, e elas o são, mas também fornecem alimento ao gado e ajudam a combater a erosão.

O agricultor do Neolítico simplificou seu ecossistema na tentativa de produzir uma grande quantidade de plantas que se desenvolvessem rápido no chão nu e sobrevivessem aos animais de pasto — e conseguiu exatamente o que pretendia, embora amaldiçoando algumas dessas plantas: as moitas de ervilhaca, a erva castelhana, as aparinas, os cardos, o coentro e outras.[33] O Livro dos Provérbios, no Velho Testamento, descreve os problemas desse agricultor e diz-nos do "campo do preguiçoso":

> *Eis que tudo estava cheio de urtigas,*
> *sua superfície coberta de espinhos,*
> *e seu muro de pedras em ruínas.*
> *Ao ver isso comecei a refletir,*
> *vi e tirei uma lição:*
> *Dormir um pouco, cochilar um pouco,*
> *um pouco cruzar os braços e deitar-se,*
> *e tua pobreza virá como um vadio,*
> *como um mendigo a tua indigência.*[34]

Também involuntariamente, os agricultores e aldeões do Oriente Médio cultivaram os vilões do mundo animal, criaturas que, fazendo do lixo e do refugo humanos alimento de abrigo, entraram em competição direta com os homens pelo alimento que eles produziam e armazenavam. Os caçadores e os coletores tinham suas pragas pessoais — piolhos, moscas e parasitas internos —, mas poucos dos humanos nômades permaneciam num só lugar por tempo suficiente — e em número suficiente — para que se acumulasse a sujeira necessária para a multiplicação de exércitos de ratos, ratazanas, baratas, moscas e outros insetos. Os agricultores, contudo, fizeram exatamente isso e, assim, inventaram o equivalente animal das ervas daninhas: as pragas. Os sumérios, tentando ajustar-se ao novo mundo que, quisessem ou não, estavam criando, rezavam a Ninkilim, deusa dos roedores do campo e pragas em geral, pela segurança de seus grãos em flor.[35]

As pragas eram mais que apenas ladrões; elas transportavam doenças. Hoje, por exemplo, sabemos que os ratos são portadores da peste, do tifo, da febre recorrente e outras infecções, e podemos ter certeza de que eles, assim como outras pragas, desempenharam papel semelhante no passado. O primeiro Livro de Samuel, no Velho Testamento, fala de uma epidemia que se seguiu ao aparecimento de multidões de ratos ou ratazanas entre os filisteus e os hebreus, doença que causava "tumores", como traduzem os estudiosos das antigas línguas semíticas. Os epidemiologistas de hoje poderiam sugerir, em melhor tradução, que se tratava de "bubões", os nódulos linfáticos inchados da peste bubônica.[36]

As pragas da civilização não eram todas visíveis; de fato, as piores eram invisíveis. Os agricultores e criadores do Oriente Médio foram os primeiros a cultivar e criar grande número de plantas e animais de muito poucas espécies. Eles eram especialistas em produzir canteiros compactos de determinada planta e criações exclusivas de determinados animais. Por serem capazes de criar excedentes de alimentos, eles podiam também desenvolver esses canteiros e essas criações a partir de suas próprias espécies. Mas nessas concentrações de plantas e animais produziam-se também grandes contingentes de predadores, alguns visíveis, como lagartas e mosquitos, e muitos micropredadores: fungos, bactérias e vírus. Os agricultores e criadores conseguiam afugentar os lobos e arrancar as ervas daninhas, mas viam-se impotentes diante das infecções que assolavam a multidão comprimida em cada um de seus campos, rebanhos e cidades.

Existem algumas infecções humanas que são especificamente chamadas doenças da multidão. Doenças, por exemplo, como a varíola e o sarampo, que ou matam ou imunizam por muito tempo, e não dispõem de outros portadores a não ser os próprios humanos, não podem existir duradouramente em pequenos grupos de pessoas, pela mesma razão por que os incêndios na floresta não podem prolongar-se em capoeiras ralas de árvores. Tanto esses incêndios quanto as infecções usam rapidamente todo o combustível disponível e se esgotam. Quanto às doenças da sujeira, como o tifo, em geral os caçadores e coletores se transferiam depressa demais para empestear a própria casa, e pouco eram perturbados por esses males.[37] As primeiras aglomerações verdadeiramente grandes de seres humanos e lixo humano ocorreram no Oriente Médio, onde os arqueólogos têm escavado nossas primeiras cidades em colinas que foram as lixeiras de dezenas de gerações de habitantes.

Os caçadores e coletores dispunham, no máximo, de um animal domesticado: o cão. Os agricultores e criadores do Novo Mundo não domesticaram mais que três ou quatro espécies. Os povos civilizados do Velho Mundo tinham rebanhos inteiros de gado, carneiros, cabras, porcos, cavalos e assim por diante. Viviam com suas criaturas, compartilhando com elas a mesma água, o mesmo ar e o mesmo ambiente, e, assim, muitas das mesmas doenças. O efeito sinérgico da convivência íntima dessas diferentes espécies — humanos, quadrúpedes, aves e respectivos parasitas — foi a produção de novas doenças e de variações das antigas. Os vírus oscilavam, em idas e vindas, entre os humanos e o gado, provocando ora a varíola humana, ora a varíola bovina. Cães, reses e humanos intercambiavam vírus ou combi-

43

navam vírus diferentes, o que resultou em três novas doenças, uma para cada espécie: a cinomose, a peste bovina e o sarampo. Humanos, suínos, equinos e aves domesticadas entraram em contato com pássaros selvagens e contraíram e ainda contraem a gripe, produzindo periódica e perpetuamente, nesse contato, surtos violentos que passam de uns para os outros. Ao domesticar animais e levá-los ao seio humano — algumas vezes de forma literal, como quando mães humanas amamentavam animais órfãos — os humanos criaram doenças que seus ancestrais caçadores e coletores nunca ou raramente conheceram.[38]

E quando realizaram jeitos típicos da civilização tais como o comércio e as invasões de longa distância — e em geral as marés montantes e vazantes de povos através dos desertos, das cordilheiras, dos mares e de distâncias assombrosas para os caçadores e coletores —, os sumérios e seus sucessores expuseram-se eles próprios a formas de microvida que não lhes eram familiares, além de expor povos sem imunidade à flora bacteriana peculiar às densas populações de humanos e de seus animais. Desde então, o sistema imunológico do indivíduo comum, ajustado e sintonizado pela hereditariedade e pela experiência a um ambiente determinado, entrou num processo de obsolescência crônica. O sistema imunológico do indivíduo está sintonizado com a parte do mundo a que esse indivíduo pertence, mas a ambição humana, a agressão, a curiosidade e a tecnologia lançam-no, o tempo todo, ao contato com o resto do mundo.[39]

As literaturas do antigo Oriente Médio têm muitas referências à peste. O primeiro Livro de Samuel, por exemplo, fala da doença que afligiu os filisteus e os hebreus, e que citamos há pouco. Parece provável que algumas das pragas mosaicas que assolaram o Egito fossem causadas por micro-organismos. Há no Pentateuco indícios de um início de epidemiologia, ou seja, do conhecimento empírico das circunstâncias que estimulam a disseminação de infecções. Ao pé do monte Sinai, depois que os hebreus fugiram do faraó, Deus diz a Moisés: "Quando fizeres o recenseamento dos filhos de Israel, cada um pagará a Iahweh um resgate por sua pessoa, para que não haja entre eles nenhuma praga, quando os recenseares".[40] Parece que Deus, ou ao menos o autor do texto, sabia que a reunião dos israelitas ou de qualquer grupo numeroso de pessoas antes dispersas (nesse caso, grupos separados, lutando no deserto por água e alimento) multiplica a chance de epidemias, exigindo medidas preventivas para evitá-las.

Mais tarde, quando informou os israelitas das muitas vantagens que lhes concederia quando alcançassem a terra do leite e do mel, sob a condição de obedecerem a suas ordens, Jeová prometeu: "Iahweh afastará de ti toda doença e todas as graves enfermidades do Egito que bem conheces. Ele não as infligirá a ti, mas a todos os que te odeiam".[41] As populações que deixassem o vale do Nilo, por certo a área mais densamente povoada de todo o mundo da época, e chegassem às regiões circundantes, relativamente secas e menos populosas, estavam entrando em território mais seguro em matéria de doenças transmissíveis e ao mesmo tempo levavam consigo infecções talvez desconhecidas e possivelmente mortais para os povos locais. Os israelitas iniciaram a jornada com a vantagem de suas infecções, uma imensa vantagem que explica de que modo povos "civilizados" conquistaram tão facilmente povos menos adiantados. (Esse processo foi elucidado da maneira mais clara por William H. McNeil e passou a ser conhecido, como fator previsível na história humana, pelo nome de Lei de McNeill.)[42]

De todas as graças dirigidas ao céu pelo alívio da pestilência que, a partir de registros do antigo Oriente Médio, chegaram aos nossos dias, nenhum é mais pungente que o do sacerdote da terra de Hatti, no reinado de Mursilis, governante hitita do 14º século antes de Cristo. "Há vinte anos", lamenta o sacerdote, "os homens estão morrendo. Nos dias de meu pai, nos dias de meus irmãos e nos meus dias, desde que me tornei sacerdote dos deuses [...] Não posso mais suportar a agonia de meu coração e a angústia de minha alma."

Procurando no infinito invisível um antídoto para o invisivelmente pequeno (micro-organismos parasíticos), o sacerdote adorou no templo de cada um dos deuses, mas sem resultado. Realizou investigações cuidadosas para determinar se acontecera alguma coisa de novo ou diferente quando dos primeiros sinais da pestilência e descobriu que os sacerdotes tinham deixado de fazer oferendas ao deus do rio Mala mais ou menos nessa época. Promoveu, então, as reparações devidas, mas a peste continuou.

No tempo de seu pai, os hititas haviam feito ao deus da tempestade uma promessa relativa a uma guerra com o Egito, a qual aparentemente os hititas venceram, sem, no entanto, cumprir o que haviam prometido. Quando os exércitos vitoriosos entraram de volta na terra de Hatti, fazendo marchar os prisioneiros de guerra (isto é, passando de um ambiente patológico estrangeiro de densa população para outro ambiente patológico de população mais esparsa e provavelmente menos cosmopolita), a nova enfermidade surgiu entre os prisioneiros, sem dúvida mal alimentados, exaustos e desgastados, e deles passou a seus novos senhores. "Desse dia em diante, as pessoas estão morrendo na terra de Hatti." Nosso sacerdote fez oferendas vinte vezes ao deus da tempestade, mas a pestilência prosseguiu.

Nada havia a fazer a não ser orar e orar novamente, advertindo os deuses, com todo o respeito, de que eles estavam agindo contra seu próprio interesse:

A terra de Hatti, toda ela, está morrendo; por isso ninguém prepara os pães e as libações sacrificais para vós. O lavrador que trabalhava os campos do deus está morto. Assim, ninguém trabalha ou colhe nos campos do deus. As mulheres moleiras que costumavam fazer os pães sacrificais estão mortas; por isso já não podem fazer os pães sacrificais. Em todos os currais e apriscos onde eram escolhidos os animais para os sacrifícios, os rebanhos de vacas e ovelhas estão mortos e os currais e apriscos vazios. Assim veio a suceder que cessaram as oferendas do pão sacrifical e as libações e os sacrifícios de animais [...] Os homens perderam o juízo e já não há nada que façamos corretamente. Ó deuses, qualquer que seja o pecado que vos ofende, permiti que um profeta se levante e o declare, ou que as sibilas e os sacerdotes o conheçam [...] ou que o homem possa vê-lo em sonho [...] Ó deuses, tende piedade da terra de Hatti![43]

Há uns 3 mil anos, ou um milênio a mais ou a menos, ou por volta disso, o "super-homem", o ser humano da civilização do Velho Mundo, já tinha aparecido na terra. Não era uma criatura de músculos salientes nem, necessariamente, de fronte saliente. Sabia como produzir excedentes de alimento e fibras; como domar e explorar diversas espécies de animais; como usar a roda para fiar, como fazer uma jarra ou transportar pesos incômodos; suas plantações eram atacadas pelos cardos e seus paióis pelos roedores; tinha cavidades no corpo que latejavam com a umidade do clima, problemas recorrentes de disenteria, uma quantidade irritante de vermes, um estoque impressionante de adaptações genéticas e adquiridas a doenças outrora endêmicas nas civilizações do Velho Mundo e um sistema imunológico de tal experiência e sofisticação que fazia dele o molde para todos os seres humanos tentados ou obrigados a seguir o caminho que ele abrira, pioneiramente, cerca de 8 ou 10 mil anos antes.

A Revolução Neolítica do Velho Mundo, com doenças e tudo mais, espraiou-se para fora dos centros de população densa, incorporando aqui e ali uma nova e ocasional cultura ou planta, uns poucos novos animais domesticados e vermes, e algumas doenças novas, como a malária.[44] Registros escritos têm muito a contar-nos sobre os primeiros momentos da chegada dessa revolução às Américas e à Austrália, porque, nesses continentes, isso aconteceu nos últimos quinhentos anos. Mas o começo em praticamente todos os outros pontos, menos alguns enclaves do Velho Mundo, ocorreu há milhares de anos, e em muitos casos os participantes não dispunham de linguagem escrita. Que escribas assistiram ao desembarque dos primeiros agricultores e pastores nas ilhas Britânicas há 6 mil anos, ou dos primeiros pastores de ovelhas e gado a cruzar o Limpopo, na África do Sul, há 2 mil anos?[45] No entanto, escribas de uma espécie ou outra estavam muitas vezes à mão à chegada das doenças da civilização. Elas talvez tenham sido os últimos elementos da Revolução Neolítica a evoluir e, dependendo tão intensamente da existência de populações densas, os mais vagarosos. É provável que a primeira doença de multidão só tenha atravessado o canal da Mancha e chegado às ilhas Britânicas no ano 664 depois de Cristo, quando "uma súbita pestilência primeiro despovoou as partes meridionais das ilhas e em seguida alcançou o reino da Nortúmbria, atacando ao longe e ao largo com uma cruel devastação e derrubando grande número de pessoas". E é provável que a mesma coisa só tenha acontecido na extremidade sul da África em 1713, ano em que a varíola desembarcou na Cidade do Cabo e matou grande número de indígenas, os khoikhoi. Eles culparam os estrangeiros, como talvez tenham feito os bretões durante sua terrível iniciação — e até, quem sabe, estrangeiros da mesma origem. Os khoikhoi "jaziam em toda parte ao longo das estradas [...] amaldiçoando os holandeses, a quem acusavam de os ter enfeitiçado".[46]

O impacto da Revolução Neolítica na maioria das regiões do Velho Mundo é difícil de descrever, porque não foi um impacto só, foram impactos sucessivos, à medida que os vários elementos desse fenômeno coletivo iam chegando, um depois do outro. De qualquer maneira, sabemos apenas dos impactos finais. Seus efeitos, porém, foram muitas vezes suficientes para nos dar uma impressão de qual seria o efeito cumulativo e total, estendendo-se ao longo de milênios. Um bom exemplo a observar é o da Sibéria, que os europeus conquistaram ao mesmo tempo que invadiam as Neoeuropas, e que é hoje povoada majoritariamente por europeus.

A Sibéria é a Neoeuropa que fracassou. É parecida demais com a velha Europa para ser uma Neoeuropa. Não fica longe da Europa, é contígua. Sua biota nativa não é diversa, mas quase idêntica à da Europa setentrional. O povo nativo da Sibéria não descendia dos povos das vanguardas humanas que rompiam fronteiras no Paleolítico; quase todos eram aparentados com os mongóis e os eurasianos e portanto similares a esses povos na distribuição do tipo sanguíneo.[47] (Teremos mais informações sobre isso adiante.) Os siberianos indígenas são, culturalmente, como os outros eurasianos, e contrastam com os indígenas das Neoeuropas pelo fato de terem recebido há milhares de anos os primeiros elementos do Neolítico do Velho Mundo: metais, agricultura, criação — mais frequentemente da rena que de animais das zonas temperadas, mas de qualquer maneira criação.[48]

A diferença mais gritante entre a Sibéria e as Neoeuropas de hoje é que a Sibéria não produz grandes excedentes de alimentos para exportação, apesar dos enormes esforços com esse fim (o malogro de um deles provocou a queda de Nikita Khruschev). Essa diferença resulta sobretudo do difícil clima da Sibéria; suas terras situam-se excessivamente ao norte e são de clima excessivamente continental para que ela se transforme em grande fornecedora de pão. Os invernos da Sibéria central são mais frios que os do polo norte e as chuvas não são regulares.[49] Se a Sibéria gozasse de temperaturas moderadas e tivesse chuvas fartas e previsíveis, aí, sim, os pastores e agricultores a teriam ocupado em grande número há milhares de anos, e nessa época ela teria vivido os impactos finais do Neolítico — do que provavelmente não há qualquer registro.

O clima era do tipo que repele intrusos; estes eram mantidos do lado de fora pela intransponibilidade do deserto de Gobi, das estepes semiáridas ao sul, dos pântanos, das montanhas e dos vazios a oeste. Ao norte e a leste ficam o gelo e os oceanos. Os impérios Romano e Han cresceram em sua glória e caíram; Confúcio, Buda, Cristo e Maomé pregaram; a bússola e a pólvora foram inventadas; e a Sibéria permaneceu congelada no primeiro estágio do Neolítico. Então, no século XVI, homens do Oeste — "de nariz espichado para a frente", como diziam os asiáticos de rosto chato —[50] chegaram através dos Urais, em busca das peles desejadas pelas classes superiores e pela burguesia ascendente da Europa ocidental.

A primeira vez que os europeus cruzaram os Urais em grande número foi em 1580, e em 1640 eles chegaram ao Pacífico — 5 mil quilômetros em sessenta anos.[51] Por volta de 1700, os europeus já eram maioria na Sibéria.[52] São evidentes algumas das razões para a rapidez da conquista europeia. O clima selvagem da Sibéria determinava que ela tivesse grandes extensões vazias, e que seria mais fácil atravessá-la que atravessar terras semelhantes, mas mais agradáveis e mais povoadas, como o Canadá. Os invasores dispunham de armas de fogo; os indígenas, não. Os invasores tinham melhor organização para a conquista que os indígenas para a defesa, e estavam dominados por um só propósito — conseguir peles —, enquanto os indígenas tinham família, tradições sagradas e toda a confusa multiplicidade de vidas normais. Mas inicialmente os ocidentais eram poucos, e os nativos, muitos. E a reversão dessa proporção não foi, automaticamente, o resultado da chegada de europeus armados e da queda dos indígenas desarmados diante deles.

Os ocidentais — vamos chamá-los de russos, embora houvesse ucranianos e muitos outros — eram os porta-estandartes do batalhão completo do Neolítico do Velho Mundo. Eles podem ter levado consigo algumas novas culturas, embora os principais grãos adequados à Sibéria já estivessem lá. Devem ter contribuído com novas ervas, embora a maior parte das ervas associadas aos principais cereais provavelmente tivesse chegado muito antes. Não levaram os primeiros cavalos e o primeiro gado, nem, muito provavelmente, as primeiras cabras e ovelhas, mas levaram, sim, os primeiros gatos domesticados e, tardiamente, os primeiros ratos pardos, que chegaram para comer e estragar os estoques de alimentos. (Peter Simon Pallas, o naturalista, não viu ratos na Sibéria no século XVIII, mas não há dúvida de que há ratos lá agora.)[53] Levaram as primeiras abelhas produtoras de mel,[54] com bons resultados — o suprimento de cera e mel e, com toda a probabilidade, melhores meios que os conhecidos até então de polinizar muitas culturas na Sibéria meridional. Contudo, a contribuição do Neolítico dos russos não constituiu uma porcentagem alta do total de organismos visíveis na Sibéria.

50

Os invasores levaram patógenos de doenças jamais conhecidas antes na escassamente povoada Sibéria: varíola, uma ou mais espécies de infecção venérea, sarampo, escarlatina, tifo e assim por diante.[55] De todas, as piores eram as venéreas e as transmitidas pelo ar e pela respiração. As primeiras deixaram grande número de vítimas, porque muitos dos povos tribais praticavam uma espécie de hospitalidade sexual com os estrangeiros — "a mulher não é como a comida, ela não diminui" —[56] e sorriam permissivamente às relações sexuais entre os jovens antes do casamento; as infecções aerotransportadas espalharam-se rapidamente porque o clima obrigava os siberianos a passar grande parte do tempo de portas fechadas, respirando uns o ar dos outros. As doenças venéreas, às vezes mencionadas como "a doença russa" pelos indígenas, tiveram ampla disseminação, matando alguns adultos e muitos fetos e bebês, destruindo a fertilidade e condenando populações inteiras a acentuado declínio.[57] As infecções transmitidas pela respiração eram muitas; algumas delas, como o sarampo, eram doenças infantis benignas entre os europeus e os chineses, mas mortais para os povos que não as conheciam ainda. A pior de todas e a mais temida era a varíola, devido à rápida disseminação, aos altos índices de mortalidade e ao muito que desfigurava os sobreviventes. A varíola apareceu pela primeira vez na Sibéria em 1630, atravessando os Urais a partir da Rússia e ceifando as fileiras dos ostiaks, dos tungus, dos yakuts e dos samoiedos, como a foice no campo de cereais. O índice de mortalidade numa só epidemia podia passar dos 50%. Da primeira vez que atacou Kamchatka, em 1768-9, a varíola matou de dois terços a três quartos dos indígenas. Por causa da esparsa população da Sibéria, a doença permaneceu epidêmica, em vez de tornar-se endêmica, como na Europa ou na China. Essa era a pior das duas possibilidades, porque quando a varíola realizava suas periódicas depredações, a cada dez, vinte ou trinta anos, os jovens eram inteiramente suscetíveis, e uma geração inteira podia ser perdida em umas poucas semanas. "Tudo o que a população parece ganhar em qualquer desses intervalos", disse um pesquisador do

Império Russo no fim do século XVIII, "é talvez perdido em dobro pela destruição do contágio quando ela volta."[58] Os yukaghirs, que na década de 1630 ocuparam grandes áreas da Sibéria, partindo da bacia do Lena, a leste, e dos quais sobreviviam apenas 1500 no fim do século XIX, cultivam a lenda de que os russos não foram capazes de conquistá-los enquanto não trouxeram a varíola numa caixa e a abriram. A terra ficou então coberta de fumaça e as pessoas começaram a morrer.[59]

Os russos emigraram lentamente para a Sibéria, despovoada ou não; em 1724 havia apenas 400 mil deles, no máximo. Em 1858, depois de ainda mais um século, esse número crescera para apenas 2,3 milhões. Já em 1880, no entanto, as massas de camponeses russos tinham aprendido que havia melhores oportunidades a leste dos Urais que em suas regiões de origem, onde as populações cresciam rapidamente e aumentavam as pressões pela posse da terra. De 1880 a 1913, mais de 5 milhões emigraram para a Sibéria, onde se multiplicaram com grande rapidez, tornando essa nova pátria tão branca quanto a original. Em 1911, a população da Sibéria era 85% russa, e essa porcentagem cresceu muito desde então.[60]

Os indígenas da Sibéria não sucumbiram nem desapareceram. Hoje, de fato, seu número cresce.[61] Mas eles estiveram bem perto da extinção, e é fácil compreender por que Kai Donner, que viajou pela Sibéria e ficou muito tempo com uma tribo, pouco antes da Primeira Guerra Mundial, relembraria James Fenimore Cooper ao chamar seus hospedeiros de "moicanos samoiedos".[62]

Se a Sibéria, onde vários dos mais importantes elementos do Neolítico do Velho Mundo já estavam no lugar quando os europeus chegaram, pôde ser tão profundamente alterada pelos intrusos que chegaram com o resto desses elementos, o que se poderia esperar que acontecesse em terras onde nada se sabia dessa especialíssima revolução nos costumes e nos poderes humanos? Qual seria o destino dos povos para os quais a revolução inteira chegaria de uma só vez, quase, relativamente falando, como num piscar de olhos, ou como o Dia do Juízo?

3. OS ESCANDINAVOS E OS CRUZADOS

Desembarcaram e olharam em volta. O tempo estava bom. Havia orvalho sobre a relva, e a primeira coisa que fizeram foi tomá-lo com as mãos e levá-lo aos lábios — e pareceu a coisa mais doce que já tivessem provado.
Sagas da Vinlândia

Ele [Ricardo Coração de Leão] perseguiu os sarracenos através das montanhas e, seguindo um deles, que entrara num vale, alcançou-o e golpeou-o, fazendo-o cair moribundo do cavalo. O rei olhou então para o alto e viu ao longe a cidade de Jerusalém.
Itinerarium Ricardi

QUE DATA ESCOLHEREMOS como a do encerramento da Revolução Neolítica do Velho Mundo nas terras onde se originou? Suponhamos que a considerássemos completa há exatamente 5 mil anos, com a domesticação do cavalo — escolha talvez arbitrária, mas uma boa aproximação. Entre essa era e o desenvolvimento das sociedades que mandaram Colombo e outros viajantes ao outro lado dos oceanos, decorreram cerca de 4 mil anos, durante os quais pouca coisa de importância *ocorreu, em comparação com o que acontecera antes.*

Passemos em andamento acelerado o filme dos quatro milênios que se seguiram à conclusão do Neolítico do Velho Mundo, com exposições sucessivas a cada meio século, mais ou menos. Quando examinarmos esse filme em tempo normal, seremos surpreendidos pela escassez de acontecimentos nesse longo período. Nada, nesses quatro milênios, pode comparar-se em importância à domesticação do cavalo, por exemplo. Na verdade, pouca coisa aconteceu que fosse verdadeiramente nova — apenas a repetição das mesmas coisas. As inovações do Neolítico que marcaram época — o cultivo do trigo, a domesticação do porco, a invenção da roda — ofuscam tudo o que se seguiu por dezenas de gerações humanas. Houve algumas novidades — a invenção do arco, a domesticação do camelo e outras —, mas foram todas de menor importância, se comparadas ao que acontecera antes. A civilização do Velho Mundo não continua a inovar amplamente, nem atinge níveis mais altos de energia; ela apenas continua a expandir-se. Impérios ascendem e caem; e poucos, além do faraônico, do Romano e do Han, duram o bastante para serem claramente discernidos à medida que nosso filme passa pelo projetor. Culturas mais desenvolvidas surgem ao longo dos trechos médios do Níger; os javaneses esquecem seus velhos deuses e constroem templos para adorar Krishna e depois Alá: resultado das ondas de influências novas que atravessam o arquipélago da Indonésia, vindas do continente. No outro extremo da Eurásia, os ingleses deixam de pintar de azul o próprio traseiro e empenham-se em discutir a natureza da Trindade. O tema dominante no Velho Mundo é a emulação, não a inovação.

O filme equivalente do hemisfério ocidental tem mais acontecimentos. A Revolução Neolítica do Novo Mundo afinal toma pé. Aparecem cidades, ou pelo menos centros de devoção religiosa, na costa do golfo da Mesoamérica e nos vales dos rios que descem dos Andes, através dos desertos peruanos, rumo ao Pacífico. Aparecem também outras culturas superiores, presumivelmente estimuladas por esses primeiros exemplos, e, do vale do Ohio ao deserto de Atacama, os ameríndios começam a congregar-se em unidades sociais cada vez maiores, com grupos de elite de sacerdotes, políticos e guerreiros; passam a erigir templos, instituir Estados, inventar meios de registrar informações, sejam esses registros feitos de pedra ou escritos em pedra, pele, cordas e formas primitivas de papel — isto é, começam a criar civilizações que são, pelo menos superficialmente, similares às da Suméria e de seus sucessores imediatos. Não há, entretanto, estátuas equestres de césares ameríndios pré-colombianos. Embora também inventem a roda, como os povos do Velho Mundo, os americanos limitam-se a usá-la em alguns brinquedos e voltam a atenção para outras coisas.[1] Se tentarmos passar em "rotação acelerada" uma historiografia da Austrália, não encontraremos qualquer império dono de uma caixa de surpresas, nem pirâmides, nem uma fronteira avançada de campos cultivados — apenas a ondulante centelha da continuidade da Idade da Pedra. Por volta do ano 1000 depois de Cristo, o lobo da Tasmânia, um lobo marsupial, desaparece da Austrália (mas não da própria Tasmânia, onde existe ainda hoje), vítima, provavelmente, da competição do aborígine e do dingo. Fora isso, o tempo de sonho da Idade da Pedra continua.[2]

Passam-se quatro milênios. Gilgamesh viajou em busca da imortalidade, Quetzalcoatl desapareceu no mar do Oriente e Dante excursionou pelo inferno, pelo purgatório e pelo céu, antes que a humanidade desse outro salto significativo na direção do imprevisível. Então, no segundo milênio cristão, a espécie pôs-se de novo em movimento, alterando radical e irrevogavelmente sua cultura e a biosfera. Essa mais recente metarrevolução — e ainda estamos mergulhados demais em sua turbulência para dar-lhe um nome adequado — foi de início um empreendimento europeu ocidental. (Falamos, aqui, da Europa posterior ao declínio do Império Romano. Os súditos de Roma eram membros de uma sociedade mais semelhante às do antigo Oriente Médio que às novas sociedades, de aristocracias sobretudo bárbaras, brotadas no chão limpo deixado pela retirada de Roma.) Esse primeiro grande avanço depois da Revolução Neolítica é mais facilmente compreendido como produto da ciência e da tecnologia, mas foi, e continua sendo, muitas outras coisas, muitas. Nenhuma delas é mais importante que a travessia, no século XVI, das suturas submersas da Pangeia, travessias que resultaram na redescoberta da Austrália e das Américas, levando, afinal, à criação das Neoeuropas, tema deste livro. Antes, porém, de considerarmos essas redescobertas, devemos dirigir um último olhar aos primitivos empreendimentos imperialistas dos europeus. Suas primeiras colônias tiveram êxito ou malograram? Por quê? Talvez a investigação das primeiras tentativas ultramarinas europeias nos proporcione a compreensão das tentativas posteriores ou, pelo menos, sugira perguntas inteligentes sobre elas.

Não é possível, naturalmente, estabelecer a data de nascimento de uma sociedade humana, mas certas aproximações são algumas vezes possíveis, e frequentemente os historiadores consideram-nas necessárias. No ano 1000 depois de Cristo (ou, pelo menos, no período aproximado de um século em torno desse ano), a Europa ocidental, que era apenas o conjunto das ruínas deixadas pela maré do Império Romano, começou a tornar-se alguma coisa nova e vital. Os sombrios séculos da perambulação dos bárbaros, de falsos começos e de infertilidade cultural generalizada do período carolíngio estavam terminados. Populações, cidades e o comércio começaram a reviver, e foram seguidos pelas artes, a filosofia e a engenharia. E isso era mais que um simples renascimento. A catedral gótica, produto sublime do século XII, era mais que um signo de renascimento. Ela marcava o primeiro nascimento de uma sociedade de notável energia, brilho e arrogância. Tais sociedades são frequentemente expansionistas.

Os europeus realizaram, durante a Idade Média, duas tentativas de instalar estabelecimentos permanentes fora de seu continente. Na primeira, eles navegaram para oeste, a fim de colonizar as ilhas do Atlântico Norte e mesmo de firmar pé no Novo Mundo. Na segunda, navegaram e marcharam na direção leste, para criar Estados de modelo europeu ocidental entre os antigos povos civilizados do Mediterrâneo oriental. Algumas dessas colônias, a leste e a oeste, mal duraram o tempo de um verão; outras atravessaram gerações sucessivas, e uma delas, a Islândia, ainda está conosco.

Enquanto nos últimos séculos do primeiro milênio cristão alguns escandinavos se entregavam a incursões e experiências de colonização do outro lado das estreitas faixas de mar que separavam do continente a sua pátria e as ilhas Britânicas, outros voltaram as costas à Eurásia e lançaram-se ao Atlântico Norte, para estabelecer-se primeiro nas ilhas Faroe e em seguida, por volta do ano 80 depois de Cristo, na Islândia. A Islândia fica a mil quilômetros da Noruega, sua terra-mãe, e repousa transversalmente sobre a sutura submersa da Pangeia a que damos o nome de cordilheira do Meio-Atlântico — da qual, de fato, ela, Islândia, é um produto fumegante, constituindo a própria antítese de tudo o que seja continental. A Islândia foi a primeira grande colônia ultramarina da Europa e é a mais antiga de todas, com quinhentos a seiscentos anos de precedência em relação a qualquer outra. Ou mais, se aceitarmos como verdadeiro estabelecimento colonial o punhado de virtuosos irlandeses encontrados na Islândia pelos escandinavos.

Então, no fim do décimo século, Erik, o Vermelho, comandou uma frota que navegou da Islândia para o sul da Groenlândia e fundou a primeira colônia europeia além da cordilheira do Meio-Atlântico.[3] Os colonos da Groenlândia levavam o gado a pastar nos prados esparsos entre a calota de gelo e as águas frias do oceano, construíram casas e igrejas (e com o tempo chegaram a importar da Europa um grande sino para sua catedral de Gardar), e viveram na Groenlândia por quinhentos anos, o mesmo tempo da presença dos europeus e seus descendentes na América, desde Colombo.[4]

Aproximadamente no ano 1000, Leif Eriksson, filho de Erik, o Vermelho, realizou uma viagem de reconhecimento para o Sul e para o Leste da Groenlândia, a terras que ele denominou, à proporção que mais se afastava de casa, Hellulândia, Marklândia e Vinlândia. Poucos anos depois, Thorfinn Karlsefni fez-se a vela da Groenlândia para a Vinlândia, com animais, cinco mulheres e de sessenta a 160 homens (dependendo de que saga leiamos). Essa tentativa de colonização foi mais bem planejada e liderada que, digamos, a tentativa realizada em Jamestown, na

Virgínia, seiscentos anos depois,* mas ainda assim fracassou. Os escandinavos realizaram outras viagens à América: em 1172, por exemplo, ninguém menos que o bispo Erik Upsi "saiu em busca da Vinlândia", com resultados desconhecidos; em 1347, groenlandeses navegaram para a Marklândia, provavelmente em busca de madeira; e não há dúvida de que houve viagens não documentadas. Mas os escandinavos nunca fundaram qualquer estabelecimento permanente na América.[5] O fato é que se essa sequência completa de investidas europeias além da cordilheira do Meio-Atlântico, incluindo os estabelecimentos na Groenlândia, jamais tivesse acontecido, isso só faria diferença para os arqueólogos e eruditos interessados nas velhas sagas. Os escandinavos conseguiram alcançar um perfeito fracasso nos limites ocidentais do Atlântico Norte. Por quê? E por que o *continuum* da presença europeia além da cordilheira do Meio-Atlântico não começou no fim do décimo século, em vez de só começar no fim do século XV?

Antes de examinarmos as razões do malogro dos escandinavos no Atlântico Norte, vejamos algumas das razões pelas quais eles conseguiram fazer tudo o que fizeram. Em primeiro lugar e acima de tudo estavam seu caráter, sua espantosa coragem e sua competência náutica. É fácil imaginá-los olhando por sobre o ombro, ao entrar no oceano, proclamando: "Vocês jamais conseguiriam, mas nós conseguiremos!". E conseguiram. Os escandinavos nunca navegaram tão longe quanto os ilhéus do Pacífico, mas estes realizaram suas façanhas em oceanos quentes e com ventos regulares. Os marinheiros escandinavos realizaram seus feitos num dos mares mais frios e traiçoeiros do

---

* A península e depois ilha de Jamestown, no rio James — assim nomeados em homenagem ao rei Jaime I —, foi o local do primeiro estabelecimento permanente dos ingleses na América do Norte, fundado a 14 de maio de 1607. A colônia de Jamestown iniciou o cultivo do tabaco, estabeleceu o primeiro governo representativo na América do Norte e importou os primeiros escravos negros. Jamestown começou a ser abandonada em 1699, com a mudança da sede do governo da Virgínia para a atual Williamsburg. (N. T.)

mundo. A grande vantagem dos escandinavos no Atlântico, além de suas surpreendentes habilidades, era o barco em que viajavam. O *langskip* (barco longo) dos navegantes vikings era pequeno demais e não suficientemente adequado às águas do oceano aberto. Para elas, precisava-se de um verdadeiro navio a vela, não uma simples galera com capacidade suplementar de navegação a vela, mas um verdadeiro navio, largo o bastante para minimizar seu balanço em alto-mar e para transportar mais carga do que os barcos longos transportavam. A embarcação mercante escandinava (*knorr*, plural *knerrir*) era esse navio. Tão flutuável e flexível quanto o *langskip*, o barco longo, mas muito mais largo, ele carregava vinte toneladas e de quinze a vinte pessoas. Com bons ventos e mar calmo, podia navegar a seis nós, velocidade respeitável para navios mercantes ainda na época das guerras napoleônicas.[6]

Os escandinavos tinham experiência sem par, em sua época, como construtores navais, mas como agricultores e criadores eram apenas herdeiros não sofisticados das inovações do Neolítico do Velho Mundo, sem as quais jamais teriam sobrevivido nas ilhas do Atlântico Norte. Nem mesmo um islandês consegue viver apenas de peixe. A natureza rochosa dessas ilhas e a curta estação fértil dessa latitude restringiam drasticamente a produtividade das culturas, de modo que, por necessidade, os escandinavos tornaram-se pastores. Da Noruega à Islândia e da Islândia à Groenlândia, os rebanhos de carneiros e gado foram sua mais importante reserva de sustento.[7] Os animais provavelmente eram menores, mais peludos e com certeza mais lanudos que os de Abel, filho de Adão e Eva e herdeiro da Suméria, mas eram das mesmas espécies — e, em alguns casos, possíveis descendentes diretos dos rebanhos de Abel.

A pecuária escandinava comportou-se suficientemente bem, na Islândia e na Groenlândia, para sustentar os próprios animais e seus senhores, e foi muito promissora na Vinlândia durante as primeiras estações ali. A relva, na América, era farta e viçosa, e o clima certamente mais moderado que aquele ao qual os animais estavam acostumados. Os chifres e cascos aparentemente constituíram proteção adequada contra os predadores do Novo Mundo — ou talvez os lobos e pumas não tenham disposto de tempo bastante para superar a própria timidez diante dessas novas criaturas.

Vale a pena observar, para referência posterior, que esses animais do Velho Mundo começaram a tornar-se selvagens nesses ermos, apesar de séculos e séculos de domesticação. "Logo", diz a saga, "os machos tornaram-se travessos e difíceis de controlar."

Os animais semisselvagens deram aos escandinavos uma vantagem especial sobre os *skraelings* (termo escandinavo que designa os esquimós e os ameríndios). Os indígenas estavam compreensivelmente assustados com essas criaturas enormes que pareciam tão envolvidas com seus senhores e eram, muitas vezes, tão obedientes a eles. Um dia, o touro levado pela expedição de Karlsefni começou a resfolegar e rugir; os ameríndios, que chegavam para negociar, dispararam a correr. Mais tarde, quando os recém-chegados de cabelos louros e olhos azuis tiveram de lutar contra uma força aparentemente superior de ameríndios, o ardiloso Karlsefni aproveitou-se do medo dos *skraelings*. Mandou dez homens ao ataque e, quando os nativos apareceram, atacou-os com o touro à frente. O plano funcionou e Karlsefni viveu ainda muito tempo, vindo a morrer já de volta à Islândia, como agricultor.[8]

Perguntamo-nos que diferença fariam, para a sorte dos escandinavos da Vinlândia, um ou dois cavalos — animais que os espanhóis usariam com enorme impacto contra os astecas e os incas alguns séculos depois. Os groenlandeses tinham cavalos — Erik, o Vermelho, feriu a perna caindo de um —, mas, a julgar pelo que nos dizem as sagas, nenhum desses animais jamais acompanhou os escandinavos à Vinlândia.[9]

Uma vantagem muito específica dos escandinavos sobre os *skraelings*, esquimós ou ameríndios, era a capacidade de seus adultos de alimentar-se de leite fresco. Os escandinavos, como outros grupos do Noroeste da Europa, estão entre os campeões mundiais de digestão de leite, o que talvez tenha tido resultados não facilmente perceptíveis.[10] Um dia (o dia do touro resfole-gante), quando os *skraelings* pediram armas em troca de peles, os escandinavos recusaram e ofereceram uma novidade: leite. Logo os nativos não queriam outra coisa. O desfecho da nego-ciação desse dia foi que os escandinavos levaram peles para casa e "os *skraelings* levavam as compras na barriga".[11] Podemos ter certeza de que os nativos, horas depois, estavam miseravelmen-te doentes. Mas que efeito teria esse episódio, junto com o do touro, nas relações entre os escandinavos e os *skraelings*? Terá provocado a batalha que o touro venceu?

Os escandinavos precisaram do touro nessa batalha porque era insignificante sua vantagem tecnológica sobre os nativos da Vinlândia. Os escandinavos dispunham da roda e os *skraelings* não; os escandinavos tinham o metal, os *skraelings* não. Do pon-to de vista dos invasores, isso devia marcar pontos, mas na prática essas vantagens parecem ter sido irrelevantes e não deci-sivas. Uma carroça podia ser útil numa fazenda da Groenlândia, mas é duvidoso que Eriksson ou mesmo Karlsefni tivessem transportado tal luxo, através do Atlântico, para a Vinlândia. E, uma vez lá, para que eles a usariam? É provável que os groen-landeses utilizassem roletes para transportar toras de madeira até as praias da Marklândia, onde elas seriam embarcadas, mas a curto prazo a roda, a alavanca, o arco e todos os outros exem-plos da inteligência do Velho Mundo — como o alfabeto e o teorema de Pitágoras — não faziam a menor diferença além da cordilheira do Meio-Atlântico.

Os escandinavos da Vinlândia tinham metais; os arqueólo-gos desenterraram um primitivo ornamento em ferro, o primei-ro da América, no lugar do estabelecimento escandinavo da Terra Nova.[12] As espadas e os machados escandinavos eram menos volumosos, mais duráveis e seu fio mantinha-se mais tempo que qualquer um dos equivalentes dos *skraelings*. Isso deve ter dado apreciável vantagem aos invasores, mas não o suficiente para garantir a vitória. O metal é essencial para armas de fogo, mas é possível manufaturar eficazes clavas, cabeças de machado e pontas de projéteis em pedra. O irmão de Leif,

Thorvald Eriksson, por exemplo, foi mortalmente ferido por uma seta *skraeling* de ponta de pedra. (Digno da tradição escandinava, ele morreu enquanto escolhia, calmamente, o lugar do próprio túmulo, na Vinlândia: "Parece que acertei com a verdade quando disse que ficaria aqui por um tempo".)[13]

Pedras pontudas podem passar entre as costelas de um homem tão facilmente quanto o metal, e um machado de pedra pode fraturar um ombro ou esmagar um crânio com a mesma perfeição obtida por qualquer instrumento de ferro ou de aço. As armas de metal são melhores que as de pedra, mas no combate mão a mão entre homens desesperados esse pode ser apenas um exemplo da proverbial distinção sem diferença. Isso vale para as vantagens dos escandinavos sobre os *skraelings*. A lista das desvantagens será muito maior.

Os escandinavos não foram capazes de montar nem muitas nem grandes expedições à América. Sua maior expedição à Vinlândia da qual existe registro consistia em três navios e apenas 65 ou 165 pessoas. Muitas das expedições pós-colombianas da Europa à América não foram muito maiores, mas foram muitas, e mesmo as que malograram parecem ter estimulado o interesse por novas tentativas. E algumas das mais importantes expedições pós-colombianas foram muito grandes. A frota que Colombo liderou para as Antilhas, em 1493, compunha-se de dezessete navios, levando de 1200 a 1500 homens. A primeira expedição britânica à Austrália — em 1788 — consistia em onze navios, com cerca de 1500 pessoas a bordo, homens, mulheres e crianças. Empreendimentos dessa dimensão estavam além da capacidade dos escandinavos medievais do Atlântico Norte. A Groenlândia, em seu maior momento, não contava muito mais de 3500 pessoas. No máximo, a Islândia teria 100 mil e a Noruega talvez 400 mil habitantes.[14]

O número de escandinavos nas ilhas do Atlântico Norte era assim diminuto porque seus estabelecimentos eram pobres demais para atrair ou manter populações maiores. A própria Noruega não se comparava ao Império Bizantino ou mesmo à França carolíngia — e era, antes, um país frio e pobre, separado por longa distância dos centros de população e civilização do Velho Mundo. A Noruega realizou sua unidade e teve considerável influência nessa parte do mundo no período que vai do século XI ao XIII, mas carecia do excedente agrícola, da grande população, do capital e de quase todos os demais ingredientes para a construção de um império. Para a maioria dos islandeses e groenlandeses, a Noruega não era a âncora de um império atlântico, mas um distante parceiro comercial e uma lembrança ancestral de praias íngremes, cobertas de gelo, das quais homens e mulheres de grande bravura tinham partido em busca de uma vida melhor.

Como quer que seja, a pátria-mãe da Vinlândia não era a Noruega, mas a Groenlândia, e colônias escandinavas na América nunca se tornariam viáveis a menos que os estabelecimentos da Groenlândia alcançassem grande solidez e viabilidade. Isso nunca aconteceu, apesar dos vários séculos que os escandinavos permaneceram neles. Praticamente não havia cereais, e a maioria dos groenlandeses jamais os viu. A ilha não tinha madeira alguma, exceto troncos flutuantes, e também não tinha ferro. Os ilhéus não dispunham de qualquer produto em demanda permanente na Europa — como o tabaco da Virgínia ou o açúcar das Antilhas — e por isso não tinham qualquer garantia de contato comercial ininterrupto com esse continente. A estranha verdade é que uma boa colônia na Vinlândia poderia ter sustentado uma colônia na Groenlândia, mas não o contrário.[15]

Na Groenlândia, o conflito com os indígenas não chegou a ser um problema, até que os esquimós vieram para o Sul (falaremos mais disso), mas na Vinlândia, desde o começo, esse foi um problema insuperável. Aí os *skraelings* eram hostis e numerosos, e não deve surpreender que o fossem: os escandinavos mataram oito dos nove primeiros que encontraram, e o nono só escapou por sorte e esperteza. Quando os *skraelings* chegaram para negociar com Karlsefni, o número de seus barcos era tão grande "que o estuário parecia coberto de carvão"; quando eles se aproximaram para lutar, seus barcos corriam "lembrando

63

uma torrente". Os seguidores de Karsefni cobiçavam a Vinlândia — a terra era rica, repleta de caça, os rios, cheios de salmão, a relva, ao gosto do gado. Uma criança já tinha nascido lá, Snorri, filho do líder e de Gudrid — mas os escandinavos compreenderam que jamais poderiam viver com segurança nesse lugar. A Vinlândia já estava inteiramente ocupada.[16]

Os escandinavos precisavam de alguma coisa que compensasse sua inferioridade numérica diante dos ameríndios. A tecnologia militar não era esse fator, como já vimos. Seria necessária alguma coisa de potencialidade genocida; por exemplo, a Lei de McNeill (citada no capítulo anterior), operando a seu lado. Contudo, as armas biológicas, que tinham trabalhado com tanta eficácia para as densas populações do Oriente Médio, não estavam disponíveis para os escandinavos do século XI. De fato, as doenças infecciosas davam a impressão de trabalhar não para os escandinavos, mas contra eles.

Os escandinavos da Islândia e ainda mais os da Groenlândia estavam tão longe da Europa que raramente recebiam o contágio dos últimos surtos em germinação nos centros europeus de povoamento denso. E suas minúsculas populações eram pequenas demais para a manutenção das doenças de multidão. As epidemias dessas doenças extinguiam-se por si próprias, condenando a geração seguinte de ilhéus à mesma vulnerabilidade que caracterizara seus pais. A varíola, por exemplo, que desembarcou na Islândia pela primeira vez em 1241 ou 1306, varreu a ilha repetidas vezes nos dois séculos seguintes, aparentemente ressurgindo sempre que tivesse nascido um número suficiente de crianças suscetíveis. Quanto maior o intervalo, maior o golpe. Quando a doença voltou em 1707, depois de longa ausência, morreram 18 mil pessoas, um terço da população total. Um britânico, conhecedor dos escandinavos do Atlântico Norte, escreveu que "as devastações da varíola na Islândia foram de tal ordem que a doença se tornou importante até mesmo na história política da ilha". Infecções fatais, descarregadas de quando em quando de navios europeus, desfechavam golpes e mais golpes sobre esse povo, para o qual a sobrevivência já era difícil nas melhores circunstâncias, e liquidavam as possibilidades de crescimento populacional que poderiam ter levado a sociedades mais saudáveis.[17]

Quaisquer que parecessem as possibilidades de renovar a colonização da Vinlândia e de reviver a da Groenlândia no fim da Idade Média e na Renascença, essas possibilidades foram obliteradas pela Peste Negra. Essa variedade extremamente virulenta de epidemia apareceu na Itália em 1347, avançou para o norte, alcançou a Noruega em 1349-50 e aí fez uma pausa de cinquenta anos, depois dos quais partiu para a Islândia, lá chegando em 1402-4. Na Europa como um todo, essa pandemia pode ter matado um terço da população. Na Noruega e na Islândia, a proporção subiu para dois terços, pois à peste seguiu-se a fome, uma vez que a forragem de inverno não fora preparada e o gado morreu de abandono. Se a peste conseguiu chegar à Groenlândia, então não precisaremos fazer qualquer outra pergunta sobre o porquê do declínio, ladeira abaixo, desse entreposto, no século XV.[18]

Todos os horrores podem ser, com justiça, debitados à Peste Negra, mas ela não deve ser responsabilizada pelo início do declínio da Groenlândia. Esse declínio já ia em bom caminho antes mesmo que a epidemia desembarcasse na Noruega. No século XIV, a demanda de produtos do Atlântico Norte decaíra muito, na Europa, tornando-se cada vez menor o número de navios que faziam a longa viagem da Noruega à Groenlândia. O comércio entre a Noruega e a Islândia também declinava, quase ao ponto da paralisia. A Groenlândia e a Islândia tinham sempre vivido longe, num limbo, e agora o próprio limbo definhava.[19]

À medida que diminuía o número de *knerrir* navegando entre a Europa e seu rebento do Atlântico Norte, parece que a natureza começou a manobrar com propósitos assassinos. A quantidade e a qualidade de terras boas da Islândia decresciam na mesma proporção em que os animais importados despojavam suas encostas e os escandinavos queimavam e derrubavam as florestas, desnudando a terra e entregando-a aos efeitos da erosão pela água e pelo vento.[20] A inanição tornou-se crônica; de tempos em tempos, surtos de fome, acompanhados de peste, varriam a ilha. A Islândia, o elo forte na corrente que ligava a Groenlândia e especialmente a Vinlândia à Europa, enferrujava e enfraquecia-se.[21]

O clima, decente o bastante, nos primeiros séculos em seguida ao ano 1000 depois de Cristo, para seduzir aventureiros e suas famílias a mudar para a Islândia, e que nesse período foi tolerável até na Groenlândia, passou a ficar cada vez mais frio. Cultivar cereais tornou-se progressivamente mais difícil; as geleiras avançavam com uma frequência cada vez maior; o gelo flutuante chegava às praias da Islândia e se amontoava na entrada dos outrora hospitaleiros fiordes da Groenlândia. Os marinheiros que navegavam para os estabelecimentos da Groenlândia tinham de desviar-se para o sul e o oeste, e no século XV só havia esperança de aportar num desses estabelecimentos por volta de agosto.[22] A Groenlândia, que nunca fora muito escandinava em matéria de clima, tornava-se de novo um país esquimó, e os indígenas marcharam para o sul, reivindicando direitos ancestrais. Em 1379, os *skraelings* atacaram, mataram dezoito escandinavos da Groenlândia e levaram dois meninos. Esse não foi, seguramente, o último dos ataques esquimós.[23]

O último groenlandês escandinavo morreu no frio e numa solidão abissal em algum momento do fim do século XV.[24] A primeira colônia europeia além da cordilheira do Meio-Atlântico apagou suas luzes aproximadamente na mesma época em que Colombo, navegando para oeste a partir das ilhas Canárias, e pretendendo chegar à Ásia, refez a conexão da Europa com a América.

Mas afinal o que estavam fazendo os escandinavos num lugar tão setentrional como a Groenlândia? Por que foram procurar praias ainda mais geladas que as regiões da Noruega, das quais quase todos eles tinham saído? A Vinlândia era muito mais atraente que as ilhas descobertas pelos escandinavos e que eles batizaram, uma, acertadamente, de Islândia (terra do gelo) e outra, equivocadamente, de Groenlândia (terra verde). Por que não fizeram eles um esforço maior para colonizar a Vinlândia?

"É bonito aqui", disse Thorvald Eriksson. "Aqui eu gostaria de fazer minha casa."[25] Não foi a casa, mas o próprio túmulo que ele fez, quando uma seta dos *skraelings* liquidou-lhe a vida. Logo depois, seus companheiros colonos foram embora. Mas por que teriam desistido tão rápido? Os povos das ilhas Britânicas, da França e da Rússia ofereceram aos invasores vikings pelo menos tanta resistência quanto os *skraelings*, e nessas regiões os invasores tinham chegado com a família e começaram a construir cidades. Se os escandinavos do oceano apostaram a própria vida nas tentativas de estabelecer-se em ilhas perdidas no oceano, com vulcões e picos nevados, por que não persistiram no esforço de colonizar a América?

Simplesmente porque era longe demais. Eles podiam alcançá-la mas não agarrá-la. Nas latitudes mais baixas, naturalmente, os nevoeiros eram mais raros, o gelo não tão perigoso, os ventos mais previsíveis e a estrela Polar próxima o bastante do horizonte para se poder medir precisamente sua altitude. Nas latitudes mais baixas, porém, o oceano era largo e sem pontos de desembarque, com exceção dos Açores, que ainda não tinham sido descobertos. Não há registro de que, nos tempos medievais, qualquer desses navios escandinavos jamais tivesse atravessado diretamente da Europa à América ou vice-versa. Também não há menção a qualquer viagem intencional da Islândia à América. Os escandinavos não atravessaram o Atlântico de um só salto, mas transportaram-se, pela força dos braços, de uma ilha a outra ou pelo menos de uma indicação de terra para outra — como um ajuntamento de nuvens, uma revoada de aves marinhas. Mesmo assim, *hafvilla* é uma palavra que aparece frequentemente nas sagas. Significa a perda de todo sentido de direção no mar, estado que poderia durar dias e até semanas, tendo como desfecho, podemos supor, a morte.[26]

Os navegadores escandinavos minimizaram seus riscos, e assim realizaram algumas viagens de descobrimento. Só um louco, portador de uma nova teoria, seria capaz de lançar-se ao oceano sem saber, muito especificamente, para onde ia. Os escandinavos sempre tiveram essa noção muito específica. Eles só partiram para a Islândia depois que os corajosos irlandeses lá se estabeleceram e comentaram o empreendimento. Erik, o Vermelho, não descobriu a Groenlândia: ele seguia o relato de Gunnbjorn Ulfsson, que, fora da rota, vira terra a oeste da Islândia. Leif, o filho de Erik, não descobriu a América; repetia Bjarni Herjolfsson, que vira terra a oeste e ao sul da Groenlândia quando também perdido no mar.[27]

Os navegadores escandinavos eram conservadores; o que, com seus *knerrir*, era inevitável. Esses navios podiam ser considerados maravilhas de construção, mas eram pequenos, miseravelmente molhados e frios e não muito manobráveis. Os navios de Erik, dos Eriksson e de Karlsefni tinham menos de trinta metros de comprimento — provavelmente bem menos —, talvez um quarto ou um terço disso de largura, e na melhor das hipóteses só dispunham de meia coberta. Sem dúvida eles recebiam todas as ondas com a segurança de gaivotas flutuantes, mas no mau tempo deviam engolir muita água, a maior parte da qual ia para o porão. Não havia bombas; o porão tinha de ser esvaziado à mão.[28] Os navios escandinavos não dispunham de leme, tal como entendemos hoje sua engenharia, mas apenas de uma espécie de prancha de orientação, um grande e desajeitado remo que pendia de um dos lados do tombadilho, arrastando-se como a asa quebrada de um pássaro. A propulsão funcionava através dos remos, no porto, e de uma só vela, quadrada, no mar. Com ventos favoráveis tudo ia bem, mas essas embarcações não podiam avançar com vento de proa, e a única coisa a fazer diante dele era esperar que mudasse de rumo. Os navegadores poderiam, naturalmente, movimentar-se pela ação dos remos, mas não era prático cruzar assim o oceano. Alguma tração também se podia conseguir de um vento lateral, voltando a vela para apanhá-lo, mas isso era complicado. O que os escandinavos precisavam era de uma vela longitudinal ou latina, sobre o que falaremos mais no capítulo 5.

Levar um *knorr* para alto-mar equivalia a fazer uma aposta com os deuses das profundezas, e o melhor que um marinheiro poderia sensatamente esperar era que, em troca da aceitação das rotas que os deuses às vezes lhe impunham, lhe fosse permitido, na maioria das ocasiões, chegar aonde queria. Os naufrágios eram, é claro, comuns, e *hafvilla*, uma aflição crônica; as sagas estão repletas de casos de gente irremediavelmente perdida. Por exemplo, Thorstein Eriksson, outro irmão de Leif, embarcou para a Vinlândia mas nada viu da América. Viu a Islândia e em seguida pássaros que voavam vindos da Irlanda, e afinal o vento melhorou e lhe permitiu voltar com segurança para a Groenlândia. Thorall, o Caçador, viajou para a América com Karlsefni, mas seguiu uma rota independente, procurando a Vinlândia por sua própria conta. Esbarrou em ventos de proa e foi empurrado por eles, através do Atlântico, até a Irlanda, onde morreu e seus homens foram escravizados.[29] Na maioria das vezes, os escandinavos conseguiam chegar aonde queriam, mas dispunham de embarcações, cordame e técnicas de navegação apenas sofrivelmente adequados às dificuldades especiais do Atlântico Norte. Leif e seus marinheiros realizaram milagres — nas águas de gelos flutuantes, em vendavais assustadores, sob neblinas que pareciam o pelo molhado dos carneiros — mas os impérios só podem ser construídos a partir de feitos mais simples que milagres.

Alguns dos melhoramentos de técnica de navegação e equipamento, construção naval e cordame de que os europeus ocidentais precisavam para cruzar o Atlântico, no ponto em que ele era mais seguro mas bem mais largo, chegaram-lhes sem dúvida do Levante, com os cruzados que voltavam. Jacques de Vitry, da cidade de Acre, na Terra Santa, informou à Europa em 1218 que "uma agulha de ferro, depois de fazer contato com a pedra magnética, sempre se volta para a direção da estrela Polar, que permanece imóvel enquanto o resto se movimenta, sendo ela, como é, o eixo do firmamento". Tal agulha, observou ele, "é, portanto, uma necessidade para aqueles que viajam por mar".[30]

Jacques de Vitry era bispo da Igreja Latina numa cidade de uma região que fora a pátria de Cristo e ainda era a de muitos dos seus seguidores. Na maioria, contudo, eles não eram cristãos latinos, mas gregos, armênios, coptas e de outras miscelâneas cristãs. Ainda mais espantoso para o bispo era o fato de que todos esses cristãos, de todas as seitas, constituíam, mesmo juntos, uma minoria da população. A maioria era de muçulmanos, seguidores do terrivelmente herético Maomé, cujos exércitos tinham varrido o Oriente Médio no século VII, conquistando Belém e outros lugares por onde o Salvador passara.

Por muitas gerações, os europeus acharam tolerável tal situação; afinal, era a Jerusalém celeste, não a geográfica, que importava. Então, no século XI, a Terra Santa concreta, física, tornou-se cada vez mais importante para os europeus ocidentais (também conhecidos, na época, como latinos ou francos, mesmo que fossem ingleses ou alemães). Bispos, condes, camponeses e até muitas damas da nobreza viajaram à Terra Santa, "coisa que nunca sucedera antes".[31] Um pensamento excitava o espírito da tosca e poderosa sociedade que se desenvolvia na Europa — uma ideia composta de idealismo religioso, desejo de aventura e, como se verificou depois, ambição desmedida. Quando o imperador de Bizâncio, amedrontado pelas grandes vitórias dos turcos seljúcidas, pediu ajuda a Urbano II, o papa pronunciou seu famoso apelo de 1095, convocando uma cruzada. E a cristandade latina respondeu com a Primeira Cruzada, uma espécie de ataque *banzai* desfechado por hordas piedosas, para o resgate do Santo Sepulcro em poder dos muçulmanos. Seguiram-se sete ou oito outras Cruzadas, dependendo de como elas sejam definidas. Pelos dois séculos seguintes, centenas de milhares de europeus ocidentais marcharam e navegaram para o Mediterrâneo oriental — região de povos, culturas, biota e doenças muito diferentes daquelas a que a maioria deles estava acostumada —, tudo para enfrentar o infiel e romper seu domínio na Terra Santa.

As Cruzadas foram a mais espetacular manifestação de fervor religioso da história da sociedade europeia. Eram também a primeira tentativa em grande escala de estender permanentemente o poder da Europa além de suas próprias fronteiras. Elas provocaram o aparecimento de quatro novos Estados nas terras bíblicas: Edessa, Antióquia e Trípoli, ao norte, e o reino de

Jerusalém, o maior dos quatro, ao sul. Hoje, as únicas provas remanescentes da existência desses Estados são umas poucas e maciças ruínas, geralmente fundações de castelos. As primeiras tentativas imperialistas da Europa ocidental na Ásia fracassaram, e fracassaram em virtude de fatores similares aos que tornariam efêmeras, mais tarde, as extensões europeias na Ásia. Antes, porém, de avaliar esses fatores, vamos examinar as vantagens dos europeus, como fizemos em relação aos escandinavos no Atlântico Norte.

As embarcações e as habilidades náuticas dos europeus medievais adequavam-se mais ao Mediterrâneo (mar que um poeta americano, com enorme mas, quem sabe, adequado exagero, chamou de "lago azul no velho jardim") que ao temível Atlântico Norte.[32] No início, os muçulmanos — ou sarracenos, como eram frequentemente chamados — não conseguiram unir-se contra os invasores francos. A Europa deu aos cruzados apoio generoso e até fanático, por gerações, e, assim, eles puderam organizar e manter empreendimentos que ofuscaram tudo quanto os escandinavos tinham conseguido no Atlântico. Os escandinavos da Groenlândia, no momento de maior presença, não passavam de 3500, e seguramente não mais que 5 mil pessoas, enquanto a população latina do Reino de Jerusalém chegou, no apogeu, a mais de 100 mil.[33] Os cruzados conheciam bem os povos e as terras que procuravam conquistar. Não estavam combatendo *skraelings* além dos limites do mundo conhecido. Não estavam viajando para longe dos pontos de origem da velha civilização, mas em direção a eles, em busca de antigas certezas em antigas terras.

Ainda assim, o imperialismo europeu medieval no Oriente baqueou e caiu, e no fim os cruzados só retiveram, da Terra Santa, a poeira que levaram nas dobras das maltratadas armaduras. Os escandinavos, pelo menos, mantiveram a Islândia, mas os cruzados acabaram perdendo até Rhodes e Chipre. Constantinopla caiu e foi conquistada pelos muçulmanos em 1453, depois de um milênio como cidade cristã. O fracasso dos cruzados foi imaculado. Por quê?

Primeiro, o óbvio: os cruzados caíram num limbo, na ofensiva para conquistar Jerusalém. O caminho era mais curto e mais seguro que aquele da Noruega à Vinlândia, mas não deixava de terminar num limbo. A posição dos europeus no Levante só podia ser sustentada pelo suprimento incessante e substancial da ajuda mandada da Europa. Depois de um surto de fervor que perdurou por muitos anos, essa ajuda tornou-se episódica, diminuiu e finalmente se extinguiu. Os Estados cristãos de Edessa, Antióquia, Trípoli e Jerusalém definharam e afinal desapareceram.

Quanto a questões mais sutis, é verdade que o equipamento náutico e as habilidades dos latinos eram adequados para o comércio mediterrâneo habitual, mas não para a tarefa de transportar grandes exércitos para a Terra Santa e, uma vez chegados, supri-los. Essa inadequação teve como resultado mais significativo o desencorajamento da emigração da Europa ocidental para os Estados cruzados, o que teria assegurado sua viabilidade.[34] Em toda — ou quase toda — a extensão da viagem para o Levante, os maiores exércitos cruzados expuseram seus integrantes a doenças, ao mau tempo, a ataques de predadores locais de várias crenças religiosas e à tentação de viver no ócio por meses, ou mesmo anos, graças à abundância do Oriente, de saquear Constantinopla e de tornar lucrativa a Cruzada.

A desunião dos muçulmanos, essencial para o êxito e até para a sobrevivência dos cruzados, não durou muito tempo. Depois da Primeira Cruzada, os invasores começaram a descobrir-se cada vez mais enfrentados por sarracenos de todas as regiões. O Egito, com a maior população do mundo medieval a oeste do Indo, recrutou ou alugou enormes exércitos e, sob a liderança dos mamelucos, uniu grande parte do Oriente Médio contra os francos. Em contraste, os cristãos do Levante — latinos, gregos, sírios, coptas e assim por diante — raramente conseguiam pôr-se de acordo quanto a algum propósito, mesmo que fosse a sobrevivência.

Esses problemas de transporte e de desunião eram secundários, comparados com a simples e absoluta carência numérica de cristãos latinos nos Estados cruzados para torná-los viáveis. No início, os cruzados envaideciam-se: "Pode haver quem não se maravilhe com o fato de que nós, tão poucos nos domínios de tantos dos nossos inimigos, consigamos não apenas permanecer mas também prosperar?". Mas a realidade logo demonstrou que declarações como essa eram apenas bravata.[35] Saladino, que reconquistou Jerusalém em 1187, compreendeu perfeitamente os problemas dos cruzados e escreveu uma carta ao imperador Frederico Barba-Ruiva, recomendando que ele desmobilizasse a Terceira Cruzada porque

> se fordes contar o número dos cristãos, os sarracenos são mais numerosos e muitas vezes mais numerosos que os cristãos. Se existe um mar entre nós e aqueles que chamais cristãos, não há mar algum separando os sarracenos, que não podem ser contados; entre nós e aqueles que virão em nossa ajuda não existe qualquer obstáculo.[36]

(Montezuma poderia ter escrito essa carta a Cortés, quando este pôs os pés no México, mas em pouco tempo a situação mudou.) O imperador Frederico ignorou o conselho sensato de Saladino e tornou-se uma das vítimas das insuficiências marítimas do Ocidente. Fez seu exército marchar da Alemanha para a Hungria e desta para o Império Bizantino até o Oriente Médio, onde morreu afogado num rio. Depois disso seu exército desintegrou-se.[37]

A população latina dos Estados cruzados nunca passou de um quarto de milhão de pessoas, numa região de muitos milhões de amigos frios e inimigos de sangue quente. No conjunto do reino de Jerusalém, existiam apenas cinquenta ou sessenta estabelecimentos latinos num total de 1200 centros de população. Pela estimativa mais grosseira, apenas um em cada cinco habitantes dos Estados cruzados era latino. Os cruzados, entrincheirados em castelos, aldeias fortificadas e bairros das cidades, lembravam os *sahibs* britânicos às vésperas da Revolta dos Sipaios, jamais seguros em seus enclaves e dependentes de uma multidão de nativos para os quais sua presença era, na melhor das hipóteses, muito exasperante.[38] Havia três possíveis soluções para a aflição demográfica dos cruzados: uma, a emigração de grande número de europeus ocidentais; a segunda, o recrutamento de grande número de cristãos não latinos locais, pelo casamento, pela persuasão, pela conversão e outros processos; terceira, uma taxa de natalidade, entre os cristãos, superior, *muito* superior, à de mortalidade.

Os latinos jamais emigraram em grande número para os Estados cruzados, salvo em épocas de grande entusiasmo, como durante a Primeira Cruzada — e mesmo aí a maioria dos sobreviventes voltou para a Europa depois de terminada a luta. Eles tinham conseguido tomar Jerusalém, a mais santa de todas as cidades para os cristãos, mas relutavam em estabelecer-se até mesmo nela. "Não havia gente suficiente para prosseguir nas realizações do reino", queixou-se Guilherme, arcebispo de Tiro.

> Na verdade, havia pouca gente até para proteger as entradas da cidade e para defender seus muros e torres contra ataques súbitos [...] As pessoas eram tão poucas em número e tão necessitadas que mal enchiam uma só rua.

Balduíno I teve de convidar e adular os cristãos orientais da Jordânia, atraindo-os a Jerusalém de modo a prover a cidade de pessoas suficientes para que ela funcionasse. A escassez de trabalhadores prolongou-se por todo o tempo em que os cruzados exerceram o poder dentro das muralhas de Jerusalém.[39]

A escassez de latinos no Oriente persistiu, apesar de todos os atrativos econômicos da região. Um cavaleiro arruinado poderia conseguir um feudo rico no Levante pelo valor das armas ou pela intriga política, mas na Europa, onde outros cavaleiros latinos, pelo menos tão piedosos quanto ele, já controlavam todas as terras, isso era bem mais difícil. Balduíno e os demais líderes cruzados ofereceram vantagens especiais aos cavaleiros que se dispusessem a instalar-se em seus domínios, afrouxando até mesmo as rígidas regras de herança patriarcal para permitir que os bens de um cavaleiro passassem às filhas e a parentes colaterais e, ainda, que as mulheres, em certas circunstâncias, possuíssem feudos. Quanto aos imigrantes plebeus, parecia provável também que as oportunidades de melhorar de vida fossem maiores no Oriente. Eles poderiam, pelo menos, contar com o fato de que se situariam, socialmente, acima dos cristãos orientais, mesmo proprietários, e em posição muito superior à dos muçulmanos.[40] "Aqui os necessitados foram enriquecidos por Deus", escreveu o capelão de Raymond de St. Gilles.

Os que tinham uns poucos tostões têm aqui incontáveis fortunas. Aquele que não tinha aldeia tem aqui uma cidade dada por Deus. Por que motivo quem encontrou o Oriente vai gostar do retorno ao Ocidente?[41]

Pergunta muito boa, porque eles voltaram em grandes grupos. Os cruzados queriam apaixonadamente conquistar a Terra Santa, mas parecia não quererem mantê-la, e por isso foram incapazes de fazê-lo. Foi como se Cortés e seus conquistadores tivessem tomado todo o império asteca e em seguida feito as malas para voltar, devolvendo o México ao controle ameríndio.

Os cruzados não resolveram seu problema demográfico pelo recrutamento dos cristãos locais e pelo casamento com eles, porque achavam, simplesmente, que esses nativos não eram como os latinos. Muito ao contrário: eles eram "indignos de confiança, dúplices, raposas espertas como os gregos, mentirosos e vira-casacas" — e em muitos aspectos tão ruins quanto os sarracenos.[42] Era inevitável que houvesse alguns casamentos mistos, cujos rebentos foram, por natureza e criação, os primeiros verdadeiros cidadãos dos Estados cruzados e a esperança de seu futuro. Os cruzados, infelizmente, tratavam essas pessoas com desdém, por serem elas, na verdade, ocidentais do Oriente, sentindo-se em casa no Levante, bilíngues, tolerantes em relação à pluralidade de culturas e religiões e, assim, interessadas na realização da paz:

Suaves e efeminados, mais acostumados a banhos que a batalhas, viciados num modo de vida desordeiro e sujo, vestidos como mulheres em roupas macias [...] eles fazem tratados com os sarracenos e se alegram por estar em paz com os inimigos de Cristo.[43]

Os cruzados eram uma pequena minoria de conquistadores dirigindo uma grande maioria de povos de culturas antigas, altivas e, sob muitos aspectos, superiores. Os conquistadores, considerados no todo, eram como um torrão de açúcar depositado numa xícara de chá quente. Para sobreviver culturalmente eles se fechavam e praticavam a vida de clã a um ponto próximo do *apartheid*. Quando um bispo de Acre defendeu a conversão dos nativos à cristandade latina, os cruzados opuseram-se. Eles estavam dispostos, nas palavras do historiador Joshua Prawer, "a lutar e morrer por sua religião, mas não a aceitar a conversão mesmo dos que a desejassem!".[44]

Isso deixou apenas o crescimento vegetativo como processo a partir do qual os cruzados poderiam tentar a solução de seus problemas de força de trabalho humano. Eles e as mulheres que tinham levado do Ocidente latino teriam de produzir frutos que vivessem para produzir ainda mais, e todo esse ciclo reprodutivo teria de ser mais rápido que o da mortalidade dos francos, e muito mais rápido que o ciclo reprodutivo dos nativos cristãos, judeus e especialmente muçulmanos. Os latinos perderam a corrida da propagação.

Com poucas exceções, ao longo da história, os ocidentais que foram ao Mediterrâneo oriental para travar guerras acreditaram sempre que seus maiores problemas seriam militares, logísticos e diplomáticos, e possivelmente teológicos, mas a verdade é que em geral as dificuldades comuns e imediatas acabavam sendo de ordem médica. Os ocidentais muitas vezes morreram logo ao chegar, e mais frequentemente ainda não conseguiram ter filhos que alcançassem a idade adulta no Oriente.

Seria pura adivinhação dizer que tal cruzado morreu de tal causa. Em setembro e outubro de 1098, milhares de integrantes da Primeira Cruzada morreram em consequência de algum tipo de pestilência. Que parece ter sido infecciosa: um exército de

1500 alemães, recém-chegado, sofreu rápida aniquilação, o que mais sugere infecção que desnutrição, embora esta última pudesse contribuir para a rapidez das mortes. Nesse outono as chuvas foram praticamente contínuas, e os cruzados quase nada sabiam de saneamento. É possível que o assassino tenha sido o tifo ou alguma forma de disenteria.[45] O assassino principal na Sétima Cruzada, por outro lado, pode ter sido a desnutrição. Os sintomas — boca ulcerada, gengivas pútridas, hálito fétido, pele "tão escura quanto a terra ou quanto uma velha bota abandonada" — sugerem o diagnóstico de escorbuto.[46] Mas tal diagnóstico *a posteriori* é mais adivinhação. As descrições que os cruzados faziam de suas enfermidades eram ambíguas, e sem dúvida muitos patógenos operavam ao mesmo tempo. Os francos, quando viajaram para o Oriente, ficaram sujeitos a um novo clima, à exposição a todos os tipos de tempo hostil, a um novo regime alimentar, à desnutrição e ocasionalmente à inanição, à exaustão, à desorientação geral — o *stress* num conjunto de formas —, além de novos patógenos. Quando morria um homem faminto, amedrontado, cansado, sujo e atacado por uma ou mais infecções, era difícil dizer o que, especificamente, causara a sua morte.

Em contraste com os francos, os sarracenos lutavam em seu próprio terreno. Ricardo de Devizes observou, invejosamente, que "o tempo era-lhes natural; o lugar, seu país nativo; o trabalho, saúde; a frugalidade, remédio".[47]

Quando chegaram ao Levante, os cruzados tiveram de passar pelo que, séculos depois, os colonizadores britânicos da América do Norte chamariam "sazonamento", adaptação; teriam de ingerir — e criar resistência — a flora bacteriana local.[48] Teriam de sobreviver a infecções, elaborar algum *modus vivendi* com a microvida e com os parasitos orientais. Depois disso, eles poderiam enfrentar os sarracenos. Esse período de sazonamento roubava tempo, força e eficiência, e terminava em morte para dezenas de milhares.

Provavelmente a doença que mais afetou os cruzados foi a malária, endêmica nas regiões baixas e úmidas do Levante e ao longo da costa, exatamente onde o cerne da população dos Estados cruzados tendia a concentrar-se.[49] Os cruzados do Mediterrâneo e da Europa setentrional podem ter levado com eles alguma resistência à malária, porque essa doença estava largamente distribuída na Europa medieval — e na verdade, estava presente ainda no século XIX num ponto tão setentrional como a região dos charcos na Inglaterra —, mas em nenhum outro lugar, da Itália para o norte, ela era tão virulenta, tão constante e de tantas variedades como no Mediterrâneo oriental. Desafortunadamente para os cruzados, a pessoa imune a uma forma de malária não o é a todas as outras, e a imunidade à malária não é muito duradoura.

O Levante e a Terra Santa eram, e em algumas áreas ainda são, maláricos. Os genes que conferem resistência a ataques fortes de malária são hoje comuns entre os nativos dessa parte do mundo, confirmando o testemunho de Hipócrates e seus contemporâneos, segundo os quais a malária existia no Mediterrâneo oriental há bem mais de 2 mil anos. Tais genes são extremamente raros na Europa ao norte dos Alpes, provando que as piores espécies de malária, especificamente a chamada malária falcípara, raramente foram ativas nessas latitudes. Cada nova batelada de cruzados da França, da Alemanha e da Inglaterra deve ter servido de lenha na fornalha do Leste malárico. A experiência dos imigrantes sionistas na Palestina, no início deste século, pode ser ilustrativa: em 1921, 42% deles contraíram malária nos primeiros seis meses a contar da chegada, e 64,7% durante o primeiro ano.[50]

A malária parece ter sido o que mais profundamente influenciou a Terceira Cruzada, aquela que foi por pouco tempo liderada pelo infortunado afogado Frederico Barba Ruiva, em seguida e desconfiadamente pelo rei da França e afinal e entusiasticamente por Ricardo Coração de Leão. Uma doença de natureza ambígua (com o fingimento como possível infecção secundária) convenceu o rei da França a desistir da cruzada logo no início, e quase matou o rei Ricardo em seus primeiros meses em terra firme na Terra Santa, em 1191. A dele era "uma doença grave, à qual o povo comum dava o nome de arnoldia, produzida pela ação da mudança de clima sobre a constituição". Depois de recuperado, Ricardo levou seu exército pela planície costeira, região especialmente malárica, e em seguida para o interior, rumo a Jerusalém. Esse primeiro avanço foi atropelado pelas pesadas chuvas de novembro, frequentemente o pior mês da Palestina, em matéria de malária, e detido em janeiro, "quando a doença e a necessidade enfraqueceram tantos, e a tal ponto, que eles mal podiam sustentar-se em pé". Mais tarde, Ricardo, mesmo com o exército em decomposição, realizou outra tentativa contra Jerusalém, praticamente com os mesmos resultados. Ele caiu doente de novo; dessa vez, murmuravam os médicos, com uma "semiterçã aguda" (hoje definida como uma combinação da malária terçã com a cotidiana); em 1192, Ricardo embarcou de volta para a Inglaterra. Daí em diante, os cristãos só tiveram acesso ao Santo Sepulcro com a permissão dos muçulmanos.[51]

Nem sempre os soldados ingleses sucumbem no Oriente. O exército britânico lutou com muito êxito na Palestina, na Primeira Guerra Mundial, em grande parte porque seu comandante, o general Edmund Allenby, preparou-se para a campanha lendo tudo o que encontrou sobre o Levante, inclusive os relatos dos cruzados, e ouvindo atentamente seus oficiais médicos. "Tanto quanto eu saiba", disse um admirador, "ele foi o primeiro comandante nessa região malárica, na qual tantos exércitos pereceram, a compreender o risco e tomar medidas apropriadas."[52] Mesmo assim, a força expedicionária britânica na Palestina teve, em 1918, 8500 casos primários de malária entre abril e outubro, e mais de 20 mil casos nos meses restantes.[53]

A longevidade não era característica dos cruzados. As mulheres francas provavelmente viveram melhor que os homens no Oriente, mas era comum não conseguirem ter crianças saudáveis ou sequer ter crianças.[54] É pertinente mencionar que a malária é uma grande ameaça às mulheres grávidas, sendo comum o aborto, e muito perigosa para as crianças.[55] A incapacidade das mulheres de produzir garantias para o futuro tornou irrelevantes todos os esforços voltados para o presente. Os Estados cruzados morreram como vasos de flores cortadas.

Em 1291, os muçulmanos conquistaram Acre, o último bastião dos cruzados na Terra Santa. Com isso terminava a primeira tentativa dos europeus de fundar grandes estabelecimentos fora da Europa.[56] Esse esforço, apesar de todas as impossibilidades que revelou, influenciaria decisivamente iniciativas posteriores e de maior êxito. As cruzadas com certeza serviram para acelerar a disseminação de contribuições orientais à engenharia naval e à navegação, como o leme traseiro e a bússola, ambos de importância decisiva para a futura expansão europeia.[57] Os cruzados foram os primeiros europeus ocidentais a tomar gosto por esse produto asiático, o açúcar — "produto muito precioso, muito necessário para a saúde e o bem-estar da humanidade", como disse um deles — e levaram tanto o gosto quanto a planta para o Ocidente. Primeiro o açúcar viajou da Palestina para as ilhas do Mediterrâneo e a península Ibérica, e, em seguida, como veremos, para a ilha da Madeira e as Canárias, e daí para além das costuras da Pangeia.[58]

Quando tempos melhores voltaram à Europa, no fim da Idade das Trevas, a população, a riqueza e a ambição aumentaram pela primeira vez em séculos, e um imperialismo especificamente europeu começou a avançar, pela primeira vez na história. A expansão dos escandinavos a oeste e a dos cruzados no Oriente Médio foram, ainda que efêmeras, as suas manifestações mais sensacionais. Os estabelecimentos da Vinlândia e da Groenlândia fracassaram por estarem simplesmente longe demais para ser sustentados por uma população com as características tecnológicas, econômicas, políticas e epidemiológicas dos escandinavos. Mesmo a Igreja, instituição central da Europa medieval, não tinha alcance efetivo além da cordilheira do Meio-Atlântico. Tanto quanto sabemos, jamais um sacerdote visitou a Vinlândia, com a possível exceção daquele que aparece e desaparece de nossa história numa única e hipnótica sentença: "O bispo Erik saiu em busca da Vinlândia".[59] As consolações do cristianismo mal chegaram à própria Groenlândia. A *Saga de Erik* conta que os mortos eram muitas vezes enterrados sem os serviços religiosos apropriados, nessa terra em que os sacerdotes eram tão raros quanto as árvores. Os leigos depunham o corpo no chão, quando o gelo do solo permitia, e cravavam uma estaca na terra atravessando o peito do morto. Quando afinal chegava, o padre removia a estaca, vertia água benta na perfuração e realizava tardiamente a cerimônia prescrita.[60] Só depois que a Europa passou a ter embarcações e equipamentos de navegação à altura do desafio de atravessar o Atlântico na faixa mais quente, que era também a mais larga, foi que os europeus conseguiram fundar estabelecimentos permanentes do lado ocidental da cordilheira do Meio-Atlântico.

No Oriente, os europeus tentaram fundar colônias incrustadas em populações densas e de alta cultura. O imperialismo franco teve décadas de triunfo, e a presença dos cruzados na Terra Santa durou tempo tão ou mais longo que aquele do domínio europeu na Argélia e na Índia em nossa era. Mas no fim os Estados cruzados faliram. Nem mesmo o fanatismo cristão-latino conseguiria neutralizar a vantagem numérica dos povos indígenas. Os europeus podem ser capazes de conquistar por algum tempo, mas não de destituir permanentemente populações nativas mais numerosas, sobretudo com o ambiente patológico trabalhando contra os invasores.

A Islândia, onde a presença europeia já data de mais de mil anos, é a única exceção no registro do imperialismo ultramarino europeu na Idade Média. Ela fica mais perto da Europa que a Groenlândia e a Vinlândia, e seu clima é mais ameno que o da Groenlândia. Além disso — e este é um dado tão importante quanto simples — a Islândia não tinha *skraelings*, nem muçulmanos, nem cristãos gregos, ninguém com as vantagens da ocupação anterior e de um ajustamento cultural e físico quase perfeito ao meio ambiente. De habitantes humanos, ela tinha apenas meia dúzia de anacoretas que poderiam ser afastados tão facilmente como as gaivotas e os papagaios do mar.

4. AS ILHAS AFORTUNADAS

> *As ilhas Afortunadas ou ilhas dos Abençoados "têm*
> *em abundância frutos e pássaros de todas as espécies...*
> *Essas ilhas, porém, são muito perturbadas pelos cor-*
> *pos putrefatos de monstros, constantemente lançados*
> *do mar".*
> História natural de Plínio
> (primeiro século depois de Cristo)

Em 1291, os cruzados perderam Acre, o último bastião dos cristãos na Terra Santa. Nesse mesmo ano, coincidentemente, dois irmãos genoveses, Vadino e Ugolino Vivaldi, navegaram para além de Gibraltar e entraram no Atlântico com o propósito de circundar a África. Nunca mais foram vistos, o que não era de surpreender. A viagem, em si, significava pouco, mas suas implicações foram de importância transcendental. A aventura dos Vivaldi foi o começo do mais importante dos novos avanços dos humanos e de outras espécies desde a Revolução Neolítica. Navegadores e imperialistas europeus estavam agora prontos para tentar a sorte em latitudes nas quais o Atlântico era quente, embora deploravelmente largo.

Os Vivaldi podem não ter morrido no mar ou na costa da África. Mesmo em sua imprópria embarcação, podem ter alcançado as Canárias, a Madeira ou os Açores, ilhas todas a uma semana ou menos de Gibraltar, desde que com ventos favoráveis. As Canárias certamente e os dois outros grupos possivelmente eram conhecidos já dos romanos e de outros navegadores do antigo mundo mediterrâneo, que as chamavam de ilhas Afortunadas. A Europa, entretanto, esqueceu-as ou pelo menos perdeu sua localização exata ao longo dos séculos do declínio de Roma e da Idade Média. Os navegadores da Renascença europeia descobriram ou redescobriram essas ilhas e fizeram delas o laboratório de uma nova espécie de imperialismo europeu. Os impérios transoceânicos de Carlos V, Luís XIV e da rainha Vitória tiveram como protótipo as colônias estabelecidas nas ilhas do Atlântico oriental.

Em 1336, Lanzarote Malocello, seguindo a trilha dos Vivaldi, chegou à mais setentrional das ilhas Canárias, que ainda tem seu nome, Lanzarote, onde se estabeleceu e foi morto pelos nativos canarinos, os guanchos, anos mais tarde. Durante o século XIV, italianos, portugueses, maiorquinos, catalães e, sem dúvida, outros europeus mandaram navios isolados e expedições às Canárias e aos outros arquipélagos que faziam face à península Ibérica e ao Marrocos — Madeira e Açores —, à medida que eles iam sendo descobertos.[1]

O relevo dessas ilhas é frequentemente escarpado e abrupto, mas há grandes extensões de rico solo vulcânico. O oceano circundante supre a maior parte desse solo com chuvas abundantes, embora algumas das ilhas menos montanhosas sejam ressecadas, sobretudo as Canárias mais a leste, baixas demais para absorver a umidade dos ventos alísios. A temperatura nos Açores é caracteristicamente fria e as temperaturas nas Madeiras e nas Canárias mais moderadas do que sua latitude sugeriria. A fria corrente das Canárias e os ventos alísios fazem delas ilhas de temperatura, fauna e flora mediterrâneas, embora muitas de suas espécies sejam únicas, da mesma forma que os organismos oceânicos insulares em toda parte. Embora elas fiquem na latitude do Saara, os geógrafos situam ambos esses grupos de ilhas na mesma região floral do litoral mediterrâneo, bem mais ao norte.[2] Estas eram terras a apenas alguns dias de viagem da Europa, terras temperadas e potencialmente férteis, ao contrário das remotas ilhas do Atlântico Norte; terras, parecia, menos assustadoramente defendidas que a Vinlândia ou o Levante. Não havia açorianos ou madeirenses resistindo à conquista, e os guanchos eram infiéis sem armadura "nem qualquer conhecimento da arte da guerra e sem vizinhos dos quais pudessem receber ajuda".[3]

Vamos examinar a história desses arquipélagos, em ordem ascendente de sua influência no desenvolvimento do imperialismo europeu, a começar pelos Açores. Inicialmente, essas nove

O Atlântico, primeiro oceano a ser explorado pelos navegadores. Reproduzido com a permissão de Francis M. Rogers, *Atlantic islanders of the Azores and Madeiras* (North Quincy, Mass., The Christopher Publishing House, 1979), guarda.

ilhas no meio do Atlântico não passavam de sinais de orientação na profundeza do oceano — navegue para leste e chegará a Portugal — e lugares de abastecimento de água e vitualhas, na viagem de volta das Canárias ou da África ocidental. Logo os europeus as transformaram, europeizando-as em benefício dos navegantes em trânsito, "semeando-lhes" animais de criação, como fizeram mais tarde em outras ilhas e terras continentais recém-descobertas. Os carneiros geralmente são mansos e frágeis demais para sobreviver sozinhos, mas nos Açores não havia grandes carnívoros nem, muito provavelmente, doenças que os dizimassem. Assim, navios de passagem deixaram alguns carneiros e ovelhas em terra e algum tempo depois, pelo menos desde 1439, outros viajantes encontraram rebanhos bravios. Esses rebanhos aparentemente precederam os primeiros colonizadores humanos permanentes, porque 1439 foi o ano em que o rei de Portugal assinou as primeiras concessões para a ocupação de terras nos Açores.[4] Os carneiros e, em seguida, o gado bovino e as cabras devem ter achado saudável o lugar e nutritiva a vegetação das encostas e dos vales das ilhas maiores. Eles se reproduziram entusiasticamente.

As tentativas dos europeus de introduzir culturas comercializáveis no continente foram vitoriosas em relação ao trigo, embarcado para Portugal já no fim da década de 1440, e a uma planta chamada ísatis (pastel dos tintureiros), usada em tintura, que foi transplantada da França e também se tornou um item de exportação; mas o grande fazedor de dinheiro da época, o açúcar, definhou sob o vento frio dos Açores. O significado do arquipélago na história não foi o de uma fonte de riquezas, mas o de escala nas rotas de ida e volta que ligavam à metrópole as colônias produtoras desses fazedores de dinheiro.[5]

O grupo da Madeira consiste em duas ilhas — Madeira propriamente dita, com pouco menos de sessenta quilômetros de comprimento, e Porto Santo, com apenas um quinto dessa extensão — e mais umas poucas ilhotas estéreis.[6] Ambas as ilhas são montanhosas, a Madeira muito mais que Porto Santo, com picos de quase 2 mil metros de altitude. Sua topografia foi descrita como sendo a do esqueleto de um réptil: uma elevada espinha dorsal estendendo-se ao longo do comprimento da ilha, e montanhas perpendiculares, as costelas, descendo do dorso em ângulo reto. Pouca extensão existe que possa ser chamada de planície costeira, e alguns desses maciços terminam em escarpas que são das mais altas do mundo. A maior parte do gado da Madeira nasce e é criada, vive e morre em reentrâncias das quais não se permite que os animais saiam, com medo de que escorreguem e caiam pastagem abaixo.[7]

Porto Santo é das duas ilhas a menor e de menor altitude, sendo frequente que as nuvens passem por ela sem derramar uma só gota de água. Historicamente, Porto Santo foi mais importante pela pecuária que pela agricultura. As terras altas da Madeira desviam os ventos do oceano para altitudes nas quais seus vapores se condensam, e a ilha tem chuva suficiente para o cultivo de seus ricos solos, embora a água escoe rapidamente até ser perdida no mar, a menos que sua queda seja contida. Nos últimos oito séculos, grandes fortunas foram repetidamente acumuladas em colônias quentes, férteis e úmidas (Hispaniola, Brasil, Martinica, Maurício, Havaí etc.), pelo desenvolvimento de culturas tropicais em demanda na Europa. Creta, Chipre e Rhodes foram as primeiras dessas colônias no Mediterrâneo. A Madeira foi a primeira no Atlântico, e o precedente para todas as que vieram depois.[8]

Nos anos da década de 1420, os primeiros colonos chegaram de Portugal: menos de uma centena de plebeus e nobres de segunda classe, todos em busca de terras novas que pudessem melhorar sua expectativa de riqueza e avanço social. Madeira e Porto Santo eram virgens no sentido mais estrito da palavra: não eram habitadas e não apresentavam qualquer marca de ocupação humana paleolítica, neolítica ou pós-neolítica. Os recém-chegados puseram-se a trabalhar, tentando racionalizar a paisagem, a flora e a fauna, que até então só tinham sido afetadas pelas forças cegas da natureza. Bartolomeu Perestrelo, donatário de Porto Santo (e, por acaso, futuro sogro de Cristóvão Colombo), soltou na ilha, jamais habitada antes por outros exemplares dessa espécie, uma coelha fêmea — que parira na viagem — e sua cria. Os coelhos reproduziram-se em velocidade verdadeiramente abominável e "espalharam-se pela terra até que os homens nada mais podiam plantar que eles não destruíssem". Os colonos armaram-se contra esses rivais e mataram muitos deles, mas, na ausência de predadores locais e organismos portadores de doenças adaptáveis a esses quadrúpedes, o índice de mortalidade permaneceu sempre atrás do de natalidade. Os humanos foram obrigados a abandonar Porto Santo e recolher-se à Madeira, derrotados nessa tentativa inicial de colonização não pela natureza primitiva, mas por sua ignorância ecológica. Mais tarde eles tentaram de novo e conseguiram, mas, mesmo assim, observou-se em 1455 que Porto Santo ainda se agitava com verdadeiros enxames de "coelhos sem conta". Os europeus cometeriam o mesmo erro vezes seguidas, desencadeando explosões populacionais de burros (em Fuerteventura, nas Canárias), de ratazanas (na Virgínia, América do Norte), e de coelhos (na Austrália).[9]

Os coelhos de Porto Santo, se sua história é de algum modo semelhante à de outros coelhos em outros lugares e circunstâncias parecidas, comiam não apenas o que fora plantado, mas tudo o que fosse mastigável. É possível que plantas nativas tenham desaparecido e animais nativos tenham morrido por falta de alimento e abrigo. Seguiram-se a erosão pelo vento e pela chuva, e então os econichos vazios foram ocupados por ervas daninhas e animais do continente. A Porto Santo de 1400 perdeu-se para nós tão irrevogavelmente quanto o mundo anterior ao dilúvio de Noé.

Quando os europeus chegaram pela primeira vez, a ilha da Madeira não tinha "um palmo de terra que não fosse inteiramente coberto de grandes árvores". Daí o nome que lhe deram. A madeira revelou-se valiosa como item de exportação, mas as florestas eram boas demais e os primeiros colonizadores queriam abrir espaço para eles mesmos, suas culturas e seus animais — o que exigia uma derrubada mais rápida que a da extração com finalidade comercial. Assim, os primeiros colonos atearam um incêndio depois do outro, o que teve como resultado uma conflagração que quase os expulsou da ilha. Um grupo, pelo menos, "foi forçado, com todos os homens, mulheres e crianças, a fugir de sua fúria [do fogo] e procurar refúgio no mar, onde todos permaneceram, mergulhados até o pescoço, sem água ou alimento, por dois dias e duas noites". A história prossegue revelando que o fogo durou sete anos, o que talvez possamos interpretar como significando que os colonos continuaram queimando florestas por todo esse tempo.[10] É natural perguntar, sobre a Madeira assim como sobre Porto Santo: como eram originalmente, em estado de natureza, esses lugares? É provável que algumas espécies da Madeira, não acostumadas, em tal clima, a sobreviver a holocaustos, tenham sido perdidas de vez e que muitas das atuais espécies "nativas", que se acredita terem estado presentes ali desde sempre, na verdade tenham chegado e proliferado depois da grande queimada do início do século XV.

De início, os colonos da ilha da Madeira tiveram de lutar com unhas e dentes pela própria sobrevivência, comendo, por exemplo, os pombos nativos, tão desacostumados aos humanos que podiam ser apanhados facilmente com a mão, e exportando a madeira do cedro e do teixo nativos e o sangue de drago, tintura feita da resina de uma árvore local. Mas o fato é que a ilha nada continha de precioso o bastante para sustentar os recém-chegados no estilo a que aspiravam.[11] O caminho da prosperidade consistia em acrescentar à flora e à fauna existentes plantas e animais para os quais houvesse procura, de uma forma ou outra, nos portos de Portugal e além. Os madeirenses precisavam encontrar algo com grande demanda que pudessem produzir melhor, mais rápido, mais barato e em maior quantidade que em qualquer outro lugar. Experimentaram, e logo havia porcos e bois, alguns bravios, fuçando e pastando aqui e ali, e nesse passo garantindo que as florestas da Madeira jamais se recuperassem da grande queimada. Abelhas, quase certamente importadas e não indígenas, estavam produzindo cera e mel para os colonos por volta de 1450. Trigo do continente e vinhas vindas de Creta deram-se bem no solo rico e no sol quente, e conseguiram bons mercados em Portugal.[12]

Esses produtos eram suficientes para manter os colonos num nível de prosperidade satisfatório pelos padrões açorianos, mas eles não se tinham aventurado pelo Atlântico para permanecer camponeses e aristocratas decadentes. Eles necessitavam de uma cultura tão boa como o ouro; necessitavam do açúcar. Porto Santo era seca demais para a cana-de-açúcar, mas a Madeira parecia ideal, e com toda probabilidade a cana-de-açúcar já crescia na Madeira antes de meados do século XV. A experiência deve ter-se demonstrado encorajadora, porque em 1452 a Coroa portuguesa autorizou a construção do primeiro engenho de açúcar movido a água.

Esse foi o primeiro de uma série de êxitos no Atlântico, êxitos explosivos, na produção de açúcar. Em 1455, a produção anual da Madeira era de 6 mil arrobas (uma arroba valendo de onze a doze quilos).* O primeiro açúcar foi exportado da ilha para Bristol, Inglaterra, no ano seguinte. Em 1472, a ilha produzia mais de 15 mil arrobas anualmente, e nas primeiras décadas do século seguinte, cerca de 140 mil arrobas por ano. Dezenas e dezenas de navios carregavam seu açúcar para a Inglaterra, França, Flandres, Roma, Gênova, Veneza e até um lugar tão longe quanto Constantinopla. Os madeirenses tinham se enterrado solidamente na monocultura e escolhido dedicar-se a adoçar a boca da Europa.[13]

A população aumentou junto com a produção de açúcar. Em 1455, a Madeira contava oitocentos habitantes e, no fim do século, de 17 a 20 mil ou mais, incluindo pelo menos 2 mil escravos.[14] Em poucas décadas, essa população transformou a Madeira no maior produtor do que era considerado um importante medicamento e do que era e é considerado, para efeitos práticos, uma substância criadora de dependência: o açúcar. Nem mesmo o tabaco, a substância quase geradora de dependência que veio a seguir e que também daria nova forma ao mundo, excederia o açúcar como produtor de dinheiro.[15]

Cultivar o açúcar, o trigo ou o que quer que imaginemos num lugar como a Madeira deve ter sido, nas palavras de T. Bentley Duncan, "um trabalho verdadeiramente penitencial".[16] O preparo inicial da terra para o plantio, com queimadas ou não, o cuidado e a colheita da primeira safra devem ter sido trabalhos de Hércules. Boa parte da terra era íngreme demais para práticas normais de cultivo e devia ser terraceada. A mais cansativa e perigosa de todas foi a tarefa de instalar um vasto sistema de transporte da água, das colinas ventosas e encharcadas para os campos cultivados bem abaixo: "o Faraó tinha suas

---

* A arroba ainda hoje usada no Brasil, para produtos agropecuários, corresponde a 15 quilos. (N. T.)

pirâmides; o madeirense, seus cursos d'água construídos pela mão do homem".[17]

Esses cursos eram as levadas, uma rede de dutos e túneis, alguns de alvenaria e outros cavados na rocha nua, que circundavam a montanha, coletavam a água da chuva e a conduziam ao longo de elevações afiadas como navalhas e gargantas estreitas, descendo até as fazendas e os jardins. Hoje, a extensão dessa rede é calculada em setecentos quilômetros, numa ilha que tem apenas sessenta quilômetros de comprimento.[18] A história de seus primórdios é obscura; aparentemente os primeiros trechos foram escavados já nas décadas de 1420 e 1430. Em 1461, o senhor-proprietário da Madeira nomeou dois administradores das águas, o que sugere que a rede da levada já tinha dimensão considerável, em função do início da revolução do açúcar — uma explosão econômica que deve ter promovido a ulterior expansão do sistema.[19]

Os escravos não são mencionados nos registros da Madeira até 1466, mas já deviam ser importados desde muitos anos antes para o trabalho inicial de reforma da ilha de modo a afeiçoá-la aos desejos europeus. O trabalho continuou por gerações, à medida que as plantações se expandiam e a necessidade de água se multiplicava. Ao mesmo tempo, havia uma exigência crescente de trabalhadores para o cultivo, a colheita e a moagem da cana-de-açúcar. No fim do século, os escravos eram tema de constante referência nos documentos da ilha, e podemos discernir na Madeira, pelas gerações seguintes, o padrão básico de organização das colônias de *plantation*.[20]

O envolvimento de Portugal no tráfico de escravos ao longo da costa atlântica da África só teve início na altura da década de 1440; assim, com toda a probabilidade, os primeiros escravos da Madeira não seriam negros. Estaremos bem fundamentados se supusermos que alguns fossem berberes, alguns, cristãos portugueses que se comportassem demais como mouros, outros, cristãos-novos que agissem demais como judeus, e alguns outros, grupos marginais. Parece provável que muitos deles, se não a maioria, fossem guanchos, os nativos das ilhas Canárias que tinham entrado na corrente da escravidão europeia alguns anos antes da primeira experiência de colonização da Madeira. Parece ter havido cativos das Canárias em Maiorca, por exemplo, já em 1342. Sua primeira aparição na Madeira não foi registrada, mas devem ter chegado lá muito cedo. Muitos deles vinham de ilhas tão montanhosas quanto a Madeira, e eram famosos por suas habilidades. Eles podem ter sido muito úteis na extensão das levadas às escarpas mais difíceis. No fim do século XV, havia tantos deles na Madeira que os madeirenses reivindicavam regulamentos que limitassem seu número. Eles eram um grupo perigoso.[21] O comércio atlântico de escravos, que sempre imaginamos ter sido exclusivamente de escravos negros, foi, no início e em grande parte, um comércio de brancos, ou para sermos mais precisos quanto à sua tez, "cor de oliva [...] a cor de camponeses queimados pelo sol", isto é, a cor do povo das ilhas Canárias.[22]

O arquipélago das Canárias, de sete ilhas, é o maior de toda a região, o de maiores altitudes e o de biogeografia mais complexa dentre os três arquipélagos que estamos discutindo. (De fato, ele tem maiores altitudes e maior variedade de flora e fauna que a própria Islândia, embora consideravelmente menor em área.) As Canárias ficam mais perto do continente — a apenas cem quilômetros da costa, nos pontos mais próximos — que até mesmo os Açores e a Madeira, e dos três eram as únicas habitadas antes da chegada dos europeus. A latitude é tropical e o clima, quente, mas não opressivo, graças ao oceano e seus ventos. As duas ilhas mais orientais são secas, mas as outras relativamente bem aguadas, em virtude de sua elevação. Tenerife e a Grã-Canária, a mais alta e a maior delas, têm topografia muito parecida com a da Madeira — bons lugares para emboscadas, ataques relâmpagos e fugas instantâneas — e abrigava a maior e a mais feroz das populações indígenas.[23]

Como já vimos, os europeus da Renascença foram às Canárias antes que às outras ilhas do Meio-Atlântico — possivelmente já na década de 1290 e seguramente nas primeiras décadas do século XIV. Havia nessas ilhas muitas coisas que os europeus podiam juntar e levar de volta para vender com lucro: peles e sebo dos grandes rebanhos de gado dos guanchos; as tinturas extraídas de um musgo local; e gente — os próprios guanchos. Havia um bom mercado para pessoas, especialmente depois que a Peste Negra liquidou tantos dos camponeses da Europa meridional.

Os guanchos merecem mais atenção do que têm recebido. Com a possível exceção dos aruaques das Antilhas, eles foram o primeiro dos povos levados à extinção pelo imperialismo moderno. Seus ancestrais tinham chegado às Canárias, procedentes do continente africano, ao longo de um período de muitos séculos, iniciado a partir do segundo milênio antes da era cristã. Os últimos chegaram o mais tardar nos primeiros séculos depois de Cristo. Eram povos marítimos, contemporâneos dos grandes navegadores polinésios. Mas, ao contrário destes, esqueceram tudo o que sabiam do mar, depois de sua primeira expedição em água salgada. Quando os europeus chegaram, os guanchos dispunham de poucos barcos (ou, quem sabe, de nenhum) — mas certamente não tinham um único barco capaz de viajar até o continente.[24] Como os tentilhões de Darwin, nas ilhas Galápagos, eles eram, muito provavelmente, os descendentes de uns poucos ancestrais e tinham evoluído independentemente, em ilhas separadas. Os tentilhões sobreviveram à chegada dos europeus e deram aos biólogos uma grande oportunidade de aprender sobre a evolução biológica divergente. Os guanchos teriam proporcionado aos antropólogos um exemplo clássico de evolução cultural divergente se também tivessem sobrevivido.

Sabemos pouco a respeito dos guanchos. De acordo com os primeiros relatos, alguns eram grosseiros, e outros, graciosos, alguns eram escuros, e outros, claros. A maioria era evidentemente aparentada com os berberes das regiões continentais adjacentes. Tecidos retirados de suas múmias ressecadas informam que poucos deles, ou talvez nenhum, apresentavam o sangue do tipo B. Nisso eles eram como os ameríndios, os aborígines, os polinésios e alguns outros povos historicamente isolados.[25] Quando chegaram às Canárias, os únicos animais presentes, parece, eram pássaros, roedores, lagartos e tartarugas marítimas e terrestres; e a flora da ilha, apesar de algumas afinidades com a da região mediterrânea, só era semelhante, na massa de detalhes específicos, à da Madeira.[26]

Os guanchos não foram exceção à regra de que os migrantes humanos levam consigo suas plantas e animais, e assim contribuem para homogeneizar a biota do mundo. Pelo menos em parte, eles eram herdeiros da Revolução Neolítica do Oriente Médio e levaram do continente a cevada, talvez o trigo, feijões e ervilhas, assim como cabras, porcos, cães e talvez carneiros. Não tinham nem gado nem cavalos. Também transportaram consigo o conhecimento de como fazer cerâmica, mas não fiavam ou teciam, nem produziam ferramentas de metal, armas e objetos de decoração. As Canárias não dispunham de reservas de minerais metálicos; assim, se os guanchos conheciam, ao chegar, alguma coisa de metalurgia, logo esqueceram. A falta de armas de metal foi uma das carências fatais da cultura dos guanchos.[27]

O rude processo da conquista europeia começou em 1402, data que podemos adotar como a do nascimento do moderno imperialismo europeu. Os mouros ainda controlavam o Sul da península Ibérica e os turcos otomanos avançavam sobre os Bálcãs, mas a Europa começara a marchar — ou melhor, a navegar — rumo à hegemonia mundial. Cerca de 80 mil guanchos, dizem as estimativas, resistiram a essa primeira investida, como se fossem piquetes protetores de trincheiras ocupadas, na retaguarda, por astecas, zapotecas, araucanos, iroqueses, aborígines australianos, maoris, fijianos, havaianos, aleutas e zunis.[28]

Em 1402, uma expedição francesa sob auspícios espanhóis desembarcou na menor das duas Canárias orientais. Em poucos meses, os europeus conquistaram a ilha, apesar de seus problemas internos e da resistência de cerca de trezentos nativos. Os invasores tinham agora uma base segura no arquipélago. Duas outras ilhas, de população menor, caíram nos anos seguintes.[29]

Os portugueses ambicionavam as Canárias, da mesma forma que os franceses e os espanhóis. De 1415 a 1466, Portugal lançou-se a assaltos ao arquipélago, alguns menores e pelo menos quatro maiores, inclusive, em 1424, uma expedição de 2500 soldados de infantaria e 120 cavalos. O resultado foi sempre o fracasso, mas essas expedições estabeleceram a conexão entre a Madeira portuguesa e as Canárias, nas décadas em que os colonizadores transformavam a Madeira num aparelho de produção de açúcar. Essas expedições quase sempre paravam na Madeira, a caminho das Canárias. Quando voltavam a Portugal, levavam guanchos cativos como parte da pilhagem. Pelo menos alguns dos cativos, podemos presumir, foram levados para a Madeira, o mais faminto mercado consumidor de escravos nos arredores de Portugal. Na Madeira, eles podiam aplicar sua experiência quase caprina de escalar montanhas à tarefa de construir as levadas.[30]

Enquanto os portugueses e seus escravos transformavam a Madeira, os espanhóis lutavam para concluir a conquista das Canárias, missão que tinham arrebatado aos franceses. Na altura de 1475, eles haviam reduzido a três as ilhas ainda sob controle dos guanchos: La Palma, Tenerife e a Grã-Canária. A primeira era uma das menores das Canárias, com apenas umas poucas centenas de combatentes, e fatalmente seguiria o destino das outras duas. Em Tenerife, a maior dessas ilhas, e na Grã-Canária, viviam milhares de guerreiros. No início do século, os franceses tinham dito que o povo de Tenerife era o mais difícil de todos os guanchos: "Eles nunca foram dominados ou submetidos à escravidão como os das outras ilhas". Seus irmãos da Grã-Canária eram tão bravos que conquistaram o nome da ilha. Ela é a Grã-Canária não por seu tamanho, mas pelo valor e combatividade de seu povo.[31]

Os europeus realizaram, nos primeiros três quartos do século XV, várias tentativas de invadir a Grã-Canária, e sempre terminaram por correr para seus barcos, acossados por uma chuva de projéteis. Então, em 1478, a luta pela ilha e pelas Canárias entrou em nova fase. Fernando e Isabel da Espanha, ambicionando o arquipélago inteiro, mandaram à Grã-Canária uma expedição de centenas de soldados, dotados de canhões, cavalos e toda a parafernália da arte bélica europeia. A campanha pelo domínio da ilha durou cinco sangrentos anos. Os espanhóis conquistaram rapidamente as planícies, mas não conseguiam expulsar os guanchos das terras altas, que recorreram a táticas de guerrilha e chegaram a fazer uma aliança com os portugueses. Estes mandaram algumas tropas e tentaram cortar as linhas de suprimento dos espanhóis. A Espanha, entretanto, fez a paz com Portugal, e embora os guanchos pudessem vencer em emboscadas, não havia possibilidade de ganharem uma guerra longa. A luta terminou em abril de 1483, quando seiscentos guanchos homens, 1500 mulheres e uma grande quantidade de crianças, sitiados nas montanhas, renderam-se ao conquistador da Grã--Canária, Pedro de Vera. Frei Abreu de Galindo, o historiador quinhentista da Grã-Canária, escreveu que foi maior em trabalho e sangue o preço de reduzir essa ilha à fé católica que o de qualquer das outras Canárias, mesmo Tenerife.[32]

Nesse momento, apenas La Palma, a segunda menor das Canárias, e Tenerife, permaneciam livres. Alonso de Lugo invadiu La Palma em setembro de 1492 e, combinando, com astúcia, a força militar, a persuasão e a traição, alcançou a vitória na primavera seguinte.[33] Tenerife, a noz mais dura de quebrar, exigiu outros três anos.

A primeira geração de candidatos a conquistadores das Canárias evitara Tenerife. Os defensores da ilha, muitos e belicosos, alimentaram a reputação jogando ao mar um grupo de invasores na década de 1460 e outro por volta de 1490. Em 1494, Alonso de Lugo desembarcou com mil soldados de infantaria, 120 cavaleiros e artilharia. Era uma força impressionante, mas os guanchos emboscaram a maior parte dela nas colinas e mataram centenas de invasores. A batalha foi depois conhecida como "a matança de Acentejo". Lugo retirou-se para Las Palmas, a fim de reagrupar suas forças, reexaminar a situação e dar tempo para que fossem curadas as feridas.[34]

Lugo, espanhol do mesmo aço de Cortés e Pizarro, voltou em novembro de 1495, com 1100 homens e setenta cavalos, fora as armas de fogo. Dez meses depois, os guanchos, famintos, assombrados pela massa de recursos que os invasores podiam mobilizar, e, além disso, drasticamente desfalcados, renderam--se. A Idade da Pedra deu seu último suspiro nas ilhas Canárias no fim de setembro de 1496.[35]

Seria inevitável a derrota dos guanchos? A longo prazo, sim, naturalmente. Mas o que dizer do curto prazo? Estaria preestabelecido que os espanhóis conquistariam as Canárias em menos de vinte anos, uma vez decididos a realmente tentar? Assim parece, hoje, devido a tantas conquistas similares nos quatro séculos seguintes, mas não estamos falando aqui de armas de fogo contra lanças. Como nas invasões europeias do México e do Peru, a guerra pelas Canárias dizia respeito, de um lado, a algumas centenas de europeus portadores de umas poucas armas de fogo toscas, lentas, sem pontaria, um número maior de arcos e muitas armas de metal, espadas, machados e lanças, enfrentando o que eram, no começo, milhares de guerreiros corajosos dotados de armas suficientemente mortíferas, embora fabricadas de pedra ou madeira.

Os guanchos eram ferozes e numerosos, com técnicas de guerra eficazes para as extensas terras altas das ilhas maiores, nas quais eles sempre se refugiavam quando os invasores venciam as primeiras batalhas. George Glas, britânico, residente nas Canárias no século XVIII e tradutor de uma história da conquista da Grã-Canária, examinou o terreno e maravilhou-se com o fato de que os espanhóis tivessem conseguido vencer. Todas as ilhas, exceto Lanzarote e Fuerteventura,

> são tão cheias de vales estreitos e profundos, montanhas altas e escarpadas e passagens estreitas e difíceis que em qualquer uma delas um grupo de homens que se afaste da praia uma légua logo chega a lugares onde uma centena de homens pode facilmente deter o esforço de um milhar. Sendo esse o caso, onde seria possível encontrar navios suficientes para transportar tropas bastantes para subjugar tal povo e, ainda mais, num país tão fortificado pela natureza?[36]

O caráter dos defensores não explica o sucedido. Os franceses, no início da conquista do arquipélago, observaram que os guanchos "eram altos e formidáveis" e que seus captores cristãos se sentiam frequentemente obrigados a matá-los para defender-se deles. Os únicos projéteis dos guanchos eram as pedras, mas eles faziam bom uso delas, sobretudo nas montanhas, onde geralmente conseguiam ocupar as posições altas. Segundo o testemunho dos invasores, eles lançavam as pedras com a velocidade e a pontaria de setas, "quebrando em pedaços um escudo e o braço por trás dele". E enquanto os europeus se arrastavam entre os penhascos e as ravinas, os defensores movimentavam-se com miraculosa velocidade, como se tivessem adquirido essa aptidão "sugando o leite do seio de sua mãe".[37]

Para não falar em marchar, o simples ato de comunicar-se já é um desafio nos interiores irregulares e inóspitos das Canárias. Isso talvez explique como os guanchos, e de modo mais evidente os de Gomera, conceberam uma linguagem verdadeiramente complexa, não apenas um simples sistema de sinais, a partir de assobios muito estridentes, ajudados pelos dedos. Isso os capacitava a comunicar-se através de enormes *canyons* e provavelmente era de grande ajuda no tumulto da batalha.[38]

Os chefes guanchos conseguiam, assobiando, ser ouvidos por exércitos de centenas, quando não milhares de homens. Em meados do século XV, Gomes Eannes de Azurara calculou que Tenerife teria 6 mil combatentes e a Grã-Canária, 5 mil. Suas estimativas para as outras Canárias eram muito menores, mas essas ilhas ou eram, de fato, bem menores, ou já tinham passado pelo trauma da conquista.[39] Ninguém, é claro, contou os guanchos, e Azurara não era, seguramente, um especialista em estatística, ao menos pelos nossos padrões. Mas ele também não era um tolo. Os nativos das Canárias eram agricultores de grãos, dispunham de fornecimento regular de proteína e gordura animais provenientes de moluscos e extensos rebanhos de animais de criação, e viviam em grandes ilhas, com "abundância de todas as coisas necessárias para a vida do homem".[40] Não nos surpreenderá saber que eles eram milhares.

Devido à escassez de seu capital especulativo e de suas disponibilidades de navegação, os espanhóis só podiam pensar, nas Canárias, em exércitos de cerca de mil pessoas, no máximo. Ainda assim eles venceram, como venceriam, no próximo século, em tantos lugares fora da Europa. Suas vantagens devem ter sido consideráveis. Quais eram elas? O armamento superior já foi mencionado, mas já decidimos que essa não é uma resposta suficiente em si mesma, especialmente nos estágios iniciais da expansão europeia. A supremacia no mar deu aos europeus meios seguros de retirada e de acesso a recursos militares muito maiores que os dos guanchos, mas qual seria a disponibilidade desses recursos se a resistência desses nativos tivesse sido mais eficaz? Lugo conseguiu apoio para sua segunda invasão de Tenerife, mas será que conseguiria o mesmo apoio para uma terceira, quarta ou décima invasão? Existirá alguma razão para acreditar que a Europa seria mais paciente diante da derrota nas Canárias do que fora na Terra Santa ou do que seria na África, onde repetidos fracassos desencorajariam invasões até o final do século XIX?

Tiveram os europeus outros aliados, aos quais ainda não demos crédito? Ou seriam os guanchos mais fracos do que observamos? Precisamos compreender que, embora muito numerosos, os guanchos nunca foram unidos. Eles viviam em sete ilhas e careciam até dos rudimentos das artes náuticas. Falavam dialetos diferentes e possivelmente diferentes idiomas. Os invasores foram capazes de recrutar nativos de uma ilha para lutar contra os nativos de outras ilhas. Em Tenerife, conseguiram mesmo recrutar aliados numa parte da ilha e com eles combater o povo do resto da mesma ilha.[41]

Os guanchos desunidos acharam difícil defender-se contra os europeus, que aproveitaram a vantagem da superioridade no mar para travar, para todos os efeitos práticos, uma guerra de atrito, ou seja, para realizar incursões nas Canárias em busca de escravos. Não sabemos quantas pessoas foram levadas para os mercados de escravos, mas aparentemente o número era considerável. Em 1385 e em 1393, os caçadores de escravos capturaram pelo menos várias centenas de guanchos de Lanzarote, uma grande ilha, inicialmente muito povoada, e puseram-nos à venda na Espanha, deixando apenas trezentos deles na ilha para defendê-la contra os franceses em 1402.[42] Outras populações insulares sofreram da mesma forma, mas a Grã-Canária e Tenerife eram talvez populosas demais para serem duramente afetadas pelos escravizadores. Abreu de Galindo, porém, ofereceu a informação intrigante de que as mulheres eram muito mais numerosas que os homens antes da conquista da Grã-Canária, desequilíbrio que só poderia ter ocorrido se alguma coisa estivesse matando ou levando embora mais homens que mulheres. Essa é, costumeiramente, a discriminação sexual resultante da guerra e, em muitos casos, da captura de escravos para o trabalho nas plantações.[43]

O sucesso dos escravizadores foi parte e parcela do que pode ter parecido aos guanchos uma face da superioridade, de modo geral, dos europeus. Seus metais, seus apetrechos, seus deuses e eles próprios devem ter fascinado os indígenas das Canárias e contribuído para solapar a determinação de rejeitar terminantemente — e, se necessário, violentamente — todos os contatos com esses perigosos alienígenas. Quase sempre inóspitos, os guanchos permitiram, em Tenerife, que os espanhóis instalassem um posto de comércio, e esse posto lá permaneceu, fonte de milagres e admiração, até que os europeus gastaram toda a hospitalidade de uma só vez, enforcando vários dos habitantes locais.[44] O povo da Grã-Canária aprendeu a sabedoria de tratar o ouro e a prata com desdém, mas não conseguia resistir ao ferro, para fazer anzóis. Os guanchos devem ter perguntado se anzóis superiores eram sinal de deuses superiores, por assim dizer. Na ilha de Hierro, diziam os indígenas após a conquista, vivera um sábio chamado Yone que previra, para depois de sua morte e de seus ossos se terem desfeito em pó, a chegada de um deus chamado Eraoranzan. Esse deus viria numa casa branca e eles não deviam combatê-lo nem fugir dele, mas adorá-lo. Os europeus conquistaram a ilha com pouca luta.[45] O povo de Gomera falava de um padre cristão que chegara às ilhas e batizara muitos deles, e que os tinha persuadido a aceitar a conquista sem resistir. Os gomeranos também sucumbiram com um mínimo de violência, embora tivessem depois organizado uma revolta com o apoio de portugueses.[46]

O mais famoso exemplo de — que nome lhe daremos? — desorientação ou reorientação cultural dos guanchos antes da conquista ocorreu em Tenerife. De acordo com a tradição oral, em 1400 ou por volta desse ano a Virgem Maria apareceu a camponeses guanchos de Guimar, parte de Tenerife. Ela deixou uma imagem sua, estátua que ficou definitivamente conhecida como Nossa Senhora da Candelária e que se envolveu em alguns milagres nas Canárias, até sua destruição numa enchente no século XIX. Em torno da bainha de seu manto e em seu cinto figuravam muitas letras formando palavras que ninguém jamais conseguiu decifrar satisfatoriamente: TIEPFSEPMERI, EAFM, IRENINI, FMEAREI. Ao descrente ocorre a ideia de que essas palavras, se não a própria estátua, foram produzidas por algum guancho com contatos suficientes com os europeus para conhecer o poder, o *mana*, do alfabeto, mas que permanecera iletrado. O primeiro celebrante de Nossa Senhora em Tenerife, muito antes da conquista, fora um guancho que, menino, tinha sido raptado pelos europeus e treinado como intérprete. Ele recebeu o batismo e o nome de Anton Guancho, depois do que escapou para Tenerife, onde se dedicou ao culto de Nossa Senhora da Candelária pelo resto da vida.[47]

Qualquer que possa ser a verdade completa sobre Nossa Senhora da Candelária, é evidente que alguma forma de cristianismo existia em Guimar gerações antes da conquista. Ali os europeus encontraram amigos, enquanto o resto da ilha era hostil, e aí os invasores encontraram guerreiros para lutar a seu lado pela subjugação final de Tenerife.[48]

Os mais importantes aliados dos europeus não eram, porém, canarinos nativos. Os europeus levaram consigo algumas formas de vida, sua família ampliada de plantas, animais e microvida — descendentes, na maioria, de seres domesticados pelos homens ou que com eles tinham se adaptado a viver nos lares da civilização do Velho Mundo. Além dessas, sem dúvida, havia novas aquisições levadas para as Canárias por caçadores de escravos e mercadores que agiam na costa da África.

Os europeus cruzaram as águas em direção às Canárias, assim como em direção aos Açores e à Madeira, com uma versão em tamanho menor, simplificada, da biota da Europa ocidental, e, nesse caso, do litoral do Mediterrâneo. Essa biota portátil foi

100

crucial para os êxitos dos europeus nesses grupos de ilhas e para seus êxitos — e fracassos — mais tarde e em outros lugares. Nos locais onde ela "funcionou", onde um número suficiente dos seus membros prosperou e se propagou, criando versões duplicadas da Europa, ainda que incompletas e distorcidas, os próprios europeus prosperaram e propagaram-se.

Os organismos que tinham "funcionado" em ilhas mediterrâneas como Creta, Sicília e Maiorca funcionaram da mesma forma nas Canárias. O exemplo mais óbvio foi o cavalo. Os guanchos tinham grande familiaridade com animais menores de criação — cabras e porcos, por exemplo — mas jamais haviam visto outros tão grandes como o cavalo, ou que carregassem homens às costas e obedecessem às suas ordens nas batalhas. Os soldados montados desempenharam um papel vital na conquista das duas últimas das Canárias a cair, e provavelmente nas outras também. O centauro europeu valia vinte ou mais de seus irmãos pedestres. Consideremos, por exemplo, a história de Lope Fernandez de la Guerra, cavaleiro. Já nos estágios finais da campanha de Tenerife, ele saiu sozinho em missão de reconhecimento e foi emboscado por quinze ou vinte guanchos. Um combatente de infantaria seria imediatamente cercado e morto, mas Lope Fernandez

> esporeou o cavalo, já que o lugar onde estava parecia perigoso, e avançou até encontrar-se em espaço aberto. Aí deu meia-volta ao cavalo, para não mostrar covardia, e golpeou mais de seis dos nativos, fazendo os demais fugirem para dentro da mata. Achando que era pouco e que precisaria deitar a mão em um deles para obrigá-lo a revelar os desígnios e intenções dos outros, pôs-se em frente a um fugitivo num lugar estreito, dominou-o fazendo o cavalo derrubá-lo, prendeu-o e levou-o para seu campo, onde Lope Fernandez foi bem recebido.[49]

Espera-se que o cavalo também tenha sido bem recebido e tenha ganho um bom afago e uma meia hora extra no pasto.

Os guanchos, inteligentemente, entregaram todos os terrenos planos e abertos (e assim, pode-se supor, a maior parte de seus campos de cereais e de seus rebanhos) tão logo tomaram conhecimento do poder dos homens a cavalo. "Era dos soldados montados", disse frei Afonso de Espinoza, historiador de Tenerife, "que os nativos tinham mais medo, e essa era a maior força de seus inimigos."[50]

Os cronistas cristãos prestaram muito menos atenção aos outros membros dessa biota portátil que aos cavalos e seus cavaleiros. Nós, mais interessados em, por exemplo, propagação de coelhos que nas manifestações de Nossa Senhora da Candelária, devemos recorrer a inferências, a partir da escassa informação disponível, inferências sugeridas pelo que sabemos a respeito da influência de outros desembarques europeus em outras ilhas remotas — o pássaro dodô mergulhando para a extinção nas ilhas Maurício, mangustos enxameando no Havaí, epidemias varrendo os povos nativos de Samoa e assim por diante. Nessas ilhas, e nas Canárias também, com certeza, a chegada dos europeus desencadeou fortes oscilações ecológicas.[51]

Como já observamos, antes da conquista o número de mulheres da Grã-Canária excedia de modo nada natural o dos homens, por motivos e com consequências sobre as estruturas familiares e sobre os índices de natalidade e mortalidade dos quais não podemos estar seguros. Abreu de Galindo informou que, poucos anos antes da conquista, os nascimentos na ilha excediam de tal forma os índices de mortalidade que o crescimento da população ultrapassou o suprimento de alimentos. Algum incremento no fornecimento de alimentos teria elevado rapidamente o índice de natalidade e reduzido o de mortalidade? Ele informou também que os maiorquinos, chegados cedo à ilha, levaram consigo a figueira ou pelo menos uma nova variedade de figueira. Os guanchos gostaram da fruta e plantaram suas sementes, e a árvore espalhou-se também por meios naturais, disseminando-se por toda a ilha; os figos tornaram-se então o principal alimento da população da Grã-Canária.[52] Tal acréscimo de alimento pode ter provocado uma explosão populacional, mas jamais saberemos a verdade. Talvez toda a história do aumento da taxa de natalidade seja apenas uma versão deturpada de alguma verdade mais simples, como, por exemplo, alguma coisa ter reduzido a oferta de alimentos, colocando os guanchos diante do problema de um excesso populacional abrupto. Qualquer que tenha sido a razão, o problema surgiu, e os guanchos, para evitar ou ao menos limitar a fome, passaram a matar todos os bebês ou pelo menos todos os bebês do sexo feminino (os dois relatos divergem nesse ponto), exceto o primogênito de cada mulher.[53]

A mãe natureza sempre aparece para salvar uma sociedade atingida pelos problemas da superpopulação, e suas soluções jamais são suaves. Os guanchos tinham vivido por muito tempo isolados, com o que podemos presumir fosse uma seleção fechadíssima de organismos parasíticos, macro e micro. Os canarinos nativos não podiam ter sido mais de 100 mil e não mais que algumas dezenas de milhares por ilha. Seus contatos com o continente eram inexistentes e o ecossistema de cada ilha era simples, comparado com os da Europa e da África. É pouco provável que eles padecessem de qualquer coisa parecida com o leque de parasitos e patógenos que afetavam os humanos na Europa e na África. No início do século XV, os invasores franceses notaram com encanto a salubridade das Canárias: "Durante todo o longo tempo que Bethencourt e seus companheiros aqui permaneceram, ninguém sofreu qualquer enfermidade, o que a todos surpreendeu consideravelmente".[54] Os franceses desfrutavam as mesmas vantagens que os coelhos teriam em Porto Santo anos depois.

Cada Éden tem a sua serpente, e esse foi o papel que os europeus desempenharam nas Canárias. Qualquer grupo das sociedades avançadas do Velho Mundo, independentemente de sua atitude em relação aos guanchos, teria desempenhado o mesmo papel. Não sabemos quando, onde ou como chegaram as primeiras doenças do continente, ou quantos as contraíram e morreram. Tudo o que a história e a ciência nos dizem sobre a epidemiologia das populações isoladas sugere que ondas de doenças novas podem ter atingido os guanchos já no início do século XIV. A primeira a ser registrada atingiu os que viviam na Grã-Canária pouco antes da conquista. Os espanhóis consideraram essa epidemia uma punição celeste pela pecaminosa prática guancho do infanticídio. Deus "espalhou entre eles a peste, que em poucos dias destruiu três quartas partes da população" — diz Leonardo Torriani, uma das duas fontes mais antigas de que dispomos sobre esse evento. Frei Abreu de Galindo, a outra, conta aproximadamente a mesma história, avaliando a mortalidade em dois terços.[55]

A primeira invasão de Tenerife por Alonso de Lugo, em 1494, terminou em desastre, o pior a que os guanchos submeteram os europeus. A segunda, em 1495, começou com vitórias dos espanhóis e em seguida paralisou-se num impasse, enquanto ambos os lados aguardavam o fim das chuvas e neves do inverno. Este foi excessivamente úmido e frio, e tanto invasores como defensores passaram fome, porque as hostilidades impediram a semeadura e, portanto, a colheita. Os guanchos, apesar de mais numerosos que os espanhóis, refugiavam-se nas montanhas nevoentas, com medo dos cavalos do inimigo, e, portanto, devem ter sofrido mais. Deus, como sempre ao lado dos espanhóis e ofendido pelo número de cristãos de que os guanchos tinham se livrado na matança de Acentejo, despejou uma pestilência sobre os defensores de Tenerife, uma doença chamada modorra. "Uma mulher da ilha anunciou a peste de cima de uma rocha à beira de um precipício, fazendo sinais aos espanhóis e falando quando eles chegaram perto; ela os convidou a subir e ocupar a ilha, pois não havia quem combater ou temer, estando todos mortos." Os espanhóis avançaram cautelosamente e encontraram a confirmação dessas palavras nos corpos dos caídos. Havia, de fato, tantos cadáveres que os cães dos guanchos já se alimentavam deles, e os guanchos surpreendidos pelo anoitecer entre suas fortalezas nas montanhas tinham de abrigar-se nas árvores, para dormir, com medo dos animais bravios. "A mortalidade foi tão grande", disse frei Espinoza, "que a ilha ficou quase desabitada, embora sua população anterior fosse de umas 15 mil pessoas."[56] A batalha final ocorreu em setembro seguinte e a chamada operação-limpeza tomou três anos mais. "Se não fosse pela peste", escreveu Espinoza, "haveria necessidade de muito mais tempo, sendo o povo tão belicoso, obstinado e precavido."[57]

O que teriam sido a peste da Grã-Canária e a modorra de Tenerife? Não dispomos de qualquer descrição detalhada dos sintomas ou de sua disseminação, e, assim, são poucas as pistas que temos de sua identidade, além do próprio nome. Peste significa, geralmente, peste bubônica, mas, como "praga", a palavra peste tem sido usada para mencionar qualquer pestilência. Modorra é uma palavra de ainda menor especificidade. Como adjetivo, significa "sonolento", "mole". Como substantivo, refere-se hoje a uma doença dos carneiros. O dr. Francisco Guerra, da Faculdade de Medicina da Universidade de Alcalá de Henares, em Madri, sugere que o tifo é a mais provável doença humana oculta sob essa expressão vaga.[58] Felizmente não temos de identificar as doenças. Muitas, talvez a maioria das enfermidades existentes em Sevilha, por exemplo, teriam sido suficientes. O que temos de decidir é se os números das duas mortandades atribuídas a essas duas epidemias eram exatos, com a diferença, para mais ou para menos, de 20%. Se tais números eram exatos, então essas doenças foram os fatores decisivos na derrota final dos guanchos. A resposta a essa pergunta é provavelmente "sim". Epidemias em solos virgens (como são chamadas as erupções de doenças transmissíveis em populações antes não atingidas) têm os seguintes efeitos: o impacto da contaminação é extremo, sendo frequente a morte; praticamente todas as pessoas expostas adoecem, de modo que o índice de mortalidade para os doentes é o mesmo para toda a população; poucas pessoas estão bem o suficiente para cuidar de seus doentes, e morrem muitas pessoas que poderiam sobreviver, se adequadamente tratadas; as culturas não são semeadas nem colhidas e os rebanhos ficam à míngua de cuidado. O trabalho vulgar de prover alimentos e calefação para o futuro não é realizado.[59] Tudo isso aconteceu na Islândia, com a chegada da Peste Negra, proveniente da Europa. Aconteceu de novo nas Canárias, quando a peste e a modorra chegaram da Europa.

Assim que conquistavam determinada ilha nas Canárias, os europeus se punham a transformá-la, de acordo com planos preestabelecidos, a fim de enriquecerem. Vendiam os corantes ao mercado europeu e o máximo que podiam de cereais, vegetais, madeira, peles, sebo e tantos guanchos quanto conseguissem aos compradores que encontravam. Eles "europeizaram" a ilha, importando espécimes de plantas e animais do Velho Mundo que tinham se dado bem em terras do Mediterrâneo. Muitas das mais importantes dessas espécies — cães, cabras, porcos, provavelmente carneiros, cevada, ervilhas e talvez até o trigo — já estavam presentes. Os europeus acrescentaram o gado bovino, os burros, camelos, coelhos, pombos, galinhas, perdizes e patos, assim como as vinhas, melões, peras, maçãs e, mais importante de tudo, o açúcar.[60]

A maioria dos recém-chegados se deu muito bem, e os animais, espetacularmente bem. Entre outras coisas, eles ajudaram a assegurar que os brotos não se transformassem em árvores, em substituição às milhares que tinham sido cortadas para atender às necessidades da Europa, tanto nas ilhas como fora delas. La Palma tinha coelhos "sem conta" por volta de 1540. No fim do século, Hierro tinha ainda mais, e as pastagens em ambas as ilhas mostravam os efeitos da presença de multidões de coelhos famintos. Fuerteventura, grande e relativamente plana, tornou-se uma enorme fazenda dotada de rebanhos de várias espécies de animais importados do continente. Nas últimas décadas do século XVI, havia 4 mil camelos e multidões zurrantes de burros selvagens. Estes consumiam tanta grama e tanta erva que ameaçavam o valor da ilha para outras espécies imigrantes, sobretudo o contingente humano europeu, que em 1591 contra-atacou, matando 1500 burros e deixando-os para os corvos. Os homens recrutaram duas outras espécies para apoiá-los nessa matança: os cavalos, que eram montados, e cães (galgos), que localizavam e punham a correr os burros.[61]

A abelha-de-mel (que se diferencia das outras espécies de abelhas) foi outro imigrante que parece ter se disseminado ampla e rapidamente. Esse inseto do Velho Mundo pode ter vivido nas ilhas antes da chegada dos europeus, mas é mais provável que os invasores tenham levado colmeias da península Ibérica. As abelhas-de-mel dificilmente enxameiam a mais de dez quilômetros e jamais percorreriam a distância do continente às Canárias. Além disso, transportá-las por longas distâncias é uma operação arriscada e quase impossível de realizar por acidente. É de se supor que Tenerife fosse desprovida de abelhas-de-mel, pelo menos no século XV, obrigando Nossa Senhora da Candelária a produzir por milagre a cera das velas necessárias às cerimônias da igreja. La Palma e Hierro revelaram-se território muito bom para as abelhas e no século XVI contribuíram significativamente para a exportação de grandes quantidades de mel das Canárias.[62]

Durante a Renascença, o mel era o principal adoçante na Europa, mas esse papel foi usurpado pelo açúcar nos séculos seguintes, numa revolução que as Canárias ajudaram a realizar. O conquistador da Grã-Canária, Pedro de Vera, foi provavelmente o introdutor da indústria do açúcar no arquipélago. Ele construiu em 1484, nas terras que conquistara, o primeiro engenho para a moagem da cana. Outros invasores seguiram o exemplo e o açúcar tornou-se a mais importante cultura de exportação de todo o arquipélago.[63]

O açúcar foi o catalisador de mudanças sociais e ecológicas. A nova elite das Canárias importou milhares de trabalhadores, alguns livres e muitos escravos, tanto da Europa quanto da África, para trabalhar nos canaviais e nos engenhos. Na mobilização para produzir açúcar, eles transformaram o ecossistema das Canárias. As florestas do arquipélago deram lugar a canaviais, pastagens e encostas nuas à medida que as árvores caíam para fornecer madeira que atendesse à construção de tantas novas casas e servisse de combustível para ferver o caldo extraído da cana. Os pés de cana cortados, explicou um inglês familiarizado com a vida nas Canárias, "são transportados para a casa de açúcar chamada engenho e aí passados na moenda; o caldo resultante é transportado numa calha até uma grande vasilha feita para esse fim, onde ferve até engrossar". O apetite dos engenhos era insaciável; e como disse nosso inglês sobre a Grã-Canária, uma ilha de florestas densas na época dos guanchos, "madeira é o que eles mais querem". Esse apetite era de tal ordem em Tenerife que já em 1500 o governo decretou — em vão — regulamentos de proteção das florestas contra os lenhadores.[64]

O desmatamento estimulou a erosão, submeteu o regime dos rios a duas alternativas extremas, enchente ou fome, e, como disseram Cristóvão Colombo e muitos depois dele, reduziu o volume de chuvas das Canárias, como tinha feito na Madeira e nos Açores. Colombo pode ter tido razão, na medida em que a névoa do oceano congela nas árvores, especialmente nos pinheiros, e em seguida cai em gotas, processo que não pode ocorrer sem árvores. Qualquer que seja a razão, cursos d'água em Fuerteventura, que os franceses, no início do século XV, tinham considerado fontes potenciais de energia para os engenhos, desde então se tornaram regos secos na maior parte do tempo.[65]

Plantas estrangeiras, muitas das quais seriam ervas daninhas pela definição europeia, avançaram sobre as terras que o machado, o arado, os rebanhos e o que poderia ser definido com precisão como a erosão europeia haviam desnudado. Muitas das pestes que atacaram as plantas vinham do continente, sobretudo do Sul da Europa e do Norte da África. Apenas duas das piores ervas daninhas hoje existentes nas Canárias são nativas. A pior de todas talvez seja a amoreira-preta do Mediterrâneo (*Rubus ulmifolius*), seguramente de importação pós-guancho. Não há dúvida, porém, quanto à sua origem, o litoral do Mediterrâneo, nem quanto à sua disseminação pelos solos traumatizados das Canárias.[66]

O declínio dos guanchos foi até mais rápido que o das florestas, e sua substituição foi tão rápida quanto a disseminação das ervas. Alguns dos nativos das Canárias correram para as montanhas e viveram como ladrões de gado e bandoleiros, e ocasionalmente se insurgiram em rebeliões, mas esse tipo de comportamento logo decresceu e cessou. Alguma forma de resistência talvez tenha durado tanto quanto os puros-sangues guanchos, mas não por muito tempo. Nos anos 1530, Gonzalo Fernández de Oviedo y Valdés escreveu que restavam muito poucos deles. Girolamo Benzoni, um errante italiano que visitou as ilhas em 1541, achou que os guanchos estavam "quase todos próximos da extinção". No final do século, frei Espinoza registrou que em Tenerife uns poucos ainda sobreviviam, mas eram todos miscigenados.[67]

Os guanchos morreram de uma multidão de causas. Perderam as terras e, com elas, os meios de vida. Quando os espanhóis distribuíram terras e rebanhos convertidos em sua propriedade por direito de conquista, pouco sobrou para seus aliados guanchos, que, ainda assim, ficaram com as terras piores. Das 992 alocações de terra realizadas em Tenerife, apenas cinquenta foram para guanchos de várias categorias, e poucas delas permaneceram por muito tempo nas mãos dos nativos.[68]

Alguns guanchos, vendo quão escassa era a esperança para eles em sua terra, juntaram-se a grupos de emigrantes espanhóis que iriam lutar e trabalhar na América, na África e em outros lugares. Logo esses guanchos desapareceram da história. Morreram sem reproduzir-se ou espalharam seu sêmen em ventres de outras raças, dando vida a estrangeiros.[69]

Esses foram os guanchos que deixaram sua terra "voluntariamente", porque para muitos outros a saída foi inevitável. Os conquistadores deportaram muitos, de modo a evitar os riscos de rebelião, e venderam muitos outros como escravos para as plantações da Madeira e outros lugares. A longo ou a curto prazo, um só destino aguardava a maioria dos guanchos que deixavam a terra nativa: os exilados das Canárias tornaram-se conhecidos pelos altos índices de mortalidade. Podemos presumir que suas famílias foram desfeitas no processo de exílio e escravização, o que seguramente agravou o índice de mortalidade e resultou numa drástica redução do índice de natalidade dos guanchos puros. Nas décadas de 1480 e 1490, uma enxurrada de escravos deixou as Canárias, mas daí em diante a exportação de guanchos reduziu-se a uma bagatela, não por retração de demanda, mas por redução de oferta.[70]

Muitas influências malignas convergiram sobre essa frágil linhagem humana para eliminá-la das Canárias e do mundo, e cada influência ampliou o efeito das demais. Não há explicações simples para sua extinção, mas nenhuma influência, isoladamente, pode ter sido mais destrutiva que a doença, com sua marcha inexorável ao penetrar numa população suscetível e aproveitar cada falha, sufocando vidas dia e noite, mês após mês, espalhando-se como uma erva venenosa em terreno nu e fértil. A modorra voltou vezes e vezes, a disenteria tornou-se comum e o *dolor de costado*, isto é, "dor nas costas" (pneumonia?) levou muitos guanchos. Os europeus homens, podemos presumir com segurança e tristeza, exploraram as mulheres guanchos, transmitindo-lhes doenças venéreas, especialmente a sífilis, epidemia que varreu a Europa na década de 1490 e no início do século XVI. Essa maldição e outras doenças *d'amour* não apenas encurtaram a vida das mulheres como diminuíram sua fecundidade.[71]

Com certeza houve guanchos que morreram devido ao trauma psicológico da dominação, à perda de tantos parentes e amigos, ao declínio de seu idioma e à rápida obliteração de seu modo de vida. Um dos líderes da resistência em La Palma, um capitão chamado Tanasu, deportado para a Espanha logo após a conquista da ilha, morreu na Espanha, de desespero e de inanição autoimposta, "coisa muito comum e ordinária". Quando Girolamo Benzoni visitou La Palma em 1541, encontrou apenas um guancho, de oitenta anos, que vivia embriagado. Os guanchos tinham se tornado pouquíssimos e viviam aos tropeços, à beira do fim, testemunhando letargicamente sua própria extinção.[72]

Genes dos guanchos devem sobreviver hoje entre habitantes das Canárias, mas com tão leve presença que essa herança só por nostalgia será creditada aos cidadãos canarinos de hoje, embora se trate de uma herança exclusiva de suas ilhas e de sua história. Essa alegada evidência genética, algumas ruínas, múmias e cacos de cerâmica, umas poucas palavras e nove sentenças na língua guancho são nossas únicas provas de que as ilhas Canárias tiveram um dia sua população nativa.[73] Pouquíssimas experiências são tão perigosas para a sobrevivência de um povo como a passagem do isolamento para a integração na comunidade internacional, no caso uma comunidade que incluía marinheiros, soldados e colonos europeus.

Os Açores e a Madeira, desabitados, tornaram-se naturalmente europeus quando os primeiros navegadores chegados da Europa desceram em seus escaleres e pisaram terra firme. Os Açores foram quase inteiramente europeus desde então. Os plantadores da Madeira importaram grande número de escravos não europeus, mas a proporção de europeus sempre foi suficientemente alta (combinada com a taxa de mortalidade dos escravos) para assegurar a perpetuação de uma sociedade avassaladoramente europeia. Nas Canárias, uma nova população apareceu por volta de 1520 para preencher o nicho deixado pelos guanchos. Os novos canarinos eram uma mistura, mas de maioria claramente europeia.[74] Em poucas gerações eles se orgulhavam das ilhas, não como colônias, mas como parte da Europa.[75]

Esses três arquipélagos do Atlântico oriental foram os laboratórios, os programas-piloto, do novo imperialismo europeu, e as lições aí aprendidas influenciariam decisivamente a história do mundo nos séculos a seguir. A mais importante lição foi que os europeus, suas plantas e seus animais podiam dar-se bem em terras onde jamais tinham vivido antes, lição que a experiência escandinava não chegara a tornar completamente clara e que, de qualquer modo, os ibéricos não tiveram como aprender dos escandinavos. A outra grande lição foi que as populações indígenas das terras recém-descobertas, embora valentes e numerosas, podiam ser conquistadas, apesar de inicialmente contarem com uma série de fatores a seu favor. De fato, na véspera de uma batalha ou, pior ainda, quando se tornavam necessárias como força de trabalho depois da luta, elas conseguiam desaparecer como mensagens escritas na areia antes da maré montante; mas nesse caso podia-se importar trabalhadores mais dispostos, da Europa e da África. As ilhas do Atlântico oriental abriram o precedente tanto para colônias de povoamento como para colônias de *plantation* além das suturas da Pangeia.

111

Essas foram as lições que as ilhas Afortunadas ensinaram aos europeus da Renascença. E o que teriam elas a ensinar sobre a natureza geral do imperialismo europeu? Por que foram essas colônias tão mais bem-sucedidas que os estabelecimentos escandinavos no Atlântico norte e os Estados das Cruzadas no Mediterrâneo oriental? Os manuais dizem-nos que a Europa renascentista era institucional e economicamente mais forte que a Europa medieval, e mais capaz de conquistar e sustentar colônias. É claro também que a tecnologia europeia estava bem mais avançada no século XV que em qualquer época anterior. A posse de armas de fogo pelos invasores, embora não decisiva nas campanhas das Canárias, deve ter tido algum significado. Inovações europeias do século XV na construção naval, no aparelhamento dos navios e nas técnicas de navegação tornaram as viagens no grande mar azul mais seguras, mais rápidas e portanto mais atraentes para os marinheiros da Renascença do que em tempos medievais. Tudo isso é inquestionavelmente verdade, mas a história dos Açores, da Madeira e das Canárias tem mais que isso a nos dizer. Os europeus que navegaram para essas ilhas dispunham de vantagens biológicas que os escandinavos e os cruzados não tiveram.

As colônias escandinavas do Atlântico eram quase excessivamente frias e setentrionais para as plantas e os animais da Revolução Neolítica do Velho Mundo. Eles se deram bem na Vinlândia, mas isso não fez diferença, pois o povo que os levara não se deu bem. Na Terra Santa, essas plantas e animais também se deram bem, como ocorria há milhares de anos, mas muitos acabaram sendo provedores dos inimigos dos europeus. Nos Açores, na Madeira e nas Canárias, o trigo, o açúcar, as vinhas, os cavalos, os burros, os porcos dos invasores e assim por diante prosperaram extraordinariamente e apenas em benefício dos europeus e seus escravos.

As colônias escandinavas ficavam tão longe que o contato com a Europa era tênue — e a simples chegada de navios do continente podia desencadear e de fato desencadeava epidemias mortais. No Norte, a doença trabalhou contra os colonos europeus. (Na Vinlândia ela parece não ter desempenhado papel algum, mas com certeza não ajudou os invasores.) Quando se deslocaram para leste, como cruzados, os europeus entraram numa região habitada por populações densas e de alta cultura, que aí viviam desde milênios. Esses povos excediam os invasores em número, e em muitos aspectos superavam-nos em qualidade — diplomacia, literatura, produtos têxteis e qualidade de experiência epidemiológica —, e milhares de cruzados morreram em consequência das próprias inferioridades. Os primeiros europeus que foram para os Açores e a Madeira não tiveram esse problema — não havia, nessas ilhas desabitadas, ninguém para lhes ser superior ou inferior — e os que foram para as Canárias levavam a vantagem de ter saído de uma área de população densa e cosmopolita, rumo a ilhas habitadas por povos isolados havia muitas gerações. Nas Canárias, a doença trabalhou para os europeus. José de Viera y Clavijo descreveu os guanchos, no declínio destes, como "aguados por suas lágrimas e infestados pela modorra".[76]

Tal como a própria Europa, as ilhas do Atlântico oriental sofreram depois da conquista epidemias periódicas, que entretanto não foram devastadoras. Os contatos dos novos ilhéus com o continente eram frequentes o bastante para que o nível de seus anticorpos se mantivesse bem alto, protegendo-os das infecções naturais do solo virgem. Nos séculos XVI, XVII e XVIII a experiência epidemiológica desses povos não era igual à daqueles das terras recentemente descobertas além-mar.[77]

Uma breve análise do registro das tentativas europeias de fundar colônias durante a Idade Média e a Renascença sugere o seguinte como essencial para uma bem-sucedida implantação de colônia de povoamento além das fronteiras do continente natal: primeiro, a colônia em perspectiva tinha de se situar onde a terra e o clima fossem semelhantes aos de alguma parte da Europa. Os europeus e seus comensais e companheiros parasitos não se adaptavam com facilidade a terras e climas verdadeiramente alienígenas, mas eram muito bons na construção de novas versões da Europa em terras adequadas. Segundo, as colônias em perspectiva tinham de estar longe do Velho Mundo, de maneira a haver poucos ou nenhum predador ou transmissor de doença adaptado para atacar os europeus e suas plantas e animais. A distância assegurava também que entre os humanos indígenas inexistiriam ou seriam em pequeno número as espécies servidoras, como os cavalos e o gado bovino, o que conferiria aos invasores a assistência de uma família maior que a dos nativos. (Essa talvez seja uma vantagem mais importante que a tecnologia militar superior; a longo prazo certamente o é.) Da mesma maneira, a distância assegurava que os indígenas não teriam defesa contra as doenças que os invasores sempre levavam consigo. As ilhas Canárias, embora distantes do continente apenas uns poucos dias de viagem, ganharam a qualificação de remotas porque os berberes do continente tinham parcos conhecimentos da arte de navegar, e os guanchos, ainda menos. Essa falha bizarra de sua cultura conservou os guanchos na Idade da Pedra, uma desvantagem quando eles se defrontaram com o ferro e o aço europeus, e os deixou inermes em face de seus maiores inimigos: os cavalos e os patógenos da peste, da modorra e seguramente de uma porção de outras doenças do continente.

A grande fraqueza dos guanchos era decorrência de seu desconhecimento de como atravessar uma curta distância do oceano. A fonte da fraqueza de quase todos os demais povos usurpados ou substituídos pelos europeus nos quatro séculos que se seguiram (ameríndios, aborígines etc.) era a enorme distância que seus ancestrais tinham colocado entre si mesmos e a terra natal das civilizações do Velho Mundo. A propensão de seus ancestrais para migrar — aliada ao degelo das geleiras pleistocênicas e à elevação do nível dos oceanos — deixou-os, como testemunha a sua triste história nos últimos séculos, do lado perdedor das suturas da Pangeia.

5. VENTOS

> — *Ah! Por que os homens não se contentam com as bênçãos que a Providência deixa ao nosso alcance imediato, e têm que fazer viagens tão longas para acumular outras?*
>
> — *Você gosta de seu chá, Mary Pratt, e do açúcar que põe nele, e das sedas e fitas que vejo você usar; como teria essas coisas se ninguém saísse em viagem? O chá e o açúcar, as sedas e os cetins, não crescem junto com os mariscos do Lago das Ostras...*
>
> *Mary reconheceu a verdade do que foi dito, mas mudou de assunto.*
>
> James Fenimore Cooper, *The sea lions*

SE FOSSEM CAPAZES DE APROVEITAR plenamente as oportunidades globais para o imperialismo ecológico, prefiguradas no sucesso europeu nas ilhas do Atlântico oriental, os expansionistas do Velho Mundo precisariam cruzar as suturas da Pangeia, os oceanos, em grande número, levando os organismos servidores e parasitas. O grande feito teve de esperar cinco eventos. Um deles seria simplesmente a emergência de um forte desejo de realizar aventuras imperialistas no ultramar — pré-requisito que parece óbvio demais para ser mencionado, mas que não podemos omitir, como prova o caso chinês, ao qual logo nos referiremos. Os quatro outros eventos eram de natureza tecnológica. Os europeus precisavam de embarcações suficientemente grandes, rápidas e manobráveis para transportar uma carga valiosa de coisas e pessoas ao longo de milhares de quilômetros de oceano, atravessando baixios, recifes e promontórios ameaçadores, e para levá-la de volta com um mínimo de segurança. Precisavam de equipamentos e técnicas capazes de achar caminhos através dos oceanos, sem terra à vista por semanas e mesmo meses, em viagens mais longas que qualquer uma daquelas a que os escandinavos tinham conseguido sobreviver. Precisavam de armamento suficientemente portátil para ser levado a bordo e ainda assim eficaz o bastante para intimidar os nativos das terras do outro lado dos oceanos. E precisavam de uma fonte de energia para impulsionar as embarcações através dos oceanos. Remos não resolveriam: nem marinheiros livres nem escravos conseguiriam remar tanto sem água fresca e grande quantidade de calorias. Uma galera espaçosa o suficiente para carregar suprimentos que bastassem para a travessia do Pacífico a remo seria, paradoxalmente, grande demais para vogar em outros mares. O vento era a resposta óbvia para esse último requisito, mas que ventos, onde e quando? O explorador que sai ao mar na convicção de que sempre haverá um vento para levá-lo aonde ele, explorador, quer ir, descobrirá que o vento carrega os exploradores para onde ele, vento, quer. O nascimento das Neoeuropas teve de esperar até os navegadores da Europa, que raramente se aventuravam além da plataforma continental, se converterem em navegadores das águas azuis.

Para encurtar uma longa história que já foi bem contada por historiadores como J. H. Parry e Samuel Eliot Morison,[1] a maior parte dos pré-requisitos que mencionamos estava cumprida já em 1490, a década dos triunfos de Colombo e Vasco da Gama. De algum modo, esses pré-requisitos haviam sido cumpridos três ou quatro gerações antes. No início do século XV, a tecnologia marítima chinesa estava suficientemente avançada para que Cheng Ho, almirante-chefe e eunuco do imperador Ming, mandasse à Índia e daí à África oriental esquadras de dezenas de embarcações armadas de pequenos canhões e tripuladas por milhares de marujos e passageiros. Esse almirante e não, por exemplo, Bartolomeu Dias é que deveria ser considerado a primeira grande figura da era das explorações marítimas. Se mudanças políticas e a endogenia cultural não tivessem abafado as ambições dos navegadores chineses, seria provável que os maiores imperialistas da história fossem do Extremo Oriente e não da Europa.[2]

Mas a China preferiu voltar as costas aos oceanos, deixando à história apenas duas opções para o papel de grandes imperialistas: os muçulmanos e os europeus, uns e outros liderados pelos respectivos navegadores. (Havia outros povos expansionistas, mas nenhum tão poderoso e tão experiente em alto-mar.) Ainda em 1400, os navegadores desses dois elencos de possíveis imperialistas estavam atrás dos chineses, mas seus navios, embora menores que os de Cheng Ho, eram seguros e de tamanho adequado; alguns estavam equipados de canhões, que outros receberiam logo, e seus navegadores dispunham de bússolas e instrumentos toscos para estimar a velocidade e a latitude. Nem os muçulmanos nem os europeus podiam calcular com exatidão a longitude, mas ninguém o conseguiria até a invenção de um cronômetro de certa precisão no século XVIII. Enquanto isso, os navegadores se defendiam com o que tinham e adivinhavam a longitude — exatamente o que Colombo faria quando chegasse a sua vez. Foi depois do século XV que a ciência produziu suas maiores contribuições à navegação.[3]

O problema não resolvido era o vento. Não que se ignorasse o modo de controlar a sua força: a vela quadrada, cristã, e a vela latina triangular, muçulmana, usadas cada vez mais em combinação à medida que o século avançava, teriam conduzido Fernão de Magalhães pelo Pacífico em 1421 quase tão bem quanto o fizeram em 1521. O problema é que em 1421 ninguém sabia muito bem onde e quando os ventos soprariam nos grandes oceanos, com exceção do Índico. Este era suficientemente grande para os navegadores se perderem, mas tinha três lados cercados de terras e seus ventos obedeciam à disciplina das monções, um sistema climático sazonal que podia ser estudado da terra. As lições que o oceano Índico ensinara a seus marujos nativos só seriam aplicadas imperfeitamente em outros lugares, e isso pode explicar em parte sua inferioridade em relação aos navegadores europeus fora das águas da Ásia das monções. É também verdade que no século XV as atenções dos muçulmanos concentraram-se exclusivamente na terra ou, no máximo, naquele mar tão cercado de terras, o Mediterrâneo. A mera loca-

117

lização do Índico desencorajava qualquer curiosidade. Além de suas águas conhecidas estavam povos primitivos e mais e mais oceano. Que diferença do Atlântico! Além do Atlântico estavam os astecas, os incas e as Américas exuberantes.

A história da cicatrização das suturas da Pangeia é uma história europeia — não completamente europeia, claro, pois a indispensável bússola era chinesa, assim como era muçulmana a vela triangular latina que capacitou as embarcações a apostar nos ventos: uma necessidade, no caso da exploração de regiões pouco conhecidas. Mas efetivamente os navios, armadores, banqueiros, monarcas e nobres, cartógrafos, matemáticos, navegadores, astrônomos, contramestres, imediatos e marujos eram europeus ou servidores dos europeus. Foram eles que conduziram a humanidade à sua maior aventura desde o Neolítico. John H. Parry chamou a essa aventura não "o descobrimento da América", pois este acabou sendo apenas um de seus capítulos; mas "descobrimento dos mares", o que quer dizer o descobrimento do onde e do quando dos ventos oceânicos e das correntes que eles impulsionam.[4]

Quando se aventuraram pela primeira vez nas águas oceânicas além de Gibraltar, os navegadores mediterrâneos e ibéricos estavam familiarizados apenas com os ventos de suas águas domésticas. Eles nada sabiam dos ventos que deslizam ou que se arremessam (ou giram, ou turbilhonam ou sobem?) além da plataforma continental. Esses marinheiros herdaram — com muitas intermediações, pois bem poucos deles tinham inclinações intelectuais — o que os sábios do mundo antigo e seus discípulos mais recentes tinham a dizer sobre a natureza geral do mundo. Havia uma tradição, elevada por Aristóteles quase ao nível de verdade revelada, de que os climas e, portanto, uma porção de outras coisas se encontrariam disseminados em estratos latitudinais, do polo norte ao equador e, daí em diante, em ordem reversa até o polo sul.[5] Por isso, em 1492, Cristóvão Colombo não se surpreendeu com o fato de os habitantes das Bahamas e das Antilhas serem bronzeados, porque essa era a cor dos guanchos, que viviam na mesma latitude.[6] Naturalmente

118

essa teoria era uma supersimplificação, e levou, por exemplo, à falsa presunção de que existiria um enorme continente meridional, uma *Terra australia incognita*, capaz de contrabalançar as massas de terra ao norte do equador. Mas a teoria não estava de todo mal orientada. Ela é válida, genericamente, e para muitos propósitos práticos, no que diz respeito aos ventos do Atlântico e do Pacífico — e isso era tudo o que pediam os exploradores dos séculos XV e XVI, que cruzavam os oceanos como que jogando cabra-cega.[7]

Os ventos do Atlântico e do Pacífico sopram em círculos gigantescos. Em cada oceano, ao norte do equador, um carrossel de ar gira no sentido dos ponteiros do relógio, e ao sul do equador outro carrossel gira em sentido contrário. As bordas desses carrosséis voltadas para os polos são os ventos predominantes de oeste das zonas temperadas, norte e sul. Nos trópicos, entre esses círculos de vento, grandes massas de ar em movimento escapam e mergulham obliquamente em direção a um cinturão de pressão baixa que ferve sob o sol vertical do equador. Esses são os famosos ventos alísios. O cinturão de baixa pressão corresponde às detestadas calmarias, fonte de tantas histórias de horror, de sede e inanição para os que ficam presos em seu paralisante abraço. Todo esse enorme sistema — ventos do oeste, alísios, calmarias etc. — se submete a um giro gigantesco, norte e sul, de acordo com as estações e seguindo o movimento anual do sol a prumo para a frente e para trás entre o trópico de Câncer e o trópico de Capricórnio. A natureza latitudinal e a grosseira previsibilidade do sistema (muito grosseira, porque as variações locais são muitas e frequentemente o sistema fecha-se por um momento) contêm a chave para a navegação através das suturas da Pangeia, da Europa para os novos mundos.

Os navegadores da Europa meridional que, em seu apogeu histórico, descobririam a América, circundariam o cabo da Boa Esperança e dariam a volta ao mundo cursaram a escola primária no Mediterrâneo e a secundária naquilo que havia de melhor depois de um mar fechado: uma grande extensão de oceano aberto com ventos razoavelmente previsíveis e ilhas em número su-

119

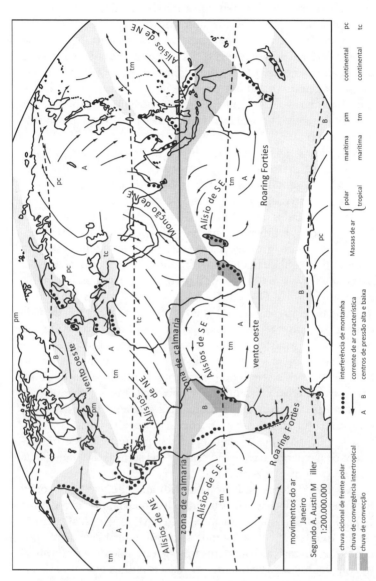

Ventos de inverno.

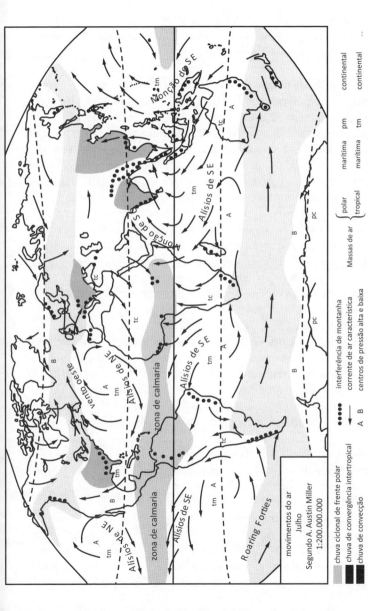

Ventos de verão. Fonte dos mapas 5 e 6: *The times atlas of the world*, edição dos anos 1950, ed. John Bartholomew (Londres, The Times Publishing Co., 1958) vol. I, pr. 3.

ficiente para que o navegador praticasse sem perder a vida na primeira vez que perdesse o rumo. Essa expansão líquida foi o que o historiador Pierre Chaunu chamou, com agudeza, o "Atlântico mediterrâneo" — aquela larga faixa do Atlântico a oeste e ao sul da península Ibérica que tem como marcos extremos os arquipélagos das Canárias e dos Açores e que inclui o grupo da Madeira, e sobre a qual sopram firmes ventos do norte durante os meses mais quentes. Os ventos sul são raros em qualquer época, e comumente o fluxo geral de ar só vem do oeste nas latitudes temperadas dos Açores.[8] Os irmãos Vivaldi desapareceram no Atlântico mediterrâneo em 1291, mas dos que se aventuraram depois a maioria sobreviveu. Eles se familiarizaram com essas águas, e assim fazendo tornaram-se navegantes das águas azuis, verdadeiros marinheiros, na plena acepção da palavra. A chave para entender o que eles aprenderam e como o aprenderam está nas ilhas Canárias. Foi esse grupo de ilhas que tentou os marinheiros portugueses (e os genoveses, maiorquinos, espanhóis e outros, muitos navegando para os portugueses) a avançar pelo Atlântico e pelo papel histórico de primeiros navegadores oceânicos da Europa depois dos escandinavos. Impulsionada pelos ventos alísios, a viagem a essas ilhas era fácil, de uma semana ou menos, com o arquipélago muito grande e seus picos muitos altos para que alguém se perdesse. "Na ilha de Tenerife", disse um viajante holandês do século XVI, "existe uma elevação chamada pico de Terraira, que se supõe ser a mais alta colina já encontrada, pois é vista facilmente a pelo menos sessenta milhas no mar."[9] No fim da viagem, nesse confortável pedaço do Atlântico, encontravam-se os ganhos das Canárias: peles de animais, tinturas e escravos.

Navegar da península Ibérica às Canárias não era difícil; o problema era voltar. Ao resolver esse quebra-cabeça, os navegadores da Europa certamente aperfeiçoaram e talvez tenham mesmo inventado algumas das técnicas que lhes permitiram navegar para as Américas, para a Índia e à volta do mundo, religando os pedaços separados da Pangeia. A rota da península Ibérica às Canárias era geralmente a mais reta que um navegador conseguia, porque habitualmente ele seria levado a seu destino tanto pelas correntes quanto pelo vento, como se, bem escolhido o momento, bastasse uma rajada para fazê-lo chegar. Vela quadrada, vela triangular latina ou, talvez, com sorte, nenhuma vela — o que quer que fosse bastaria; mas para voltar aproximadamente pela mesma rota ele precisaria andar de cá para lá e de lá para cá por dias e dias, deslizando para trás vezes seguidas, e avançando pouco a cada nova tentativa, porque a corrente se obstina em ser contrária. Navegando com cautela, sua única esperança seria tangenciar o litoral, tirando a maior vantagem dos ventos de praia que sopram do sul e do sudoeste durante as horas imediatamente anteriores e posteriores ao amanhecer. Ao meio-dia seria preciso agarrar-se de novo à costa, rezando para avançar um pouco para o norte, ou pelo menos para não perder avanços anteriores nesse rumo, antes de ancorar ou antes do reaparecimento dos ventos do litoral. Parte da verdadeira esperança de avanço rumo ao norte repousava nos músculos dos remadores, mas onde, nessa costa inóspita, encontrar o alimento e a água para mantê-los remando? Uma boa suposição sobre o destino dos irmãos Vivaldi é que eles talvez tenham navegado até as Canárias, talvez adiante delas, e em seguida verificado que suas velas não eram adequadas para a viagem de volta e que a tarefa de remar contra a corrente das Canárias excedia as possibilidades de seus remadores sedentos. Talvez eles tenham morrido de privações e exaustão, ou talvez, na tentativa de acelerar a viagem de volta ao impulso dos ventos do litoral, tenham sido alcançados por alguma rajada e, por falta de espaço, acabassem dando nos baixios do Marrocos.[10]

Quando confrontados com fortes ventos contrários, os navegantes europeus anteriores aos navegadores portugueses — mesmo os escandinavos — desistiam e voltavam ou arriavam as velas até que o vento mudasse, ocupando-se, no intervalo, com as tarefas de manutenção de que sempre um navio necessita. Não havia outro modo de conseguir passagem contra um vento inclemente de proa. Os europeus que navegavam no Atlântico mediterrâneo encontraram esse outro modo. Se não conseguissem velejar perto o bastante de um vento contrário, para avançar contra ele, então tentariam "velejar ao redor do vento", ou seja, conservar-se tão perto desse vento quanto pudessem, mantendo o curso pelo tempo necessário até achar um outro vento que pudessem usar para levá-los aonde queriam ir. Os navegantes do Atlântico mediterrâneo, presos às Canárias pelo impulso do ar e da água no rumo do sul, tinham de virar para noroeste, penetrando no oceano aberto e se afastando cada vez mais da última terra firme, talvez sem avançar um centímetro no rumo de casa, por muitos dias, até que afinal estivessem suficientemente longe dos trópicos e pudessem aproveitar os ventos de oeste da zona temperada. Aí podiam seguir para casa. Eles deviam ter fé em seu conhecimento dos ventos, voltar as costas para a terra e tornar-se, possivelmente por semanas a fio, criaturas do oceano profundo. Tinham de tornar-se verdadeiros navegadores. Os portugueses, que aperfeiçoaram essa estratégia, chamavam-na a "volta do mar".[11]

Esse recurso alternativo aos ventos alísios, mar afora, em seguida a "volta" (o movimento de caranguejo para noroeste) até a zona dos ventos do oeste, e afinal o impulso para casa com os ventos do oeste como ventos de popa — esse padrão de viagem e esse padrão de ventos dominantes fizeram das apostas de Colombo, Vasco da Gama e Magalhães atos de aventura, não de suicídio provável. Esses navegadores sabiam que poderiam velejar mar adentro impulsionados pelos alísios e de volta pelos ventos de oeste. Com essa fé, como disse o jesuíta José de Acosta, "homens entregaram-se ao perigo para empreender estranhas navegações e para buscar países distantes e desconhecidos".[12]

É duvidoso que os navegadores da era das explorações tenham pensado formalmente no recurso à "volta". É improvável que tenham aprendido a técnica a partir de algum conceito; eles, afinal, não estavam investigando as leis da natureza, mas apenas vasculhando os mares em busca de um vento favorável. Mas padrões predominantes de pensamento surgiram dos padrões de ventos dominantes, e os navegadores ibéricos passaram a usar a "volta" como molde para determinar seu curso de navegação para a Ásia, para as Américas e para a volta ao mundo.

No século XV, os navegadores portugueses foram além das Canárias, descendo a costa africana, buscando um caminho ao longo da praia nas áreas desérticas e depois nas regiões cobertas pela floresta, e aprendendo os truques da negociação com os africanos, em busca de ouro, pimenta e escravos. Por volta de 1460, os portugueses colonizaram as ilhas de Cabo Verde e depois avançaram ainda mais, para o sul e em torno da corcova da África. Aí perceberam estar em águas confusas e perigosas. Perto do litoral, durante os meses de verão, ficavam reféns da violência das monções da África ocidental. O continente, torrando ao sol a pino, sugava o ar relativamente fresco do oceano e dirigia os ventos dominantes na direção sudoeste, arrastando os navios para uma costa quase sem portos. Se os navegadores permanecessem em alto-mar, longe das monções, acabavam deixando a zona dos alísios de nordeste e chegando à zona de calmarias, onde o ar superaquecido sobe verticalmente, produzindo violentas tempestades que se alternam com a calmaria. Em matéria de tempestades, a pior extensão oceânica do mundo fica ao largo da costa da África, da altura do rio Senegal à do rio Congo.[13] Às vezes é demoradíssimo deslizar para fora da zona de calmaria, não muito longe e ao sul de Cabo Verde. Colombo caiu no bojo desse cinturão de calmaria, em sua terceira viagem: "Ali o vento faltou-me e o calor tornou-se tão forte a ponto de eu temer que meus navios e a tripulação fossem queimados".[14]

Nas extensões do Atlântico a partir da extremidade sudoeste da corcova da África, os navegadores estabeleciam o curso e a rota de suas viagens de acordo com o período do ano e com as suposições mais avançadas; e navegaram no rumo leste, até as ricas ilhas de Fernando Pó e São Tomé, a que os portugueses chegaram na década de 1470 e que logo transformaram em novas Madeiras, exploradas com o trabalho negro.[15] A leste dessas ilhas, a costa voltava-se novamente para o sul; o segredo da passagem para a Índia não seria desvendado com tanta facilidade. O rei dom João II, que subiu ao trono em 1481, incitou os marinheiros a avançar, e logo eles chegavam ao estuário do rio

Congo. Ao sul da foz do Congo eles encontraram novos mas conhecidos obstáculos: a corrente de Benguela, correspondente meridional da corrente das Canárias, e os ventos alísios de sudeste, correspondentes meridionais dos alísios de nordeste.[16]

Em 1487, Bartolomeu Dias avançou mais ao sul ainda, além da foz do Congo e ao longo da costa sudoeste da África, onde fica a Namíbia, enfrentando ventos e correntes adversos. Ele se via diante do mesmo dilema dos primeiros navegadores de cem anos antes, que tentavam voltar para a Europa ao longo da costa do Marrocos. Em algum lugar ao sul do rio Orange, atual fronteira da União Sul-Africana, ele foi surpreendido por uma tempestade e nesse momento realizou uma inteligente mudança de curso. Rumou para alto-mar, em busca de espaço para manobrar e de ventos favoráveis. Talvez tenha feito essa volta simplesmente como um carneiro se afasta da chuva, mas o mais provável é que tenha infletido para sudoeste com base na velha tradição de que Deus ou os deuses gostam da simetria: se existem ventos ao largo do Marrocos, do nordeste para o equador, com ventos oeste prevalecendo ao norte, e se há ventos alísios ao largo da Namíbia, do sudeste para o equador, então deve haver também ventos de oeste para além deles. Talvez Bartolomeu Dias tenha compreendido que o sistema de ventos do Atlântico Sul é muito semelhante ao do Atlântico Norte e que o recurso à "volta", virada de cabeça para baixo de modo a refletir na metade de baixo as condições existentes na metade de cima do planeta, operaria tão bem ao sul do rio Orange como operara bem ao norte do rio Senegal.

Bartolomeu Dias encontrou os alísios bem ao sul da ponta meridional da África e navegou com eles para leste e para norte, até as bordas do oceano Índico. Aí, a inquietação entre seus marinheiros levou-o à vizinhança do rio do Grande Peixe e de volta a Portugal. Verdadeiro Moisés náutico, Bartolomeu Dias vira a terra prometida mas jamais entraria nela, e chegou a Portugal com duas informações importantes: uma, que havia passagem para o oceano Índico a partir do Atlântico; outra, que os ventos do Atlântico Sul eram, segundo sua experiência, muito parecidos com os do Atlântico Norte, só que de cabeça para baixo.[17]

Por motivos que não compreendemos bem, os portugueses pararam vários anos até capitalizar inteiramente as descobertas de Dias. O mestre seguinte da técnica da "volta" não seria português, mas um cartógrafo genovês chamado Cristóvão Colombo, a serviço dos espanhóis. Bartolomeu Dias virara a "volta" de cabeça para baixo. Colombo iria ampliá-la para os lados.

Como sabe qualquer escolar, Colombo estava interessado em navegar para o oeste, em busca da Ásia, acreditando que essa seria uma rota mais curta que a circum-navegação da África. Seu curso óbvio era o curso oeste, da Espanha para Cipango (Japão), mas ele e todos os outros navegadores sabiam que os ventos do oeste, predominantes nessas latitudes, inviabilizavam essa escolha. Ele então foi para o sul, até as Canárias, e em setembro de 1492 voltou-se para oeste com os alísios que sopravam de estibordo, estufando as velas de sua pequena frota. Nessa estação do ano, ele se encontrava na borda norte dos alísios, na qual os ventos nem sempre são confiáveis (nas outras viagens à América, Colombo sempre penetrou ainda mais ao sul antes de voltar-se para oeste), mas 1492 era seu ano de sorte e ele fez uma viagem esplêndida até as Índias Ocidentais. A rota escolhida por Colombo para alcançar a América situou-se tão próxima daquela que seria a rota ótima para embarcações a vela que por muitas gerações os outros navegadores, mesmo aqueles saídos de portos no Norte da Europa, vieram a segui-lo, com poucos ajustamentos. A expedição inglesa que fundou a colônia da Virgínia, 115 anos mais tarde, e a frota holandesa que fundou Nova Amsterdam duas décadas depois disso, navegaram ambas para a América a partir das vizinhanças das Canárias.[18] Os espanhóis chamaram de *las brisas* esses ventos quentes e confiáveis e deram à extensão do Atlântico entre as Canárias e Cabo Verde de um lado e do outro as Antilhas o nome de golfo de Damas.[19]

Levado pelos alísios, Colombo deslizou até as Bahamas, as Grandes Antilhas e a imortalidade. Em seguida, teve de enfrentar a velha questão do Atlântico mediterrâneo: como voltar para a Europa pegando pela proa esses mesmos ventos? Lutar contra eles ao longo dos milhares de quilômetros entre a Hispaniola e a Espanha? Colombo iniciou a viagem de volta vagando alguns dias pelas águas de Hispaniola, tentando achar alguma fresta nas brisas incessantes, para atravessá-las — como alguém que procura passagem numa sebe espessa — e então fez a única coisa inteligente. Recorreu à "volta do mar", deslizando para nordeste através do mar de Sargaços (onde a vegetação era densa a ponto de os marinheiros temerem ficar presos) até as latitudes dos ventos de oeste, de onde velejou para leste, rumo aos Açores e de volta à Espanha.[20]

Colombo não acreditava muito no próprio talento de sábio dos ventos. Quando empreendeu, em 1496, sua segunda viagem de volta das Antilhas para a Espanha, ele tentou novamente esse caminho através dos alísios. Ventos de proa e calmarias reduziram-no, e à sua tripulação, a rações de fome e à hipótese de terem de comer os cativos caribes, até que encontraram ventos favoráveis. Desde então, ninguém com um mínimo de sensatez tentou penetrar os alísios do Atlântico Norte. Como disse um estudioso inglês do início do século XVII: "Pois tal é o estatuto dos ventos que todos os navios nesse mar devem obedecer: devem ir por um caminho e voltar por outro".[21]

Coube aos espanhóis o primeiro grande prêmio pelo recurso à estratégia da "volta". O prêmio seguinte contemplou com justiça os portugueses. A frota de Vasco da Gama deixou Lisboa em julho de 1497 e dirigiu-se para o sul, rumo a Cabo Verde. Além dessas ilhas, a frota enfrentaria as calmarias, o perigoso tempo do golfo da Guiné e os alísios adversos do sudeste. Vasco da Gama fez face a esses três desafios por meio de uma inovação tão extravagante que muitos historiadores, apesar da inexistência de provas diretas de sua suposição, deduziram que os portugueses devem ter realizado viagens secretas de reconhecimento no Atlântico Sul, nos anos imediatamente posteriores à volta de Bartolomeu Dias, para investigar o comportamento dos ventos nessa extensão do oceano.

A sul e a leste de Cabo Verde, Vasco da Gama enfrentou

violentas tempestades, das que são frequentes nesse ponto, perdeu sua verga principal e então, segundo a escassa documentação de sua viagem, seguiu um curso muito próximo do sudoeste, com os alísios meridionais a bombordo, *afastando-se* da ponta meridional da África. Ele navegou com os alísios de sudeste para fora dos trópicos e até a zona de predominância dos ventos de oeste do hemisfério sul, de onde tomou o rumo do oceano Índico. Mesmo assim, Vasco da Gama descobriu pela frente a costa oeste da África meridional e teve dias de luta até circundar finalmente o cabo da Boa Esperança. Nada disso, porém, poderia comparar-se às dificuldades que enfrentaria se não tivesse feito esse grande desvio até o Atlântico Sul, em sua magnífica "volta". O imenso semicírculo, de Cabo Verde até a primeira terra a que chegou na África do Sul, exigiu 84 dias de navegação e tanto em distância como em duração foi muito maior que a mais longa viagem de Colombo.[22]

O trajeto de Vasco da Gama — versão exagerada e extravagante de Bartolomeu Dias — foi e é o caminho mais prático para qualquer embarcação que pretenda velejar da Europa até o oceano Índico: para o sul até Cabo Verde ou arredores, então uma grande curva a sudoeste, até perto da costa do Brasil, e daí para sudeste, circundando o cabo da Boa Esperança. Essa era a rota recomendada tanto pelo almirantado britânico como pelo Serviço Hidrográfico dos Estados Unidos enquanto a navegação a vela dominou os mares.[23]

Vasco da Gama resolveu o enigma do Atlântico Sul e imediatamente se deu conta de um novo conjunto de mistérios. Além da foz do rio do Grande Peixe ele se encontrava em águas desconhecidas dos europeus todos. No século XIII, os asiáticos tinham dito a Marco Polo que a corrente que vai para o sul, ao longo da costa sudeste da África, era tão poderosa que os navegadores temiam entrar nela, vindos do oceano Índico, com medo de jamais retornar. Agora Vasco da Gama avançava de frente para essa corrente. Os asiáticos também tinham dito a Marco Polo que nas águas agora navegadas pelos portugueses existiam pássaros tão grandes que matavam elefantes para comê-los, arrebatando-os pelos ares e deixando que caíssem do alto.[24] Era um exagero: o pássaro elefante (*Aepyornis maximus*) de Madagascar, agora extinto, mas então possivelmente existente, tinha apenas três metros de altura, pesava apenas quinhentos quilos e simplesmente não voava.[25] Mesmo assim, Vasco da Gama estava a enorme distância da cristandade.

A viagem da Europa ao oceano Índico tivera início com os irmãos Vivaldi e levara duzentos anos. Agora havia toda a costa leste da África a percorrer e todo um novo oceano, com um conjunto desconhecido e completo de ventos a decifrar — trabalho para mais dois séculos, poder-se-ia pensar. Mas Vasco da Gama circundou o cabo na passagem do ano e chegou à Índia em maio.

Os europeus que entravam no oceano Índico dispunham de duas vantagens. Uma era a confiabilidade dos ventos e das correntes de monção. De certo modo, o Índico era um oceano mais simples que o Atlântico. Um navio podia ir e voltar pela mesma rota. Em segundo lugar, viviam em volta desse oceano povos marítimos adiantados, que conheciam os ventos e as correntes melhor do que os europeus conheciam os ventos e as correntes do Atlântico. Para cruzar o Índico, Vasco da Gama precisava apenas recorrer às fontes de conhecimento existentes.[26]

Quando circundou o cabo e voltou-se para o norte, no oceano Índico, a frota de Vasco da Gama tornou-se instantaneamente a mais poderosa força naval nesse e em todos os outros mares asiáticos. Os turcos tinham navios armados de canhões, mas estavam no Mediterrâneo. Os grandes navios e seus canhões eram o trunfo de Vasco da Gama, onde quer que navegasse no Oriente, como seu rei devia saber ao enviá-lo. O explorador usou livremente suas armas de fogo e ensinou aos habitantes da África oriental, como depois ensinaria aos indianos, que deveriam temê-lo como inimigo e valorizá-lo como aliado. O chefe de Melindi, na região do atual Quênia, ficou de tal modo impressionado com a artilharia de Vasco da Gama e com as vantagens que poderiam decorrer da amizade dos portugueses, que presenteou Vasco da Gama com o que este mais queria: um *expert* na viagem da África oriental à Índia, através do misterioso oceano Índico.[27]

Existem boas provas de que esse especialista era o famoso Ahmad Ibn Majid, um gujarati que conhecia como poucos o oceano Índico. Quem quer' que fosse, ele tinha um mapa das costas da Índia, com quantidade suficiente de meridianos e paralelos para conjurar os temores dos europeus. Além disso, sabia decifrar a mudança das monções e até aproveitar-se um pouco dela. Apesar de deixar Melindi em data que parecia um tanto prematura — pelo menos assim seria por muitos anos —, Vasco da Gama chegou às costas da Índia apenas vinte dias depois.[28] Ahmad Ibn Majid, se de fato era ele, desempenhou nisso um papel equivalente ao de Malinche na conquista espanhola do México. Malinche deu aos europeus os meios de superar a barreira do idioma e Ibn Majid deu-lhes os meios de superar a ignorância dos ventos e correntes que os confundiam no esforço de alcançar as riquezas da Índia.

O oceano Índico (da mesma forma que o mar da China) funciona de maneira muito diferente do Atlântico, e assim, de maneira diferente, devem agir os que desejam navegá-lo. Marco Polo, depois de navegar tanto pelo oceano Índico quanto pelo mar da China, disse aos europeus que só havia dois ventos soprando nessas águas: um levava os navegadores para longe do continente e o outro os trazia de volta. O primeiro soprava no inverno, o segundo, no verão.[29] Marco Polo, ao dizer isso, estava explicando a monção da Ásia, a mais colossal do mundo.

A monção da Ásia meridional é muito parecida com a da África ocidental, mas afeta uma extensão muito maior. Aqui a massa de terra, frigindo de calor no verão e em sua maior parte enregelando no inverno, é a Ásia, o maior dos continentes, e suas temperaturas extremas variam de um calor de ferver o sangue no verão da Índia a um inverno, na Sibéria, cujo frio é capaz de fragmentar a borracha. O verão continental suga os ventos alísios do sul, levando-os até a base do Himalaia, e o inverno reverte esse fluxo, com os alísios do norte voltando-se para o sul até a latitude de Madagascar. A marinheiros carrega-

131

dos desse modo e por essas enormes correntes de ar — e de água também, pois os ventos são tão poderosos que obrigam os mares a movimentar-se em paralelo com eles — o sistema parece ter pouco em comum com o dos outros grandes oceanos, e eles nunca falam em enfrentar os ventos alísios em águas asiáticas, mas na assustadora virada da monção.[30]

Antes de existirem cristãos e muçulmanos, os marinheiros da Ásia já velejavam aos ventos da monção e navegavam nas correntes da Índia e do Oriente Médio, para a África e o Sudeste asiático, fazendo a viagem de ida no inverno e a de volta no verão. Se desse tudo certo, eles disporiam sempre de bons ventos. Quando tudo vai bem, navegar é simplesmente manter o vento soprando de trás e aproveitá-lo de bombordo ou estibordo conforme o destino desejado. Nem sempre tudo dá certo, mas uma viagem bem planejada entre, por exemplo, Melindi e a Índia pode ser tão fácil, nos dois sentidos, como velejar sob *las brisas*, de Cabo Verde para as Antilhas.

A ignorância e a arrogância, porém, podem levar ao desastre. Vasco da Gama fizera uma rápida travessia de Melindi à Índia, com a ajuda de seu piloto, mas na volta viajou por conta própria e gastou 95 dias percorrendo o trajeto até a África Oriental. Tantos de seus tripulantes adoeceram e morreram que havia poucos homens para operar os navios.[31] Além do cabo da Boa Esperança ele encontrou-se em águas que conhecia. O curso que seguiu, da extremidade meridional da África até Portugal, foi o oposto do que o levara na viagem de ida: "Tal é o estatuto dos ventos, a que todos os navios nesse mar devem obedecer: devem ir por um caminho e voltar por outro". Os trajetos de ida e volta de Vasco da Gama no Atlântico configuram um titânico algarismo 8, rabiscado a partir dos quarenta graus de latitude norte até quase quarenta graus de latitude sul.[32] A viagem de Lisboa a Calicute, na Índia, e de volta a Lisboa custou dois dos quatro navios e a vida de oitenta a cem homens, quase metade dos que haviam embarcado, a maioria vítimas do escorbuto. A carga de especiarias embarcada de volta tornou a viagem lucrativa.[33]

Vasco da Gama navegara uma distância quase equivalente à de uma viagem ao redor do mundo. A próxima grande personalidade da era das explorações, Fernão de Magalhães, um português que navegava a serviço da Espanha, tentou dar essa volta ao mundo. Embora Magalhães tenha morrido antes do fim da viagem, seu navio e a tripulação sobrevivente conseguiram completar a circum-navegação do globo. Magalhães e seu sucessor, Juan Sebastian Elcano, aproveitaram todas as lições sobre os ventos, lições aprendidas antes por marinheiros anônimos do Mediterrâneo e do Atlântico, por Bartolomeu Dias, Cristóvão Colombo e Vasco da Gama e pelos antigos e desconhecidos navegadores que primeiro percorreram os mares da Ásia.

A frota de Magalhães, de cinco navios, deixou o porto de San Lucar, na Espanha, em setembro de 1519, e velejou sob os alísios até as Canárias, chegando em seis dias. Daí eles seguiram para Cabo Verde, que ultrapassaram. Ao largo do litoral de Serra Leoa, a frota foi colhida pela calmaria, em sua pior fase; choveu por sessenta dias, os ventos eram fracos e variados e se alternavam com calmarias mortais. Ali apareciam pássaros sem ânus e pássaros sem pés, cujas fêmeas punham os ovos nas costas do macho, durante o voo — pelo menos foi o que disse o principal cronista da viagem.[34]

Afinal os navios, à deriva, encontraram os alísios e, numa tosca aproximação da primeira metade da "volta" de Vasco da Gama rumo ao cabo da Boa Esperança, atravessaram o Atlântico até a América do Sul. Aqui estava o obstáculo — o Brasil e as terras que pudessem estar-lhe ao sul, e em torno das quais era preciso achar alguma passagem. Eles navegaram ao longo da costa, parando ocasionalmente para divertir-se e permutar variedades diversas de doenças venéreas com os ameríndios, para fermentar seus motins e executar amotinados, e para perder um dos navios num baixio. Em outubro, chegaram ao estreito que recebeu o nome do comandante, Magalhães. Nos últimos dias de novembro, depois de perder outro navio (este para amotinados vitoriosos, que deram as costas à expedição e voltaram para casa) e depois de semanas da mais difícil navegação, eles emergiram no maior corpo de água líquida do nosso sistema solar.

133

Magalhães ordenou que se dessem graças a Deus e escolheu um curso norte, "para sair do frio".[35]

Magalhães estava então em águas que nenhum ser humano do Velho Mundo havia jamais navegado — nem fenícios, nem vikings, nem árabes, nem Cheng Ho e nem mesmo são Brendan.* Os europeus tinham alguma familiaridade com o lado asiático do Pacífico, e o próprio Magalhães estivera nas Índias Orientais, mas essa parte do maior dos oceanos do mundo situava-se a uma distância de mais de um terço da circunferência do nosso planeta. Magalhães encontrava-se numa parte do mundo muito menos familiar a ele do que o lado oculto da Lua é para nós; contudo, ele imediatamente levantou velas no rumo norte, para a zona dos alísios, e aí se voltou para oeste. "Ele não podia ter feito melhor", disse o historiador e navegador Samuel Eliot Morison, "ainda que tivesse tido informação sobre os ventos e correntes do grande oceano."[36]

Outra intuição precisa de outro navegador renascentista em outro *mare incognito*! Magalhães resolveu procurar as ilhas das especiarias das Índias Orientais, as Molucas, que ficam logo ao sul do equador, mas escolheu um curso que o desviava para dez graus ao norte da linha equatorial, levando-o às Filipinas, que ficavam ao norte do seu alvo. Tal curso seria a melhor aposta de Magalhães, mas como poderia ele saber? Será que simplesmente seguiu a rota que os ventos predominantes ditavam? Sim e não. Os ventos dizem que rumos o navegador não pode tomar, mas não qual dos outros rumos ele tomará. Magalhães poderia ter seguido qualquer curso num arco de menos de 150 graus ou por volta disso. Não tinha de escolher o melhor trajeto através do Pacífico; ele poderia ter seguido alguns trajetos terrivelmente errados, todos com ventos favoráveis.

Magalhães deve ter aprendido alguma coisa do comportamento dos ventos no Pacífico ocidental, o Pacífico da monção,

---

* Santo de origem celta, do século VI, famoso pelas viagens que realizou pelo Atlântico, a partir das ilhas Britânicas. (N. T.)

134

durante o tempo que passara nas Índias Orientais, e esse conhecimento poderia ter-lhe recomendado a rota que traçou através do grande oceano.[37] Ele seguramente não sabia qual era a largura desse oceano. Sem dúvida, esperava alcançar as Filipinas no inverno, bem antes de março, quando de fato chegou. A chegada no inverno o deixaria lá com tempo suficiente para reabastecer e pegar os ventos da monção que sopravam da frígida Ásia, para uma fácil descida nas ilhas das especiarias.

É também obviamente verdadeiro que ele navegou para o norte, ao deixar o estreito de Magalhães, para chegar à zona dos ventos alísios. Se alguém quer atravessar o Pacífico de leste a oeste, em qualquer estação, é preciso procurar *las brisas*, como no Atlântico. Certamente, deve ter raciocinado Magalhães, um Deus benigno e coerente ordenaria as coisas no mundo de tal modo que o comportamento dos ventos do Pacífico central lembraria o dos ventos do Atlântico, um oceano mais conhecido. De qualquer modo, de que outra hipótese dispunha ele?

Magalhães navegou rumo ao norte, para os trópicos, e voltou-se para oeste em meio a águas das mais vazias do mundo, semana após semana, sem qualquer sinal de terra. Havia, sem dúvida, escolhido o curso certo, mas por três meses e vinte dias ele e seus homens não dispuseram de nenhum alimento fresco, pouca quantidade tiveram de qualquer alimento que fosse, e sofreram as agonias dos danados.[38] A graça única e salvadora foi o tempo: ventos moderados e mares sem tempestade. "Não nos tivessem Deus e sua abençoada Mãe dado tão bom tempo e teríamos todos morrido de fome nesse mar enorme e inexcedível. Acredito, na verdade, que nenhuma viagem como esta será realizada de novo."[39] Dezenove europeus e um índio, recolhido a bordo no Brasil, morreram de escorbuto nessa planura das águas do Pacífico, sob um céu deslumbrante e a marcha cadenciada dos ferozes cúmulos.

Em março, 99 dias depois de deixarem o estreito de Magalhães, eles viram Guam e outras ilhas próximas e desembarcaram em busca de alimento e suprimentos. Recuperados, navegaram para as Filipinas, onde Magalhães, provavelmente atrás de aliados que dessem à Espanha uma cabeça de praia no Oriente, envolveu-se em conflitos locais e foi morto. Ele não era um diplomata, era um navegador, e um companheiro de navio assim o descreveu: "Suportava a fome melhor que todos os outros, e com mais precisão que qualquer outro homem no mundo ele compreendia as cartas marítimas e a navegação".[40]

Magalhães e os que lhe sobreviveram, da mesma forma que Vasco da Gama, atingiram as águas da monção asiática estritamente por meio de sua própria capacidade. Agora eles (ou pelo menos aqueles que sobreviveram a Magalhães) podiam voltar-se, como fizera Vasco da Gama, para pilotos nativos e para um conhecimento do mar mais antigo que a civilização daquela parte do mundo. Diante das barreiras da cultura, do idioma e da religião, e sendo essas barreiras o que eram, os europeus preferiram recorrer ao sequestro para conseguir pilotos, e o fizeram com êxito. (Um dos pilotos escapou e nadou para a liberdade, mas seu filho, não conseguindo sustentar-se nos ombros do pai, morreu afogado.)[41]

Logo os europeus estavam nas Molucas, as ilhas quase míticas que eram a fonte do cravo-da-índia consumido na Europa. Recolheram sua carga e fizeram planos para a viagem de volta, decidindo que o *Trinidad* e o *Victoria*, os dois navios sobreviventes da frota que saíra da Espanha (um terceiro fora abandonado nas Filipinas, por falta de tripulantes), deveriam partir por diferentes trajetos, de modo a aumentar as chances de pelo menos parte da valiosa carga chegar a seu destino. O *Trinidad* atravessaria o Pacífico em direção à Nova Espanha (México), e sobre isso teremos mais informações adiante. O *Victoria*, comandado por Juan Sebastian Elcano (seguramente o menos comentado de todos os grandes capitães da era das explorações), continuaria a viagem de volta ao mundo.[42]

Passaram-se nove meses de tormentas iguais às sofridas no meio do Pacífico antes que Elcano e o *Victoria* completassem a viagem. Elcano subestimou a monção, voltou-se para um ponto excessivamente ao sul, ao tentar o contorno da extremidade meridional da África, e deparou com os ferozes ventos do oeste

— mais tarde os navegadores denominaram essa latitude de *Roaring Forties* [Ribombantes Quarenta]. Veio então, sem maiores contratempos, a longa e trabalhosa travessia do Atlântico na direção norte. Cristãos mortos eram lançados ao fundo do mar de cabeça para cima. Os infiéis, uns poucos deles incorporados à expedição nas Índias Orientais, eram lançados de cabeça para baixo.[43] Por sorte ou habilidade, o *Victoria* ultrapassou a zona de calmaria sem grande demora. Daí, era apenas chegar às Canárias, dar a clássica "volta" até os Açores e finalmente encontrar bons ventos até a Espanha.

Na segunda-feira, 8 de setembro de 1522, o *Victoria* lançou âncora perto do cais de Sevilha e fez fogo com todos os canhões. A primeira viagem ao redor do mundo chegava ao fim. No dia seguinte, "todos fomos, em camisa e descalços, cada um levando uma vela, visitar o santuário de Santa Maria de la Victoria e o de Santa Maria de l'Antigua".[44]

Cinco navios e cerca de 240 homens tinham deixado a Espanha para velejar ao redor do mundo em 1519. Três anos e um mês decorridos, a viagem estava feita. Só o *Victoria* deu a volta completa ao mundo. Do total da tripulação, 210 homens estavam a postos quando a frota, diminuída pelo motim, atravessou o estreito de Magalhães para sair no Pacífico. Desses, 36 voltaram à Espanha, por várias rotas e em diferentes momentos, e apenas dezoito e mais três indonésios dos quinze que se tinham incorporado nas Índias Orientais estavam a bordo do *Victoria* na chegada a Sevilha. O navio levava também um carregamento de cravos, canela e noz-moscada, que pagou todos os custos da empresa e deixou um pequeno lucro.[45]

O que os oficiais e marinheiros do *Victoria* traziam na cabeça era mais importante que a carga de especiarias. Eles sabiam mais sobre os ventos e as correntes dos grandes oceanos, e mais sobre a geografia do mundo em geral, que quem quer que fosse, fora Deus. Conheciam um caminho em torno da América. Sabiam que o oceano Pacífico e, portanto, o mundo eram muito maiores do que se supunha. Sabiam que havia um caminho através desse oceano e ao redor do mundo, e que os ventos alísios eram tão confiáveis em toda parte, menos no Pacífico ocidental, quanto no Atlântico. Que apenas continentes e monções interrompiam ou alteravam radicalmente seu fluxo; e que os pilotos asiáticos detinham a chave do uso das monções com a finalidade desejada.

Já em 1522, os europeus dispunham de uma visão esquemática, mas razoável, de como os ventos oceânicos do mundo agiam entre a latitude do círculo ártico e a faixa a cerca de quarenta graus de latitude sul, no Atlântico, e entre as costas setentrionais do oceano Índico e a faixa a cerca de quinze graus de latitude sul, e sabiam que os alísios ofereciam uma passagem de leste para oeste através do Pacífico. Eles também sabiam muita coisa sobre os ventos ao largo da África meridional e começavam a aprender como funcionam os ventos ao largo da parte meridional da América do Sul.

Agora era implementar, consolidar, construir impérios e, em geral, ganhar dinheiro com o que os navegadores tinham aprendido. Isso significava comerciar, e exigia viagens de ida e volta pelos oceanos. A monção reversível tornava fácil ir e vir pelo Índico e pelo mar da China — fácil e, de fato, obrigatório. O segredo da navegação pelo Atlântico era conhecido desde a viagem de volta de Colombo em 1493, mas subir para o norte, com os alísios, até a zona dos ventos de oeste, era longo e trabalhoso. Em 1513, Ponce de Leon descobriu a Flórida e, sem saber, o caminho mais fácil para chegar aos ventos de oeste partindo das Antilhas: a corrente do Golfo.

Os ventos alísios bombeiam água, sem parar, do Atlântico central para o golfo do México, o qual, em consequência, é mais alto que o oceano principal. Esse enorme corpo d'água tem uma saída de superfície — os estreitos entre a Flórida, de um lado, e Cuba e as Bahamas do outro. Através dessa saída, a água se lança como um bando de garanhões selvagens soltos de um curral. Não admira Ponce de Leon descobrir que estava andando para trás apesar de um vento que tentava levá-lo para a frente, perto da atual Miami, num braço de terra que ele chamou de cabo das Correntes.[46]

Seis anos depois da descoberta de Ponce de Leon, seu piloto, Antonio de Alaminos, navegando das Antilhas para a Espanha, passou não ao sul de Cuba, como era habitual, mas ao norte e através dos estreitos da Flórida, aproveitando o enorme impulso da corrente do Golfo para atirar seu navio à latitude dos ventos de oeste.[47] Essa inovação completou o desenvolvimento da rota clássica da península Ibérica à América e vice-versa. O trajeto completo, de ida e volta, é um paralelogramo assimétrico, de Cádiz às Canárias ou Cabo Verde, daí a Havana, e de Havana, com a corrente do Golfo, aos ventos de oeste, e afinal, com estes, a volta à Europa, tudo de acordo com o rodar titânico dos ventos e das correntes, em torno do vazio verdejante do mar de Sargaços.

Esse recurso à corrente do Golfo era um avanço prático em relação ao que já se sabia. No Pacífico, uma geração depois de Magalhães, a travessia da Ásia à América ainda não fora realizada. Morto Magalhães, seus navios deixaram as Filipinas, chegaram às Molucas e foram carregados de especiarias. Os líderes sobreviventes da expedição decidiram que o *Victoria* continuaria na tentativa de dar a volta ao mundo e que o *Trinidad* faria meia-volta e iria para o México. Contrariamente a tudo o que a experiência devia ter ensinado aos espanhóis sobre a navegação para oeste no Pacífico, o *Trinidad* jogou-se na boca dos ventos alísios. Os inclementes ventos de proa dos trópicos e, depois, quando eles finalmente conseguiram desviar-se para o norte, as tempestades e o frio, mais o escorbuto — morreram trinta de uma tripulação de 53 homens — forçaram o *Trinidad* de volta às Índias Orientais, onde os portugueses, zelosos da proteção de seu monopólio comercial, capturaram o navio e aprisionaram seus tripulantes.[48]

O primeiro passo para os espanhóis conseguirem fazer viagens de ida e volta pelo Pacífico seria a obtenção de um terminal em algum lugar no continente asiático ou perto dele. Em meados da década de 1560, uma expedição espanhola sob o comando de Miguel Lopez Legaspi navegou do México e atacou as Filipinas. Manila, com suas conexões comerciais em todo o Extremo Oriente, tornar-se-ia o centro, a Havana, do Oriente espanhol. Legaspi estabeleceu rapidamente uma cabeça de praia nas Filipinas e passou a executar o resto do plano, do qual a captura de Manila era apenas uma parte. Parecia inteligente supor que, no Pacífico, da mesma forma que no Atlântico, os ventos de oeste soprassem ao norte dos trópicos. Dois grandes navegadores entraram na corrida, cada qual querendo ser o primeiro a traçar, com a quilha de seu navio, a maior de todas as "voltas".

O vencedor foi Lope Martin, melhor navegador que cavaleiro. Ele desertou da expedição de Legaspi nas Filipinas e foi embora num pequeno navio com apenas vinte tripulantes, sem provisões e sem velas extras. Martin tomou o rumo norte, encontrou os ventos de oeste, velejou com eles até a Califórnia e daí tomou o rumo sul, para o México, onde chegou a 9 de agosto de 1565. A viagem foi marcada pelo escorbuto, por quase-motins e execuções por afogamento. Seu êxito resultou mais da sorte e da bravata que da sabedoria, e pareceria um fraco precedente para viagens regulares entre as Filipinas e a Nova Espanha.

O crédito por mostrar à humanidade como cruzar as grandes águas da Ásia até a América é dado geralmente a Andrés de Urdaneta, piloto e principal conselheiro de Legaspi durante a invasão das Filipinas, e a quem Legaspi comissionara para navegar até o México. (O líder nominal da expedição era o sobrinho de Legaspi, mas todo mundo sabia quem era o verdadeiro comandante.) O *San Pablo* deixou Cebu a 1º de junho de 1565, afastou-se das Filipinas levado pelos ventos da monção e logrou seguir para noroeste até um ponto entre os três e os 39 graus de latitude norte, onde os ventos oeste enfunaram suas velas e levaram o navio até as águas da Califórnia. A 8 de setembro, Urdaneta chegava a Acapulco, de onde seguiu para a Espanha, para contar ao rei a traição de Martin. A viagem do *San Pablo* pelo Pacífico Norte levara 129 dias e nesse período dezesseis homens perderam a vida.[49]

Ainda havia muito a aprender. Por exemplo, só no século

140

XVII os europeus, e especificamente os holandeses, conseguiram dominar os ventos de oeste da região conhecida como os Roaring Forties, para levá-los pela zona da monção até as Índias Orientais. Graças a esse desconhecimento, os europeus aprenderam muito sobre a Austrália, porque subestimaram as longitudes e acabaram chegando por acaso à costa oeste desse continente.[50] Só depois que o capitão Cook voltou do Pacífico, os europeus passaram a ter alguma informação sobre a costa leste da Austrália e sobre a Nova Zelândia, além da mera noção da existência desta. Mas nada disso era muito importante depois de Urdaneta.

Em 1492, os navegadores tinham cruzado o Atlântico. Na década de 1520, eles tinham dado a volta ao mundo pela primeira vez, e o principal cronista da viagem duvidou que outra viagem daquelas viesse a ser tentada algum dia. Mas já em 1600, qualquer cidadão podia, em caráter privado, dar a volta ao mundo em navios mercantes, a maior parte do tempo em viagens anuais devidamente agendadas. Francesco Carletti, que fez uma dessas viagens, descreveu-a: embarque na Espanha, para a América, com a frota das Antilhas, em julho; atravesse o México até Acapulco, no Pacífico, chegando a tempo de pegar o galeão de Manila em março. De Manila, compre passagem para o Japão e depois Macau, e de Macau navegue em barcos mercantes portugueses para Goa, na Índia, desembarcando no mês de março subsequente. Em Goa, infelizmente, será preciso esperar alguns meses, aguardando a virada da monção. Mas em dezembro ou janeiro, embarque num dos enormes galeões portugueses, para a viagem anual, de seis meses, até Lisboa. Essa volta ao mundo, incluindo todas as demoras para o embarque de cargas e todas as esperas de vento adequado, levou quatro anos. Dar a volta em sentido contrário poderia exigir mais tempo, por serem os ventos de oeste menos confiáveis que os alísios, mas a viagem também podia ser feita, toda ou quase toda, em navios mercantes de bandeira espanhola ou portuguesa.[51]

As suturas da Pangeia iam se cicatrizando, costuradas pela agulha do fazedor de velas. As galinhas encontraram os quivis,

141

os bois encontraram os cangurus, os irlandeses conheceram a batata, os comanches, os cavalos, e os incas foram apresentados à varíola — tudo pela primeira vez. Começava a contagem regressiva para a extinção do pombo passageiro* e dos povos nativos das Grandes Antilhas e da Tasmânia. Começou também uma grande expansão numérica de algumas outras espécies, sobretudo porcos e bois, certas ervas e patógenos e seres humanos do Velho Mundo, todos beneficiados pelo contato com terras situadas do outro lado das costuras da Pangeia.[52]

Os navegadores, ainda que não intencionalmente, estavam a serviço dos deuses. Samuel Purchas, clérigo inglês do início do século XVII, que colecionou e publicou muitos dos relatos de marinheiros, apresentava uma questão retórica a seus leitores e também à posteridade, a nós:

> quem antes tomou posse do enorme oceano e fez procissão em torno ao vasto mundo? Quem jamais descobriu novas Constelações, saudou os Polos Gelados, submeteu as Zonas Ardentes? E quem mais, pela Arte da Navegação, pareceu tanto ter imitado a Ele, que repousa em seus aposentos nas Águas e anda nas asas do Vento?[53]

A resposta, naturalmente, é: *os navegadores*!

---

* Espécie outrora abundante e depois extinta de um pombo migratório da América do Norte. (N. T.)

6. FÁCIL DE ALCANÇAR, DIFÍCIL DE AGARRAR

> [...] *onde a substância vital, fermentando como se fosse transformar-se em vida pelo calor do sol, irrompe precipitadamente da matriz e se espalha com uma espécie de fúria por toda parte.*
> John Bruckner, *A philosophical survey of the animal creation* (1768)

> *Quando nações civilizadas entram em contato com bárbaros, a luta é curta, exceto onde um clima mortal dê ajuda à raça nativa.*
> Charles Darwin, *The descent of man* (1871)

O CONHECIMENTO DOS VENTOS tornou acessíveis aos europeus todas as costas oceânicas e seu respectivo interior, entre o gelo do Ártico e o da Antártida. Mas, como a história deixou claro, nem todos esses lugares estavam ao alcance do poder de dominação dos europeus: por vezes ocupar um território e expulsar as populações nativas não era tão simples. Quase todas as regiões, além das fronteiras da Europa, que se tornaram neoeuropeias são as que mais de perto se aproximam dos critérios citados no fim do capítulo anterior: semelhança com a Europa em dados fundamentais, como o clima e a distância física em relação ao Velho Mundo. Essas são as Neoeuropas, os mais visíveis resíduos da época em que a Europa governava apenas as ondas. Sua história é o fardo do resto deste livro, mas antes precisamos discutir, mesmo de passagem, as regiões que não atendiam a esses critérios e hoje não são neoeuropeias, embora muitas tivessem sido colônias europeias por longos períodos.

Podemos ser breves a respeito das regiões da Ásia do Pacífico ao norte do trópico de Câncer. Na China, na Coreia e no

Japão, os europeus tiveram de conviver com populações densas e de longa tradição de fortes governos centrais, instituições resistentes e autoconfiança cultural, e dotadas, ainda, de culturas, animais domésticos, microvida e parasitos muito parecidos com os da Europa. De fato, os habitantes da Ásia oriental eram muito parecidos com os europeus, em relação à maior parte dos fatores importantes, com a ressalva de que sofriam de uma crítica mas temporária deficiência de tecnologia. Os imperialistas brancos jamais consolidaram as chamadas colônias de povoamento nessa parte do mundo; os bairros europeus em portos como Macau, Nagasaki e Xangai eram apenas torneiras instaladas nos flancos das águas para vazar alguma coisa de sua riqueza.

Em face dos europeus, e em relação às questões citadas acima, os habitantes do Oriente Médio eram tão bem defendidos quanto os da Ásia oriental e estavam de fato expandindo a área que já dominavam, enquanto os navegadores realizavam a conquista dos oceanos. Fazia séculos que os turcos otomanos, com seus janízaros e dervixes, controlavam o Oriente Médio, os Bálcãs e o Norte da África, e mesmo depois de seu declínio os europeus não conseguiram fundar colônias de povoamento no mundo islâmico exceto em suas bordas: por exemplo, a Argélia e o Casaquistão.

Os europeus fizeram árduos esforços para criar estabelecimentos na zona tórrida, mas quase sempre fracassaram, algumas vezes de modo espetacular. Dividamos essa enorme área em três tipos de trópicos, cada um com sua própria crônica da passagem dos europeus. Eles raramente cobiçavam o trópico árido, salvo por suas riquezas minerais. Assim, emigrações em grande número para essas regiões eram infrequentes. Eles se sentiam atraídos pelas terras mais altas, um tanto úmidas e muitas vezes frias, mas mesmo aí os invasores raramente conseguiram substituir os indígenas. As qualidades das montanhas que atraíam os brancos tinham atraído multidões de indígenas antes da chegada deles, e quase sempre os nativos ocupavam os vales altos e os planaltos em tão grande número que era difícil exterminá-los. Para dar um exemplo, consideremos a grande quantidade de espanhóis emigrados para o alto vale central do México; mesmo tão numerosos, eles não substituíram os astecas e outros ameríndios, e na verdade se miscigenaram com eles. O México é um país *mestizo*, não uma Neoeuropa.

Outros europeus também se dirigiram para as colinas dos trópicos — para as serras Brancas do Quênia, por exemplo —, mas em geral sua estada era breve. Há exceções: a grande maioria da população da Costa Rica vive em serras e é de ascendência europeia, e o país se ajusta à definição de uma Neoeuropa — mas a Costa Rica não passa de uma exceção à regra, e uma pequena exceção. Sua população total não chega a 2,5 milhões de habitantes. A regra (não a lei) é que, embora possam realizar conquistas nos trópicos, os europeus não europeízam os trópicos, nem mesmo em regiões de temperaturas europeias.

As áreas dos trópicos que atraíram os imperialistas europeus em primeiro lugar e que eles jamais deixaram de cobiçar foram as regiões quentes e bem servidas de água. As zonas tórridas da África e da América produziam ou podiam produzir tinturas, pimenta, açúcar, escravos e outras colheitas de pronto pagamento. Na Ásia meridional havia grandes extensões de solo fértil, nas quais viviam milhões de pessoas, disciplinadas, habilitadas e habituadas a fornecer excedentes de produção para as elites, locais e invasoras. Os europeus foram bem-sucedidos na tentativa de enriquecer enormemente nos trópicos — tanto do Velho quanto do Novo Mundo. Mas raramente conseguiram estabelecer comunidades europeias permanentes nesses lugares. A longo prazo, os trópicos úmidos revelaram-se um bocado para o qual a Europa tinha dentes, mas não estômago.

A maior parte da Ásia tropical, como seria de esperar, revelou-se quente e úmida demais para o gosto europeu. Mais importante, porém, que sua propensão para arrancar o suor dos invasores era a abundante presença de inimigos minúsculos. Os asiáticos, com seus animais e plantas, tinham vivido em milhares de cidades e aldeias ou em seus arredores por milhares de anos. Junto com eles, evoluíram muitas espécies de germes, vermes, insetos, óxidos, fungos e o mais que imaginarmos, todos voltados para o ser humano e seus organismos servidores. As vítimas evoluíram junto com os agressores, e estavam razoavelmente adaptadas a viver e reproduzir-se apesar desses parasitos. Em contraste com isso, os europeus e seus organismos servidores eram bebês nas florestas do Sul da Ásia. Os primeiros a chegar, os portugueses, descobriram-se atacados por sezões, corrimentos, erupções, hemorroidas e "doenças secretas". O *mor-dexijn* (cólera?), por exemplo, lavrava na Índia: "Ele enfraquece a pessoa e a faz lançar fora tudo o que tem em seu corpo, e muitas vezes a vida vai junto". (A doença era especialmente perigosa em Goa, devido aos "desejos insaciáveis" das nativas, cujas exigências a um homem podiam "reduzi-lo a pó e varrê-lo como poeira".)[1]

De fato, as mulheres eram uma das grandes dificuldades que os colonizadores europeus enfrentavam no Oriente — não tanto as orientais, mas antes as mulheres ocidentais. Quando estas últimas souberam do calor, da doença, da comida exótica e de tudo o mais que as esperava no Oriente, e da facilidade com que os homens europeus adquiriam concubinas, poucas se dispuseram a fazer a perigosa viagem em torno do cabo da Boa Esperança para criar uma família na Ásia. Alguns homens europeus podiam desejar a vida a leste de Suez, "onde não há Dez Mandamentos e o homem pode ter seu desejo despertado", mas por que uma futura esposa e mãe quereria ir para lá? Os rebentos dos europeus na Ásia eram geralmente meio asiáticos. (Havia um dito malicioso na Índia britânica segundo o qual a necessidade era a mãe dos eurasianos.) Quanto a transformar essas crianças em pequenos e bons cidadãos de Portugal, da Holanda ou da Inglaterra, a verdade é que com mais facilidade elas adquiriam a cultura e o idioma da mãe que os do pai; de qualquer maneira, os europeus tinham escasso conhecimento dos eurasianos, e também pouca confiança neles.[2]

Os problemas dos intrusos europeus na Ásia tropical eram semelhantes aos dos cruzados na Terra Santa, meio milênio antes. As regiões desejáveis já estavam plenamente ocupadas por seres humanos, em números bem maiores do que jamais a Europa poderia despachar para o Oriente, humanos dotados de resistência física e cultura vigorosa. Como os europeus, esses indianos, indonésios, malaios e assim por diante plantavam e consumiam os cereais miúdos (especialmente o arroz, que só chegaria à Europa na Renascença), dependiam dos mesmos animais (embora em número bem menor por ser humano) e para manter-se saudáveis lutavam contra os mesmos patógenos e parasitos, e contra várias outras espécies venenosas desconhecidas na Europa. Apesar de todas as diferenças entre orientais e ocidentais, os dois grupos eram obviamente filhos da Revolução Neolítica do Velho Mundo, disso resultando que a vantagem dos europeus sobre os asiáticos seria efêmera. Mesmo as grandes cidades de Cingapura e Batávia, criadas por ordem dos imperialistas brancos, não passavam de grandes entrepostos mercantis, e seus habitantes brancos eram pouco mais que marinheiros e comissários de bordo em prolongada licença em terra, embora pudessem aí permanecer por décadas.

Apenas alguns dos elementos do Neolítico do Velho Mundo (como a agricultura, os grandes aglomerados humanos e o ferro) estavam presentes na quente e úmida África quando os europeus chegaram. Assim, teoricamente pelo menos, os europeus deviam ter conquistado os africanos com mais facilidade do que os asiáticos. A conquista, contudo, não se realizou até o fim do século XIX; o ecossistema africano permaneceu por demais exuberante, fecundo, indomado e indomável para os invasores enquanto eles não acrescentaram a seu armamento maior quantidade de ciência e tecnologia.

Os europeus não possuíam equipamentos e conceitos adequados ao desafio pleistocênico da floresta tropical. Segundo o cronista de uma expedição de 1555 à África ocidental, em busca, entre outras coisas, de marfim:

> Hoje levamos trinta homens conosco para procurar elefantes. Nossos homens estavam todos armados de arcabuzes, lanças, arcos longos, bestas, partasanas, espadas longas, espadas comuns e escudos: encontramos dois elefantes, que

147

atacamos várias vezes com os arcabuzes e arcos longos, mas eles foram embora e machucaram um dos nossos homens.[3]

Um só? Esses homens tiveram sorte de, na primeira tentativa, encontrar elefantes tão cerimoniosos. Os brancos simplesmente não estavam equipados para impor sua vontade na África, e isso perdurou até o século XIX e a época do quinino barato e abundante e da pilhagem sistemática. As culturas dos europeus comportavam-se mediocremente, vítimas da putrefação, dos insetos e de todos os tipos de animais famintos (inclusive elefantes). Quando as plantas sobreviviam a tudo isso, a enorme duração do dia claro nos trópicos transmitia-lhes avisos errados ou nenhum aviso sobre sua floração, e elas morriam de anomia. Em São Tomé, os primeiros portugueses descobriram que o trigo "não produzirá espigas inteiras; ele está dando muitas folhas e crescendo alto sem qualquer grão na espiga".[4]

O gado bovino europeu na África ocidental não se deu melhor. Os parasitos e doenças locais, e sobretudo a tripanossomíase, excluíram quase por completo a existência de animais domesticados. A África ocidental tinha algum gado bovino quando os europeus chegaram a suas costas, mas eram animais raquíticos, sua carne, "seca e magra", e a produção de leite, tão pouca que vinte ou trinta vacas "mal eram suficientes para prover apenas a mesa do diretor-geral" num entreposto holandês do século XVII. Cavalos não havia, nem no litoral nem no interior imediato, a não ser importados. Eles não viviam muito e não se reproduziam no clima úmido e tórrido, e os portugueses fizeram bem em levá-los costa abaixo, para trocá-los por ouro, pimenta e escravos. Alguns cavalos viviam mais longe, no interior, provavelmente nas proximidades das pradarias sudanesas, mas eram "tão baixos que um homem alto, montado num deles, quase tocaria o chão com os pés".[5]

A mais eficaz defesa da África ocidental contra os europeus era a doença: malária, febre amarela, dengue, corrimentos sanguíneos e todo um zoológico de parasitos helmínticos. São muitos os exemplos, antigos e mais recentes, da devastação que ocasionaram. O rei João II (1481-95) enviou um escudeiro de sua

148

casa, um cavaleiro e um besteiro de sua câmara, acompanhados de servidores (oito homens ao todo), em visita, rio Gâmbia acima, ao rei de Mandi. Todos morreram, menos um, aquele que "era mais acostumado a esses lugares".[6] No início do século XIX, era comum que a cada ano morresse mais de metade dos soldados das tropas britânicas na Costa do Ouro.[7] Duas gerações depois, Joseph Conrad, que então trabalhava — e estava quase morrendo — no louco empreendimento do rei Leopoldo II da Bélgica, de exploração do Congo, informou ser tal a incidência de febres e disenteria que a maior parte dos empregados, seus colegas, era mandada de volta para casa antes de completar o prazo do contrato, "para não morrerem no Congo. Que Deus não permita! Isso estragaria as excelentes estatísticas, você percebe? Numa palavra, parece que apenas 7% conseguem completar os três anos de serviço".[8]

A África era um prêmio ao alcance da Europa, mas secava a mão que tentava agarrá-la. João de Barros, que estava na costa da Guiné no século XVI, expressou de forma eloquente a frustração de todos os imperialistas que contemplavam a África, opulenta, torturante, impossível:

Mas parece que por nossos pecados, ou por algum inescrutável julgamento de Deus, em todas as entradas desta grande Etiópia que naveguemos, Ele colocou um anjo com uma espada flamejante de febres mortais, que nos impede de penetrar nas primaveras de seu jardim de onde procedem esses rios de ouro que correm para o mar em tantas partes de nossa conquista.[9]

Até o início do século XX, as colônias de forasteiros da África tropical minguavam e morriam. Quando a Revolução Americana revogou o direito antes exercido pela Inglaterra de transportar condenados para a Geórgia, alguns passaram a ser mandados para a Costa do Ouro, mas em tantos casos essa sentença se revelava fatal que, nas palavras de Edmund Burke, equivalia à pena de morte sob a forma de "um arremedo de clemência".[10] A

Inglaterra passou então a exilar seus condenados para essa célula germinal de uma Neoeuropa, a Austrália, onde eles, de certo modo, prosperaram.

No fim do século XVIII e no século XIX, brancos liberais na Inglaterra e nos Estados Unidos tentaram apressar a emancipação dos escravos e evitar os conflitos raciais, embarcando negros libertos para colônias na África ocidental: a Serra Leoa e a Libéria. Assim, os abolicionistas demonstraram que mesmo os genes africanos, sem uma infância africana, conferiam um escudo muito vulnerável contra os patógenos africanos. No primeiro ano da Província de Freetown, em Serra Leoa, morreram 46% dos brancos, mas também 39% dos colonizadores negros. Na Libéria, entre 1820 e 1843, 21% de todos os imigrantes, todos ou quase todos, presumivelmente, negros ou mulatos, morreram no primeiro ano de residência.[11]

Dos problemas que os europeus enfrentaram na África, a maioria se manifestou também nas Américas, mas, em geral, em escala menor. Nas Antilhas, queixava-se José de Acosta no século XVI, o trigo "cresce bem, e presentemente está verde, mas de modo tão desigual que não pode ser colhido; pois, da semente plantada num dado momento, uma parte cresce muito, outra está nas espigas, alguma na relva e outra nos grãos".[12] Só nas montanhas e nos planaltos da América tropical o trigo e outras plantas do Oriente Médio cresceriam de acordo com a tradição judaico-cristã. Nas planícies americanas, como nas africanas, os europeus eram frequentemente obrigados a adotar culturas locais — a mandioca, o milho, a batata-doce e outras —, as quais, naturalmente, não serviram melhor os europeus do que serviam as outras raças.

A história dos animais domesticados europeus nas Antilhas e nos outros lugares da América tropical contrasta radicalmente com o destino que tiveram, nessas regiões, muitas plantas do Velho Mundo. Isso vale sobretudo para os porcos e o gado; os cavalos muitas vezes se mostravam mais caprichosos, levando anos para adaptar-se às pastagens e ao meio ambiente do Brasil e dos *llanos* hispano-americanos. Ainda assim, os animais domésticos europeus deram certo na América tórrida, mesmo ten-

150

do fracassado na África, em latitudes correspondentes, o que oferece mais uma explicação óbvia para as histórias contrastantes das colônias nas duas áreas.[13]

Os organismos patológicos, a maioria dos quais aparentemente do Velho Mundo, cobraram um pesado tributo aos ameríndios dos trópicos, eliminando a maior parte deles nas planícies e nas ilhas e abrindo essas áreas ao estabelecimento de colonos brancos. Mas os patógenos especificamente africanos trataram os brancos com igual severidade, aleijando seus empreendimentos coloniais. De 1793 a 1796, o exército britânico no teatro do Caribe perdeu cerca de 80 mil homens, mais de metade deles para a febre amarela, número superior ao total das perdas do duque de Wellington em toda a guerra da península Ibérica.[14] Mesmo entre 1817 e 1836, tempos de paz, o índice anual de mortalidade entre os soldados britânicos nas Antilhas variou de 85 a 130 por mil, enquanto nas ilhas natais era de apenas quinze por mil. (Na África ocidental, devemos observar, tal índice era de mais de quinhentos por mil nesses anos.)[15] Nos trópicos americanos, as colônias europeias de estabelecimento eram compreensivelmente raras, e era mais raro ainda que tivessem êxito. Por exemplo, o desfecho da experiência escocesa em Darien, no fim do século XVII, e de uma tentativa francesa na Guiana, cerca de sessenta anos depois, foi simplesmente um saldo de milhares de mortes e algumas dezenas de casebres arruinados desabando.[16] Uma colônia europeia na América quente e úmida consistia frequentemente numa pequena classe gerencial branca, alguns negros e mulatos livres e uma enorme quantidade de escravos africanos. Estes, quase invariavelmente mal alimentados, muitas vezes submetidos a trabalho excessivo e vivendo num ambiente patológico não tão hostil a eles quanto aos brancos mas significativamente diferente daquele de sua terra de origem, também morriam em grande número. Contudo, podiam ser e eram sempre substituídos.[17]

A doença foi o mais importante dos fatores a determinar que a América quente e úmida seria uma região de mistura racial. Os ameríndios desapareciam e os europeus sobreviviam

151

com dificuldade; assim, os empreendedores do comércio atlântico importaram milhões de africanos para substituir o trabalho ameríndio no úmido trópico americano. O resultado são as sociedades neoafricanas e misturadas de hoje: não a temperada Montreal, onde as variações de raça e cultura são tão estreitas quanto o canal que os ingleses chamam de English Channel e os franceses chamam *la Manche*, mas o Rio de Janeiro tropical, onde mulatos e zambos e portugueses supostamente puros dançam o samba africano na véspera da quaresma.

Entretanto, apesar de tudo o que dissemos, os europeus podem criar sociedades neoeuropeias no trópico úmido e quente — e de fato eles fizeram isso —, mas os pré-requisitos são rígidos. Examiná-los é uma valiosa lição de biogeografia. Vamos dar uma olhada na história inicial de Queensland, o estado branco e notavelmente saudável do Nordeste tropical da Austrália. A região era detentora de diversos legados do destino, capacitando-a a tornar-se uma Neoeuropa numa área tão úmida quanto algumas daquelas em que colônias europeias morreram de malária, mangra e distomíase. Em última análise, o problema dos estabelecimentos europeus no trópico úmido não é o calor ou a umidade em si, embora um e outra contribuam maciçamente para o acúmulo de dificuldades. O problema era o contato com os humanos tropicais, com seus organismos servidores e parasitos locais, micro e macro.

Queensland apresentava tanta umidade e tanto calor quanto poderiam querer um mosquito *Anopheles* ou *Aedes*, a mosca tsé-tsé, o ancilóstomo ou qualquer outro verme, mas não uma grande população de indígenas, com seus animais e plantas repletos de ocupantes malévolos. Os aborígines de Queensland eram poucos, e por isso o conjunto de parasitos que abrigavam era menor. Eles não tinham cultura e dispunham de apenas um animal, o dingo, que servisse de meio para a evolução de germes e outros micro-organismos voltados para a ação predatória contra plantas e animais imigrantes. Quando os invasores brancos importaram trabalhadores para suas plantações de açúcar (Queensland foi um dos últimos exemplos do modelo da ilha da Madeira), esses traba-

152

lhadores chegaram das relativamente saudáveis ilhas do Pacífico, não dos continentes infestados de doenças. Os canacas, como eram chamados esses trabalhadores contratados, chegaram com algumas infecções tropicais, da mesma forma que uns poucos chineses e os soldados britânicos das Índias, mas, em conjunto, esses grupos não desembarcaram com um elenco tão rico de patógenos e parasitos como, por exemplo, os africanos levados para o Brasil e o Caribe. A malária instalou-se em Queensland, mas não com firmeza. O governo proibiu a ulterior imigração de não brancos (por várias razões, econômicas, humanitárias e racistas), reduzindo grandemente o influxo de organismos patológicos. Os habitantes brancos de Queensland aceitaram e aplicaram as lições das revoluções sanitária e bacteriológica dos séculos XIX e XX, para proteger a si mesmos e a seus animais e culturas. A malária desapareceu e Queensland tornou-se, e assim permanece, uma das regiões mais saudáveis da Terra, dentro ou fora da zona tórrida. Isso custou muito dinheiro, que a Austrália, de um modo ou de outro, forneceu.[18] A sociedade neoeuropeia de Queensland não é tão artificial como a que os Estados Unidos criaram na Zona do Canal do Panamá, mas a vida no Panamá não é tão fresca, confortável e fácil como na Austrália meridional e temperada, onde um William Wordsworth reencarnado poderia observar "os jovens cordeiros conduzidos como pelo som do tamborim", e em alguns lugares poderia viver a disparatada fantasia de imaginar-se em casa, no distrito dos Lagos.

Na segunda década do século XVII, um pequeno grupo de dissidentes ingleses exilados na Holanda, em luta contra a pobreza e temerosos de que seus filhos crescessem holandeses, tentava decidir onde fundariam uma boa sociedade inglesa e temente a Deus. Cuidadosamente consideraram a Guiana; e consideraram a Virgínia do Norte. Sua análise das vantagens e desvantagens de cada uma era válida então, e, ressalvados os investimentos acima mencionados e relativos a Queensland, assim permanece. A Guiana, julgavam eles, era a um tempo fecunda e agradável, e poderia produzir riqueza e meios de manutenção de seus proprietários mais facilmente que a outra; contudo, outras coisas consideradas, não seria tão adequada para eles [...] Tais países quentes são sujeitos a doenças perniciosas e a muitos incômodos impedimentos, dos quais estão mais livres outros lugares mais temperados. Além disso, não concordariam tão bem com nossos corpos ingleses.[19]

Assim, eles navegaram para a América do Norte, onde metade dos Peregrinos, como viemos a chamá-los, morreram de desnutrição, exaustão e frio, durante seu primeiro inverno na Nova Inglaterra. Mas os outros, como acreditavam ser-lhes devido, receberam benefícios como aqueles prometidos pelo Senhor a Abraão.

Eu te cumularei de bênçãos, eu te darei uma posteridade tão numerosa quanto as estrelas do céu e quanto a areia que está na praia do mar, e tua posteridade conquistará a porta dos seus inimigos. Por tua posteridade serão abençoadas todas as nações da terra.[20]

Se tivessem ido para a Guiana — persuadidos talvez pela visão de sir Walter Raleigh: "Em matéria de saúde, bom ar, prazer e riqueza, estou convencido de que ela não pode ser igualada a qualquer outra região, a leste ou a oeste"[21] — os Peregrinos teriam ingressado num ambiente hostil aos europeus e aos seus organismos servidores, devido ao calor, à umidade, aos predadores, aos parasitos e aos patógenos. Eles teriam deixado atrás de si pouco mais que covas rasas em chão molhado.

7. ERVAS

> *Temos a aparente e dupla anomalia de ser a Austrália mais adequada que a Inglaterra a algumas plantas inglesas, enquanto algumas plantas inglesas são mais adequadas à Austrália que aquelas plantas australianas que se retraíram diante das inglesas intrusas.*
> Joseph Dalton Hooker, 1853

NÃO SURPREENDE, DE FATO, que os europeus não tenham conseguido europeizar a Ásia e a África tropical. Eles tiveram melhores resultados nos trópicos do Novo Mundo, mas ficaram longe de criar conglomerados de sociedades neoeuropeias sob o sol abrasador das Américas. A verdade é que em muitos lugares eles nem tentaram, mas concentraram-se na criação de colônias de *plantation*, equipadas por não europeus — peões, escravos e trabalhadores contratados. O surpreendente é que os europeus tenham sido capazes não só de estabelecer-se em grande número nas Neoeuropas como também de florescer e multiplicar-se nelas "como as estrelas no céu e os grãos de areia na praia". Isso os imperialistas brancos realizaram, apesar da distância em que se encontravam as Neoeuropas e de seus muitos aspectos bizarros — pelos padrões do Velho Mundo. Quebec pode ser hoje como Cherbourg, mas em 1700 não o era, com certeza. San Francisco, Montevidéu e Sydney podem ser europeias hoje, mas há poucas gerações — de fato, muito poucas — essas cidades não dispunham de alvenaria e de ruas, e eram habitadas por ameríndios e aborígines zelosos de suas terras e de seus direitos. O que capacitou os intrusos brancos a converter em cidades neoeuropeias esses portos e praias?

Qualquer teoria respeitável que tente analisar o avanço demográfico dos europeus deve explicar pelo menos dois fenômenos. O primeiro é o abatimento do moral e em muitos casos a aniquilação das populações indígenas das Neoeuropas. A derrota que levou à extinção dessas populações não foi apenas resultado da superioridade tecnológica da Europa. Os europeus que se estabeleceram na África do Sul temperada dispunham aparentemente das mesmas vantagens daqueles que se estabeleceram na Virgínia e em Nova Gales do Sul. E, no entanto, como são diferentes as respectivas histórias. Os povos de idioma banto, que agora são avassaladoramente mais numerosos que os brancos na África do Sul, eram superiores aos indígenas americanos, australianos e neozelandeses apenas por terem armas de ferro. Mas qual é a inferioridade da lança de ponta de pedra em relação à lança de ponta de ferro diante de um rifle ou de um mosquetão? Os bantos prosperaram demograficamente, mas não por causa de seu número na época do primeiro contato com os brancos; provavelmente eles eram menos numerosos por quilômetro quadrado que, por exemplo, os ameríndios a leste do Mississippi. Mais que por essa razão, os bantos prosperaram por terem sobrevivido à conquista militar, por terem evitado os conquistadores ou por se terem tornado seus servidores indispensáveis — e a longo prazo porque se reproduziram em maior número que os brancos. Em contraste, por que foram tão poucos os nativos das Neoeuropas que sobreviveram?

Em segundo lugar, devemos explicar o assombroso, quase assustador, sucesso da agricultura europeia nas Neoeuropas. O difícil avanço da fronteira agrícola europeia na taiga siberiana, no sertão brasileiro ou no *veldt* sul-africano contrasta de modo agudo com seu avanço fácil, quase fluido, na América do Norte, por exemplo. Naturalmente, os pioneiros brancos dos Estados Unidos e do Canadá jamais caracterizariam seu progresso como fácil; sua vida era repleta de perigos, privações e trabalho incessante. Mas, como grupo, sempre conseguiram domar — em apenas algumas décadas, e quase sempre bem menos do que isso — todos os pedaços que quiseram da América temperada. Muitos deles, individualmente, fracassaram — eram levados à beira da loucura pelas nevascas e pelas tempestades de poeira, perdiam as colheitas para os gafanhotos e os rebanhos para os lobos e os pumas, ou perdiam o próprio escalpo para os ameríndios compreensivelmente inóspitos. Mas, como grupo, eles sempre tiveram êxito, e muito rápido, em termos de gerações humanas.

Esses fenômenos eram tão amplos que nos atingem como se fossem supra-humanos, manifestações de forças atuantes sobre os negócios humanos, forças mais poderosas, indesviáveis e penetrantes que a vontade humana — forças que estariam para a vontade como o avanço persistente e inexorável de uma geleira para o rolar de uma avalancha. Vamos olhar para a migração humana entre a Europa e as Neoeuropas. Dezenas de milhões de europeus deixaram a Europa e foram para as Neoeuropas, onde se reproduziram volumosamente. Em contraste com isso, muito poucos indígenas das Américas, da Austrália ou da Nova Zelândia foram alguma vez à Europa e lá tiveram filhos. Agora, não chega a ser espantoso que o fluxo da migração humana ocorresse quase inteiramente da Europa para as colônias. Nem espantoso nem muito esclarecedor. Os europeus controlavam as migrações ultramarinas, e a Europa precisava exportar, não importar, força de trabalho. Mas esse padrão da migração num só sentido é significativo porque reaparece na história da migração de outras espécies entre a Europa e as Neoeuropas. Não podemos levar em consideração todas as espécies migrantes. A disseminação, no ultramar, de culturas do Velho Mundo, como o trigo e os nabos, por exemplo, é um concomitante óbvio e não ilustrativo da disseminação dos agricultores europeus. Consideremos três espécies gerais de formas de vida, que atravessaram muitas vezes as costuras da Pangeia e prosperaram nas colônias, nem sempre por iniciativa europeia (muitas vezes sem ela e até apesar dela): ervas, animais bravios e patógenos associados à humanidade. Haverá na história desses grupos um denominador comum que sugira uma explicação abrangente para o fenômeno do triunfo demográfico dos europeus nas Neoeuropas, ou que pelo menos indique novos rumos de investigação?

Primeiro é necessário definir "Neoeuropa" mais restrita-

157

mente do que fizemos até agora. Nem todas as partes dos Estados Unidos, da Argentina, da Austrália e assim por diante atraíram grande número de europeus. São poucos, por exemplo, os brancos no Grande Deserto de Areia da Austrália; se toda a Austrália fosse árida, então esse continente estaria tão longe de ser uma Neoeuropa quanto a Groenlândia. Onde existem hoje populações brancas nas partes mais quentes, mais frias, mais secas, mais úmidas e, em geral, mais inóspitas das Neoeuropas, é porque um grande número de imigrantes brancos foi atraído para as regiões mais hospitaleiras e espalhou-se a partir delas. Essas regiões são as arenas onde espécies nativas e alienígenas viveram sua mais significativa competição na era posterior a Colombo e ao capitão Cook, e onde os resultados tornaram possível a europeização de todas elas. É para essas arenas que voltaremos nossa atenção. O terço leste dos Estados Unidos e do Canadá, onde vive até hoje metade da população dos dois países, embora já tenham decorrido três séculos e meio desde a fundação de Jamestown e Quebec, é o berço neoeuropeu da América do Norte. A área da Austrália que corresponde a esse berço é seu canto sudeste, limitado pelos mares e por uma linha que vai de Brisbane a Adelaide, e mais a Tasmânia. Toda a Nova Zelândia, menos sua região alta e fria e a costa ocidental da ilha Sul, cai nessa atraente categoria. O núcleo neoeuropeu da América do Sul é a região úmida de pastagens em cujo centro fica Buenos Aires. É um território enorme, na maior parte tão plano quanto uma tábua, que se localiza num semicírculo, da baia Blanca, no Sul, a Córdoba, no Oeste, e a Porto Alegre, no litoral brasileiro. Essa vasta extensão de mais de 1 milhão de quilômetros quadrados inclui a quinta parte da Argentina, todo o Uruguai e todo o estado brasileiro do Rio Grande do Sul. Aí vivem dois terços dos argentinos e todos os habitantes do Uruguai e do Rio Grande do Sul, formando a maior concentração populacional ao sul do trópico de Capricórnio.[1]

Tendo introduzido os cenários, vamos incluir neles "os vagabundos da nossa flora", como os chamou sir Joseph Dalton Hooker: as ervas.[2] "Erva" não é um termo científico, no sentido de espécie, gênero ou família. Suas definições populares são muitas; precisamos, portanto, de uma pausa para defini-las. Na moderna linguagem botânica, a palavra "erva" refere-se a qualquer planta que se espalha com rapidez e derrota outras na competição pelo solo alterado. Antes do advento da agricultura, havia relativamente poucas dessas plantas, representando qualquer espécie dada; elas eram as "pioneiras das sucessões secundárias ou colonizadoras", especializando-se na ocupação do solo desnudado das plantas originais pelos deslizamentos, enchentes, incêndios e assim por diante.[3]

As ervas não são sempre desagradáveis. O centeio e a aveia já foram ervas; hoje são plantas cultivadas.[4] Pode, porém, uma planta cultivada seguir o caminho inverso e transformar-se em erva? Sim. O chamado capim-da-roça e o amaranto eram culturas pré-históricas na Europa e na América, respectivamente. Ambas foram apreciadas por suas sementes nutritivas e ambas, depois, foram rebaixadas a ervas. (O amaranto pode estar no caminho de volta à respeitabilidade, na categoria de cultura.)[5] Serão sempre as ervas, enquanto estiverem nessa categoria, um tormento e uma perdição para todo mundo? Na verdade, não. A grama rasteira conhecida como capim-de-burro, uma das mais irreprimíveis ervas tropicais, foi enaltecida, um século e meio atrás, como estabilizadora de diques ao longo do baixo Mississippi, ao mesmo tempo que, não muito longe do rio, outros agricultores chamavam-na "erva do diabo".[6] As ervas não são boas ou más; são simplesmente plantas que tentam o botânico a usar termos antropomórficos, como "agressivo" e "oportunista".

A Europa tinha uma grande quantidade de ervas muito antes de os navegadores se lançarem ao Atlântico mediterrâneo. À medida que os glaciares do Pleistoceno recuavam, várias espécies de ervas evoluíram, para ocupar o solo despido que o recuo do gelo ia deixando. Quando avançaram pela Europa, os agricultores do Neolítico levaram consigo suas culturas, seus animais de criação e ervas do Oriente Médio. Algumas dessas plantas oportunistas provavelmente cruzaram o Atlântico até a Vinlândia, mas não duraram mais que uma ou duas estações após o abandono das colônias vikings na região. As ervas do Mediterrâneo foram, sem dúvida, as primeiras viajantes bem-sucedidas entre as plantas colonizadoras, dando o curto salto às encostas desflorestadas dos Açores, da Madeira e das Canárias, e então fazendo a longa viagem às Antilhas e à América tropical.

Sabemos muito pouco sobre as ervas das Américas nos séculos XV e XVI. Os conquistadores prestaram escassa atenção à agricultura, e menos ainda às ervas como tais, e os historiadores que viajaram com Cortés ou seguiram depois dele raramente registraram notícias das *malas hierbas*, mas nós sabemos onde elas estavam. As culturas europeias e outras plantas desejáveis floresceram nas Índias, mesmo quando vergonhosamente negligenciadas por agricultores enlouquecidos pelo ouro e pela conquista. Assim, podemos ter certeza de que as ervas importadas, que prosperam quando negligenciadas, deram-se de fato muito bem.[7] Mesmo árvores rebaixaram-se ao nível do comportamento de ervas. Quando, no fim do século XVI, José de Acosta perguntou quem tinha plantado as florestas de laranjeiras pelas quais andara e viajara, a resposta foi que "as laranjas caem ao chão e apodrecem e suas sementes germinam e daquelas que a água leva embora a diversas partes, brotam esses bosques, que se tornaram tão densos". Dois séculos e meio depois, Charles Darwin encontrou ilhas na foz do Paraná repletas de laranjeiras e pessegueiros, nascidos de sementes transportadas pelo rio.[8]

As ervas importadas devem ter ocupado grandes extensões nas Antilhas, no México e em outros lugares, porque a conquista ibérica criou enormes áreas de solo alterado. Florestas foram arrasadas para fornecer madeira e combustível e para abrir caminho a novos empreendimentos. Rebanhos florescentes de animais do Velho Mundo pastavam e excediam-se pastando nas áreas de relva e invadiam a floresta; e os campos cultivados das declinantes populações ameríndias reverteram ao estado de natureza, uma natureza cujas plantas mais agressivas eram agora imigrantes exóticos. Frei Bartolomé de las Casas falou de grandes rebanhos de gado e outros animais europeus, nas Antilhas, na primeira metade do século XVI, comendo plantas nativas até

160

as raízes. Ao que se seguiu a disseminação de samambaias, cardos, tanchagem, urtigas, erva-moura, junças e assim por diante, plantas que ele identificou como de origem castelhana, chegando a dizer que estavam presentes já quando os espanhóis desembarcaram.[9] É impossível que espécies idênticas tenham se desenvolvido separadamente em Castela e em Hispaniola, e pouco provável que tenham feito essa travessia transatlântica em tempos pré-colombianos. É muito mais provável que as velhas espécies colonizadoras do Velho Mundo fossem avançando *pari passu* com os exploradores e tão ou mais rápido que os frades.

As ervas devem ter avançado pelo menos com essa mesma rapidez no México central, ao tempo em que rebanhos colossais de gado espanhol e outros animais, domesticados e ferozes, pastavam, e pastavam em excesso, e, no fim do século XVI, começavam em algumas áreas a passar fome, em meio aos estragos que tinham causado.[10] As plantas colonizadoras do Velho Mundo não tinham tal oportunidade desde a invenção da agricultura. Em 1555, o trevo europeu estava tão disseminado que os astecas já dispunham de uma palavra para denominá-lo. Eles o chamavam *ocoxichitl castillan*, nome inspirado no de uma planta nativa e rasteira, que também prefere a sombra e a umidade.[11] É provável que em grande parte a flora herbal do México central fosse em 1600 a mesma dos nossos dias: majoritariamente eurasiana, com predominância de plantas mediterrâneas.[12]

Talvez possamos reconstituir, em certa medida, o que aconteceu no México do século XVI, examinando o registro da disseminação de ervas na Califórnia (Califórnia superior) no fim do século XVIII e no século XIX. Não dispomos de descrições de primeira mão sobre a condição aborígine das pastagens da Califórnia, mas alguns botânicos com propensões históricas reuniram toda a documentação existente, em pequenos prados sobreviventes em lugares esquecidos e em forma de umas poucas e oblíquas referências em fontes escritas. Esses botânicos formularam a hipótese de uma flora dominada por ervas agrupadas e sujeitas apenas aos dentes dos antílopes e de outros animais da mesma família. Os búfalos não atravessaram aos milhões — e nem mesmo em número comparável aos do México central — os vales de São Joaquim e Sacramento.

Essa flora californiana era fatalmente vulnerável aos invasores eurasianos, da mesma forma que os povos aborígines da Califórnia, mas o isolamento protegeu a flora, assim como fez com a população, por dois séculos e meio depois da chegada dos espanhóis às Américas. Separada da Europa por um continente e mais um oceano, e dos centros populacionais do México espanhol pelos desertos e pelos ventos e correntes do Norte que passam ao longo de suas costas, tanto a superior quanto a inferior, a Califórnia permaneceu uma das mais remotas regiões de qualquer dos impérios europeus até as últimas décadas do século XVIII. Ainda em 1769, de acordo com as provas resultantes de materiais vegetais existentes nos tijolos de adobe das mais antigas construções coloniais da Califórnia, apenas três plantas cresciam ali: a labaça-crespa, a serralha e uma filária de haste vermelha.[13] Esta última era a pioneira de um conjunto de ervas do Mediterrâneo que toleravam bem o tempo quente com secas sazonais.

Em meados do século XVIII, comerciantes de peles e imperialistas russos tornaram-se muito ativos na costa noroeste da América do Norte, e a Espanha reagiu mandando soldados e missionários à selvagem fronteira da Califórnia. Querendo ou não, eles levaram junto as plantas forrageiras e as ervas do Mediterrâneo — as já mencionadas e mais a aveia selvagem, o capim rabo-de-raposa, o joio, o capim-cevadinha, o azevém italiano e outras — e elas os acompanharam, e em alguns casos podem tê-los até precedido ao longo das colinas costeiras, nos vales de São Joaquim e Sacramento e além.[14] Algumas dessas plantas estavam coladas à fronteira agrícola desde as bases da civilização do Velho Mundo. A mostardeira-preta, cuja pequena semente, segundo Jesus Cristo, seria como o Reino de Deus, porque "cresce e se torna maior que todas as ervas, e lança grandes ramos, de modo que os pássaros do ar possam abrigar-se sob sua sombra", chegou à Califórnia com os frades franciscanos.[15]

Poucas dessas plantas adaptaram-se imediatamente, mas com o tempo vicejaram, à medida que seus pioneiros seguiam adiante. Ao descer ao longo do rio dos Americanos para o vale de Sacramento, em março de 1844, John Charles Frémont, que explorava a região a partir do território dos Estados Unidos, encontrou a filária de haste vermelha, tão imigrante do Velho Mundo quanto ele e sua montaria. A planta "estava precisamente no momento de começar a florescer e cobria o terreno como um gramado". Os cavalos consumiam-na com avidez e mesmo as índias que encontrou comiam-na "com aparente apetite", indicando por gestos que o que era bom para os animais era bom também para elas.[16]

Algumas ervas chegaram à Califórnia no fim da era espanhola; um número maior foi provavelmente acrescentado durante os anos em que a Califórnia foi mexicana, e outro ainda maior após a anexação pelos Estados Unidos, já que os americanos levaram plantas consigo através das planícies e a partir do litoral leste. A corrida do ouro, em 1849, criou uma enorme demanda de carne e, por isso, resultou num consumo excessivo das pastagens, seguido, em 1862, de grandes enchentes e de uma intensa seca de dois anos. Quando as chuvas voltaram, as plantas importadas foram as primeiras e as mais rápidas a brotar e as pradarias da Califórnia tornaram-se aquilo em que se vinham há anos transformando, isto é, eurasianas. Sem os invasores oportunistas, a perda do solo de superfície teria empobrecido milhares de hectares daquelas que são as mais valiosas terras agrícolas do mundo de hoje. Em 1860, havia pelo menos 91 espécies alienígenas de ervas naturalizadas no estado da Califórnia. Um trabalho de reconhecimento no vale de São Joaquim, já no século XX, revelou que as plantas importadas "constituíam 63% da vegetação herbácea das pradarias, 66% das florestas e 54% do chaparral".[17]

Quanto à história antiga das plantas colonizadoras do Velho Mundo no México, temos de adivinhar, extrapolando em direção ao passado a partir dos exemplos mais recentes, mas não no Peru, graças ao jesuíta Bernabé Cobo e ao nobre meio espanhol, meio ameríndio, Garcilaso de la Vega. Eles não escreveram especificamente sobre plantas que eram inequivocamente ervas, por seu comportamento — plantas que não mereceriam a atenção de homens notáveis —, mas escreveram sobre plantas respeitáveis que se tornaram selvagens e desafiaram as tentativas de mantê--las fora dos campos cultivados. Ambos citaram os nabos, a mostardeira, a menta e a camomila entre as piores ofensoras. Muitas dessas plantas "sobrepujaram a nomenclatura original dos vales e impuseram seu próprio nome, como no caso do vale da Menta, no litoral, que anteriormente se chamava Rucma, e outros". Em Lima, a chicória e o espinafre cresciam mais altos que um homem e "um cavalo não conseguia abrir caminho entre eles".

A mais expansionista das ervas europeias no Peru do século XVI foi o *trébol*, um trevo ou um grupo de trevos que tomava conta dos campos frios e úmidos mais que quaisquer outras espécies colonizadoras, provendo boa forragem mas ao mesmo tempo sufocando as outras plantas. Os ex-súditos do império inca, que se achavam abruptamente em face de uma nova elite e de um novo deus, aos quais deveriam apoiar, descobriram-se competindo com o *trébol* pela terra agricultável.[18] Mas o que era o *trébol*? A maior parte dele devia ser o trevo-branco, que desempenhara o mesmo papel de pioneiro e conquistador na América do Norte.

A Inglaterra, mãe da maioria das colônias da América do Norte, tinha, segundo o *Book of husbandry*, de John Fitzherbert, "diversas espécies de ervas, cardos, labaçóis" e outras —[19] tão densas na linguagem de Shakespeare como sem dúvida em seus jardins de Stratford-upon-Avon. O duque de Borgonha shakespeariano informa ao rei Henrique V não que os tempos são difíceis na França, mas que "o joio, a cicuta e a fumária" nela cresciam. Seu Hotspur ganha imortalidade literária prometendo que, "ao lado dessa urtiga, perigo, colhemos esta flor, segurança". O pobre Lear perambula pelos campos

> *Coroado com a exuberante fumaria e nigelas*
> *Bardanas, cicuta, urtigas, carmamanos,*
> *Joios e todas as ervas más que crescem*
> *Em nosso trigo nutritivo.*[20]

Não há dúvida de que ervas inglesas já tinham se enraizado no solo dos Estados Unidos quando Shakespeare estava vivo. John Josselyn, que visitou a Nova Inglaterra em 1638 e 1663, décadas depois de os primeiros pescadores europeus terem começado a veranear na Terra Nova e arredores, e com toda probabilidade plantado pequenos jardins, fez uma lista das "Plantas que Surgiram desde que os Ingleses Começaram a Plantar e a Criar Gado na Nova Inglaterra".[21] Ele não era um botânico profissional e pode ter errado em algumas de suas identificações, mas com certeza estava certo na maioria delas.

Grama-de-ponta	Bolsa-de-pastor
Dente-de-leão	Tasneira
Serralha	*Arrach* selvagem
Erva-moura de flor branca	Urtiga
Malva	Tanchagem
Meimendro-negro	Absinto
Labaça-aguda	Paciência
Erva-de-sangue	Língua-de-víbora
Sanguinária	Morrião-dos-passarinhos
Compherie	Camomila-catinga
Carrapicho	Verbasco

As urtigas foram as primeiras dessas plantas observadas na Nova Inglaterra, ou por terem sido as primeiras a disseminar-se ou porque de fato atormentam. A tanchagem, que figura em *Romeu e Julieta*, ato I, cena II, como erva medicinal ("Sua folha é excelente para isso. O quê? Para sua canela quebrada."), era chamada de "pé-de-inglês" pelos ameríndios tanto da Nova Inglaterra quanto da Virgínia, os quais acreditavam, no século XVII, que ela só cresceria onde os ingleses "tivessem andado e nunca foi conhecida antes da chegada dos ingleses".[22]

Qual foi a primeira planta europeia das colônias meridionais da América do Norte? O pêssego do Velho Mundo é um candidato que não se impõe desde logo à lembrança, mas que se domiciliou rapidamente na América do Norte, como as laranjeiras de José de Acosta na América tropical. Ao chegar pela primeira vez ao interior da Carolina e da Geórgia, os ingleses encontraram pessegueiros florescendo em pomares ameríndios, e muitos tornando-se selvagens. Os indígenas, alguns dos quais supunham ser o pêssego tão americano quanto o milho, secavam a fruta ao sol e assavam-no em forma de pão para consumo no inverno. As árvores brotavam tão rapidamente em qualquer lugar que John Lawson recomendou, da Carolina, no início do século XVIII, ser necessário "tomar cuidado e arrancar os pessegueiros, pois do contrário eles transformariam tudo aquilo numa extensão selvagem de pessegais".[23] A explicação mais provável para o fato de os pêssegos do Velho Mundo terem precedido os pioneiros ingleses, e também para a singularidade de que os ameríndios dispusessem inicialmente de maior número de variedades que os ingleses, é que os espanhóis ou os franceses os tenham introduzido na Flórida já no século XVI. Daí, os ameríndios espalharam-nos norte acima, onde, à medida que suas populações declinavam e seus pomares tornavam-se selvagens, o pêssego afinal se naturalizou.

Outras plantas mais comumente que o pêssego classificadas pelos europeus como ervas daninhas podem ter chegado ao mesmo tempo que ele, mas, coerentes com a própria estatura, instalaram-se com menos ostentação. Em 1629, o capitão John Smith informou que a maior parte das florestas em torno de Jamestown, na Virgínia, fora derrubada, e "tudo convertido em pastagem e jardins; nos quais todas as ervas e raízes que temos na Inglaterra crescem em abundância e com a melhor qualidade que uma relva possa ter". Dito isso, o capitão não se preocupou em incomodar-nos com nomes específicos.[24] As pioneiras campeãs entre as ervas europeias da América do Norte foram as forrageiras ou gramas revertidas ao estado selvagem. As gramas americanas nativas da região ao leste do Mississippi, não tendo de sobreviver aos enormes rebanhos de quadrúpedes que pastaram nas Grandes Planícies, dispunham de poucos dos atributos que capacitam as plantas a viver no mesmo campo que o gado bovino, os carneiros e as cabras. As gramas indígenas desapareceram de todos os lugares, menos alguns nichos e fendas da América do Norte britânica e francesa, depois da chegada e disseminação desses animais.[25]

Entre as forragens importadas, os campeões foram o trevo branco (provável campeão das plantas colonizadoras no Peru) e as plantas eurasianas que os americanos chamaram, arrogantemente, de "capim-do-campo do Kentucky". Os dois, misturados, foram chamados de grama inglesa. Eram muito ingleses em sua preferência pelos climas frios e úmidos; se o pêssego preferia a faixa meridional das colônias europeias da América do Norte, a grama inglesa preferiu a faixa setentrional.[26] Um ou ambos, o trevo e o capim estavam sendo plantados intencionalmente na América do Norte já em 1685, quando William Penn plantou-os em seu quintal. Constituindo uma boa forragem e tendo natureza agressiva, ambos logo se espalharam ampla e rapidamente nas treze colônias e no Canadá, ao longo do São Lourenço. Quando precursores ingleses chegaram aos Apalaches e avançaram para o Kentucky nas últimas décadas do século XVIII, acharam à sua espera o trevo-branco e o capim-do-campo. As plantas ou tinham subido as montanhas agarradas ao pelo dos cavalos e mulas dos comerciantes da Carolina ou, mais provavelmente, entraram com os franceses no fim do século XVII e no século XVIII.[27]

O trevo-branco e o capim-do-campo do Kentucky continuaram para oeste até que a chuva se esgotou do outro lado do Mississippi, avançando incansavelmente para acompanhar a expansão das fronteiras dos novos Estados Unidos e mesmo agindo por conta própria.

Illinois, 1818: Onde as pequenas caravanas acampavam, ao cruzar as pradarias, e davam a seu gado a forragem feita dessas gramas perenes, sempre ficava, ao partirem, uma mancha de relva verde para instrução e encorajamento de futuros cultivadores.[28]

Dessas manchas verdes, ondulações de forragem nutritiva e ervas praticamente inerradicáveis disseminaram-se pelo Meio-

167

-Oeste, a tempo de serem levadas através das planícies semiáridas para renovar sua festa selvagem de expansão nas terras frias e úmidas do Far West.[29]

Logo atrás do trevo-branco e do capim-do-campo do Kentucky, na lista das mais agressivas importações florais, estavam a bérberis, a erva-de-são-joão, o cânhamo comum, o "joio do milho", o joio e mais todas as plantas da lista de Josselyn, além de muitas outras. Em janeiro de 1832, Lewis D. de Schweinitz, depois de muita pesquisa, anunciou ao Liceu de História Natural de Nova York que as plantas mais agressivas dos estados setentrionais dos Estados Unidos eram as ervas estrangeiras, das quais forneceu uma lista de treze espécies. A situação no Sul, com toda a probabilidade, era semelhante.[30]

As ervas cuja presença Schweinitz, Josselyn e outros registraram a leste do Mississippi parecem ter perdido a agressividade à medida que se aproximaram do centro da América do Norte. O "capim-búfalo", as gramíneas e outras espécies da flora nativa das planícies foram capazes de resistir eficazmente aos invasores, exceto quando os humanos faziam esforços sérios para ajudar as plantas exóticas, como fizeram ao eliminar as relvas de Manitoba e Dakota para plantar trigo. Mais tarde voltaremos a essa questão — por que a flora das Grandes Planícies foi tão resistente à invasão.

Enquanto isso, vamos a outra história de sucesso, essa a cerca de oitenta graus de latitude sul-sudeste. Aí se espraia o pampa, planície que, em suas porções bem servidas de água, sucumbiu aos invasores do Velho Mundo quase tão inteiramente quanto as partes equivalentes do vale de São Joaquim, na Califórnia. O pampa é uma enorme área plana, bem aguada ao leste e cada vez menos servida de água à medida que se avança do Atlântico e do rio da Prata para os Andes. O pampa úmido e fértil era, há quatro séculos, uma vasta pradaria, "estéril, chata e sem árvores exceto ao longo dos rios", disseram os primeiros espanhóis a vê-la. Dominando a flora, o capim-agulha ondulava ao vento. Alimentando-se dele, atravessavam-no bizarros camelos sem corcova e gigantescos pássaros sem voo.[31]

A usurpação da biota nativa do pampa já devia ter começado no fim do século XVI, quando animais da Europa chegaram, vicejaram e se propagaram em enormes rebanhos. Seus hábitos de alimentação, seus cascos atropeladores, seus excrementos e as sementes das plantas que carregavam com eles, tão estrangeiras na América quanto eles mesmos, alteraram para sempre o solo e a flora do pampa. Essa alteração deve ter sido rápida, porque poucos registros se encontram a respeito dela nos documentos da época, pelo menos até o século XVIII. Um visitante, Felix de Azara, registrou na década de 1780 que o grande número de animais de criação e a prática de queimar anualmente o pasto consumido estavam eliminando plantas delicadas e os capins mais altos — sendo que as clareiras resultantes não permaneciam vagas. Onde quer que o europeu ou o pioneiro mestiço construíssem sua pequena habitação, surgiam malvas, cardos e outras plantas, mesmo que não houvesse tais espécies num raio de trinta léguas. E era suficiente que o homem da fronteira frequentasse uma estrada, mesmo sozinho com seu cavalo, para que essas plantas passassem a aparecer à beira do caminho. O pioneiro do pampa foi uma espécie de Midas botânico, que mudava a flora ao toque de sua simples presença.[32]

A história da flora do pampa, pelo menos em suas peculiaridades mais espetaculares, torna-se mais clara no século XIX. A alcachofra-brava, *cardo de Castilla*, comum na Buenos Aires de 1749, continuou a disseminar-se, e quando Charles Darwin visitou essa parte do mundo, oitenta anos depois, encontrou-a na Argentina e no Chile, e tão exuberante no Uruguai que tornara centenas de quilômetros quadrados impenetráveis para o homem e o cavalo. "Duvido", escreveu Darwin, "que exista outro caso de tão grande invasão de uma planta sobre as aborígines."[33]

Ainda criança, na Argentina de meados do século XIX, W. H. Hudson viu moitas de alcachofra-brava que estendiam seu verde-azulado e acinzentado tão longe quanto o olhar alcançava. Mas o que mais o impressionou foi o cardo gigante importado, planta mediterrânea bienal, que crescia até a altura de um homem a cavalo. Nos "anos do cardo", ela florescia em toda parte e quando secava havia grande perigo de incêndios:

> Nessas épocas, a fumaça à distância levaria qualquer homem que a visse a montar o cavalo e correr para o lugar do perigo, onde tentaria deter o fogo abrindo um grande caminho no meio dos cardos, uns cinquenta ou cem metros adiante do fogo. Um dos modos de abrir esse caminho era laçar e matar algumas ovelhas do rebanho mais próximo e arrastá-las a galope, para cima e para baixo, pelas densas touceiras de cardos, até que se abrisse um aceiro largo, do qual as chamas pudessem ser batidas e apagadas com a manta dos cavalos.[34]

As provas que temos das mudanças da flora nas pradarias da região do rio da Prata são episódicas, tópicas, longe de científicas, mas podemos considerar a imensa disseminação dessas duas plantas estrangeiras no século XIX como prova certa de que o ecossistema dos pampas foi traumatizado pelos brancos e seus animais. Os rebanhos provocaram mudanças em quase todos os lugares abaixo da linha das neves nos Andes e de alguma linha similar na Patagônia, mas em nenhum outro lugar foi essa transformação tão profunda quanto no coração das pradarias: a região bem servida de água, fértil e, em conjunto, muito europeia, de trezentos e mais quilômetros de diâmetro, que tem como centro a cidade de Buenos Aires. Quando atravessou esse núcleo, chegando de fora, em 1833, Darwin observou uma mudança — de "ervas vulgares" para um "tapete de delicada relva verde". Ele atribuiu essa transformação a alguma mudança no solo, mas "os habitantes asseguraram que [...] tudo devia ser atribuído ao gado, pela adubação e pela pastagem".[35]

Em 1877, Carlos Berg publicou uma lista de cerca de 153 plantas europeias que encontrara na província de Buenos Aires e na Patagônia, incluindo entre as mais abundantes algumas plantas europeias tão familiares como o trevo-branco, a bolsa-de-pastor, o morrião-dos-passarinhos, o quenopódio, a filária

170

de haste vermelha e a labaça-crespa. Também figura na lista a *llanten*, como é conhecida dos espanhóis, ou *plantain* como a chamam os ingleses [em português, tanchagem] ou "pé-de-inglês" como diziam os algonquinos na América do Norte.[36] Segundo alguns botânicos, só era de espécies nativas um quarto das plantas que cresciam selvagens nos pampas, na década de 1920.[37] W. H. Hudson lamentou a sorte dos europeus dos pampas, cercados por suas próprias plantas, "que crescem nos campos debaixo de todos os céus, envolvendo-os com monótonas formas do Velho Mundo, tão obstinadas, nessa união por eles indesejada, quanto os ratos e baratas que infestam sua casa".[38] E, contudo, sem essas plantas o que teria substituído, o que poderia substituir, as espécies nativas que desapareciam sob as patas dos rebanhos exóticos?

Se fosse verdade que o grau de diferença entre as formas de vida da Europa e as formas nativas de vida de uma colônia é proporcional ao grau de vulnerabilidade destas últimas à invasão pelas primeiras, então a Austrália — com suas relvas e forragens distintas, com suas florestas de singulares eucaliptos, seus cisnes negros, seus gigantes pássaros não voadores e mamíferos marsupiais — deveria ser hoje uma outra Europa. Ela não se transformou nisso, naturalmente, por ter sido salva graças a seu interior quente, árido e inteiramente não europeu, e pelo forte apego à vida que caracteriza os organismos habitantes do próprio ambiente que os formou. Mas houve mudanças, mudanças consideráveis. Os europeus e sua biota portátil mudaram irreversivelmente o ambiente australiano.

Os britânicos que chegaram a Nova Gales do Sul em 1788 para fundar uma colônia levaram consigo, intencionalmente, muitas espécies de plantas — mais de duzentas já em março de 1803. E, como era de esperar, transportaram outras sem querer. Algumas dessas plantas levadas de propósito seguiram imediatamente o caminho das ervas — a beldroega, por exemplo — e seu êxito demonstra a vulnerabilidade da flora australiana à invasão do Velho Mundo.[39] O trevo-branco teve dificuldades na região original, e seca, de seu plantio — Sydney. Mas avançou rapidamente no clima úmido de Melbourne, "destruindo com frequência outras formas de vegetação".[40] A serralha parecia florescer em todos os lugares, dentro e fora de Melbourne, e crescia até mesmo nos telhados. Outras plantas espalharam-se rapidamente em Victoria, inclusive a sanguinária e a azeda-miúda, expulsando de algumas pastagens relvas menos agressivas. A Tasmânia, cujo clima é muito parecido com o do Noroeste da Europa, foi também hospitaleira para as novas plantas, e a sanguinária e a bistorta avançaram no mesmo passo dos humanos colonizadores.[41]

Essas plantas, em alguns casos, avançaram para o interior com surpreendente velocidade, por vezes à frente da fronteira habitada. Mais ou menos no mesmo período em que Frémont encontrou a filária ao longo do rio dos Americanos, no sopé das serras da Califórnia, Henry W. Haygarth encontrou a aveia selvagem, planta comum na Europa desde o início da Idade do Ferro, ao longo do rio Snowy, onde ele desce dos Alpes australianos:

> Os cavalos gostam demais dessa planta, tanto que, no início da primavera, quando ela desponta antes do resto da vegetação, eles não hesitam e saem nadando pelo rio atrás dela. As águas, nessa época do ano, costumam ser tão volumosas que impedem a travessia, de modo que o guardador, depois de perder o rastro de seus cavalos de sela na beira do rio, sofre a mortificação de vê-los calmamente pastando do outro lado.[42]

Nas décadas do meio do século XIX, de acordo com um cuidadoso recenseamento das plantas aclimatadas em torno de Melbourne e com alguns informes esparsos de outros pontos, 139 plantas alienígenas estavam se tornando selvagens na Austrália, e quase todas eram de origem europeia.[43] No estado da Austrália do Sul, colonizado depois de Victoria e de Nova Gales do Sul, o clima é mais seco que em torno de Melbourne, e, como na Califórnia, as plantas mediterrâneas dispõem de uma

172

vantagem especial. Até 1937, esse estado tinha 381 espécies de plantas aclimatadas. Destas, a grande maioria era de espécies do Velho Mundo, e 151 eram espécies mediterrâneas.[44] Uma das mais disseminadas era a filária de haste vermelha que Frémont encontrara no vale do rio dos Americanos.[45]

Hoje, a maior parte das plantas do terço sul da Austrália, onde vive a maioria da população do continente, é de origem europeia. Aí o clima é mais próximo do europeu e o impacto dos animais importados, particularmente o carneiro, foi maior. As relvas nativas — o "capim-canguru" ou o capim-aveia, por exemplo — são frequentemente apetitosas e nutritivas para o gado, mas não toleram a pastagem pesada e a luz direta do sol, que as queima desde que as florestas foram derrubadas. O "capim-canguru", inicialmente descrito em algumas fontes como "tão alto quanto a aba de uma sela", batia em retirada já em 1810, e em muitos lugares só sobrevive hoje à margem do leito das ferrovias, nos cemitérios e em outros refúgios protegidos. À medida que as plantas nativas desapareciam e os colonizadores, arrogantes e ignorantes sobre as secas periódicas da Austrália, sobrecarregavam suas pastagens com animais em número excessivo, os ecossistemas cederam e a erosão se seguiu, abrindo ainda maiores extensões de terra para as plantas oportunistas. Em 1930, o botânico A. J. Ewart anunciou que nos dois anos anteriores as espécies alienígenas tinham-se estabelecido em Victoria à razão de duas por mês.[46]

Nem todas as ervas, por nossa definição, têm comportamento abominável, mas aquelas que atormentam o agricultor costumam merecer mais atenção da ciência, e nossas estatísticas em relação a elas são abundantes e confiáveis. Vamos retornar por um momento à definição comum de ervas, apenas em função dessas estatísticas, com base nas quais poderemos generalizar quanto ao êxito, nas Neoeuropas, das ervas tomadas em mais *latu sensu*. Sessenta por cento das mais importantes ervas das terras cultivadas no Canadá são europeias.[47] Das quinhentas equivalentes nos Estados Unidos, 258 são do Velho Mundo e 177 especificamente da Europa.[48] O número total de plantas aclimatadas na Austrália é cerca de oitocentas, e, apesar das contribuições das Américas, da Ásia e da África, a maioria procede da Europa.[49] A situação das plantas aclimatadas na região do rio da Prata é aproximadamente a mesma.[50] Para cada uma dessas turistas triunfantes, floresce nas Neoeuropas pelo menos uma planta exótica que é amada, e não odiada, e portanto não figura nessas estatísticas.

As floras aclimatadas das Neoeuropas superpõem-se em considerável extensão. Das 139 plantas europeias listadas como já aclimatadas na Austrália de meados do século XIX, 83 pelo menos já tinham chegado a esse estágio na América do Norte.[51] Das 154 plantas europeias relacionadas como aclimatadas na província de Buenos Aires e na Patagônia, em 1877, não menos de 71, e provavelmente mais, também cresciam em estado selvagem na América do Norte.[52]

Esse assalto realizado pela Europa perturbou os naturalistas americanos, embora eles fossem, na maioria, da mesma origem que as plantas em questão. Charles Darwin não deixou passar a oportunidade de caçoar de seus "primos" americanos do interior. "Será que não faz mal ao orgulho ianque de vocês", perguntou ele, em carta ao botânico Asa Gray, "que nós os derrotemos tão abominavelmente? Estou certo de que a sra. Gray vai defender as plantas de vocês. Pergunte a ela se essas plantas não são melhores e mais honestas." A sra. Gray respondeu delicadamente, dizendo que as plantas americanas eram "modestas, recatadas, do mato; e não eram páreo para as estrangeiras invasoras, pretensiosas e autoafirmativas".[53] Assim, ela se revelou a um tempo patriótica e atenta observadora botânica.

A questão não se esgotava nos gracejos. A pesquisa sobre a distribuição das formas de vida — a que hoje chamamos biogeografia — levava os biólogos cada vez mais longe da ortodoxia e para os arredores da teoria da evolução. Esse caso das plantas migratórias era obviamente um espetacular fenômeno biogeográfico, que se verificava debaixo de seu nariz e que eles não compreendiam.[54] O mais importante dos botânicos britânicos da era vitoriana, Joseph Dalton Hooker, que testemunhou por volta de 1840 o avanço das plantas europeias na Austrália e na Nova Zelândia, opinou que "muitos dos gêneros pequenos e locais da Austrália, da Nova Zelândia e da África do Sul vão afinal desaparecer, devido às tendências usurpadoras das plantas emigrantes do hemisfério norte, entusiasticamente apoiadas como são pela ajuda artificial que lhes é proporcionada pelas raças setentrionais de homens". Mas as plantas europeias davam-se igualmente bem na América do Norte; de modo que em parte essa interpretação do mistério parece errada.[55]

O que os cientistas do século XIX esperavam era alguma coisa próxima de uma permuta em igualdade de condições entre a mãe Europa e suas colônias — ou pelo menos alguma coisa na proporção do tamanho das respectivas floras. De fato, era o que se poderia esperar: o capim-da-roça do Velho Mundo pela ambrósia-americana, por exemplo. Mas a troca foi tão unilateral quanto a de seres humanos. Centenas de plantas do Velho Mundo fizeram as malas, levantaram âncora e velejaram para as colônias e aí prosperaram. Mas as plantas das Américas e das outras Neoeuropas, que atravessaram as suturas da Pangeia na direção contrária, em geral definharam e morreram, a menos que lhes dessem abrigo e cuidado em instituições como o Jardim Botânico de Kew, destinadas a acolher plantas exóticas.

Umas poucas plantas americanas deram-se bem na Europa por sua própria conta. A "erva d'água" canadense, que pela primeira vez chamou atenção em cursos d'água nas ilhas Britânicas na década de 1840, e em dez anos quase os cobria de uma camada sólida, e a pulicária canadense e a pulicária anual tinham firmado pé na Europa já no terço final do século XIX. Mas a maior parte das plantas nativas consideradas as mais bravias da América do Norte (a ambrósia-americana, a vara-de-ouro e a asclépia, por exemplo) nem sequer conseguiria começar na Europa. Em meados do século XIX, nenhuma planta australiana ou neozelandesa conseguira aclimatar-se nas ilhas Britânicas ou, tanto quanto sabemos, em qualquer outro lugar da Europa.[56]

Alguns naturalistas especularam obscuramente sobre a maior "plasticidade" das plantas do Velho Mundo. Querendo dizer o quê? Variabilidade? Outros atribuíram à flora europeia a vantagem, sobre a flora americana, de ser a primeira mais velha. Outros ainda consideraram a flora europeia em vantagem por ser mais jovem.[57] Toda a questão estava envolta em mistério. "Parece existir", escreveu o professor E. W. Claypole, do Antioch College, em Ohio, "alguma barreira invisível impedindo a passagem de oeste para leste, e permitindo a de leste para oeste."[58]

As explicações óbvias não são razoáveis. É verdade que sementes de plantas cultivadas e, portanto (e não intencionalmente), sementes de "ervas" foram exportadas da Europa para as colônias em grande quantidade, mas os navios que as levaram voltavam carregados de fardos e barris de tabaco, índigo, arroz, algodão, madeira, lã, couro e, em quantidades cada vez maiores, trigo e outros cereais. Toda essa carga, por dentro e por fora, era veículo para sementes das Neoeuropas. Os fardos de couro cru que Buenos Aires embarcava para Cádiz aos milhões devem ter carregado consigo uma quantidade incalculável de sementes, mas nenhum equivalente americano da alcachofra-brava jamais saltou do porto de Cádiz para a zona rural de Granada. Um tufo de felpas agarrado a uma lasca de madeira que embarcasse em Portsmouth, na Nova Inglaterra, para Portsmouth, na Grã-Bretanha, poderia ter desencadeado uma epidemia de asclépias no Sul da Inglaterra. Mas isso nunca aconteceu. Marinheiros ainda com lama e palhiço de Sydney na sola de suas melhores botas limpavam-nas nas pedras do cais ao desembarcar, mas só ervas europeias, jamais australianas, brotavam nas frestas. Parecia contrário à natureza que as plantas australianas não conseguissem firmar pé na Grã-Bretanha, enquanto as britânicas disseminavam-se com desenvoltura na Austrália. Cientistas que evoluíam para a teoria de que as espécies se adaptam ao ambiente em que vivem, levando centenas de gerações para completar esse processo, consideraram inexplicável esse contraste. Joseph Dalton Hooker referiu-se confusamente a "essa total ausência de reciprocidade na migração".[59]

Consideremos por que as ervas em geral sobrevivem tão bem, e onde e quando. Elas se reproduzem rapidamente e em grande quantidade. A espécie de camomila-catinga que John Josselyn viu no século XVII, na Nova Inglaterra, produz de 15 mil a 19 mil sementes a cada geração. Outras plantas que ele também viu — como a bolsa-de-pastor, por exemplo — produzem menos sementes por geração, mas em compensação produzem seguidas gerações na mesma estação. Muitas plantas não se reproduzem pelas sementes ou apenas por elas, mas por meio de bulbos, pedaços de raiz e assim por diante. Se forem ceifadas antes de dar semente elas não deixarão de reproduzir-se. O alho selvagem, um tormento para os produtores de trigo da América do Norte colonial, propaga-se de seis modos diferentes, a maioria dos quais demandaria mais explicações que podemos dar aqui. Não surpreende que as ervas sejam tão difíceis de erradicar e possam reproduzir-se em massas verdadeiramente sólidas. Para citar dois exemplos extremos, a filária de folhas largas foi observada no vale de São Joaquim em concentrações de 13 mil plantas jovens por metro quadrado, e a festuca em concentrações de mais de 220 mil por metro quadrado.[60]

As ervas são também muito eficientes em sua própria distribuição e em especial na distribuição das sementes. Isso é essencial, porque 220 mil plantas num só lugar são o pior inimigo de si mesmas. Algumas ervas produzem sementes tão leves — de até 0,0001 grama — que flutuam, sendo levadas por qualquer movimento do ar. Algumas, como os cardos e o dente-de-leão observados por Josselyn, proveem as sementes de filamentos parecidos com velas ou asas, para prolongar sua viagem aérea.[61] Outras ervas produzem sementes grudentas ou com ganchos para fixar-se na pele dos animais e na roupa das pessoas, viajando com eles para outros lugares. Outras produzem sementes em vagens que secam e explodem, lançando sementes para fora e para longe. Muitas têm folhas e frutos saborosos, e sementes que sobrevivem facilmente à digestão e acabam depositadas, junto com o fertilizante, em pontos distantes da planta original. A semente do trevo-branco avançou assim, de campo em campo, de um lado a outro da América do Norte. Na Austrália, os colonizadores compreenderam muito cedo que o mais importante distribuidor dessa planta era o carneiro que eles levavam para o interior.[62]

As ervas são muito combativas. Elas empurram, sombreiam e afastam as plantas rivais. Muitas se propagam não por meio das sementes, mas estendendo rizomas ou brotos por cima ou por baixo da terra, dos quais nascem "novas" plantas.[63] Ervas dessa espécie — a grama-de-ponta de Josselyn, por exemplo — podem avançar em touceiras compactas, destruindo todas as outras plantas que encontrem no caminho. As folhas das ervas crescem às vezes horizontalmente, empurrando e suprimindo toda vegetação. O dente-de-leão, uma flor vívida que brota na primavera em todas as Neoeuropas, é um usurpador tão eficiente que, quando bem desenvolvido, pode abrir no solo uma faixa de cerca de trinta centímetros, completamente nua de outras plantas, para uso exclusivo de seu ego expansionista.[64]

As ervas são ótimas para fazer o que muitas delas passaram a fazer, por evolução, quando do recuo das geleiras do Pleistoceno: crescer profusamente em microambientes pobres. Henry Clay, o perene candidato à presidência dos Estados Unidos pelo partido Whig e cavalheiro-agricultor do Kentucky, disse do capim-do--campo do Kentucky que "não se encontrará tempo melhor para semeá-lo que espalhando-o sobre a neve no mês de março".[65] As ervas brotam cedo e se apossam do solo nu. O sol direto, o vento e a chuva não as desencorajarão. Elas vicejam no cascalho à margem do leito das ferrovias e em nichos entre os dormentes de concreto. Crescem depressa, dão semente cedo e reagem a ataques com uma força assombrosa. São capazes de deitar raiz nos furos de um sapato velho, o que talvez não seja muito provável, mas possível no caso de o sapato ter sido jogado no lixo e elas terem se espalhado e tomado conta de todo o terreno.

Para resumir as qualidades de "erva" ou de "erva daninha" das próprias plantas conhecidas como ervas, voltemos novamente à tanchagem, o pé-de-inglês. A planta média produz de 13 mil a 15 mil sementes, 60 a 90% das quais germinam. Sabe--se de algumas que brotaram depois de quarenta anos. Ela floresce nos prados e em caminhos muito percorridos, onde

178

sofre pouco quando pisada. Suas folhas espalham-se largas, fazendo sombra a outras e afastando-as. Sua estrutura subterrânea capacita-a a sobreviver mesmo num tempo tão frio que lhe congele as folhas. Cortem-na ao nível do chão e ela produzirá brotos laterais, e novas plantas aparecerão. Ela está conosco há muito tempo: suas sementes foram encontradas no estômago de antigos dinamarqueses desenterrados de turfeiras. Era uma das nove ervas sagradas dos anglo-saxões, e Chaucer e Shakespeare citaram suas qualidades medicinais. Hoje ele cresce selvagem em todos os continentes exceto na Antártida, e também na Nova Zelândia, em algumas ilhas. É uma das ervas mais resistentes do mundo e aparentemente permanecerá conosco para sempre.[66]

Nesse ponto talvez seja necessário explicar por que a superfície inteira do planeta não foi coberta pelo pé-de-inglês e outras ervas. As plantas colonizadoras — as ervas — podem sobreviver a tudo, menos ao sucesso. Ao tomarem conta do solo alterado, elas o estabilizam, bloqueiam os raios inclementes do sol e, com toda a sua competitividade, fazem do solo um lugar melhor para as outras plantas do que era antes. As ervas são a Cruz Vermelha do mundo das plantas; elas cuidam das emergências ecológicas. Quando a emergência cessa, elas dão lugar a plantas que podem não crescer tão rápido, mas crescem mais altas e mais fortes. De fato, as ervas acham difícil acotovelar-se em ambientes não alterados, e geralmente morrem depois que as perturbações cessam. Um botânico interessado em ervas calculou a proporção de plantas — ervas — introduzidas em três campos, um que não tinha sido alterado há dois anos, outro há trinta e o terceiro há duzentos anos. As porcentagens das ervas foram, respectivamente, de 51%, 13% e 6%. As ervas vicejam em meio à mudança radical, não na estabilidade.[67] Essa, em resumo, é a razão do triunfo das ervas europeias nas Neoeuropas — a respeito do que teremos mais a dizer no capítulo 11, numa discussão geral dos êxitos ultramarinos das espécies do Velho Mundo.

O que toda essa exposição sobre ervas tem a ver com os humanos europeus nas Neoeuropas, além de fornecer aos investigadores posteriores um modelo para a avaliação do êxito de outros organismos exóticos — os humanos, por exemplo? A resposta simples é que as ervas foram de importância crucial para a prosperidade dos europeus e neoeuropeus em seu avanço. Como os transplantes de pele sobre grandes extensões de tecido queimado e escoriado, as ervas ajudaram a cicatrizar as feridas que os invasores abriam na terra. As plantas exóticas salvaram o solo recém-desnudado, protegendo-o contra a erosão pela água e pelo vento e contra o calor do sol. E as ervas, em muitos casos, tornaram-se o alimento essencial para os animais exóticos de criação, da mesma forma que esses animais se tornaram essenciais para seus donos. Os europeus colonizadores que amaldiçoaram suas plantas colonizadoras eram tremendos ingratos.

8. ANIMAIS

Temos todos os dias uma barriga cheia de vitualhas.
Nossas vacas andam por aí e voltam cheias de leite.
Nossos porcos engordam por si mesmos nas florestas:
oh! este é um bom país.
J. Hector St. John de Crèvecoeur, *Letters from*
an American farmer (1782)

OS NAVEGADORES ENSINARAM a seus aprendizes como cruzar os oceanos, o que estes fizeram, levando consigo grande número de pessoas. Os passageiros, homens e mulheres da terra, tiveram então que transformar essas terras novas em um novo lar. A tarefa não excedia a sua capacidade — eles estariam à altura dela, se tivessem tempo — mas estava além da sua gama de preferências. Eles eram europeus, não americanos ou australasianos, e jamais teriam se adaptado voluntariamente às novas terras na sua condição original. Os europeus migrantes poderiam alcançar e até conquistar essas terras, mas não fazer delas colônias onde estabelecessem domicílio, pelo menos até que esses torrões de solo estrangeiro se convertessem em algo mais parecido com a Europa do que quando avistados pela primeira vez pelos navegadores. Felizmente para os europeus, seus animais, tanto os domesticados quanto os facilmente adaptáveis, foram muito eficazes em iniciar essa mudança.

Os futuros colonizadores europeus eram criadores de animais, como seus ancestrais haviam sido por milênios. Em termos culturais e, em muitos casos, genéticos, os fundadores das Neoeuropas eram descendentes dos indo-europeus, um povo eurasiano centro-ocidental que falava a língua ancestral da maioria dos idiomas da Europa (inglês, francês, espanhol, português, alemão, russo etc.), um povo que 4500 anos antes de Colombo já praticava a lavoura mista, na qual predominavam as atividades de pastoreio.[1] Os europeus que fundaram os primeiros impérios transoceânicos eram também um misto de agricultores e pastores (eles teriam compreendido o modo de vida dos indo-europeus mais facilmente do que o nosso), e o sucesso de seus animais era, em termos gerais, o seu próprio sucesso.

Os europeus levavam consigo as plantas que cultivavam, o que lhes conferia uma vantagem considerável sobre os aborígines australianos, que não praticavam a agricultura e eram lentos para assimilá-la. Mas os ameríndios possuíam algumas plantas produtivas e nutritivas cujo valor os invasores logo reconheceram, passando eles próprios a cultivá-las. A mandioca é uma das culturas fundamentais dos euro-americanos nos trópicos, especialmente no Brasil, e o milho é um alimento padrão dos euro-americanos praticamente em toda parte — como havia sido para os colonos australianos no fim do século XVIII e início do XIX.[2] A vantagem dos europeus sobre os indígenas de suas colônias ultramarinas não era tanto as plantas cultivadas, e sim os animais domesticados.

Os aborígines australianos conheciam apenas um animal domesticado, o dingo, um cão cuja altura alcançava o joelho de um homem e que era do tamanho daqueles que os ingleses usavam para a caça da raposa.[3] Os ameríndios tinham também cachorros, além de lhamas, alpacas, cobaias e várias espécies de aves, mas isso era tudo. Para quase todos os fins — alimento, couro, fibras ou besta de carga — os animais domesticados da América e da Austrália eram inferiores aos do Velho Mundo. Se os europeus tivessem chegado ao Novo Mundo e à Australásia dispondo da tecnologia do século XX, mas sem animais, não teriam provocado uma mudança tão grande quanto a que causaram desembarcando lá com cavalos, vacas, porcos, cabras, carneiros, asnos, galinhas, gatos e outros bichos. Como esses animais se autorreproduzem, a eficiência e a velocidade com que podem alterar o meio ambiente, mesmo em escala continental, é superior à de qualquer máquina que tenhamos até hoje concebido.

Comecemos com aquele que, dentre todos os grandes animais domesticados, mais se assemelha a uma erva daninha: o porco. Os porcos convertem um quinto do que comem em alimento para consumo humano, contra um vigésimo ou menos para o boi. (Essas estatísticas referem-se aos animais de criação do século XX, mas podemos presumir que, em matéria de proporção, a diferença entre a eficiência dos porcos e bois na produção de alimentos no período colonial era aproximadamente a mesma de hoje.) Infelizmente para os seres humanos famintos, os porcos comem proteínas e carboidratos concentrados, alimentos que às vezes se prestam diretamente ao consumo humano, o que reduz o valor dos suínos para nós. Mesmo assim, não há dúvida de sua importância, sobretudo nos anos iniciais de uma colônia, quando frequentemente há uma abundância de proteínas e carboidratos e poucos colonizadores para aproveitá-los.[4]

Os suínos são onívoros e, nas primeiras colônias do além-mar, havia para eles maior variedade de alimentos disponíveis do que para qualquer outra espécie de animal importado que viesse a ser de primordial importância econômica.[5] Eles comiam praticamente tudo o que fosse de origem orgânica: nozes de todas as espécies, frutos caídos, raízes, relva e qualquer animal pequeno demais para conseguir se defender. Os porcos gostavam particularmente dos pêssegos da Carolina e da Virgínia, onde "grandes Pomares eram plantados para alimentar os Porcos que, quando se saciam com a polpa da Fruta, quebram o Caroço e comem apenas a Semente".[6] Na Nova Inglaterra, eles aprenderam a fossar à procura de moluscos e a se alimentar deles: "Na maré baixa, nunca deixam de encontrá-los".[7] Em Sydney, escreveu um de seus primeiros visitantes, permite-se aos porcos que "corram pelo mato durante o dia, apenas dando-lhes uma espiga de milho para trazê-los de volta à noite. [...] Eles se alimentam de relva, ervas, raízes selvagens e inhames nativos, nas margens dos rios e nos terrenos pantanosos, e também comem sapos, lagartos etc. que apareçam em seu caminho".[8]

Por motivos óbvios, os porcos não prosperaram nas regiões mais frias das colônias, nem em terras quentes e desérticas, pois não conseguem tolerar a luz direta do sol e o calor incessante; nos trópicos, precisam ter fácil acesso à água e ao abrigo da sombra. Mas na maioria das primeiras colônias das Américas e da Australásia havia umidade e sombra suficiente para satisfazê-los, além de uma abundância de raízes e bolotas para cevá-los — de modo que, logo após a chegada dos brancos, houve uma abundância de porcos. A grande exceção à regra da magnífica adaptação dos porcos nas primeiras colônias foram as grandes pradarias — descobertas demais, ensolaradas demais —, embora até mesmo nos pampas eles tenham proliferado ao longo dos cursos de água.[9]

Porcas saudáveis têm grandes ninhadas, de até dez ou mais bacorinhos cada uma; com uma abundância de alimentos, os porcos podem proliferar com a velocidade do dinheiro aplicado a altos juros. Alguns anos após a descoberta de Hispaniola, o número de porcos correndo à solta era "infinito", e "todas as montanhas formigavam com eles".[10] No decorrer da década de 1490, os porcos chegaram às outras ilhas das Grandes Antilhas e ao continente, onde continuaram multiplicando-se rapidamente. Seguiram os passos de Francisco Pizarro (que teria começado a vida como guardador de porcos), e logo estavam dobrando e quadruplicando de número na região do império inca conquistado. Dada a presença de animais carnívoros, a velocidade de proliferação no continente talvez tenha sido menor do que nas Antilhas, mas os porcos logo se tornaram muitos, muitos milhares, nos continentes — infinitos, novamente. Para o frade Las Casas, toda essa multidão de porcos era, sem exceção, descendente dos oito porcos que Colombo comprara por setenta *maravedis* cada um nas ilhas Canárias e trouxera para Hispaniola em 1493.[11]

As piaras de porcos vagando pelos pântanos, florestas e savanas do Brasil no final do século XVI tiveram presumivelmente outras origens, o mesmo acontecendo com os porcos de Port Royal, na Nova Escócia, a primeira colônia francesa bem-sucedida nas Américas, onde eles se multiplicaram, e no inverno de 1606-7 muitas vezes dormiram ao relento.[12] Alguns dos animais da Virgínia talvez fossem descendentes dos oito de Colombo, arrebanhados nas Antilhas numa daquelas viagens que levavam os colonizadores ingleses a atravessar o Atlântico no esteio dos ventos alísios. Qualquer que tenha sido a sua origem, eles proliferaram na Virgínia até que, por volta de 1700, "infestam como Vermes sobre a Terra, e são muitas vezes considerados como tal, pois quando um Inventário de qualquer Espólio considerável de um Homem é feito pelos Testamenteiros, os Porcos são excluídos, não sendo arrolados na Avaliação. Os Porcos vagam por onde querem e encontram o seu próprio Sustento nas Matas sem qualquer Cuidado de seus Donos".[13]

Os porcos eram a escolha preferida dos exploradores, piratas e caçadores de baleias e de focas para "semear" ilhas remotas a fim de assegurar um suprimento de carne para o próximo bando de europeus e neoeuropeus que passasse por lá. Como resultado, os porcos já estavam correndo em estado selvagem nas ilhas do rio da Prata, em Barbados e nas Bermudas, na ilha Sable no litoral da Nova Escócia, nas ilhas Channel no litoral da Califórnia, e nas ilhas do estreito de Bass, entre a Tasmânia e o continente, na época em que pela primeira vez esses territórios são mencionados nos registros escritos.[14]

Na Austrália, os porcos avançaram para o interior a partir de Sydney, acompanhando ou antecipando-se ao avanço da fronteira. Eram parte quase tão integrante da estação (fazenda) normal quanto as ovelhas, varrendo quilômetros e quilômetros dos arrabaldes em busca de alimento. Nos estabelecimentos mais descuidados, talvez não fossem vistos mais do que uma vez por mês. Muitos, é claro, nem sequer alcançavam esse grau mínimo de domesticação.[15] No século XX, embora milhares tenham sido abatidos a tiro, envenenados ou eletrocutados, os porcos selvagens da Austrália ainda ocupam uma região que inclui a maior parte do terço oriental do continente.[16]

Após algumas gerações, os porcos bravios volvem a um tipo primitivo muito diferente do que o que estamos acostumados a ver no chiqueiro. Com as pernas e o focinho compridos, os flancos gordos e as costas estreitas, velozes e ferozes e equipados com longas e afiadas presas, eles receberam o mesmo nome na América do Norte e na Austrália: *razorback* [literalmente, de costas delgadas].[17] Tais porcos selvagem são bestas irascíveis, especialmente os javalis, dos quais um espécime argentino por pouco não nos privou de *Green mansions* e de vários outros bons livros sobre os pampas ao quase derrubar do cavalo o jovem William H. Hudson — após o que o animal certamente teria acutilado e devorado o futuro escritor.[18]

Hoje, exceto em algumas poucas áreas restantes de fronteira, os porcos selvagens são na melhor das hipóteses animais de caça e, na pior, um aborrecimento e um perigo; mas das Antilhas da década de 1490 à Queensland do final do século XIX, eles foram uma fonte importantíssima de alimento. Cuidavam de si mesmos — completamente, se lhes fosse dada a oportunidade — e sua carne era saborosa, nutritiva e gratuita. Na maioria das colônias da América e da Australásia, as primeiras gerações de colonos europeus comiam carne de porco mais frequentemente do que qualquer outra.

Do ponto de vista do ser humano, o gado bovino apresenta pelo menos duas vantagens sobre os porcos: seu sistema termorregulador é mais eficiente, tolerando melhor o calor e a luz direta do sol; e o boi é capaz de transformar a celulose — relva, folhas, brotos —, que o ser humano não consegue digerir, em carne, leite, fibra e couro, além de servir como animal de tração. Essas características, associadas à sua autossuficiência natural, fazem do gado bovino uma espécie tão capaz de cuidar de si própria nas pradarias quanto os porcos nas florestas e selvas. O gado bovino que Colombo transportou das ilhas Canárias para Hispaniola em 1493 certamente tinha essa capacidade, o mesmo acontecendo com seus descendentes que viviam em rebanhos para reprodução nas Antilhas por volta de 1512, no México em 1520, nas regiões incas em 1530 e na Flórida em 1565. Ao final do século XVI, já haviam atingido o Novo México e em 1769 chegavam à Alta Califórnia.[19] Mas a sua história não é de sucesso uniforme em toda parte. No mormaço do Brasil e nos *llanos* [planície sem árvores] da Colômbia e da Venezuela, o gado ibérico levou gerações até se adaptar; mas nas terras mais altas seu número simplesmente explodiu, com bezerros sendo paridos numa taxa que os colonos achavam espantosa. Ao final do século XVI, as manadas de gado do Norte do México devem ter dobrado a cada quinze anos aproximadamente, e um visitante francês escreveu ao seu rei sobre as "enormes planícies, estendendo-se a perder de vista e em toda parte cobertas com um número infinito de bovinos".[20] O gado foi completamente naturalizado, tornando-se uma parte tão permanente da fauna quanto os veados e os coiotes, e continuando a avançar para o norte. Um século e três quartos mais tarde, o frei Juan Agustín de Morfí, viajando por aquela parte do México chamada Texas, viu quantidades "espantosas" de gado solto nos campos.[21]

O que aconteceu com o gado bovino nos pampas foi ainda mais espantoso. O primeiro povoado inglês em Buenos Aires malogrou, mas os espanhóis tentaram novamente, e com sucesso, em 1580. Nessa data, os quadrúpedes europeus, descendentes de animais desgarrados da primeira colônia ou de animais bravios que vagaram de outros postos avançados europeus, já estavam presentes em grandes números. As origens das manadas bravias a leste do rio da Prata, onde hoje ficam o Uruguai e o Rio Grande do Sul, também são obscuras. Os espanhóis, ou os portugueses, ou os jesuítas, podem ter sido os primeiros a introduzir os animais, e os três grupos acabaram de fato trazendo bovinos e equinos. A primeira data confirmável que temos é 1638, quando os jesuítas abandonaram uma missão naquela área, deixando 5 mil cabeças de gado para trás.[22] Podemos ter certeza de que os animais liberados propagaram-se rapidamente, como acontecia com todas as manadas dos pampas. Em 1619, o governador de Buenos Aires declarou que se se abatessem 80 mil cabeças de gado por ano para serem esfoladas isso não diminuiria as manadas selvagens.[23] O confiável Félix de Azara, que no capítulo anterior falou sobre as ervas dos pampas, estimou em 48 milhões o número de cabeças de gado das pradarias entre 26 e 41 graus de latitude sul por volta de 1700, com a quantidade de gado bravio sendo comparável à dos búfalos nas Grandes Planícies em seu apogeu.[24]

O gado dos pampas nunca foi contado de maneira apropriada até bem tardiamente, de modo que uma advertência deve acompanhar a estimativa de Azara: 48 milhões e quantos a mais ou a menos? Um quarto? Metade? A imensidão do rebanho não inspirou estatística, mas sim estupefação. William Hudson, em sua autobiografia, lembra-se de plantações e pomares da Argentina em meados do século XIX, cercados de muros

> construídos inteiramente com caveiras de gado, em sete, oito ou nove camadas, colocadas de maneira uniforme como pedras, com os chifres projetando-se. Centenas de milhares de caveiras haviam sido usadas dessa maneira, e alguns dos muros mais antigos e mais compridos, coroados com grama verde, trepadeiras e flores silvestres crescendo nas cavidades dos ossos, tinham uma aparência pitoresca porém meio sinistra.[25]

Do século XVI ao XIX, a maior parte do gado das Américas era provavelmente bravia. Assim como acontecera com os porcos, o meio ambiente tornara esses bovinos rápidos, esguios e agressivos — o tipo de gado que os abatedouros descrevem como "quatro quilos de hambúrguer em quatrocentos quilos de osso e chifre" —, animais que quando crescidos não recuavam diante de qualquer desafio. Segundo o padre Martin Dobrizhoffer, no vice-reinado de Rio de la Plata as vacas não podiam ser ordenhadas se não tivessem os pés amarrados e os bezerros por perto. Ainda segundo Dobrizhoffer, tanto as vacas como os touros andavam "com uma espécie de feroz arrogância", tendo as cabeças erguidas como os veados, aos quais quase se igualavam em velocidade. Quando os colonizadores começaram a entrar no Texas, por volta de 1820, acharam esse gado mais difícil de capturar e mais perigoso de tratar do que o *mustang* [cavalo selvagem das planícies americanas].[26]

O gado que foi para a América do Norte francesa e britânica não era tão ágil, tão assustadoramente dotado de grandes chifres e nem tão feroz quando acuado, quanto o gado ibérico; mas era também um bando intrépido. O gado estabeleceu uma região avançada de colonização antes que o fizessem os fazendeiros europeus vindos da costa atlântica para o oeste, embora as florestas fossem cerradas e houvesse raras extensões vastas de pradarias.[27] Só quando os neoeuropeus chegaram às imensas planícies centrais da América do Norte, no século XIX, é que o gado de lá se tornou numericamente comparável ao da América ibérica colonial. Mas no século XVIII sua quantidade já impressionava os europeus que nunca tinham visitado as estepes do Sul. Pouco depois de 1700, John Lawson comentou que o gado da Carolina era "inacreditável, com um só Homem chegando a possuir de mil a duas mil Cabeças".[28]

Uma parte do gado inglês era bravia, outra, domesticada, embora todo ele fosse robusto e intrépido. Trinta anos após a fundação de Maryland, os colonos reclamavam que seus rebanhos estavam sendo "molestados em virtude de várias manadas de gado bravio que afluíam em meio ao domesticado".[29] Duas gerações humanas depois, o gado da fronteira da Carolina do Sul e da Geórgia estava migrando para o oeste "sob os auspícios de vaqueiros, que (como os patriarcas antigos ou os beduínos modernos na Arábia) vão de floresta em floresta quando o capim se esgota ou os fazendeiros se aproximam".[30] Nós, evidentemente, podemos fazer uma conjectura bem fundamentada sobre o que substituiu o capim nativo que se esgotou.

Para manter certo grau de controle sobre esse gado de fronteira e outros animais semidomesticados que vagavam pelas matas, desde a Nova Escócia até o Sul do Mississippi, era preciso um produto facilmente obtenível: o sal. O pecuarista localizava o seu rebanho pelo barulho do sino pendurado no pescoço do líder; com o braço estendido ele então se aproximava tendo um torrão de sal nas mãos. Enquanto os animais lambiam o sal, ele podia arrear, jungir ou selecionar para o matadouro aqueles que quisesse.[31]

Esses rebanhos de animais apenas semidomesticados vagando pelas matas e canaviais não tinham a vida fácil. A gamela cheia, o estábulo aquecido e o boiadeiro atencioso lhes eram desconhecidos. Os espécimes mais fracos acabavam como alimento dos pumas e lobos, ou morriam afundando até as cernelhas em lodaçais, ou congelando nas nevascas, "definhados e esfaimados". Mas os sobreviventes mais do que compensavam as perdas nos meses de calor e forragem farta, e continuavam a avançar cada vez mais pelas regiões ermas da América do Norte.[32]

No século XIX, a Austrália estabeleceu-se como um dos principais produtores de lã e carne de carneiro do mundo. Mas não foi a natureza que predestinou o predomínio dos ovinos entre os antípodas: isso foi obra da mecanização da indústria têxtil europeia, e sem tal influência as manadas bravias de bovinos talvez tivessem tomando conta daquela parte do mundo tão completamente quanto, por exemplo, do Texas.

A Primeira Armada da colonização britânica chegou a águas australianas em 1788 trazendo a bordo uma quantidade inquietante de animais de criação obtidos na Cidade do Cabo, na África do Sul. O imediato do *Sirius* declarou que o navio mais parecia um estábulo. Entre os animais estavam dois touros e seis vacas. Em seus primeiros meses em Sydney, esses oito animais desgarraram-se ou, disseram alguns, foram levados por um prisioneiro sentenciado de maus modos chamado Edward Corbett,[33] e os colonos imaginaram que os aborígines houvessem dado cabo deles. Quando foi avistado sete anos depois, o rebanho já tinha 61 cabeças e estava pastando numa região que logo passou a ser chamada Cowpastures. O governador, John Hunter, saiu para ver os bichos, e ele e sua comitiva foram "furiosamente atacados por um enorme e ferocíssimo Touro, que tornou necessário para a nossa própria Segurança atirarmos nele. Tamanha era a sua Violência e Força, que seis Balas foram atiradas, antes que alguma pessoa ousasse se aproximar".[34]

O governador, que talvez conhecesse a história das manadas bravias nos pampas, decidiu deixar o gado em paz para que pudesse "vir a tornar-se um mui grande Benefício e Recurso para esta Colônia". Em 1804, as manadas bravias ("*mobs*" [turbas], como dizem os australianos) alcançavam 3 a 5 mil cabeças. Com o tempo os australianos se tornariam excelentes pecuaristas, mas ainda não o eram, e o máximo que conseguiam fazer com os animais era matá-los a tiros para salgá-los, e capturar alguns dos bezerros. O restante deixava desconcertados aqueles que os perseguiam "correndo para cima e para baixo das montanhas, como cabras". As manadas haviam se tornado um estorvo e, o que é pior, fonte de alimento para prisioneiros foragidos que viviam à solta no mato — os famosos e infames "bandoleiros". Além disso, o gado bravio estava ocupando, e parecia inabalavelmente decidido a continuar a fazê-lo, uma região do mais excelente solo entre o mar e as Montanhas Azuis.[35] O governo, convencido de que os seres humanos e não os bois haviam sido predestinados a ser a espécie dominante na Nova Gales do Sul, alterou sua política em relação ao gado bravio e, em 1824, ordenou que os últimos descendentes selvagens daqueles que se desgarraram em 1788 fossem abatidos.[36]

Na segunda década do novo século, os australianos abriram caminho pelas Montanhas Azuis até as pradarias do outro lado, e lá foram com seus animais de criação — onde, de acordo com todos os indícios, os bovinos aumentaram mais depressa em proporção ao seu número original do que os carneiros e os cavalos.[37] A maior parte desse gado era agora de origem europeia, e não sul-americana, embora isso não tenha significado animais dóceis. Os novilhos eram tão ariscos quanto os veados, e quase tão rápidos, sendo que muitos — "Nós os chamamos de cangurus" — conseguiam pular sobre cercas de dois metros de altura.[38] Em 1820, o número de cabeças nos rebanhos domesticados de Nova Gales do Sul era 54 103; dez anos depois atingia 371 699. Em mais uma geração humana, a Austrália teria milhões de cabeças.[39] Ninguém sabia ao certo o número de gado bravio, alguns dos quais precederam os colonizadores e outros até mesmo os exploradores. Em 1836, Thomas L. Mitchell, que expedicionava pelos descampados ao longo do rio Murrumbidgee, encontrou em torno dos poços d'água rastos de gado tão largos e concentrados que mais pareciam estradas, "e finalmente a visão bem-vinda do próprio gado deleitou-nos os olhos ansiosos, para não falar em nossos estômagos". Os animais estavam tão desacostumados às pessoas que "logo nos rodeava um rebanho de pelo menos oitocentas cabeças de animais selvagens que nos olhavam fixamente".[40]

Até mesmo o chamado gado domesticado das regiões avançadas de colonização via tão poucos seres humanos — pois a maioria das "estações" de gado era constituída por não mais do que dois ou três vaqueiros e um "caseiro" — que é de se imaginar até que ponto os animais se davam conta de que os homens eram seus donos. Os touros eram particularmente altivos. Eles permaneciam com as manadas a maior parte do tempo, mas afastavam-se para passar o inverno na solidão, retornando na primavera para lutar pelas fêmeas. Um dos sons memoráveis do "sertão" australiano eram os urros de desafio dos touros que retornavam, "sorumbáticos e graves, de início, depois se elevando até se tornarem gritos finos e estridentes, límpidos como um clarim [...] provocando ecos por quilômetros e quilômetros, atravessando as ravinas profundas e os desertos impérvios".[41]

Os cavalos desapareceram das Américas cerca de 8 a 10 mil anos atrás, e só retornaram quando Colombo trouxe vários deles para Hispaniola em 1493. Os ibéricos, inicialmente minoritários em todas as partes em que se instalavam no Novo Mundo, consideravam os cavalos muito úteis, ou mesmo uma absoluta necessidade, na luta contra os ameríndios, de modo que levavam tais animais consigo para toda parte.[42] Os cavalos propagaram-se rapidamente na maioria das colônias — não com a feroz desenvoltura dos porcos, talvez, mas com bastante rapidez.[43] Até mesmo no Brasil litorâneo, onde o clima, quente demais, não é ideal para os cavalos, havia muitos desses animais no final do século XVI, e os colonos já os enviavam para Angola.[44] Dadas as mesmas latitudes e climas, os cavalos sucumbiram na África e reproduziram-se bem nas Américas.

No Norte do México, os cavalos vicejaram e tornaram-se selvagens em grandes números. Em 1777, o frei Morfí encontrou uma quantidade incontável de *mesteños* bravios (a palavra mexicana para o cavalo das planícies setentrionais, que os norte-americanos corromperam para "*mustang*") em El Paso, Texas. Selvagens, é claro, eles eram tão numerosos que as planícies

192

pareciam enxadrezadas com seus rastros — tantos que essa terra vazia parecia "o país mais populoso do mundo". Os cavalos haviam devorado e consumido a relva de vastas extensões de terra, que começavam a ser ocupadas pelas plantas imigrantes. Em torno do poço d'água de San Lorenzo, Morfí encontrou uma grande abundância da planta chamada uva-de-gato na Espanha e *stonecrop* na Inglaterra [saião], "que alegrava a paisagem com o seu verdor". Talvez se tratasse de uma ou mais espécies europeias do gênero *Sedum*, altamente valorizado hoje em dia como planta de cobertura, e que teve ampla difusão desde que os marinheiros aprenderam a ler os ventos oceânicos.[45]

A história do *mustang* na América do Norte, de como ele se espalhou pelas Grandes Planícies e até o Canadá antes do final do século XVIII, é bem conhecida e não a repetiremos aqui.[46] A sua migração foi em grande parte obra dos comerciantes e traficantes ameríndios, mas foram os espanhóis que levaram os primeiros cavalos para a Alta Califórnia na década de 1770, onde os animais assumiram os modos de seus ancestrais das estepes da Ásia central. Quando a corrida do ouro teve início em 1849, havia tantos cavalos selvagens devorando tal quantidade de capim que os pecuaristas, tendo em vista o lucro que outros animais de criação poderiam proporcionar com o mesmo capim, jogaram os cavalos dos penhascos de Santa Barbara aos milhares.[47]

Alguns dos ancestrais dos cavalos das colônias da orla atlântica eram de origem mexicana, trazidos para o Leste por comerciantes das pradarias centrais do continente,[48] mas a maioria veio diretamente da Grã-Bretanha e da França, com os primeiros chegando à Virgínia já em 1620, a Massachusetts em 1629 e à Nova França em 1665. No século XVII, John Josselyn encontrou muitos cavalos em Massachusetts, "e aqui e ali um bom exemplar". Durante o inverno, seus donos deixavam quase todos soltos para buscar alimento por conta própria nas matas, embora tal prática, afirmou ele, deixasse os animais "com muito, muito pouca carne até a primavera, e com a crista tão baixa que ela nunca mais se erguia". Josselyn vinha da Europa, onde os cavalos eram caríssimos e, portanto, dignos de bons cuidados. Na América do Norte eles eram relativamente baratos e vagavam à vontade, muitas vezes havendo poucos indícios da sua ligação com a humanidade além de uma coleira tendo embaixo um gancho que se prendia nas cercas quando eles tentavam pulá-las para chegar às plantações. Aliás, os porcos usavam coleiras com uma canga triangular para impedi-los de derrubar as cercas que porventura tentassem atravessar.[49] As cercas não visavam a conservar os animais de criação presos do lado de dentro, e sim mantê-los longe, do lado de fora.

Ter à disposição montaria robusta pelo único trabalho de capturá-la era uma bênção para os homens de uma região avançada de colonização; porém, em certos lugares os cavalos eram tantos que se tornavam incômodos. (Duas coisas absolutamente impensáveis na Grã-Bretanha.) Ao final do século XVII, os cavalos selvagens eram uma verdadeira peste na Virgínia e em Maryland. Garanhões nanicos criavam enormes problemas emprenhando éguas valiosas, a ponto de se aprovarem leis exigindo que fossem mantidos em cercados ou castrados. Na Pennsylvania, qualquer um que encontrasse um garanhão com menos de 1,30 m correndo livre tinha o direito legal de castrá-lo no ato.[50]

Ainda hoje existem milhares de cavalos selvagens no Oeste da América do Norte, onde continua havendo muito espaço aberto. Apesar das secas e das nevascas, da epizootia, da voracidade da indústria de alimentos para animais e da captura periódica por homens em busca de montaria grátis, em 1959 os *mustangs* ainda corriam livremente em cerca de uma dúzia de estados ocidentais americanos e em duas províncias canadenses.[51]

Da mesma forma como se mencionou acima em relação ao gado bovino, os primeiros povoados europeus nos pampas fracassaram; porém, grandes manadas de cavalos selvagens já pastavam na região quando os espanhóis retornaram a Buenos Aires em 1580, proliferando-se numa velocidade talvez sem precedentes para grandes manadas. No início do século XVII, havia cavalos selvagens em Tucumán "em tal número que cobrem a face da Terra e, quando cruzam a estrada, os viajantes têm que esperar para deixá-los passar, às vezes por um dia inteiro ou mais, para que não levem consigo animais de criação domesticados". As pradarias em volta de Buenos Aires eram infestadas de "éguas e cavalos foragidos em tal número que quando eles vão para algum lugar parecem verdadeiras matas à distância".[52] Relatos assim provocam nosso ceticismo, mas são provavelmente verídicos. Os pampas, a leste e a oeste do rio da Prata, eram um paraíso para os cavalos; até mesmo no século XIX, depois do desaparecimento de muitas das vantagens que os animais usufruíam inicialmente, as manadas mantidas como reserva de montaria para a cavalaria (e, portanto, protegidas do abate dos homens) cresciam um terço por ano.[53]

O jesuíta Thomas Falkner achou o número de cavalos nos pampas do século XVIII "prodigioso" e constatou que o preço de mercado para um potro de dois ou três anos de idade era meio dólar. Contou que às vezes os cavalos selvagens se despachavam para além do horizonte, e então os pampas ficavam vazios; outras vezes eles estavam por toda parte.

> [Os cavalos] viajam de um lugar para o outro, contra a corrente dos ventos. Numa expedição ao interior que empreendi em 1744, permaneci nessas planícies pelo espaço de três semanas, e o seu número era tão colossal que durante quinze dias fiquei completamente rodeado por eles. Às vezes passavam por mim, em bandos enormes, galopando a toda velocidade, duas ou três horas seguidas; nessas ocasiões, era com grande dificuldade que eu e os quatro índios que me acompanhavam evitávamos ser pisoteados e dilacerados por eles.[54]

Cavalos em tamanha profusão, selvagens ou domesticados, inexistem em qualquer outra parte do globo. A sua abundância moldou a sociedade dos pampas mais firme e permanentemente do que a descoberta de ouro seria capaz. O metal não teria durado muito, ao passo que as gigantescas manadas de cavalos selvagens, elemento indispensável da cultura dos gaúchos, perduraram por dois séculos e meio.

Sete cavalos chegaram à Austrália em 1788 com a Primeira Armada. No inverno seguinte, o governador relatou que "os cavalos estão indo muito bem", o que não era verdade ou pelo menos não o foi por muito tempo.[55] Apenas dois sobreviveram os primeiros anos, e somente quando boas éguas da África do Sul desembarcaram em 1795 é que o número de cavalos começou realmente a aumentar. Em 1810, havia 1134; uma década depois, quatro vezes mais, e os colonos até já começavam a exportar alguns.[56] Muitos animais começavam a vagar livres, sendo conhecidos na Austrália como "*brumbies*", e não como *mustangs*. A palavra talvez provenha do termo aborígine "*baroomby*", que quer dizer "selvagem"; ou de *Baramba*, nome de um córrego em Queensland; ou ainda de James Brumby, que desembarcou em Nova Gales do Sul por volta de 1794 como soldado raso, assentou-se em pouco mais de quarenta hectares de pasto para animais de criação, até decidir ir embora numa expedição para a Tasmânia em 1804. Antes de partir, diz a história, ele reuniu todos os seus animais, mas deixou escapar alguns cavalos, que fugiram para fundar as dinastias de *brumbies*.[57]

Os *brumbies* outrora corriam soltos às dezenas de milhares pelo interior da Austrália, e em 1960 ainda havia entre 8 e 10 mil deles vivendo no Oeste daquele continente, "não conspurcados por espora e rédea". Não são belos animais; há 150 anos, tinham o peito e os ombros tão finos que as selas feitas para eles precisavam ser mais estreitas do que para os cavalos europeus; em 1972 um especialista em *brumbies* declarou que "eles têm uma cabeça danada de grande, como uma caçamba". Mas são surpreendentemente resistentes e lhes basta a alimentação que conseguem obter por conta própria, seja no verão ou no inverno. São cavalos excelentes para o trabalho, inteligentes e capazes de "girar em torno de uma folha de repolho".[58]

Como em toda parte, os cavalos adaptaram-se tão magnificamente na Austrália que os neoeuropeus esqueceram-se da bênção que é ter montaria quase de graça, e amaldiçoaram o excesso da sua própria boa fortuna. Os *brumbies* eram uma peste, arrebatando e levando embora consigo os cavalos domesticados, "deixando seus donos remoendo o osso duro da mortificação". O pior de tudo é que bebiam e comiam a água e o capim necessários aos animais lucrativos: os carneiros, o gado bovino e os cavalos obedientes.[59] Entre as décadas de 1860 e 1890, os *brumbies* foram um grande incômodo em Nova Gales do Sul e em Victoria, "uma verdadeira erva daninha entre os animais". Muitos foram mortos por seu couro — tantos que, em 1869, um couro de cavalo valia apenas quatro xelins em Sydney. Alguns australianos simplesmente cercaram os poços de água em épocas de seca, livrando-se dos animais dessa maneira. Outros colonos, cuja impaciência não permitia esperar que a sede fizesse o serviço, idealizaram métodos de atirar ou esfaquear os *brumbies* de modo que eles ainda pudessem correr bastante antes de morrer, impedindo assim um acúmulo fétido de cavalos mortos num único lugar. Na década de 1930, quando foram oferecidos prêmios por orelhas de cavalos, dois homens mataram a tiros 4 mil animais em um ano em Innamincka. Pouco depois, outro homem matou quatrocentos cavalos numa única noite.[60]

Basta sobre quadrúpedes domesticados que se tornaram bravios. É desnecessário continuar insistindo que eles se adaptaram maravilhosamente bem às Neoeuropas, e vice-versa. Poderíamos nos alongar falando sobre cabras, cachorros, gatos e até camelos, e ir mais além ainda para mostrar que as aves domesticadas — as galinhas, por exemplo, prosperaram nas Neoeuropas; mas já dissemos o que pretendíamos: os animais de criação do Velho Mundo prosperaram nas Neoeuropas. Na realidade, saíram-se surpreendentemente melhor nas Neoeuropas do que em suas terras de origem — um paradoxo. Examinemos agora a história daquele que poderia ser descrito como o único inseto domesticado das Neoeuropas: a abelha. Se este inseto do Velho Mundo se saiu tão bem nas Neoeuropas quanto os porcos, as vacas e os cavalos, então as forças por trás do sucesso dos imigrantes do Velho Mundo foram de fato penetrantes e universais.

Há muitos tipos de abelhas e outros insetos produtores de mel em todo o mundo, mas o único que associa uma alta produção de mel à possibilidade de manipulação humana é a abelha--de-mel, nativa da região do Mediterrâneo e do Oriente Médio — onde os seres humanos já coletavam mel (e cera, para muitos o produto mais importante) bem antes do início da história escrita, e onde Sansão criou uma das imagens mais marcantes do Antigo Testamento ao encontrar "abelhas e mel na carcaça de um leão".[61]

Nos séculos XV e XVI, os homens do mar da Europa ocidental tornaram-se navegadores, com muitos e diversificados resultados, entre os quais a enorme expansão do alcance e do número das abelhas-de-mel. Talvez elas já habitassem as ilhas do Atlântico mediterrâneo antes do advento dos europeus; mas, se isso é verdade, não estavam em todas as ilhas — pois se já existissem em Tenerife antes de Nossa Senhora da Candelária, por que teria ela sido forçada a produzir milagrosamente a cera para as suas velas? Ao que tudo indica, as abelhas-de-mel chegaram tarde na América Latina, e em muitos casos vindas da América do Norte, não da Europa. Na América tropical, os indígenas coletavam mel das abelhas muito antes de Cortés, algo que não deixaram de fazer; e por muito tempo depois de Cortés o açúcar foi abundante e barato na América Latina. Ambos os fatores tenderam a desestimular a importação de abelhas-de-mel. Hoje a Argentina é um dos maiores produtores de mel, mas esse é um acontecimento relativamente recente. Em contraste, o mel era um adoçante essencial na América do Norte, onde as abelhas--de-mel chegaram cedo.[62]

As primeiras abelhas-de-mel levadas à América do Norte chegaram na Virgínia por volta de 1620, onde o mel tornou-se alimento comum no século XVII. Em Massachusetts, elas desembarcaram não depois de 1640, e em 1663 já prosperavam "extraordinariamente", de acordo com John Josselyn. Os insetos imigrantes saíram-se tão bem ou melhor que os próprios europeus na América britânica do século XVII.[63] Em certa medida, o seu avanço deveu-se à intervenção humana — pessoas levando colmeias em jangadas e em carroças ao penetrarem em território índio —, mas na maioria dos casos a *avant-garde* des-

198

ses insetos do Velho Mundo deslocou-se para o oeste independentemente. Aclimataram-se nas colônias litorâneas no século XVII e já se espalhavam em profusão nelas por volta de 1800.[64] Mas os montes Apalaches constituíam uma verdadeira barreira. Algumas, porém, foram levadas por pessoas, outras, supostamente lançadas do outro lado por um furacão. O fato é que as abelhas-de-mel cruzaram aquelas montanhas e parecem ter se disseminado ainda mais depressa na bacia do Mississippi do que a leste dos Apalaches. Na campanha militar que culminou na batalha de Tippecanoe em 1811, as forças dos Estados Unidos encontraram muitas colmeias em árvores ocas nas matas do estado de Indiana, e um certo homem registrou que no intervalo de uma hora ele e seus amigos haviam encontrado três árvores com abelhas-de-mel.[65] A oeste do Mississippi os primeiros desses insetos teriam se instalado no jardim de madame Chouteau em St. Louis, em 1792.[66]

Um dos passatempos favoritos dos norte-americanos do campo era procurar e pegar o mel das colmeias de abelhas silvestres. Todo um sistema de técnicas foi desenvolvido para isso: como encontrar abelhas operárias em busca de alimento, como segui-las de volta à colmeia subindo em árvores e mergulhando nos riachos, e como usar fumaça ou derrubar a árvore para espantar as abelhas, tudo isso sem ser picado mais do que o estritamente necessário. Mas então vinha a recompensa, conforme testemunhou Washington Irving nos então confins de Oklahoma na década de 1830. Os favos intactos eram colocados em caldeirões e levados de volta para o acampamento ou povoado, e

aqueles que haviam se rompido na queda eram devorados na hora. Todo rematado caçador de abelhas podia ser visto com um suculento favo nas mãos, o mel escorrendo por entre seus dedos e desaparecendo tão depressa quanto torta de creme diante do apetite festivo de um colegial.[67]

O mel foi uma dádiva para os indígenas norte-americanos, que anteriormente só tinham o açúcar de bordo como adoçante forte. Todavia, para eles a "mosca inglesa" foi um presságio lúgubre da chegada dos brancos. St. Jean de Crèvecoeur escreveu que "ao descobrirem as abelhas, a notícia do fato, passando de boca em boca, espalhava tristeza e consternação na mente de todos".[68]

Na Austrália havia pequenas abelhas sem ferrão, que os aborígines apreciavam por seu produto dulcíssimo; mas a verdadeira abelha-de-mel era tão desconhecida ali quanto fora na América. Ela chegou a Sydney no dia 9 de março de 1822 no navio *Isabella*, junto com duzentos prisioneiros.[69] Uma vez estabelecidas em Nova Gales do Sul, as abelhas enxamearam com o mesmo vigor que na América. Foram introduzidas na Tasmânia em 1832 ou pouco antes, e a primeira colmeia que lá se instalou enxameou doze ou dezesseis vezes no primeiro verão, dependendo do relato que se aceitar.[70] Parece que vários dos eucaliptos nativos da Austrália incluem-se entre as melhores fontes de mel de todo o mundo.[71] Quando Anthony Trollope visitou a Austrália no início da década de 1870, verificou que as abelhas forasteiras eram muito mais numerosas que as nativas e que o mel era "uma iguaria costumeira entre todos os colonos".[72] Cem anos depois, a Austrália tornava-se um dos maiores produtores e exportadores de mel do mundo.[73]

As criaturas que mencionamos até aqui chegaram às colônias porque os colonos as queriam; outras, porém, cruzaram as "suturas da Pangeia" sem serem convidadas. Esses animais indesejáveis constituem um grupo interessantíssimo para nós, pois se é possível argumentar que os bichos de estábulo prosperaram no além-mar porque os europeus esforçaram-se para tal (o que não é necessariamente verdade, mas aceitemos por ora essa linha de argumentação), ninguém pode afirmar que os ratos, por exemplo, foram bem-sucedidos porque os colonizadores queriam-nos como vizinhos. Pelo contrário, os neoeuropeus empreenderam esforços colossais para exterminá-los. Se tais bichos conseguiram se desenvolver tão bem nas Neoeuropas, então as forças que promoveram o sucesso das criaturas do Velho Mundo nas colônias devem ter sido verdadeiramente poderosas.

O rato comum europeu é na realidade dois ratos: o preto e o rato marrom — o primeiro menor e melhor escalador; o segundo maior, mais feroz e melhor fazedor de tocas. Provavelmente o rato mencionado nas fontes coloniais é, na maior parte das vezes, o rato preto (também chamado "rato de navio"), embora as crônicas falem apenas de "ratos". Tanto um quanto o outro animal se prestam à nossa finalidade, de modo que designaremos ambos com o mesmo vocábulo. Para tornar as coisas ainda mais confusas, o espanhol colonial costumava empregar uma só palavra para camundongo e para rato.

Os ratos embarcaram como clandestinos para todos os lugares que os ibéricos foram na América, embora sejam omitidos dos relatos dos conquistadores. Todavia, sabemos um pouco sobre os seus primeiros anos na costa do Pacífico da América do Sul graças (como no caso das ervas) a Bernabé Cobo e Garcilaso de la Vega. Havia várias espécies nativas de roedores no Peru e no Chile, mas nenhuma igual aos ratos imigrantes no que se refere à adaptação aos modos da civilização europeia. Foram eles, com toda a certeza, os protagonistas de três infestações de ratos (e também de camundongos) que assolaram o Peru entre a chegada de Pizarro e 1572. "Eles se reproduziram em números infinitos", disse Garcilaso de la Vega, "tomaram conta da terra, e destruíram as plantações e a vegetação estável, como as árvores frutíferas, roendo a sua casca desde o nível do chão até os brotos." Posteriormente, continuaram sendo em tal número no litoral que "gato algum ousava encará-los de frente".[74] Ratos e/ou camundongos (possivelmente nativos, provavelmente importados) infernizaram Buenos Aires quase desde a sua fundação como um povoado viável, grassando em meio às parreiras e aos trigais. Os colonos imploravam a são Simão e a são Judas uma intervenção divina, e celebravam missas pedindo misericórdia. Duzentos anos depois, no início do século XIX, os ratos eram tão numerosos que à noite as pessoas tropeçavam neles pelas ruas: "Toda casa está infestada com eles, e os celeiros terrivelmente atacados. Na realidade, o aumento dessa espécie parece ter acompanhado o do gado nessas regiões".[75]

Os ratos imigrantes quase arrasaram Jamestown, na Virgínia. Em 1609, quando a colônia mal completara dois anos, os colonos verificaram que seus depósitos de alimentos haviam sido consumidos pelos "muitos milhares de ratos" saídos dos navios ingleses. E para obter alimento viram-se forçados a depender de suas próprias e exíguas habilidades como caçadores, pescadores ou fazendeiros e da generosidade dos ameríndios.[76] Mais ou menos na mesma época, os franceses de Port Royal, na Nova Escócia, também lutavam contra hostes de ratos que, mais uma vez, eles haviam trazido sem se dar conta. Os ameríndios da região foram igualmente vitimados, sendo assolados por esse tipo inteiramente novo de verme de quatro patas que viera "comer ou sugar seus óleos de peixe".[77]

A história praticamente se repete nos primeiros dias de Sydney. Em 1790, os ratos (presumivelmente marsupiais nativos, mas com mais certeza roedores que os colonos haviam trazido consigo) devastaram armazéns, hortas e pomares. O governador calculou que eles foram a causa de uma perda de "mais de 12 mil pesos" de farinha e arroz.[78] E os ratos não paravam de chegar. No início do século XIX, um jornal da Tasmânia noticiou sinistramente que "o número de ratos agora deixando o navio de prisioneiros atracado na baía tem que ser visto para ser acreditado".[79] Hoje, os ratos do Velho Mundo infestam os portos e cursos d'água da Austrália, e até chegaram a abdicar da proximidade imediata com os seres humanos para retornarem à vida selvagem no sertão, voltando a adotar um modo de vida que pouco praticaram nos últimos milhares de anos.[80]

Os neoeuropeus não introduziram os ratos intencionalmente, e gastaram milhões e milhões de libras, dólares, pesos e outras moedas para impedir que se alastrassem, geralmente em vão. O mesmo é verdade para diversos outros animais daninhos das Neoeuropas. Os coelhos, por exemplo. Isso parece indicar que os seres humanos raras vezes foram senhores das mudanças biológicas que provocaram nas Neoeuropas. Eles se beneficiaram com a grande maioria dessas mudanças, por certo, mas, quer se beneficiassem ou não, sua atuação foi quase sempre menos uma questão de opção e discernimento do que de acompanhar a correnteza de uma barragem que arrebenta.

Houve animais das Neoeuropas que assolaram a Europa e o Velho Mundo? Houve um mínimo de algo que se aproximasse de igualdade nesse intercâmbio? A resposta, que o leitor certamente já pode antecipar a essas alturas, é não. O peru americano chegou a desembarcar no Velho Mundo, mas não se tornou selvagem nem infestou o continente como gafanhotos sobre a superfície da África ou da Eurásia. Em boa parte da Grã-Bretanha, o esquilo cinzento norte-americano, um animal relativamente grande e agressivo, substituiu o antigo esquilo vermelho do Velho Mundo, dizimado no início do século XX por uma doença epidêmica desconhecida. E o rato-almiscarado americano, solto na Boêmia pela primeira vez em 1905, tem se disseminado desde então, ajudado por outras introduções pouco prudentes. Em 1960, ele já se espalhava da Finlândia e Alemanha até as cabeceiras de vários tributários do rio Ob, bem a leste.[81] Ainda assim, nada aconteceu ao Velho Mundo que sequer se assemelhasse à avalanche de seus animais domesticados que retornaram ao estado selvagem nas Neoeuropas. O intercâmbio de animais, domesticados ou selvagens, entre o Velho e o Novo Mundo foi tão unilateral quanto o intercâmbio de ervas, e a Australásia não parece ter contribuído com nada importante para a Europa nessa categoria. Assim como no caso das ervas, os motivos disso serão discutidos no capítulo 11.

Uma antiga canção folclórica que os colonizadores americanos cantavam dizia que uma certa Sweet Betsy, de Pike County, Missouri, atravessa as montanhas, presumivelmente as montanhas Rochosas ou Sierras, "com seu amado, Ike, e duas juntas de bois, um grande cachorro amarelo, um esguio galo-de-xangai e um porco malhado".[82] Betsy é herdeira de uma antiquíssima tradição de lavoura mista, e embora devamos ressaltar que seu touro era castrado e os outros animais não tinham parceiros, a comitiva de Betsy não é a única a cruzar as montanhas: outros comboios de carroças tinham touros e vacas, além de galinhas, cachorros e porcos do gênero oposto aos dos seus animais. (A própria Betsy tem a presciência de trazer Ike consigo.) A rápida propagação das espécies colonizadoras seria a regra do outro lado das montanhas. Betsy não viaja como uma imigrante isolada, mas como parte de uma avalanche que grunhe, muge, relincha, grasna, chilreia, rosna, zumbe, uma avalanche que se reproduz a si própria e é capaz de transformar o mundo.

9. DOENÇAS

> *A colônia de uma nação civilizada que toma posse de um território desocupado ou tão tenuamente habitado que os nativos facilmente cedem lugar aos novos colonos progride mais rápido para a riqueza e a grandeza do que qualquer outra sociedade humana.*
> Adam Smith, *The wealth of nations* (1776)

OS GERMES DO VELHO MUNDO eram entidades dotadas de tamanho, peso e massa — em nada diferindo, nesse aspecto, de Sweet Betsy, seu amado Ike e seus animais. Eles também precisavam de transporte para cruzar os oceanos, algo que os marinheiros inadvertidamente lhes forneceram. Uma vez em terra firme e alojados no corpo de novas vítimas em novas terras, a sua taxa de reprodução (chegavam a dobrar a cada vinte minutos) permitia que superassem todos os imigrantes de maior porte na rapidez com que se proliferavam e na velocidade da sua expansão geográfica. Os patógenos incluem-se entre os organismos mais "daninhos" existentes. Devemos examinar a história colonial dos patógenos do Velho Mundo, pois o seu sucesso constitui um dos exemplos mais espetaculares do poder das realidades biogeográficas subjacentes ao êxito dos imperialistas europeus no além-mar. Foram os seus germes — e não os imperialistas em si, a despeito de toda a sua ferocidade e desumanidade — os principais responsáveis pela devastação dos indígenas e pela abertura das Neoeuropas à dominação demográfica.

Até pouco tempo atrás os cronistas da história humana desconheciam os germes, e a maioria acreditava que as doenças epidêmicas tinham origem sobrenatural — algo a ser suportado piamente mas quase nunca descrito em detalhe. Portanto, a história epidemiológica das colônias europeias além das "suturas da Pangeia" assemelha-se a um quebra-cabeça de 10 mil peças, das quais só dispomos da metade — o suficiente para termos uma ideia das dimensões do original e de suas principais características, mas insuficiente para uma remontagem completa. Nós deploramos a irregularidade das informações de que dispomos; no entanto, tamanha é a quantidade delas e tão perfeitamente elas se coadunam com relatos de experiências modernas com povos isolados arrastados para a comunidade mundial, que não podemos duvidar da sua validade em geral. Antes de abordarmos a história dos patógenos nas Américas e na Australásia, examinemos alguns exemplos recentes do que a ciência chama "epidemia em solo virgem" (a rápida proliferação de patógenos entre pessoas que nunca haviam sido infectadas anteriormente) a fim de nos acostumarmos com as possibilidades da catástrofe epidemiológica. Quando, em 1943, a construção da rodovia do Alasca expôs os ameríndios da região do lago Teslin a um contato mais íntimo com o mundo externo do que eles jamais haviam tido antes, no espaço de um ano epidemias de sarampo, rubéola, disenteria, icterícia catarral, coqueluche, caxumba, amigdalite e meningite meningocócica acometeram esses índios. Quando, em 1952, os ameríndios e esquimós da baía Ungava, no Norte de Quebec, sofreram uma epidemia de sarampo, 99% deles adoeceram e cerca de 7% morreram, embora alguns contassem com os benefícios da medicina moderna. Em 1954, uma epidemia dessa mesma infecção "menor" irrompeu entre a população do remoto Parque Nacional do Xingu, no Brasil. A taxa de mortalidade foi de 9,6% entre as vítimas que contaram com tratamento médico moderno e 26,8% entre as demais. Em 1968, quando os ianomâmis da fronteira Brasil-Venezuela foram atacados pelo sarampo, 8 ou 9% morreram, a despeito da disponibilidade de remédios e tratamento moderno. Os paraná (krena-karore) da bacia amazônica, contatados pela primeira vez alguns anos depois, perderam pelo menos 15% de seu pessoal num único ataque da gripe comum.[1] As evidências mostram que quando cessa o isolamento tem início a dizimação; daí a crença perfeitamente razoável entre os ianomâmis de que "os homens brancos provocam doenças; se os brancos nunca tivessem existido, a doença também nunca teria existido".[2]

Os indígenas das Américas e da Austrália permaneceram quase absolutamente isolados dos germes do Velho Mundo até as últimas centenas de anos. Não apenas pouquíssimas pessoas de qualquer origem cruzavam os grandes oceanos, como também aquelas que o faziam devem ter sido muito saudáveis ou teriam morrido no meio do caminho, levando consigo seus patógenos. Os ameríndios certamente conheciam o purupuru, a bouba, a sífilis venérea, a hepatite, a encefalite, a pólio, algumas variedades de tuberculose (não aquelas geralmente associadas a doenças pulmonares) e parasitos intestinais; mas parecem jamais ter tido alguma experiência com enfermidades do Velho Mundo como varíola, sarampo, difteria, tracoma, coqueluche, catapora, peste bubônica, malária, febre tifoide, cólera, febre amarela, dengue, escarlatina, disenteria amébica, gripe e uma série de manifestações helmínticas.[3] Os aborígines australianos tinham as suas próprias infecções — entre elas o tracoma — mas afora isso a lista de infecções do Velho Mundo que eles desconheciam antes de Cook era provavelmente semelhante à lista daquelas que trucidaram os ameríndios. Vale notar que até mesmo na década de 1950 era difícil obter uma cultura de estafilococos entre os aborígines que habitavam o meio ambiente estéril do deserto central australiano.[4]

Os sinais da suscetibilidade dos ameríndios e dos aborígines às infecções do Velho Mundo aparecem quase imediatamente após a intrusão dos brancos. Em 1492, Colombo raptou uma série de habitantes das Antilhas com o intuito de treiná-los como intérpretes e de exibi-los ao rei Fernando e à rainha Isabel. Vários deles parecem ter morrido durante a tempestuosa viagem para a Europa, de modo que Colombo pôde apresentar apenas sete na Espanha, além de alguns berloques de ouro, ornamentos arauaques e uns papagaios. Quando, menos de um ano depois, ele retornou às águas americanas, somente dois dos sete ainda estavam vivos.[5] Em 1495, na tentativa de encontrar algum produto das Antilhas que pudesse vender na Europa, Colombo enviou 550 escravos ameríndios (de idades variando entre doze e 35 anos, aproximadamente) para cruzar o Atlântico. Duzentos morreram durante a difícil viagem; 350 sobreviveram para trabalhar na Espanha — a maioria dos quais também estava logo morta "por não terem se adaptado à terra".[6]

Os ingleses nunca chegaram a enviar grandes números de aborígines australianos para a Europa como escravos ou empregados domésticos, ou em qualquer outra categoria; em 1792, porém, dois aborígines, Bennilong e Yemmerrawanyea, foram levados para a Inglaterra como valiosos bichos de estimação. Embora possamos supor que tenham sido bem tratados, não se saíram melhor do que os primeiros ameríndios da Espanha. Bennilong foi acometido de consumpção, definhou e mostrou sintomas de infecção pulmonar, embora tenha sobrevivido e conseguido voltar para casa. Seu companheiro sucumbiu à mesma infecção (talvez tuberculose, bastante difundida na Europa ocidental no final do século XVIII) e foi enterrado sob uma lápide com a inscrição "À memória de Yemmerrawanyea, nativo de Nova Gales do Sul, falecido em 18 de maio de 1794, aos dezenove anos de idade".[7]

Temos alguma ideia da origem da morbidez e mortalidade dos aborígines: infecção pulmonar. Mas o que matou os arauaques em 1493 e 1495? Maus-tratos? Frio? Fome? Excesso de trabalho? Sim, tudo isso, não temos como duvidar; mas será essa a resposta completa? Colombo certamente não queria matar os seus intérpretes, e senhores e traficantes de escravos não têm o menor interesse no massacre declarado de sua propriedade. Todas, ou quase todas as vítimas parecem ter sido jovens adultos, geralmente os membros mais resistentes da nossa espécie — exceto no caso de infecções desconhecidas. Ao ser desafiado por invasores inauditos, um sistema imunológico robusto e saudável pode, nos melhores anos da vida, reagir excessivamente e estancar as funções normais do corpo com inflamações e edemas.[8] Os candidatos mais prováveis para o papel de exterminador dos primeiros ameríndios na Europa são os mesmos que mataram tantos outros arauaques nas décadas imediatamente subsequentes: os patógenos do Velho Mundo.[9]

Voltemo-nos agora para as colônias. Obviamente, os limites deste capítulo não nos permitem incluir sequer uma história epidemiológica superficial das colônias europeias no além-mar, mesmo que nos restrinjamos às Neoeuropas. Portanto, iremos nos concentrar nas peregrinações de um único patógeno do Velho Mundo pelas colônias: o vírus da varíola. A varíola, uma infecção que geralmente passa de vítima para vítima pela respiração, era uma das doenças mais transmissíveis e uma das mais mortíferas.[10] Uma antiga infecção humana no Velho Mundo, raras vezes foi de importância crucial até irromper com violência no século XVI. Durante os 250 a trezentos anos seguintes — até o advento da vacinação — ela foi justamente isso, de importância crucial, tendo atingido o apogeu no século XVIII, quando foi responsável por 10 a 15% de todos os óbitos em algumas nações da Europa ocidental nos primeiros anos desse século. Caracteristicamente, 80% de suas vítimas tinham menos de dez anos de idade, e 70% menos de dois anos. Na Europa, foi a pior das doenças infantis. A maioria dos adultos, especialmente nas cidades e nos portos, já a tinha tido e estava imunizada. Nas colônias, a doença atacou os indígenas jovens e idosos, e foi a mais letal de todas.[11]

A varíola cruzou pela primeira vez as suturas da Pangeia — chegando, especificamente, à ilha Hispaniola — no final de 1518 ou início de 1519, e durante os quatro séculos seguintes desempenhou um papel tão essencial quanto a pólvora no avanço do imperialismo branco do ultramar — um papel talvez até mais importante, pois os indígenas acabaram voltando o mosquete, e depois o rifle, contra os invasores, mas a varíola pouquíssimas vezes lutou do lado dos primeiros habitantes. Os invasores em geral estavam imunizados contra a doença, e também contra outras doenças infantis do Velho Mundo, a maioria das quais era nova do outro lado dos oceanos. Logo o mal exterminou um terço ou metade dos arauaques em Hispaniola, e quase imediatamente cruzou os estreitos até Porto Rico e as outras ilhas das Grandes Antilhas, empreendendo lá a mesma devastação. Passou de Cuba para o México e juntou-se às forças de Cortés na pessoa de um soldado negro que adoeceu, um dos poucos invasores que não estavam imunes à infecção. A doença exterminou uma grande parcela dos astecas e abriu caminho para os forasteiros até o centro de Tenochtitlán e à fundação da Nova Espanha. Adiantando-se aos conquistadores, logo apareceu no Peru, matando uma grande proporção dos súditos do Inca, o próprio Inca e o sucessor que ele havia escolhido. Guerra civil e caos seguiram-se. E então Francisco Pizarro chegou. Os triunfos miraculosos desse conquistador, e os de Cortés, a quem ele soube imitar tão bem, foram em grande parte triunfos do vírus da varíola.[12]

Essa primeira pandemia registrada no Novo Mundo talvez tenha chegado até as Neoeuropas americanas. A população ameríndia era mais densa do que jamais seria durante os séculos subsequentes, e completamente suscetível à varíola. No início do século XVI, canoeiros da tribo calusa costumavam ir da Flórida a Cuba para negociar, e com certeza levaram a varíola de volta consigo para o continente. Além disso, povos que mantinham pelo menos um contato esporádico entre si habitavam toda a orla do golfo do México, de regiões onde a doença era comum até a extremidade oposta, as áreas densamente povoadas do que é hoje o Sudeste dos Estados Unidos. O rio Mississippi, com vilarejos raramente mais distantes entre si do que um dia de viagem ao longo de suas margens, pelo menos até o estado de Ohio ao norte, teria disseminado a doença por todo o interior do continente. Quanto aos pampas, a pandemia certamente se espalhou por todo o império inca, até onde é hoje a Bolívia; e de lá passou para os povoados que tinham fácil acesso entre si no Paraguai e ao longo do rio da Prata e seus afluentes, até os pampas. De modo que, entre 1520 e 1540, a varíola pode ter se espalhado dos Grandes Lagos até os pampas.[13]

A varíola é uma doença com botas de sete léguas. Seus efeitos são aterrorizantes: febre e dor; o aparecimento rápido de pústulas que às vezes destroem a pele e transformam a vítima numa massa hedionda de sangue; uma estarrecedora taxa de mortalidade, que chega a um quarto, metade ou mais das vítimas nas variedades mais violentas. As pessoas ainda saudáveis fogem, deixando os doentes para trás a enfrentar uma morte certa, e geralmente levando consigo a doença. O período de incubação da varíola é de dez a catorze dias, longo o suficiente para que o portador efemeramente são do vírus percorra longas distâncias a pé, de canoa ou, mais tarde, a cavalo, até alcançar pessoas que nada sabem da ameaça que ele representa e lá infectá-las inspirando outros recém-infectados com o vírus a fugir para infectar novos inocentes, e assim por diante. Para darmos apenas um exemplo (um exemplo preciso e nada sensacional), a maioria dos abipones com quem o missionário Martin Dobrizhoffer estava vivendo no Paraguai em meados do século XVIII fugiu quando a varíola surgiu em seu meio, alguns chegando a viajar até oitenta quilômetros. Em determinadas circunstâncias, essa quarentena-por-fuga deu certo, mas geralmente servia apenas para disseminar a doença.[14]

A primeira epidemia *registrada* de varíola na América do Norte britânica ou francesa irrompeu entre os algonquinos de Massachusetts por volta de 1630: "Cidades inteiras foram assoladas, algumas delas sem que uma só alma escapasse da Destruição".[15] William Bradford, da Plymouth Plantation, alguns quilômetros ao sul, fornece-nos alguns detalhes adicionais sobre a ferocidade da doença entre os algonquinos e o porquê de a taxa de mortalidade ser tão elevada nessas epidemias. Algumas das vítimas, escreveu ele,

> tombavam tão facilmente com essa doença que, no final, não podiam mais se ajudar uns aos outros, nem acender uma fogueira, nem buscar um pouco de água para beber, nem enterrar os mortos. Mas esforçavam-se o máximo enquanto podiam, e quando não conseguiam outro meio de acender uma fogueira, queimavam os pratos e travessas de madeira em que comiam carne, ou os seus próprios arcos e flechas. Alguns arrastavam-se de quatro para obter um pouco de água, às vezes morrendo pelo caminho e impossibilitados de entrar novamente.[16]

A doença alastrou-se pela Nova Inglaterra, avançando para o oeste até a região do rio St. Lawrence e dos Grandes Lagos, e de lá até ninguém sabe onde. A varíola devastou repetidamente

Nova York e adjacências nas décadas de 1630 e 1640, e estima-se que tenha causado uma redução de 50% na população das confederações de huronianos e iroqueses.[17]

Depois disso, a varíola parece nunca mais ter se mantido afastada por mais de duas ou três décadas de cada vez.[18] Os missionários, jesuítas e menonitas, e os comerciantes de Montreal e Charleston, tinham todos as mesmas histórias aterradoras para contar sobre a varíola e os indígenas. Em 1738, a doença destruiu metade dos cheroquis; em 1759, quase metade dos catawbas; nos primeiros anos do século XIX, dois terços dos omahas e talvez metade de toda a população entre o rio Missouri e o Novo México; em 1837-8, praticamente todos os mandans e talvez metade dos povos das altas planícies.[19] Todo povo europeu que estabeleceu algum povoado de importância na América do Norte — os ingleses, franceses, holandeses, espanhóis e russos — registrou, às vezes com desalento e às vezes com exultação, os horrores da varíola grassando solta entre americanos que nunca a haviam conhecido antes.

A varíola tendia a se alastrar bem além do limite territorial dos europeus, muitas vezes atingindo povos que mal tinham ouvido falar dos invasores brancos. Provavelmente chegou em 1782 ou 1783 à região do estreito de Puget, na costa noroeste do Pacífico, na época uma parte do mundo tão distante dos principais centros de população humana quanto qualquer outro lugar da Terra. Quando o explorador George Vancouver navegou para o estreito de Puget em 1793, encontrou indígenas com rostos marcados pela varíola e ossos humanos espalhados pela praia de Port Discovery — crânios, braços e pernas, costelas, vértebras — em tal profusão que davam a impressão de lá ser "um cemitério geral para toda a região adjacente". Ele avaliou que "num período não muito remoto este território foi muito mais populoso do que no presente" — uma apreciação que poderia ter sido acertadamente estendida para todo o continente.[20]

A varíola talvez tenha chegado aos pampas já na década de 1520 ou 1530, conforme sugerido acima. Em 1558 ou 1560, ela ressurgiu (ou surgiu pela primeira vez) nas pradarias do rio da

Prata e matou, de acordo com um relato de segunda mão, "mais de 100 mil índios".[21] Só temos uma fonte para este fato, mas a explosão de varíola no Chile e no Paraguai mais ou menos na mesma época, e no Brasil de 1562 a 1565, devastando multidões de indígenas, confirma enfaticamente esse relato da irrupção da doença entre os povos meridionais do rio da Prata.[22]

Das últimas décadas do século XVI à segunda metade do século XIX, a varíola assolou repetidamente as estepes do Sul e regiões adjacentes, parecendo irromper sempre que um número suficiente de pessoas suscetíveis houvesse nascido desde a última epidemia para sustentar uma nova. O século XVII iniciou-se com o governo de Buenos Aires pedindo à Coroa espanhola permissão para importar mais escravos negros, pois a varíola dizimara os ameríndios. Somente a cidade de Buenos Aires enfrentou pelo menos quatro epidemias de varíola em menos de cem anos (em 1627, 1638, 1687 e 1700), e muitas outras se seguiram nos dois séculos subsequentes. A primeira referência inequívoca da doença no Rio Grande do Sul data apenas de 1695, mas essa doença violenta deve ter assolado a província, contígua a áreas portuguesas e espanholas onde as epidemias irrompiam sem cessar, muito antes do final do século XVII.[23]

A taxa de mortalidade podia ser altíssima. Em 1729, dois religiosos, Miguel Ximénez e um padre chamado Cattanco, partiram de Buenos Aires para as missões no Paraguai acompanhados por 340 guaranis. Oito dias pelo rio da Prata e a varíola atacou estes últimos. Quase quarenta contraíram a doença, que grassou durante dois meses, ao final dos quais 121 estavam convalescendo, e 179, mortos. Os jesuítas, um grupo mais dado à precisão numérica que a maioria, calcularam que 50 mil haviam morrido nas missões paraguaias durante o surto de 1718, 30 mil nas vilas guaranis em 1734, e 12 mil em 1765. De um total de quantos correndo perigo? Teremos que deixar essa questão para os historiadores demográficos.[24]

Jamais saberemos quantos morreram entre as tribos que vagavam pelos pampas. A capacidade que tinham de partir sem aviso prévio deve tê-las preservado de algumas epidemias; porém, por quanto mais tempo evitavam a infecção, mais aniquilador era o impacto desta quando atacava. Existe, por exemplo, o caso dos checheletes, que em 1700 eram um dos povos mais numerosos das pradarias e, portanto, provavelmente uma tribo que escapara das piores epidemias. Os checheletes quase se extinguiram ao contrair varíola perto de Buenos Aires no início do século XVIII. Tentaram mais uma vez escapar do perigo, mas dessa feita isso só aumentou as suas perdas: "Durante a viagem, eles deixavam diariamente para trás seus amigos e parentes doentes, abandonados e sozinhos, sem outra ajuda que um couro para protegê-los do vento e um jarro d'água". Chegaram até a assassinar seus próprios xamãs "para ver se dessa maneira o mal cessaria". Os checheletes nunca se recuperaram como povo autônomo. No final do século, até a sua língua havia desaparecido. Hoje nós conhecemos quinze de suas palavras e alguns topônimos, praticamente a mesma herança que temos da língua dos guanchos.[25]

A doença continuou assolando periodicamente as tribos dos pampas, sendo debelada somente com a disseminação das vacinas e com a destruição, encarceramento ou expulsão dos últimos povos da estepe argentina. O doutor Eliseo Cantón, médico, cientista e historiador da medicina na Argentina, afirma categoricamente que o extermínio dos ameríndios como força efetiva nos pampas não foi obra do exército argentino e de suas Remingtons [metralhadoras], e sim da varíola.[26]

A história médica da Austrália começa com a varíola, ou algo muito parecido com ela. A Primeira Armada chegou ao porto de Sydney em 1788 e, durante certo tempo, os problemas de infecção entre os mil colonos e os aborígines foram insignificantes. O escorbuto estava criando dificuldades para os colonos, mas mesmo assim eles haviam produzido 59 bebês até fevereiro de 1790.[27] Os aborígines eram um bando saudável, pelo menos até onde os ingleses podiam ver. Mas em abril de 1789 os ingleses começaram a encontrar corpos de aborígines mortos nas praias e nas pedras ao redor do porto. A causa disso permaneceu um mistério até que uma família de nativos acometidos de varíola chegou ao povoado. Em fevereiro, um aborígine que conseguira se recuperar da doença contou aos brancos que no mínimo metade de seus companheiros nas cercanias de Sydney havia morrido e que muitos outros tinham fugido, carregando consigo a infecção.[28] Os doentes deixados para trás raramente sobreviviam por muito tempo, sucumbindo à falta de água e alimento. Segundo John Hunter, alguns

> eram encontrados sentados sobre os quadris, com a cabeça reclinada entre os joelhos; outros estavam recostados contra uma pedra, com a cabeça repousando sobre ela; eu mesmo vi uma mulher sentada no chão com os joelhos dobrados até os ombros e o rosto caído na areia entre os pés.[29]

A doença espalhou-se para longe, costa abaixo e costa acima e também pelo interior, alastrando-se por um período indeterminado e assolando as populações nativas. Cruzou as montanhas Azuis, atacou os aborígines ao longo dos rios interiores muito antes de eles jamais terem visto um homem branco, e seguiu com as populações ribeirinhas até o mar, quase despovoando as margens do rio Murray numa extensão de mais de 1600 quilômetros. Dezenas de anos depois disso, velhos aborígines com cicatrizes das pústulas da doença eram vistos aqui e ali na hinterlândia de Nova Gales do Sul, Victoria e Austrália do Sul. A pandemia talvez tenha chegado até o litoral nordeste e oeste do continente, pois nada era capaz de estancá-la enquanto houvesse novos aborígines para contraí-la.[30] Por três vezes no século XIX a varíola retornou para assolar os aborígines, mas a primeira pandemia foi certamente o maior choque demográfico que os povos nativos da Austrália jamais receberam. De acordo com Edward M. Curr, o grande estudioso dos aborígines no século XIX, ela pode ter matado um terço da população, deixando intactas apenas as tribos do quadrante noroeste do continente. Essas tribos só foram receber a sua dose de varíola e devastação em 1845 ou depois.[31] Por várias gerações, os aborígines estremeciam quando falavam sobre a varíola, expressando "terror genuíno, eles que nenhum outro mal consegue tirar da sua inerente impassibilidade". Em 1839, quando se perguntou aos homens idosos das tribos yarra, goulburn e geelong como haviam adquirido suas bexigas, eles responderam: "Muito grande tempo atrás, Cavadeira chegar, matar homem preto bastante".[32]

Vivendo num mundo do qual o vírus da varíola foi exterminado pela ciência, nós jamais poderemos compreender plenamente o impacto da varíola sobre os indígenas da Austrália e das Américas, seu efeito mortífero, desnorteante e devastador. As estatísticas de redução demográfica são frias, e os relatos de testemunhas oculares inicialmente comovem mas depois tornam-se apenas macabros. O impacto do mal foi tão aterrador que somente um escritor com o talento de um Milton no auge de seus poderes estaria à altura do tema, mas não havia ninguém como ele em Hispaniola em 1519 ou em Nova Gales do Sul em 1789. Somos então forçados a recorrer não às testemunhas, mas às vítimas, para obter esclarecimento; e as vítimas criam lendas, não poemas épicos. Os kiowas do Sul das Grandes Planícies da América do Norte, que sofreram pelo menos três e provavelmente quatro epidemias de varíola no século XIX, têm uma lenda a respeito da doença. Saynday, o herói mítico da tribo, encontra um forasteiro vestido de preto e chapéu de copa alta, como um missionário. O forasteiro é o primeiro a falar:

— Quem é você?

— Eu sou Saynday. Sou o Velho Tio Saynday, dos kiowas. Sou aquele que sempre caminha junto. Quem é você?

— Eu sou a varíola.

— De onde você vem, e o que faz, e por que está aqui?

— Eu venho de muito longe, do outro lado do oceano do Leste. Estou sempre com os homens brancos — eles são o meu povo, assim como os kiowas são o seu. Às vezes viajo à frente deles; às vezes os sigo. Mas estou sempre na companhia deles. Você me encontrará nos acampamentos e nas casas dos homens brancos.

— O que você faz?

— Eu trago a morte. Meu hálito faz com que as crianças murchem como brotos de plantas na neve da primavera. Eu trago a destruição. Por mais bela que seja uma mulher, basta me ver para tornar-se medonha como a morte. E aos homens eu trago não apenas a morte, mas a destruição de seus filhos e o empestamento de suas esposas. Os mais valentes guerreiros tombam diante de mim. Ninguém que tenha me visto volta a ser o mesmo.[33]

Os brancos tinham uma visão mais auspiciosa das doenças importadas. John Winthrop, primeiro governador da colônia de Massachusetts Bay e advogado por formação, observou em 22 de maio de 1634: "Os nativos estão quase todos mortos de varíola, pois o Senhor quis conceder-nos o que de direito nós possuímos".[34]

A varíola foi apenas uma das doenças que os navegadores lançaram à solta sobre os povos nativos do além-mar — talvez a mais destrutiva, certamente a mais espetacular, mas apenas uma delas. Até agora nem sequer mencionamos as infecções respiratórias, as febres "hécticas" tão frequentes entre os indígenas que entravam em contato com estrangeiros vindos do outro lado do horizonte. Para citarmos somente um dado, em estudo feito na década de 1960, 50 a 80% dos aborígines da Austrália central examinados tinham tosse ou apresentavam ruídos respiratórios anormais, sendo que a porcentagem maior se referia àqueles vindos mais recentemente do deserto.[35] Nada falamos das infecções entéricas, que sem dúvida já mataram (e continuam matando) mais seres humanos nos últimos milênios do que qualquer outra classe de doenças. Cabeza de Vaca, arrastando-se perdido e desesperado pelo Texas por volta de 1530, inadvertidamente presenteou seus senhores ameríndios com alguma espécie de doença disentérica que matou metade deles e elevou-o e a seus companheiros à condição de médicos sacerdotais — o que, ironicamente, salvou-lhes a vida.[36] Nada dissemos das doenças transmitidas por insetos, embora no século XIX a malária fosse a doença mais importante de todo o vale do Mississippi.[37] Nada expusemos a respeito das infecções venéreas que, do Labrador a Perth, na Austrália ocidental, reduziram a taxa de natalidade dos indígenas ao mesmo tempo que aumentaram a de mortalidade. Os patógenos do Velho Mundo, em sua lúgubre variedade, espalharam-se por toda parte além das suturas da Pangeia, debilitando, aleijando ou matando milhões na vanguarda geográfica da espécie humana. O maior desastre demográfico do mundo foi iniciado por Colombo, Cook e os outros navegadores. Nesse primeiro estágio de desenvolvimento moderno, as colônias europeias no além-mar foram verdadeiros ossuários. Com o tempo, sociedades mistas europeias, africanas e indígenas diferentes de tudo o que jamais existira antes desenvolveram-se nas colônias da zona tórrida — a única grande exceção foi o Norte da Austrália. As colônias da zona temperada evoluíram de modo a se diferenciar menos: tornaram-se neoeuropeias, com apenas minorias de não brancos.[38]

Admite-se que o México e o Peru estavam cheios de povos indígenas antes da chegada dos europeus porque os seus antigos monumentos de pedra são enormes demais para serem ignorados e porque seus descendentes ainda vivem em grande número nessas terras. Porém, imaginar que as Neoeuropas, hoje absolutamente repletas de neoeuropeus e outros povos do Velho Mundo, tenham tido outrora imensas populações nativas que foram eliminadas por doenças importadas exige um grande salto de imaginação histórica. Estudemos um caso específico de extinção da população de uma Neoeuropa.

Examinemos uma região neoeuropeia que tenha sido habitada por povos indígenas agrícolas de uma cultura avançada: a parte do Leste dos Estados Unidos entre o oceano Atlântico e as Grandes Planícies, o vale de Ohio e o golfo do México. Quando os europeus já estavam instalados nessa região, percorrendo-a de alto a baixo e de cabo a rabo, quase sempre em busca de outro império asteca, de rotas para a China, de ouro e peles, e estavam familiarizados com as suas principais características — ou seja, por volta de 1700 —, os habitantes nativos eram os ameríndios que conhecemos dos livros didáticos de história dos

Estados Unidos: os cheroqui, os creek, os shawnee, os choctaw e outros. Esses e todos os demais, com apenas uma ou duas exceções, eram povos sem qualquer estratificação social pronunciada, sem as artes e ofícios avançados que as aristocracias e os cleros costumam produzir e sem grandes obras públicas comparáveis aos templos e pirâmides da Mesoamérica. Sua população não era maior do que seria de se esperar de civilizações que dedicam apenas parte de seus esforços à lavoura, à caça e à coleta — e em muitas áreas eram menores. Pouquíssimas tribos chegavam a ter mais de 10 mil membros, e a maioria ficava muito aquém desse número.

As coisas nessa parte da América do Norte tinham sido bem diferentes em 1492. Os Construtores de Túmulos (nome geral de uma centena de povos de uma dúzia de culturas diferentes que se espalharam por milhares de quilômetros quadrados durante quase um milênio) haviam erguido e continuavam a erguer outeiros para servirem de templo e sepulcro, muitos da altura do joelho ou dos quadris de uma pessoa, mas outros comparáveis em tamanho às maiores estruturas terrosas jamais criadas pelo ser humano em qualquer parte do globo. O maior deles, o Outeiro dos Monges, apenas um dentre 120 outros de Cahokia, em Illinois, tem um volume de 623 mil metros cúbicos e abrange 6,5 hectares.[39] Cada partícula dessa enorme massa de terra foi transportada e colocada no lugar por seres humanos sem qualquer ajuda de animais domesticados. As únicas estruturas maiores das Américas pré-colombianas são a pirâmide do Sol em Teotihuacán e a grande pirâmide de Cholula. Em seu apogeu, por volta do ano 1200, Cahokia foi um dos grandes centros cerimoniais do mundo, servido por uma vila cuja população alguns arqueólogos estimam em mais de 40 mil habitantes. (A maior cidade dos Estados Unidos em 1790 era Filadélfia, com 42 mil habitantes.)[40] Os túmulos de Cahokia e outros locais semelhantes contêm cobre do lago Superior, sílex de Arkansas e Oklahoma, folhas de mica vindas provavelmente da Carolina do Norte e muitos objetos de arte de altíssima qualidade. Contêm ainda vários esqueletos, seja de mortos reverenciados, seja de homens e mulheres comuns, os últimos aparentemente sacrificados no momento do funeral dos primeiros. Uma cova em Cahokia contém os restos de quatro homens, todos sem a cabeça e as mãos, e de cerca de cinquenta mulheres, todas entre dezoito e 23 anos de idade. Certamente esse agrupamento é evidência de uma religião sinistra e de uma estrutura de classes rigidamente hierárquica — este último fator sendo fundamental nas origens da civilização em todo o mundo.

Quando brancos e negros se fixaram perto do sítio de Cahokia e em outros centros similares (Moundsville, no Alabama; Etowah, na Geórgia) nos séculos XVIII e XIX, as sociedades ameríndias locais eram relativamente igualitárias, suas populações, esparsas, suas artes e ofícios, admiráveis mas não mais de altíssima qualidade, suas redes comerciais, apenas regionais. Esses povos nada sabiam dos outeiros, túmulos e centros cerimoniais, abandonados gerações antes, de modo que os brancos os atribuíram aos vikings, às tribos perdidas de Israel ou a raças pré-históricas hoje desaparecidas da face da Terra.[41]

Os construtores dos túmulos eram ameríndios, evidentemente, e em alguns casos não há dúvida de que foram os ancestrais dos povos que habitavam as cercanias desses sítios quando os colonizadores do Velho Mundo chegaram. Esses ancestrais existiam em grande número quando os europeus aportaram pela primeira vez no litoral das Américas. Eram os povos sobre cujas terras e corpos Hernando de Soto abriu caminho à força entre 1539 e 1542, em busca de riquezas equivalentes às que encontrara no Peru. Os cronistas de De Soto transmitem-nos a nítida impressão de uma população densa, de muitos vilarejos em meio a enormes campos cultivados, de sociedades estratificadas governadas de cima com mão de ferro e de dezenas de templos repousando sobre pirâmides truncadas — que, embora muitas vezes atarracadas e feitas de barro em vez de pedra, lembram estruturas similares às de Teotihuacán e Chichén Itzá.

Nas nossas imagens das sociedades nativas da América do Norte não há lugar para, por exemplo, a sagaz oponente de De Soto, a "Señora de Cofachiqui", de uma província que provavelmente abrangia o atual sítio de Augusta, na Geórgia. Ela viajava de liteira carregada por nobres e era acompanhada por um séquito de escravos. Num raio de cem léguas "era formidavelmente obedecida, e tudo o que ordenasse era executado com diligência e eficácia".[42] Numa tentativa de desviar a voracidade dos espanhóis por seus súditos vivos, ela enviou os estrangeiros para pilharem uma câmara ou templo funerário de trinta metros de comprimento e cerca de doze de largura, com um telhado decorado em conchas marinhas e pérolas de água doce, que "proporcionavam uma visão magnífica no brilho do sol". Em seu interior havia arcas contendo os mortos e, para cada arca, uma estátua esculpida à semelhança do falecido. As paredes e o teto eram cobertos com obras de arte, e as salas continham uma profusão de clavas requintadamente entalhadas, machadinhas de guerra, lanças, arcos e flechas engastadas com pérolas de água doce. Na opinião de um dos saqueadores do túmulo, Alonso de Carmona, que vivera antes no México e no Peru, o edifício e seu conteúdo estavam entre o que de mais belo e fino ele já vira no Novo Mundo.[43]

Os ameríndios de Cofachiqui e de boa parte do que é hoje o Sudeste dos Estados Unidos eram à sua maneira campestre tão impressionantes quanto os mexicanos civilizados, comparáveis talvez aos predecessores imediatos dos sumérios em termos de cultura geral. E não eram poucos. O mais recente estudo acadêmico estima a população de uma região marginal, a Flórida, em até 900 mil habitantes no início do século XVI.[44] Mesmo que ceticamente cortemos esse número pela metade, o que resta é ainda uma enormidade. Em comparação ao que havia sido anteriormente, o Sudeste dos Estados Unidos era uma terra desabitada por volta de 1700, quando os franceses chegaram para ficar.

No século XVIII, algo já eliminara ou expulsara a maior parte da população de Cofachiqui e das diversas outras regiões onde populações densas de povos de estatura cultural semelhante haviam habitado dois séculos antes: a costa do golfo do México, entre as baías de Mobile e Tampa, o litoral da Geórgia

221

e as margens do Mississippi acima da embocadura do rio Vermelho. Nas regiões Leste e Sul de Arkansas e no Nordeste da Louisiana, onde De Soto encontrara trinta cidades e províncias, os franceses se depararam apenas com um punhado de vilarejos. Onde De Soto, de cima de um outeiro que servia de templo, podia enxergar diversas vilas, cada uma com seus próprios outeiros, separadas por extensos milharais, agora havia apenas um ermo. O que quer que tenha atingido as terras por onde ele passara deve também ter avançado bem para o norte. A região do Sul de Ohio e Norte de Kentucky, das mais ricas do continente em alimentos naturais, estava praticamente deserta quando os primeiros brancos a penetraram vindos da Nova França e da Virgínia.[45]

Ocorrera até mesmo uma grande mudança ecológica nas regiões adjacentes ao golfo do México e por dezenas de quilômetros costa adentro — uma mudança paralela, e provavelmente associada, ao declínio das populações de ameríndios. No século XVI, os cronistas de De Soto não encontraram nenhum búfalo ao caminharem da Flórida ao Tennessee e de volta à costa — ou se viram esses animais magníficos não os mencionaram, o que parece altamente improvável. Evidências arqueológicas e um exame atento dos topônimos ameríndios também indicam que não havia búfalos ao longo da rota seguida por De Soto, nem entre essa rota e o oceano. Um século e meio depois, quando os franceses e os ingleses chegaram, eles encontraram esses animais peludos presentes em, no mínimo, manadas dispersas, desde as montanhas até quase o golfo e o oceano Atlântico. O que ocorreu nesse ínterim é fácil de explicar teoricamente: abriu-se um nicho ecológico, e os búfalos vieram para ocupá-lo. Algo havia mantido esses animais longe das vastas clareiras abertas nas florestas pelo uso periódico que os ameríndios faziam das queimadas e da enxada. Esse algo diminuíra ou desaparecera a partir de 1540. Com certeza, esse algo eram os próprios ameríndios, que teriam naturalmente matado os búfalos para obter alimento e proteger suas lavouras.[46]

A causa desse declínio e desaparecimento foi provavelmente alguma doença epidêmica. Nenhum outro fator seria capaz de

222

exterminar tantos povos ao longo de uma parte tão extensa da América do Norte. O funesto processo genocida teve início antes mesmo de De Soto chegar a Cofachiqui. Um ou dois anos antes, uma pestilência varrera a província, resultando em grande mortandade. Talomeco, onde os espanhóis saquearam o templo fúnebre mencionado acima, era uma das diversas cidades desabitadas porque uma epidemia matara ou expulsara todos os seus habitantes. Os invasores encontraram quatro casas grandes cheias de corpos de pessoas que haviam sucumbido durante a peste. Quando chegaram a Cofachiqui, os espanhóis julgaram que fosse um lugar bastante populoso, mas os cidadãos locais disseram que seu número havia sido muito maior antes da epidemia. De Soto entrou em Cofachiqui logo após uma calamidade médica, como fizera Pizarro no Peru.[47]

Como pôde essa pestilência avançar tanto pelo interior do continente a partir dos povoados de europeus, supondo que tenha sido importada do Velho Mundo? Qualquer epidemia do México poderia se alastrar pelo golfo por meio das tribos costeiras, chegando ao interior através dos cursos de água que banham um grande número de povoados. Alguns navios que saíram de Havana e seguiam a corrente do golfo foram impelidos por furacões aos bancos de areia da costa da Flórida, e seus sobreviventes, lutando para chegar à praia, poderiam ter trazido doenças infecciosas consigo. Além disso, já havia alguns brancos vivendo no continente. De Soto contratou um deles como intérprete no início da sua invasão da Flórida, um sobrevivente da expedição malograda que deixara Cabeza de Vaca vagando pelo Texas. Os homens de De Soto encontraram em Cofachiqui um punhal cristão, dois machados castelhanos e um rosário, que presumivelmente teriam vindo da costa ou mesmo do México, chegando lá graças às rotas comerciais ameríndias. As doenças infecciosas adaptam-se tão bem ao comércio quanto qualquer outro tipo de troca humana. Assim, o Velho Mundo e muitas de suas criaturas já haviam penetrado o interior da América do Norte quando os homens de De Soto pularam nas ondas e arrastaram seus barcos até a praia.[48]

As epidemias continuaram chegando e realizando a sua obra de extermínio, como ocorreu nos séculos XVI e XVII em todas as partes das Américas das quais temos alguma notícia. Para citarmos apenas uma ocorrência, em 1585-6 sir Francis Drake comandou uma grande frota até o arquipélago de Cabo Verde, onde seus homens contraíram uma perigosa doença transmissível e em seguida partiram para atacar localidades da parte meridional do mar das Antilhas. Porém, tantos dos ingleses estavam doentes que o empreendimento fracassou miseravelmente. Querendo se vingar, Drake atacou a colônia espanhola em St. Augustine, na Flórida, infectando a população local com a epidemia de Cabo Verde. Os ameríndios, "à chegada de nossos homens morreram rapidamente, e diziam entre si que foi o deus inglês que os fizera morrer assim tão depressa". É de se presumir que a doença tenha avançado para o interior.[49]

Quando os franceses penetraram a hinterlândia além da costa do golfo do México, onde De Soto lutara tantas batalhas com tantos povos, eles encontraram poucos para se oporem à sua invasão. E a diminuição das populações ameríndias prosseguiu; na realidade, provavelmente se intensificou. Em seis anos, o último dos povos Construtores de Túmulos, os natchez, com seus templos piramidais e seu líder supremo, o Grande Sol, viu-se reduzido em um terço. Um dos franceses, inadvertidamente ecoando o protestante John Winthrop, escreveu que "estando em contato com esses selvagens, há algo que não posso me furtar a comentar: parece visivelmente que Deus deseja que eles cedam o seu lugar a novas gentes".[50]

O intercâmbio de doenças infecciosas — isto é, de germes, coisas vivas dotadas de um ponto de origem geográfico como qualquer outra criatura visível — entre o Velho Mundo e suas colônias americanas e australianas foi espantosamente unilateral, tão unilateral e unidirecional quanto o intercâmbio de pessoas, ervas e animais. A Australásia, até onde a ciência pode nos dizer, não exportou sequer uma de suas doenças humanas para o mundo externo, supondo que tivesse alguma peculiarmente sua. As Américas possuem seus patógenos específicos, como o do mal de Carrion e o do mal de Chagas; contudo, por estranho que pareça, essas doenças extremamente desagradáveis e às vezes fatais não "viajam" bem e nunca se estabeleceram no Velho Mundo.[51] A sífilis venérea talvez tenha sido a única exportação importante de doença do Novo Mundo; mas, a despeito de toda a sua notoriedade, nunca estancou o crescimento populacional do Velho Mundo.[52] As *niguas*, como Fernando de Oviedo chamou o bicho-de-pé tropical americano que causou tantos incômodos aos espanhóis descalços no século XVI, chegaram à África em 1872 e espalharam-se pelo continente como uma epidemia de dedos perdidos e infecções secundárias fatais de tétano — mas desde então a moléstia retrocedeu à categoria de inconveniência e nunca chegou a modificar a história demográfica do Velho Mundo.[53] A Europa foi magnânima na quantidade e qualidade dos tormentos que enviou para além das suturas da Pangeia. Em contraste, as suas colônias, epidemiologicamente mal dotadas para começar, hesitaram em exportar até mesmo os poucos patógenos que possuíam. O desequilíbrio do intercâmbio (produto de fatores biogeográficos que serão discutidos no capítulo 11) atuou em avassalador benefício dos invasores europeus e para a esmagadora desvantagem dos povos cujos lares ancestrais estavam situados do lado derrotado das suturas da Pangeia.

10. NOVA ZELÂNDIA

As variedades do ser humano parecem atuar umas sobre as outras da mesma maneira que as diferentes espécies de animais — os mais fortes sempre extirpando os mais fracos. Foi melancólico na Nova Zelândia ouvir os admiráveis e energéticos nativos dizendo que sabiam que a terra estava fadada a ser tomada de seus filhos.

Charles Darwin, *The voyage of the "Beagle"* (1839)

Uma região campestre não pode ser restaurada; as vicissitudes de seus pioneiros não podem ser reproduzidas; a invasão por plantas, animais e aves alienígenas não pode ser repetida; a sua antiga vegetação não pode ser ressuscitada — as palavras terra incognita *foram abolidas do mapa da pequena Nova Zelândia.*

H. Guthrie-Smith, *Tutira, the story of a New Zeland sheep station* (1921)

ATÉ AQUI EXAMINAMOS AS NEOEUROPAS americanas e australianas a partir de alguns grandes temas — ervas, animais e germes —, visando encontrar alguma evidência dos fatores ecológicos subjacentes ao sucesso das colônias europeias nessas regiões; mas não tentamos contar, por exemplo, a história dos pampas numa narrativa coerente. A história de todas as Neoeuropas continentais é longa e complicada demais para ser contada dentro das limitações deste livro. Iremos, portanto, nos voltar para a Nova Zelândia, insular e comparativamente pequena, cuja história é a mais breve e a melhor documentada dentre a de todas as Neoeuropas. A Nova Zelândia é um palimpsesto no qual poucas pessoas escreveram — e mesmo assim só recentemente. Seria melhor para os nossos propósitos que os indígenas da Nova Zelândia tivessem sido povos paleolíticos ou "neolíticos do Novo Mundo" quando os navegadores desembarcaram pela primeira vez — ou seja, povos não neolíticos do Velho Mundo, para sermos claros, como os de todas as outras Neoeuropas. Mas eles não eram, embora quase fossem, pois após as longas migrações de seus antepassados asiáticos e polinésios através do Pacífico restaram-lhes muito poucos elementos neolíticos, como veremos mais adiante. Porém, eles se adaptam às nossas necessidades quase perfeitamente, e quaisquer dificuldades que esses muito poucos elementos possam causar serão compensadas pelo fato de que os europeus chegaram à Nova Zelândia tão tardiamente que só fizeram seus primeiros e mais importantes acréscimos à biota local quando esta já se encontrava sob o escrutínio atento dos cientistas e homens de índole científica das gerações de Cuvier e Darwin.

A Nova Zelândia separou-se da Austrália há cerca de 80 ou 100 milhões de anos, mantendo-se em esplêndido isolamento desde então.[1] Consiste em dois grandes corpos de terra — a ilha do Norte e a ilha do Sul —, havendo ainda no extremo meridional desta última a ilha Stewart, bem menor que as demais. Estendendo-se por 1600 quilômetros desde o aprazível cabo Reinga até os extremos mais frios do cabo Sul, a Nova Zelândia é a única porção de crosta continental acima do nível do mar de tamanho significativo entre o estreito de Bering e a Antártica, e entre a Austrália e o Chile. É uma terra geologicamente jovem, com vulcões ativos, montanhas em profusão e uma abundância de terrenos escarpados. Há também regiões planas, mas apenas uma planície realmente extensa, a de Canterbury, delimitada por rios leitosos com o pó fino de rochas que descem dos Alpes do Sul e desembocam no Pacífico.

Como as ilhas Britânicas, a Nova Zelândia está localizada na rota dos ventos de oeste que sopram sobre um oceano que nunca congela; seu clima oscila entre o moderadamente quente e o moderadamente frio, e é tão úmido quanto o da Inglaterra. Sua folhagem também é tão verde quanto a inglesa, embora de um verde mais escuro (quase negra em dias nublados) do que o

Nova Zelândia. Fonte: *Hammond ambassador world atlas* (Maplewood, N. J., Hammond, 1966), p. 101.

conhecido pelos ingleses nativos desde os dias em que os fazendeiros celtas e pré-celtas esquadrinharam suas florestas. Há regiões relativamente secas à sombra das montanhas, sobretudo nos Alpes do Sul, mas mesmo lá a precipitação é suficiente para o estilo europeu ocidental de agricultura. Em termos climáticos, a Nova Zelândia é ideal para os tipos de agricultura, e especialmente de pastoreio, que têm sido característicos da Europa nos últimos milênios.

O tipo de clima mais adequado à lavoura mista da Europa também produz árvores grossas e espessas se não houver interferência humana, e a maior parte da Nova Zelândia era coberta por florestas quando os primeiros seres humanos, vindos da Polinésia, lá chegaram há cerca de mil anos. Não era, contudo, uma floresta do tipo europeu; pelo contrário, era e ainda é uma selva temperada de árvores e epífitos emaranhados por uma vasta variedade de cipós. A história da flora nativa da Nova Zelândia é muito diferente da europeia, sendo o produto da evolução na metade meridional da Pangeia (chamada Gonduana pelos geólogos) e não na metade setentrional, que incluía a Europa. Joseph Banks, o naturalista que chegou à Nova Zelândia com o capitão Cook em 1769, reconheceu apenas catorze das primeiras quatrocentas plantas que examinou. Uma parcela surpreendente (89%) da sua flora nativa é exclusiva da Nova Zelândia. As samambaias, avencas e demais fetos representam 1/8 da flora, proporção muito superior aos meros 1/25 da Grã-Bretanha.[2] Dentro, sobre e ao lado dessa flora singular habita uma das faunas que mais se diferenciam de todas as outras existentes no globo. Quando os polinésios chegaram, havia um único mamífero terrestre: o morcego. Os zoólogos dizem que a fauna da Nova Zelândia é "depauperada", e embora isso possa ser verdade em termos do número de ordens e famílias, ela também inclui algumas das mais estranhas criaturas da Terra. Por exemplo, uma minhoca com meio metro de comprimento e um inseto, o *weta* gigante, tão grande (mais de dez centímetros) que ocupa o nicho ecológico que os camundongos ocupam em outros lugares. O tuatara, um réptil de tamanho médio (menor que um braço humano) é o único representante em todo mundo dos *Rhynchocephalia*, uma ordem cujos verdes anos datam de quando a Pangeia ainda estava inteira. As criaturas mais impressionantes que saudaram os polinésios foram as aves não voadoras, a maioria já extinta. Os maiores exemplares dessas aves preenchiam o nicho dos ruminantes (de que as ilhas careciam até a chegada dos bovinos, ovinos e caprinos). Esses pássaros, os moas, incluíam os espécimes mais altos e dos mais pesados que jamais existiram. Os maiores atingiam facilmente três a 3,5 metros, e suas pernas eram muito mais semelhantes às do elefante do que às do pardal.[3] No cômputo geral, pelos parâmetros das regiões onde os seres humanos passaram a maior parte de sua existência neste planeta, a biota indígena da Nova Zelândia é bastante bizarra e no mínimo tão distinta da europeia quanto qualquer outra sobre a Terra.

Essa biota se revelou tão estranha para os polinésios ao chegarem à Nova Zelândia como para os europeus oito séculos depois. Os maoris (como são chamados os polinésios da Nova Zelândia) devem ter achado mais difícil se adaptar ao novo lar do que os ingleses, pois vieram do Pacífico central, onde o clima é tropical, ao passo que os ingleses, embora a meio mundo de casa, estavam acostumados ao tipo de clima da Nova Zelândia. A transição dos maoris de uma zona tórrida para uma zona temperada e a viagem de milhares de quilômetros que empreenderam impossibilitaram muitos de seus métodos costumeiros de obter o necessário para viver. Eles só conseguiram cultivar o *taro*, alimento básico da Polinésia, em pequenas quantidades. Além disso, perderam o porco, tão importante em todas as regiões do Pacífico. O único animal domesticado dos maoris era o cachorro, uma fonte de alimento mais do que de companhia, e pequeno demais para ser um substituto satisfatório do porco. Eles trouxeram consigo uma espécie de batata-doce ameríndia, a *kumara*, que com o tempo se tornou o seu produto agrícola mais importante.[4]

Quando os europeus chegaram e penetraram no interior da Nova Zelândia, os moas já haviam desaparecido — exterminados —, e boa parte de seu hábitat fora queimada pelos maoris, que estavam cultivando *kumara* em grande quantidade e uma quantidade menor de alguns outros produtos agrícolas nas regiões mais quentes das ilhas: a ilha do Norte e a extremidade norte da ilha do Sul. Ali as populações humanas eram mais densas, mas, no geral, os maoris ainda continuavam dependendo bastante de fontes silvestres, animais ou vegetais, para a sua alimentação. Isso não significa que fossem maus fazendeiros; na realidade, eles, os agricultores mais meridionais do mundo, eram laboriosos e hábeis, mas os produtos que cultivavam eram muito pouco adequados à Nova Zelândia. E, estando isolados, não tinham como obter outros.

Quando os navegadores chegaram — em 1642, Abel Tasman ficou apenas o suficiente para os maoris matarem quatro de seus homens na baía de Murderers, e em 1769 James Cook permaneceu apenas meio ano[5] — a paisagem, a flora e a fauna eram profundamente não europeias, ou poderíamos quase dizer antieuropeias, pelo menos na aparência. Os maoris, cultivando a terra e provocando queimadas, haviam alterado completamente a cobertura vegetal de certas regiões da ilha do Norte e de quase todo o lado oeste da ilha do Sul, substituindo a floresta pelo cerrado, o feto e as pradarias; porém, no mínimo metade da superfície das ilhas (não excluindo grandes áreas acima do limite climático para o crescimento das árvores) ainda era coberta por uma floresta tão densa em certos lugares quanto a da Amazônia.[6] Só havia quatro tipos de mamíferos na Nova Zelândia: o morcego, o maori, seu cachorro e uma espécie de rato pequeno, chamado rato maori ou polinésio, que eles haviam inadvertidamente trazido pelo Pacífico consigo. Havia agricultura, mas nenhum cereal — na realidade, nenhum produto agrícola conhecido na Europa exceto a batata-doce, que era cultivada em alguns pontos da Europa mediterrânea. Não havia qualquer animal doméstico a não ser o cachorro, pequeno e pouco significativo, e que uivava em vez de latir. As únicas outras fontes de carne vermelha para os maoris — além de si próprios, pois eram entusiasticamente canibais — eram o rato, muito valorizado, as focas e uma ou outra baleia encalhada.[7] Mesmo assim, a Nova Zelândia sustentava pelo menos 100 mil maoris, e com certeza muitos mais.[8] Eles eram grandes e fortes fisicamente, e extremamente belicosos. Fale com um maori sobre guerra, disse o primeiro deles a visitar a Europa, e seus olhos irão se arregalar "do tamanho de uma xícara de chá".[9]

É surpreendente que o capitão Cook, normalmente um homem sagaz, tenha decidido que essa terra seria um excelente local para uma colônia: "Fosse esta terra colonizada por um povo industrioso, seria ele mui depressa fornecido não apenas com as necessidades da vida mas também com muitos dos luxos". Os maoris talvez se opusessem à presença de intrusos, é claro, mas eles não eram unidos, e "por costumes bondosos e gentis os Colonos haveriam de formar fortes associações com eles".[10]

Um observador que nada conhecesse da história das Neoeuropas teria julgado a profecia de Cook uma tolice. A Nova Zelândia, conforme existia em 1769, parecia fraca candidata a tornar-se colônia da Europa. Já estava transbordando com plantas, animais e microvidas indígenas, além de dezenas de milhares de pessoas. Não havia lugar, por assim dizer, para organismos do continente — a menos que, empurrando daqui e dali, eles abrissem espaço para si. Mas tais agressores jamais iriam para a Nova Zelândia se não fossem transportados até lá pelos únicos organismos dentre eles que dominavam os mares, os navegadores e seus discípulos. Que atrativo levaria esses europeus a empreender repetidas viagens ao outro lado do mundo até essas ilhas perdidas no meio do oceano?

Na realidade, a Nova Zelândia, tal como era em 1769, tinha algumas das coisas pelas quais os europeus estavam dispostos a viajar bastante: as focas de suas praias e rochas e as muitas baleias de suas águas. A pele de focas e o óleo de baleia estavam em grande demanda no mercado mundial. Afora isso, a Nova Zelândia oferecia também o seu linho nativo, que os maoris haviam aprendido a extrair de um agave nativo e que poderia vir a substituir o cânhamo nas cordas e cabos marítimos. Para não falar na magnífica madeira neozelandesa, árvores fortes, altas, retas e magnificamente adequadas para mastros e vergas. E havia os próprios maoris, com suas almas carecendo de ser lavadas no sangue do Cordeiro e corpos pedindo para ser explorados.

Quase um quarto de século se passou antes que a notícia de Cook sobre a multidão de focas da Nova Zelândia tentasse William Raven, no comando do *Britannia*, a desembarcar um grupo de caçadores de focas no estreito de Dusky, na ilha do Sul. Depois disso, diversas expedições de caça às focas, formadas por europeus, norte-americanos, alguns aborígines australianos e sabe-se lá mais quem, chegaram às águas frias do litoral sul da Nova Zelândia. Eles costumavam empregar os maoris, lutar e se misturar com eles, e sua influência sobre os indígenas foi considerável. Mas nunca houve mais do que algumas vintenas desses invasores, que por volta de 1820 já haviam matado quase todas as focas e abandonado a profissão ou encontrado outra vocação.[11]

Alguns deles provavelmente partiram para a caça costeira da baleia, tornando-se predadores desses mamíferos gigantescos cujos hábitos migratórios os traziam às águas da Nova Zelândia todos os anos. Na década de 1820, postos costeiros de caça à baleia, guarnecidos com um bando tão variado quanto o dos caçadores de focas, brotaram por todo o litoral, especialmente ao longo do estreito de Cook e no extremo sul. Alguns desses postos perduraram por vários anos, e seu pessoal estabeleceu relações duradouras com os maoris, geralmente através da aquisição de suas mulheres. Mas nunca houve mais do que algumas poucas centenas desses forasteiros, e também eles destruíram o próprio sustento, encurtando a sua estadia e minimizando a sua influência. Eles costumavam arpoar um filhote de baleia e arrastá-lo até águas rasas; quando a mãe, potencialmente uma fonte de várias outras crias, vinha atrás do filhote, acabava encalhada e tornava-se presa fácil para a matança. No final da década de 1840, a caça costeira à baleia já estava em acentuado declínio.[12] A caça à baleia, como a caça à foca, exceto pelo fato de ter introduzido organismos exóticos na Nova Zelândia, foi uma febre passageira cujos eventos, por mais momentosos que tenham sido, acabaram ficando sem registro.

A caça à foca e à baleia trouxe os *pakehas* para a Nova Zelândia — que, todavia, raras vezes adentraram o interior o suficiente para deixarem de ouvir o barulho das ondas. ("Pakeha" é o termo genérico dos maoris para os brancos — europeus e neoeuropeus —, sendo de uso corrente na Nova Zelândia por ambos os povos há mais de 150 anos.) Mas a madeira conseguiu atrair os invasores para o interior, e eles muitas vezes avançavam grandes distâncias rio acima até florestas magníficas em busca daquela árvore perfeita para fazer mastros, a *kauri*, que pouco depois se tornaria importante também por sua goma de grande valor industrial. Entretanto, a madeira em si atraiu poucos brancos para a Nova Zelândia, e um número ainda menor chegou a permanecer lá por muito tempo. A Austrália, o mercado mais próximo, tinha sua própria madeira, por menos satisfatória que os colonizadores a considerassem a princípio, e o mercado europeu simplesmente estava longe demais. Além disso, a maior parte do trabalho de derrubar as árvores e de arrastar os troncos até os rios e de lá para a costa era realizada pelos próprios maoris, uma mão de obra farta e barata, o que eliminava a necessidade de lenhadores imigrantes.

Quanto ao comércio do linho, que poderia ter sido uma alavanca para abrir a Nova Zelândia, o fato é que o produto nunca conseguiu competir com o cânhamo fora do Sudoeste do Pacífico, e os brancos nunca desembarcaram em grande número para colher e processar a fibra. Assim como os mercadores de peles da América do Norte, os negociantes de linho coletavam o que queriam dos indígenas, e nunca houve mais do que alguns poucos desses coletores. Um grande número de maoris ao longo do litoral envolveu-se nesse comércio (mas de maneira nenhuma todos), e isso apenas durante os poucos anos em que o negócio floresceu. Em 1840 ele já se tornara em grande parte uma coisa do passado.[13]

As almas dos maoris, pagãs e eternamente barradas no céu se não recebessem a Luz, atraíram os missionários brancos cristãos, que intencional e refletidamente introduziram toda espécie de ideias, instrumentos, máquinas e organismos europeus.

Mas missionários em número comparável têm feito o mesmo ao longo do último meio milênio numa variedade de nações, muito poucas das quais se tornaram Neoeuropas. Os missionários foram uma gota branca numa vastíssima massa marrom de maoris — e, incidentalmente, eles não converteram um único maori "em plena saúde e no vigor da vida" por uma década e meia depois da sua chegada.[14]

Contratar maoris como serviçais era algo bastante atraente para os europeus, e muitos indígenas estavam dispostos a trabalhar para os *pakehas* na terra ou no mar. Eles eram excelentes marinheiros, e sua presença a bordo dos baleeiros pelágios do Pacífico era constante, sendo que alguns chegaram até Nantucket e outros portos baleeiros do Atlântico Norte. Herman Melville, que conhecia a caça à baleia e os "Mowrees" [maoris], considerava-os excelentes colegas de bordo, sobretudo para os serviços mais perigosos: "Exemplos de coragem, esses homens são geralmente escolhidos para serem arpoadores, um posto no qual os tímidos e nervosos sentem-se bem fora do seu elemento".[15] Centenas de indígenas neozelandeses serviram nas embarcações dos *pakehas*, mas constituíam apenas uma parcela minúscula da população total, e muitos nunca mais voltaram para casa. As mulheres maoris que se envolveram com os *pakehas* como criadas, companheiras e prostitutas certamente atuaram como um canal de influência europeia sobre a Nova Zelândia, mas o seu número era evidentemente proporcional ao dos homens *pakehas* que lá havia — e umas poucas centenas, ou mesmo alguns milhares, de bebês maoris de olhos azuis não transformariam a ilha numa Neoeuropa. Na realidade, em outras terras foi essa progênie inter-racial que muitas vezes se tornou a mais ardorosa defensora da raça materna na luta contra o avanço europeu.

Não há dúvida de que a Nova Zelândia, habitada por maoris da Idade da Pedra, acabaria sendo vitimada pelos *pakehas* da idade do vapor e do aço. Porém, a conquista europeia não transforma necessariamente uma terra em uma Neoeuropa; para isso é preciso haver domínio demográfico, e a Nova Zelândia tinha pouco para atrair um grande número de *pakehas* — e, com eles, os organismos que os acompanhavam. Se não possuísse mais do que parecia ter em 1769, a Nova Zelândia teria se tornado uma outra Papua-Nova Guiné, uma terra conquistada pelos impérios europeus somente no final do século XIX — e mais por causa da feroz competitividade que havia entre esses impérios do que por ser ela intrinsecamente desejável. A Papua-Nova Guiné é hoje povoada e governada por seus povos indígenas. Em contraste, a Nova Zelândia, em termos de população e cultura, é a mais britânica de todas as terras que foram outrora importantes colônias da Inglaterra.

Mas os navios dos *pakehas*, a começar pelo *Endeavour* de Cook, efetuaram tal transformação velejando até a Nova Zelândia e lá depositando as ferramentas, armas, quinquilharias diversas, ideias e — o mais importante de tudo — os organismos das sociedades continentais. Essas embarcações eram como vírus gigantescos agarrando-se à lateral de uma bactéria enorme e injetando nela o seu DNA, usurpando-lhe processos internos para suas próprias finalidades. A finalidade (muitas vezes inconsciente) dos proprietários e das tripulações dos navios era europeizar a Nova Zelândia, torná-la mais parecida com seu lar, o que atrairia mais *pakehas* e a tornaria ainda mais parecida com seu lar. A transformação não se efetivou totalmente — mesmo hoje, após mais de duzentos anos de mudanças, não cabe dúvida de que a Nova Zelândia não é a Europa —, mas as mudanças foram suficientes para torná-la atraente para centenas de milhares de migrantes europeus e para fazer dela uma Neoeuropa.

A europeização não era um processo inevitável, embora muitas vezes assim parecesse tanto para os invasores quanto para os indígenas. Pelos menos três pré-requisitos tinham de ser satisfeitos antes que o processo se tornasse irreversível e pudesse se automanter. Primeiro, algo era necessário para atrair os europeus e seus organismos em quantidade suficiente para desequilibrar o ecossistema indígena e, portanto, a sociedade dos maoris. Segundo, estrangeiros em grande número teriam que de algum modo estar suficientemente próximos da remota Nova Zelândia para serem atraídos para lá. A Europa e suas colônias, inclusive a Austrália, ou já satisfaziam as suas próprias necessidades ou estavam tão distantes da Nova Zelândia que um comércio intensivo era extremamente improvável. Terceiro, era preciso algo para motivar os maoris a darem o seu suor para fornecer o que os estrangeiros desejavam. Para o processo de europeização funcionar de modo eficiente, os maoris teriam que se tornar participantes ativos, e até entusiásticos, da transformação do seu país numa terra em que, inevitavelmente, eles seriam minoria.

Iremos buscar esses três fatores no primeiro século da Nova Zelândia pós-Cook, ao fim do qual as profecias do capitão haviam se realizado. A história desse século divide-se em três partes: de 1769 a 1814, os momentosos primeiros anos de contato entre os *pakehas* e os maoris — e para nosso desespero existe uma correlação inversamente (não, indevidamente) proporcional entre o que aconteceu e as informações disponíveis hoje; de 1814 a 1840, o período que vai da chegada dos missionários e de um grande número de caçadores de baleias até a anexação da Nova Zelândia pela Grã-Bretanha; e de 1841 a 1879, anos durante os quais os *pakehas* chegaram às dezenas de milhares, a resistência dos maoris irrompeu e depois arrefeceu, e a Nova Zelândia ingressou no rol das Neoeuropas.

1769-1814

Tasman chegou e deixou a Nova Zelândia como uma bala de mosquete ricocheteando no granito da baía de Murderers. Cook apareceu como um visitante de outro planeta, destruiu o isolamento dos maoris para sempre, permaneceu alguns meses e deixou ideias e organismos atrás de si que iniciaram a transformação da Nova Zelândia em uma Neoeuropa. Os maoris observaram os britânicos e o seu navio, ambos anteriormente inimagináveis, as ferramentas e armas de metal, os mosquetes e o canhão. As novas ervas e produtos agrícolas também impressionaram os maoris, um povo insular não habituado à ideia de plantas "novas" — com toda a probabilidade elas os impressionaram mais do que foi percebido pelos europeus, um povo incipientemente industrial. O alpiste, uma planta do Mediterrâneo cujas sementes possuem minúsculas asas para voar ao vento, aportou por lá e estava presente em 1773 para ser coletada por Georg Foster, um naturalista que acompanhou Cook em sua segunda viagem à Nova Zelândia. A erva espalhou-se por toda a região Norte mais quente, e no início do século XIX era encontrado com frequência nos alqueives dos maoris, de onde se espalhou largamente pelas lavouras dos *pakehas*.[16] O repolho silvestre também chegou cedo, e em 1805 já estava tão disseminado pela região da baía das Ilhas, na ilha do Norte, que parecia ser indígeno.[17]

A *cow-itch* (que de acordo com os dicionários do século XX é um cipó lenhoso) foi outra imigrante precoce e oportunista. Os indígenas diziam que o explorador francês Marion du Fresne deixara a planta em 1772, juntamente com a sua carcaça e as de vários outros marinheiros franceses que subestimaram o temperamento dos maoris.[18]

Podemos ter certeza de que diversas outras ervas europeias chegaram nesses primeiros anos pós-Cook, mas desconhecemos a sua identidade ou se elas haviam se aclimatado já nessa época. As ervas devem ter sido introduzidas, pois os exploradores, como tantos outros visitantes posteriores, estavam convencidos de que a semeadura aleatória de sementes do Velho Mundo só poderia beneficiar uma Nova Zelândia botanicamente depauperada. E eles semearam com gosto. Esta prática, numa época em que as sementes eram sempre muito "sujas" (isto é, incluíam também muitas sementes de ervas daninhas), assegurou a propagação "dessas vagabundas da flora". Julien Crozet, que assumiu o comando da expedição francesa depois do assassinato de Marion du Fresne, registrou que "eu plantei semente e caroços em todos os lugares em que estive nas planícies, nos vales, nas encostas e até nas montanhas; também semeei em toda parte algumas das diferentes variedades de cereais, e a maioria dos oficiais fez o mesmo".[19] Durante décadas e décadas não passou pela cabeça de nenhum *pakeha* que lançar e espalhar organismos alienígenas num ecossistema pode ser como acender uma vela para diminuir um pouco a escuridão num depósito de pólvora.

A rápida disseminação das ervas foi acompanhada pela velocidade com que os maoris adotaram os novos produtos agrícolas oferecidos pelos *pakehas* — ou melhor, foi concomitante a ela. O interessante é que a maior parte das plantas estrangeiras adotadas no século XVIII era de origem ameríndia. Os maoris apreciaram o milho ameríndio, mas a sua longa experiência com raízes — a *kumara* e o *taro* — os predispôs a gostar mais dos novos tubérculos, e os *pakehas* trouxeram consigo uma variedade de batata-doce mais produtiva que a *kumara*, por exemplo. Porém, a mais importante de todas as novas plantas, para a qual o clima e os solos da Nova Zelândia eram praticamente ideais, foi a batata-inglesa, introduzida pela primeira vez por volta de 1770 por Cook ou Marion du Fresne. Essa planta americana era tremendamente produtiva; ao contrário de tudo o que os maoris conheciam até então, prosperava não só nas regiões mais quentes do Norte mas também no extremo sul do seu mundo. Assim, os maoris obtiveram com a batata-inglesa um meio de produzir grandes excedentes de alimento para os compradores estrangeiros. E também um meio de penetrarem em algo que lhes seria inconcebível em 1769: o mercado mundial que, quer se quisesse, quer não, os europeus estavam criando.[20]

Clima moderado, sombra e umidade em abundância, e uma reserva quase inesgotável de suculentas raízes de filifolhas fizeram da Nova Zelândia um paraíso para os suínos. O capitão Cook foi o primeiro a introduzir os porcos — e os porcos selvagens ainda são chamados *cookers* —, mas a aclimatação da espécie talvez só tenha ocorrido na década de 1790. Seja como for, grandes bandos de porcos selvagens apareceram ao longo do litoral da ilha do Norte por volta de 1810, e aparentemente se tornaram presentes por toda a ilha poucos anos depois.[21] Com o porco, os maoris obtiveram o seu primeiro animal terrestre, de grande porte, selvagem ou domesticado; e também um meio de produzir uma grande quantidade de proteína e gordura para vender.

Os novos produtos agrícolas enriqueceram tanto os nativos quanto os forasteiros; já as novas doenças atuaram preferencialmente. Os maoris, assim como os guanchos, os ameríndios e os aborígines, não tinham indivíduos com sangue do tipo B, um indício de prolongado isolamento e, portanto, de inexperiência epidemiológica; mas eles diferiam dos guanchos e dos demais por serem provenientes de um clima diferente, tropical, sofrendo assim uma mudança brusca ao chegarem à Nova Zelândia. Isso forçosamente fez com que fossem deixados para trás muitos dos seus antigos macro e microparasitos (a exceção mais óbvia é o rato), e ademais eles desembarcaram numa terra onde quase não havia mamíferos, sendo, por isso, pequeno o número de parasitos de qualquer tamanho pré-adaptados para vitimar esses animais, e menor ainda o dos que podiam atacar seres humanos. Os maoris achavam-se em excelente estado de *"hilth"* [*"Health"* = "saúde"], na expressão de Cook. Aqueles que sobreviveram à experiência de ter o corpo perfurado pelas balas que ele disparou a fim de desestimular ataque aos marinheiros britânicos recuperaram-se com miraculosa rapidez, confirmando a sua avaliação da condição física dos nativos e sugerindo a ausência daquelas bactérias que infeccionariam os ferimentos de um europeu. Os maoris estavam tão despreparados para os patógenos continentais quanto Adão e Eva para as serpentes ardilosas.[22]

A vulnerabilidade dos neozelandeses às doenças infecciosas era cultural, além de imunológica. Para eles, assim como para quase todos os povos até bem recentemente, as doenças tinham origem sobrenatural, e a medicina preventiva e curativa era da alçada dos sacerdotes e feiticeiros. Eles costumavam mergulhar os doentes em água fria para purificá-los, o que certamente deve ter favorecido muitas infecções secundárias de pneumonia. Era também prática comum descuidar dos doentes e abandoná-los, por estarem eles, quase que por definição, além de qualquer esperança. O costume de reunir toda a tribo para reverenciar os mortos das castas superiores garantia que as infecções teriam acesso a todo membro suscetível desta tribo.[23]

240

A cultura maori era particularmente desprotegida contra as doenças venéreas. Os maoris, ou pelo menos alguns deles, praticavam a poligamia; aceitavam as experiências sexuais pré-conjugais como normais e praticavam o que poderíamos chamar de hospitalidade sexual: oferecer a visitantes importantes do sexo masculino a companhia feminina, um costume comum em muitas partes do mundo quando os navegadores chegaram.[24] As doenças venéreas podem ter importância decisiva na história de um povo em situação de risco, pois debilitam a sua capacidade de reproduzir-se, de obter na geração seguinte o que talvez perca na presente. Se esse povo já empregar alguma forma de controle populacional, a infecção venérea multiplicará seus efeitos e a queda da taxa de natalidade poderá ser extrema. Os maoris praticavam o infanticídio, um método de controle populacional que funciona em períodos de perigo ou carestia individual de uma mulher ou família, mas verdadeiramente genocida se toda a raça for ameaçada.[25]

Os maoris, um povo isolado e relativamente sem doenças, depararam-se então com os europeus, talvez o povo menos isolado do mundo, cujas terras de origem eram os mercados de um sistema mundial de comércio e incluíam as capitais de quase uma dezena de impérios transoceânicos. A maior parte das grandes doenças da humanidade (excluindo o grupo daquelas que, como a bouba, exigem um clima muito quente) era endêmica ou pelo menos ocasionalmente epidêmica na Europa. A Grã-Bretanha, que seria o principal ponto de contato da Nova Zelândia com o Velho Mundo, tinha uma fertilidade excepcional em termos bacteriológicos, pois lá a urbanização e as doenças a ela associadas estavam avançando em ritmo acelerado. A tuberculose, que se espalhou em níveis sem precedentes pela Europa ocidental na virada do século XVIII para o XIX, era endêmica nas cidades industriais e portos britânicos.[26] O elo entre esses portos e os maoris eram navios frios e úmidos, tripulados por homens desnutridos, muitas vezes maltrapilhos e frequentemente vítimas de maus-tratos — os marinheiros dessa fase tardia da navegação, que não tinham a menor possibilidade de uma vida familiar normal. A tuberculose e as infecções venéreas eram para eles doenças profissionais.

O capitão Cook e seus homens transportaram muitos patógenos para a Nova Zelândia, sendo os piores os da tuberculose, que matou três homens da tripulação durante sua primeira viagem ao Pacífico.[27] Mas não há evidência inequívoca da disseminação entre os maoris de qualquer doença grave importada durante os primeiros anos de contato com os *pakehas*, com exceção das infecções venéreas.[28] Em 1769, os britânicos não viram nenhum sinal de doença venérea em terra firme, mas em 1772 os franceses constataram a sua presença entre os indígenas nos pontos do litoral da Nova Zelândia em que os britânicos haviam aportado (tendo adquirido eles próprios o mal deixado para trás por seus compatriotas europeus). Em 1773, Cook, repetindo em parte o roteiro da sua primeira viagem, constatou que as doenças venéreas haviam se disseminado pelo estreito de Charlotte, e vários de seus homens contraíram-nas de "belas e joviais raparigas".[29] Estava dado o golpe mortal na existência dos maoris.

Se pudermos acreditar na tradição oral desse povo, então outros patógenos que não os da tuberculose e das doenças venéreas — os mais imediatamente letais — circularam pela Nova Zelândia por volta do início do século XIX. Anos após a ocorrência do fato, os maoris contavam histórias sobre algo chamado *rewa-rewa*, que se espalhou pela ilha do Norte e até a ilha do Sul, matando uma quantidade enorme de pessoas. Quantas foram essas vítimas e até onde o mal se alastrou, nós jamais saberemos. O *tiko-tiko* irrompeu na baía Mercury. Houve também uma epidemia chamada *papareti*, que é o nome de uma espécie de tobogã maori. Os sobreviventes comparavam a morte de tantos dentre eles com a descida rápida do *papareti*.[30] Antes de relegarmos essas histórias, coletadas entre "primitivos" talvez décadas depois dos acontecimentos descritos, devemos observar que elas narram experiências similares (muitas das quais documentadas) vividas por outros — guanchos, ameríndios, aborígines — igualmente isolados até serem contatados pelos navegadores.

242

Os havaianos, lançados na comunidade mundial pelo mesmo capitão Cook que apresentara os maoris, foram vitimados em sua iniciação por uma epidemia a que deram o nome de *okuu*, possivelmente a pior da história do arquipélago, pouco tempo depois da *rewa-rewa*.[31]

Identificar as doenças dessas epidemias semimíticas, seja as do Havaí ou da Nova Zelândia, é impossível; mas podemos ter certeza de que não eram a varíola, o flagelo das Américas e da Austrália. Nenhum dos primeiros visitantes europeus viu qualquer indígena com as marcas da doença, nem os indígenas tinham lendas sobre a ira sobrenatural transformando uma grande parcela da população em monstros pustulentos. A distância ainda protegia os polinésios.

A história da Nova Zelândia compreendida entre o aparecimento de Cook em seus horizontes e 1814 é feita mais de obscuridade do que de luz. Alguns outros exploradores lá desembarcaram: Jean François Surville em 1769, logo após Cook; Marion du Fresne em 1772; Cook novamente em 1773-4 e 1777; George Vancouver em 1791; e outros. Os primeiros caçadores de focas e baleias, e também os primeiros lenhadores, vieram e foram embora. Algumas ervas não nativas lá se aclimataram, e os maoris fizeram experiências com porcos, novos produtos agrícolas e algumas ferramentas de metal, marchando para cima e para baixo ostentando um dos instrumentos mais fantásticos dos *pakehas*: o mosquete. As doenças venéreas e algumas novas infecções fizeram suas vítimas, talvez em número considerável. Mas a integridade da biota da Nova Zelândia e a presença dos maoris continuavam basicamente inalteradas. O que os navios dos *pakehas* haviam até então injetado pôde ser absorvido sem precipitar mudanças dramáticas. Em 1805, o cirurgião John Savage, que aportara na baía das Ilhas, achou os maoris "bem e saudáveis". Todavia, previu horrores para eles na geração seguinte, baseando sua previsão no que conhecera da experiência dos ameríndios e dos aborígines.[32]

1814-1840

Se um gigante quisesse pegar a Nova Zelândia nas mãos, ele provavelmente a seguraria pela alça, a longa península chamada Northland, que se estende para o noroeste a partir do bojo da ilha do Norte. Foi de lá que os *pakehas* se apoderaram da Nova Zelândia, fundando povoados onde aprenderam como viver na nova terra e como conviver com os nativos. Os maoris das proximidades desses postos e vilarejos foram ficando cada vez mais alienados de suas próprias tradições e acabaram servindo para transmitir as ideias, técnicas, instrumentos e vícios europeus para o interior do país. Foi em Northland que as plantas, animais e patógenos dos *pakehas* adentraram em maior profusão, transformando-a ano após ano numa terra em que os *pakehas* se sentiam cada vez mais em casa, e os maoris, cada vez menos.

Os primeiros colonos *pakehas* chegaram não como gigantes, mas como suplicantes. Em 1814, os ngapuhis, da baía das Ilhas, em Northland (um enorme corpo de água contendo cerca de 150 ilhas e numerosas enseadas e ancoradouros), concederam a uma pequena comitiva de missionários da Igreja da Inglaterra permissão para entrar em seu território tribal. Em troca, os ngapuhis queriam não o cristianismo, o qual para os maoris da época não tinha a menor utilidade, mas os produtos, utensílios e o poder dos europeus, que os missionários conheciam e aos quais tinham acesso. Por doze machados, os missionários adquiriram oitenta hectares de terra, o começo das vastas extensões de terra que a Igreja viria a possuir em território maori e que mais tarde seriam fonte de grandes transtornos.[33] Durante todo o quarto de século seguinte, novos postos missionários foram fundados, a maioria deles anglicanos, muitos wesleyanos e um católico romano; mas nenhum foi tão influente entre os maoris e na história da Nova Zelândia quanto aqueles nas cercanias da baía das Ilhas que os missionários e, logo atrás deles (tripudiando todos os Dez Mandamentos), os caçadores de baleias transformaram no mais importante centro neoeuropeu de todo o país.

Dez anos se passariam antes que os missionários convertessem um único maori, mas a sua influência foi enorme desde o princípio e profundamente irônica em seus efeitos secundários. Pois eles multiplicaram os atrativos da Nova Zelândia para os *pakehas* ao acelerarem o processo de europeização, uma aceleração que haveria de colocar na senda do pecado muitos pagãos que não chegaram a ter uma boa chance de escolher a da virtude. Os cristãos trouxeram plantas e animais consigo — trigo, diversos legumes e árvores frutíferas, cavalos, vacas, carneiros e outros — e ensinaram aos maoris como criá-los e fazer uso deles. Os maoris bem que precisavam de ajuda: a princípio, eles arrancavam o trigo do chão para ver como os seus tubérculos estavam indo, e não sabiam muito bem qual extremidade de uma vaca pastando era a frente.[34] Porém aprenderam depressa, e as exportações da Nova Zelândia aumentaram. Mas quem seriam os compradores?

Os maoris encontraram compradores graças à demanda de óleo de baleia, que era queimado para iluminar a noite dos cidadãos da Europa e de suas colônias além-mar. No final do século XVIII, os caçadores de baleias europeus e neoeuropeus da América do Norte haviam dobrado o cabo Horn e descoberto os copiosos cardumes do Pacífico. Em uma geração, milhares de homens da Grã-Bretanha, Estados Unidos e França, e muitos outros da Austrália, estavam bordejando o Pacífico à procura de baleias. Esses homens precisavam de alimentos, preferivelmente aqueles aos quais já estavam acostumados, além de água potável, ancoradouros seguros e madeira para reparos e combustível, e não eram avessos a um pouco de diversão se houvesse alguma disponível. No Pacífico central, a melhor parada para suas finalidades era Honolulu. No Pacífico Sul, o melhor porto de escala era a baía das Ilhas. Esses homens se dispunham a navegar milhares de quilômetros para saborear a carne de porco, as batatas, o milho, o repolho, as cebolas e — de quebra — as mulheres da baía das Ilhas. Os caçadores de baleias foram a força que impulsionou o processo de europeização durante duas décadas. Os missionários acompanhavam tudo horrorizados: "Aqui bebedeiras, adultérios, assassinatos etc. são cometidos. [...] Satanás preserva seus domínios sem ser molestado".[35]

O que seria capaz de motivar os maoris a sair à caça de milhares de porcos, queimar e devastar a vegetação de encostas inteiras para cultivar os tubérculos, cereais, repolhos e outros vegetais pelos quais esses clientes cruzavam meio mundo? As quinquilharias de sempre — cobertores, chita, espelhos, contas, tabaco e uísque — não seriam suficientes para transformar um maori no Homem Econômico tão caro aos economistas britânicos da época. Foram os mosquetes os autores de tal transformação.

De 1770 em diante, os maoris cobiçaram abertamente as ferramentas e armas de metal. Em 1814, eram capazes de trocar um ou mesmo dois grandes porcos por uma machadinha. No mesmo ano, trocaram 150 cestos de batatas e oito porcos por um mosquete.[36] Uma tribo tinha que ter mosquetes, a princípio por seu poder místico, o mana, e depois por seu poder de fogo. Possuir mosquetes poderia transformar o chefe de uma tribo em proprietário de muitos escravos. A falta de armas certamente faria dele um homem morto e de seu povo escravos.

Até por volta de 1830, a maioria das armas que chegavam à Nova Zelândia entrava pela baía das Ilhas, onde eram usadas como moeda para os baleeiros comprarem o que queriam e precisavam. O grande líder dos maoris dessa região era Hongi Hika, chefe dos ngapuhis, que viajou à Inglaterra em 1820 para obter mosquetes e um canhão de cano duplo, sendo este último o maior bem que um homem poderia ter sobre a Terra.[37] Ele voltou com suas armas, além de uma armadura de ferro urdido — presente de George IV —, e deu início à mais sangrenta série de campanhas militares da história da sua terra. Nos combates ele vestia a armadura e disparava de cinco mosquetes que seus servos carregavam e recarregavam. Em 1827, recebeu um tiro de mosquete que lhe atravessou os pulmões, e viveu ainda um ano com um buraco no peito, através do qual o ar entrava e saía assobiando — o que o divertia tremendamente.[38] Sob a sua liderança, os ngapuhis e tribos aliadas, fortalecidos pelo prestígio da sua ligação com os *pakehas* e até mesmo com os missionários, e sobretudo armados com mosquetes fornecidos pelos caçadores de baleias, infligiram terríveis perdas a seus inimigos, matando milhares deles, tomando os sobreviventes como escravos e prostituindo as mulheres com os baleeiros. Hongi Hika tornou o mosquete uma necessidade para os maoris, e em poucos anos seus mosqueteiros haviam disseminado a infecção da pólvora de Northland para o restante da ilha — e de lá, usando flotilhas de canoas de guerra, para a ilha do Sul, onde tribos com lanças e clavas nas mãos esperavam defender-se de outras que carregavam mosquetes.

Em 1830 e 1831, Sydney exportou para a Nova Zelândia, onde ainda só havia algumas centenas de brancos, mais de 8 mil mosquetes e quase 35 toneladas métricas de pólvora.[39] Naquela década, houve um arrefecimento no ritmo das atividades bélicas à medida que os mosquetes — que agora entravam na Nova Zelândia em grande quantidade através de uma série de centros costeiros e não apenas da baía das Ilhas — espalhavam-se cada vez mais. As tribos acabaram atingindo um tosco equilíbrio de terror, que evidentemente preservava a demanda das armas de fogo. De que outra maneira uma tribo poderia participar de igual para igual nesse número de equilibrismo?

Inicialmente apenas nas cercanias da baía das Ilhas, os maoris plantaram centenas de campos com produtos agrícolas estrangeiros para pagar aos *pakehas* as armas e outros bens manufaturados, provocando rupturas no ecossistema e abrindo caminho para a agressão das plantas estrangeiras. Charles Darwin, que visitou a baía em 1835, observou ervas "que, como os ratos, fui forçado a admitir como minhas conterrâneas", particularmente uma espécie de alho-porro trazida pelos franceses e a labaça comum que "temo irão permanecer para sempre como prova da velhacaria de um inglês, que vendeu essas ervas como se fossem plantas de tabaco".[40] Ervas não nativas que não pareciam particularmente silvestres na Europa assim se comportaram na Nova Zelândia. Em 1838, Joel S. Polack, um morador da baía das Ilhas que mantinha estreitas relações com os maoris, notou que nabos, rabanetes, alho, aipo, agrião e até mesmo (como nas Carolinas da América do Norte por volta de 1700) pessegueiros estavam se reproduzindo espontaneamente. Ele comprou uma fazenda com dois pessegueiros e logo verificou que mais de cem outros haviam brotado perto do par original.[41]

Nas décadas de 1820 e 1830, a variedade de animais *pakehas* em terra firme aumentou. Aparentemente todos eles se deram bem, embora nenhum tenha tido maior influência sobre a economia maori e o ecossistema neozelandês — nem, a longo prazo, sobre a história dos *pakehas* da Nova Zelândia — quanto os baluartes dos estábulos do Velho Mundo: porcos, cavalos, bois e vacas. Os maoris mantinham grandes piaras de porcos para vender, e miríades de outros viviam soltos nas florestas, alguns deles verdadeiros monstros pesando até 140 quilos, desarraigando vastas extensões de terra e abrindo caminho para as sementes alienígenas. Não importa quantos porcos fossem mortos, parecia restar ainda uma quantidade ilimitada. Havia proteína animal disponível em infindável abundância, o que certamente não era o caso da Europa.[42] Pouco sabemos sobre os cavalos nas décadas de 1830 e 1840; apenas que eles buscavam a sua própria alimentação e que as éguas pariam potros fortes e saudáveis. Sabemos também que os maoris adoravam esses enormes quadrúpedes pelo poder e mobilidade que conferiam. Não há nada registrado sobre manadas de cavalos bravios nessa época; elas só surgiriam na Nova Zelândia na segunda metade do século. É provável que o gado bovino se adapte mais facilmente a pastagens silvestres do que os cavalos, e assim ele talvez tenha se saído melhor que estes na ilha do Norte, mas temos poucos relatos a respeito, nenhum contendo estatísticas, e podemos ter certeza de que os bovinos não se reproduziram com a mesma desenvoltura que nos pampas. As grandes pradarias da Nova Zelândia estão na ilha do Sul, não na do Norte. Mesmo assim, uma parte do gado tornou-se bravia, e os maoris se impressionaram com a rapidez do aumento numérico dos animais — tanto os domesticados quanto os selvagens. Invejosos das altas taxas de natalidade das famílias missionárias, eles acusavam os cristãos de multiplicarem-se feito gado.[43]

O total dos equinos e bovinos da Nova Zelândia era baixo, mas estava se elevando. Talvez o número fosse pequeno não somente pela falta de pastagens — pois a ilha do Norte é muito mais adequada aos porcos do que a cavalos ou vacas —, mas também pelo pouquíssimo tempo que transcorrera desde a sua introdução. A progressão geométrica só se mostra maior do que a aritmética depois das primeiras séries de multiplicações.

Entre os poucos obstáculos à reprodução desses grandes quadrúpedes estrangeiros, um dos maiores foi a escassez de pastos. A ilha do Norte tinha muitos pastos, especialmente de filifolhas, para os animais, mas poucas de suas plantas nativas são capazes de suportar pastio pesado por muito tempo, e o capim nativo não era exceção. Os *pakehas* da ilha do Norte afirmavam que os carneiros jamais seriam importantes para a Nova Zelândia porque simplesmente não havia forragem suficiente (hoje o rebanho ovino tem mais de 60 milhões de animais).[44] Eles fizeram o melhor que puderam para resolver o problema à maneira de Crozet, enchendo os bolsos com sementes de capim e espalhando-as pelas matas; uma parte do que plantaram floresceu, mas o capim nem sempre nasce em lugares muito sombrios, de modo que a maior parte das atuais pastagens da ilha do Norte data da segunda metade do século XIX ou mais, quando os imigrantes, auxiliados por empregados maoris, puseram abaixo e queimaram centenas e centenas de quilômetros quadrados de florestas.

Alguns dos fenômenos que haviam sido automáticos nas outras Neoeuropas só lentamente se manifestaram na Nova Zelândia porque a sua biota era menor e mais simples. Consideremos a história do trevo-branco, a principal erva do Peru e da América do Norte. Quando os missionários importaram e plantaram sementes de trevo-branco na Nova Zelândia, a planta floresceu bem: cerrada, verdejante e suculenta, como seria de esperar num clima úmido e moderado. Mas não se reproduzia. Na Nova Zelândia, que de todas as Neoeuropas é talvez a mais semelhante à Inglaterra no clima, essa excelente erva precisava ser replantada a cada temporada. O problema era a falta de um inseto polinizador eficaz. Não importa quão rapidamente uma planta é capaz de se propagar nem quão espessa é a sua alfombra se não houver algo que lhe transporte o pólen do estame para o pistilo. Os maoris conseguiam prosperar, e prosperaram, por séculos sem esse algo; mas o mesmo não ocorreu com os *pakehas*.[45]

Em 1839, uma certa senhorita Bumby, irmã de um missionário, introduziu a abelha na Nova Zelândia em Oponomi, enseada de Hokianga, na ilha do Norte. As duas colmeias, trazidas da Inglaterra, foram colocadas no cemitério da missão, "sendo este lugar considerado o mais isento de qualquer possível perturbação por parte da curiosidade dos Nativos, que nunca antes viram uma abelha". Outras introduções seguiram-se em 1840 e 1842. Os insetos importados deleitaram-se em seu novo ambiente, multiplicando cinco, dez e até 25 vezes por ano, produzindo mel e cera em abundância e polinizando milhões de trevos-brancos, que imediatamente começaram a fazer jus à sua reputação americana. Assim, as abelhas ajudaram imensuravelmente a tornar a Nova Zelândia hospitaleira para os animais europeus e para os *pakehas*.[46]

Os maoris não eram ingênuos e inocentes a respeito dos *pakehas* e do seu avanço implacável. O próprio Hongi preocupava-se com os soldados brancos vindos da Austrália para tomar o seu país.[47] Mas a ameaça dos *pakehas* não se concretizou de maneira tão grosseiramente imperialista: o maior perigo não eram os soldados do mundo externo, e sim os germes do mundo externo.

Os maoris que viajavam para o exterior pareciam estar menos agarrados à vida do que os que ficavam em casa. O grande chefe Ruatara da baía das Ilhas, por exemplo, foi para Londres e em 1814 retornou à Nova Zelândia como protegido dos missionários e, potencialmente, o grande estadista maori do seu tempo: "Eu introduzi o cultivo do trigo na Nova Zelândia, que se tornará um grande país. Dentro de dois anos serei capaz de exportar trigo para Port Jackson [Sydney] em troca de enxadas, machados, pás, e chá e açúcar". Pouco depois da sua volta, porém, ele morreu de uma infecção contraída no exterior, possivelmente tuberculose agravada por disenteria. O reverendo Samuel Marsden, supervisor do empreendimento missionário na Nova Zelândia e mentor de Ruatara, ficou estarrecido: "Era-me difícil chegar a acreditar que a Misericórdia Divina pudesse remover da Terra um homem cuja vida parecia ser de infinita importância para o seu país". Com a morte de Ruatara desaparecia o único verdadeiro rival de Hongi Hika como chefe mais importante de Northland. Quando Hongi viajou para a Grã-Bretanha atrás de seus mosquetes e de uma armadura, também ele contraiu uma grave enfermidade pulmonar, mas acabou se recuperando. Os perigos de infecção que os maoris enfrentavam no exterior eram tais que por volta de 1820 os missionários pararam de enviar seus protegidos para a Europa ou mesmo para a Austrália; tal política estava se revelando mortífera.[48]

Enquanto isso, a insalubridade e mortalidade na terra natal dos maoris continuavam aumentando explosivamente. Em 1838, o sarampo atingiu a ilha do Sul, com efeitos ignorados,[49] embora a distância tenha continuado servindo como escudo contra a varíola. Infelizmente, havia outras doenças assassinas que viajavam melhor. A diarreia parece ter sido um mal crônico; entretanto, como é quase sempre sintoma de outras doenças e não uma doença em si mesma, a sua presença não nos diz muito. Não há evidência de que os maoris tenham sofrido qualquer epidemia de tifo até a segunda metade do século.[50] Foram as doenças respiratórias as principais causas de morte entre eles nas décadas de 1820 e 1830. A sua herança tropical não os preparara para tal perigo; os alimentos e o tabaco dos *pakehas* podem ter diminuído a sua resistência, e as choupanas abarrotadas, abafadas e escuras em que viviam eram perfeitas para a proliferação e transmissão das doenças das vias respiratórias. O "catarro" (esse termo da era vitoriana é vago mas é mais seguro usá-lo do que tentar diferenciar entre resfriados, gripes, bronquite, pneumonia e sabe-se lá o que mais que circulava há um século e meio) assolou as tribos repetidamente a partir de 1814. O surto que vitimou os maoris da baía das Ilhas em 1827 e 1828 foi particularmente fatal para os muito jovens e muito velhos. Os indígenas culparam os *pakehas*, e talvez estivessem certos, pois o mesmo tipo de enfermidade estava grassando em Sydney. A coqueluche, frequentemente fatal para aqueles que nunca a conheceram, também desembarcou naqueles anos. Houve tal abundância de doenças respiratórias nas duas décadas seguintes, e mesmo depois, que não faz sentido tentar traçar uma linha entre o suposto fim de uma epidemia e o início da seguinte. "Catarro e resfriados triunfam universalmente", disse Joel Polack em 1840.[51]

Nada superou a tuberculose e as doenças venéreas como inimigas dos maoris. Essas enfermidades agiram como um baixo contínuo ao longo da sua história no século XIX. A tuberculose aportou com o capitão Cook, mas não temos mais notícias dela até, possivelmente, a morte de Ruatara em 1815. Cinco anos depois, os *pakehas* a bordo do *Dromedary*, de passagem pela ilha do Norte para embarcar um carregamento de vergas, confirmaram que alguma infecção ou falange de infecções estava atacando os maoris. O diagnóstico do dr. Fairfowl foi "pneumonia em estágio agudo, e também [...] consumpção, inflamação dos intestinos, cólica, disenteria, reumatismo etc.". Poderíamos aventurar a hipótese de que a tuberculose miliar estava fulminando os maoris da ilha do Norte — admitindo-se, no entanto, que o mal poderia tranquilamente ser qualquer uma da dezena de infecções importadas.[52]

A partir de 1820 o diagnóstico torna-se mais fácil. Auguste Earle, um artista que viveu na baía das Ilhas em 1827 e 1828, viu mulheres que eram "esqueletos ambulantes", mulheres que alguns meses antes gozavam de perfeita saúde. A consumpção galopante, como era comumente conhecida no século XIX, encaixa-se com perfeição nas pré-concepções dos maoris acerca das causas sobrenaturais da morte: "É Atua, o Grande Espírito, que entra neles e os devora por dentro; pois o paciente pode sentir as suas partes internas sendo pouco a pouco carcomidas, e então começa a ficar cada vez mais fraco até que nada resta; depois disso o Espírito os envia para a Ilha Feliz".[53]

A baía das Ilhas era um porto de escala muito aprazível para os baleeiros, cuja presença teve o efeito de transformar a hospitalidade sexual em desenfreada prostituição; as doenças venéreas tornaram-se uma peste onipresente. Os chefes, que a princípio só ofereciam escravas, logo passaram a oferecer mulheres de suas próprias tribos e, de acordo com algumas testemunhas, até mesmo suas familiares. Os franceses, geralmente mais abertos com relação à sua sexualidade naquela época do que os britânicos, são a nossa melhor fonte sobre tal comércio. Quando o *Coquille* lançou âncora na baía das Ilhas em 1824, 150 mulheres correram até o navio e sua tripulação de setenta homens em busca de clientes. "O capitão tentou se livrar daquele mulherio lascivo, mas em vão — para cada dez mulheres que saíam por um lado da embarcação, vinte subiam pelo outro; fomos obrigados a deixar de fazer cumprir uma medida que tantas pessoas estavam interessadas em infringir."[54] O cirurgião John Watkins, que permaneceu na baía das Ilhas do final de 1833 ao início de 1834, testemunhou saber de um homem que habitualmente levava porcos e mulheres a bordo dos navios aportados, e vendia os porcos e o uso das mulheres "num só Lote". Ele teve a impressão de que nem uma mulher em cinquenta estava livre de infecção venérea na baía.[55]

Para os *pakehas* como raça, isso tinha pouco significado e importância, pois as mulheres das quais o futuro da raça dependia viviam sem contato direto com a vida desregrada da baía das Ilhas e dos postos litorâneos de caça à baleia — e praticamente sem qualquer contato indireto, se considerarmos o que quase poderia ser chamado de segregação dos marinheiros pela sociedade "decente". Para os maoris, por outro lado, a situação significava calamidade, pois aqueles antros estavam situados em sua própria terra, e os costumes sexuais correntes permitiam que as infecções venéreas se espalhassem para todos os níveis da comunidade. Já por volta de 1820, alguns deles mostravam profundo temor dos males venéreos, acreditando que fossem de algum modo um deus europeu.[56]

Os maoris de Northland, e em especial os ngapuhis de Hongi, obtiveram triunfo após triunfo na década de 1820, mas a virada da década encontrou-os num mundo em que os seus inimigos já tinham tantos mosquetes quanto eles, um mundo em que o seu número começava a diminuir drasticamente, um mundo em que os valores antigos iam se esfacelando mas onde os valores dos *pakehas* eram incompreensíveis. Os maoris vestiam os cobertores dos *pakehas* até eles ficarem imundos e fumavam tabaco da manhã até a noite — para o desdém dos missionários e as casquinadas dos caçadores de baleias. Os indígenas da baía das Ilhas entraram em depressão e caíram na apatia. Não os seus filhos, e sim os *pakehas*, disseram eles a Darwin, é que herdariam a terra.[57]

Alguns maoris voltaram-se contra os brancos, culpando os invasores por suas desgraças. "Eles nos acusam", relatou um missionário, "de sermos os causadores de seus infortúnios, de termos introduzido entre eles muitas doenças. Antes de nós aparecermos, afirmam eles, os jovens não morriam e todos viviam até uma idade tão avançada que eram obrigados a rastejar sobre as mãos e joelhos. Nosso Deus, dizem eles, é cruel; portanto, não querem conhecê-Lo."[58]

Outros buscaram um remédio para a sua confusão no sincretismo. Um novo culto, fundado por Papahurihia, também chamado Te Atua Wera, surgiu na baía das Ilhas em 1833. Era uma mistura de tradições maoris e judeu-cristãs: ensinava que os seus seguidores eram filhos de Israel e adotava o sabá judeu e não o cristão. Esse culto talvez tenha sido produto de uma conjectura dos missionários segundo a qual os maoris seriam descendentes das dez Tribos Perdidas de Israel. Misturava símbolos dos *pakehas* e dos maoris — a serpente do Gênesis e um espírito em forma de lagarto chamado *ngarara*, por exemplo — e ensinava que o céu era um lugar repleto de tudo o que um maori pudesse desejar: navios, armas, açúcar, farinha e prazeres sensuais. E incluía também algumas recreações que os missionários absolutamente proibiam: guerrear e matar.[59]

Por volta de 1840, o culto entrou em declínio — ou talvez

seja mais exato dizer que passou a ser praticado secretamente — esmagado pelo esforço maciço da maioria dos indígenas para enfrentar o desafio representado pelos *pakehas* adotando os seus modos, a sua religião e o seu saber. Os maoris de Northland vestiram então as roupas do homem branco, quase sempre pelo avesso e de trás para a frente, fizeram um esforço valoroso e infelizmente bem-sucedido para apreciar o álcool e o tabaco, e adotaram o cristianismo e a Bíblia. Assim, a infecção da pólvora que se alastrou para o Sul a partir da baía das Ilhas foi seguida com um intervalo de alguns anos por uma onda de cristianização e alfabetização.

Os missionários forneceram boa parte desse estímulo através do exemplo de suas missões, onde apresentaram aos maoris os aspectos positivos da cultura dos *pakehas*: fé e esperança, agricultura avançada com bestas de carga e arados, e tecnologia simples. Em 1835, em Waimate do Norte, distante um dia de caminhada da baía das Ilhas, Charles Darwin encontrou um posto missionário com campos de cevada, trigo, batata e trevos, uma horta com toda espécie de legumes europeus, um pomar com maçãs, peras, damascos e pêssegos, e um estábulo com porcos e galinhas, além de um grande moinho de água, onde cinco anos antes havia apenas mato. "A lição que o missionário nos ensina", escreveu ele, "é a da varinha de condão. A casa foi construída, as janelas instaladas, os campos arados e até as árvores enxertadas por neozelandeses [nativos]. No moinho, vimos um neozelandês todo esbranquiçado com farinha, qual seu irmão moleiro na Inglaterra." Ao entardecer, os filhos dos missionários e os maoris da missão reuniam-se para jogar críquete.[60]

Os missionários, quase invariavelmente protestantes que consideravam a capacidade de ler e escrever uma grande virtude, mergulharam fundo no problema do analfabetismo entre os maoris, como se fosse uma pedra a ser afastada do sepulcro de Cristo. Eles aprenderam a língua dos nativos, conceberam um alfabeto para ela e em 1837 publicaram todo o Novo Testamento em maori. Em 1845, havia no mínimo uma cópia desse livro para cada dois maoris no país.[61]

Os missionários ofereceram aos maoris uma nova religião, novas habilidades, novas ferramentas e a magia do alfabeto; mas foram os próprios maoris que aceitaram (ou melhor, arrebataram sofregamente) as oportunidades oferecidas. Os melhores transmissores do cristianismo e da alfabetização foram prisioneiros tomados pelos ngapuhis e seus aliados — os últimos dos últimos, os escravos —, que adotaram a nova religião com o maior fervor e, à medida que as guerras acabavam e eles iam sendo libertados, voltaram para casa levando o Verbo consigo. Quando os missionários penetraram na região Centro-Sul da ilha do Norte, encontraram os maoris já clamando por instrução e livros, e muitas escolas nos vilarejos já em funcionamento com professores nativos.[62]

Não houve conversões de maoris até 1825, e apenas algumas — quase sempre de moribundos — entre 1825 e 1830. Mas, dez anos depois, somente os anglicanos já pretendiam ter 2 mil comungantes e vários milhares de adultos e crianças sendo instruídos no cristianismo e nas habilidades básicas da alfabetização.[63]

É possível alguém converter-se passivamente, mas a alfabetização implica um trabalho duro. Como disse Thomas Tuhi ao visitar em 1818 uma cerâmica na Inglaterra, onde fez algumas xícaras: "Certo, digo eu, aprender depressa com dedos, mas com livro muito difícil".[64] Quando ele fez essa observação, só alguns poucos maoris sabiam ler, a maioria dos quais estava provavelmente na Austrália ou em alto-mar. Em 1833, havia cerca de quinhentos que sabiam ler. Um ano depois, de acordo com Edward Markham, de passagem pela Nova Zelândia, entre 8 e 10 mil conseguiam "ler, escrever e somar" — provavelmente um exagero, possivelmente um rematado exagero, mas quando cada leitor ensina outros dois, e esses dois outros quatro, e assim por diante, uma extraordinária aceleração, pelo menos das habilidades básicas, pode ocorrer, sobretudo se o aprendizado se der na esteira do zelo religioso. Ernst Dieffenbach, um cientista que viajou extensamente entre os maoris por volta de 1840, manifestou preocupação pela saúde deles, pois, em vez de se exercitarem constantemente, haviam se tornado sedentários, "tornaram-se leitores".[65]

Podemos questionar a profundidade da conversão e da alfabetização dos maoris. O reverendo J. Watkins deixou registrado que alguns deles acreditavam que os missionários possuíam um livro chamado *Puka Kakari*, cuja posse tornava o seu dono invulnerável à clava e à bala. Outros diziam que os *pakehas* tinham um livro capaz de ressuscitar um morto se colocado sobre o peito deste. Watkins encontrou um desses livros em Waikouaite; tratava-se de uma publicação chamada *Norie's epitome*.[66] Mas estaremos sendo injustos se atribuirmos exagerada importância a tais superstições. Qualquer que tenha sido a confusão dos maoris acerca da natureza da nova religião e dos livros, permanece o fato de que eles não sucumbiram a uma ritualística estéril, ao alcoolismo ou à apatia, adotando o cristianismo e a alfabetização com o mesmo entusiasmo com que haviam empunhado o mosquete.

Mas isso não lhes trouxe qualquer benefício imediato. Quanto mais tentavam se europeizar para manter o controle sobre sua vida, mais depressa perdiam a batalha. A Nova Zelândia estava se tornando uma terra alienígena sob seus próprios pés — mais desejável do que nunca, talvez, porém tão desejável para os *pakehas* cada vez mais poderosos quanto para os maoris em número cada vez menor. E os caçadores de baleia não paravam de chegar à baía das Ilhas. Em 1836, por exemplo, aportaram nada menos que 93 navios britânicos, 54 americanos e três franceses,[67] havendo ocasiões em que mais de mil brancos desciam à terra, a maioria bêbados ou pretendendo embriagar-se. Um número crescente de *pakehas* empreendedores chegava para tentar tirar proveito da situação. Alguns compravam terras em torno da baía, outros avançavam para obtê-las mais adiante, geralmente na esperança de revendê-las depois de valorizadas pelo aumento da imigração. O especulador imobiliário, uma figura comum na maioria das colônias, havia chegado à Nova Zelândia. Os missionários continuavam com suas boas obras, que também incluíam a obtenção de terras, e continuavam surpreendendo os maoris com a sua fertilidade. Em 1839, de acordo com o reverendo Henry Williams, mais de mil *pakehas* moravam — não estavam de passagem; moravam — na Nova Zelândia. A situação era anárquica, reclamou ele: "Toda a População Branca estava isenta de qualquer restrição da lei". Sem uma fonte reconhecida de autoridade, as coisas podiam ficar perigosamente descontroladas — como aconteceu em agosto de 1839, quando um bando de marinheiros americanos que desembarcara na baía das Ilhas pôs na cabeça que havia sido explorado e, num excesso de senso de justiça, desfraldou a bandeira dos Estados Unidos e destruiu a casa de um súdito britânico.[68]

Os maoris iam se arruinando em um contexto não apenas fora do seu controle, mas também cada vez mais além da sua compreensão. Se um homem com duas esposas se tornasse cristão e ofertasse uma de suas esposas a outro homem, quais eram exatamente as obrigações de cada um, sobretudo se a esposa e seus parentes objetassem? Quem era responsável se um bando de porcos entrasse num campo cultivado e destruísse as plantações, o dono dos porcos ou aquele que tivera preguiça de cercar a sua propriedade? E o que fazer se, como às vezes acontecia, escravos com habilidades ou posições recém-adquiridas se enaltecessem acima de seus senhores? "Essas são as únicas Coisas que nos conduzem ao erro; Mulheres, porcos e lutar uns contra os outros."[69]

O governador de Nova Gales do Sul, a fonte mais próxima do direito europeu, enviou um residente britânico para a Nova Zelândia a fim de colocar as coisas em ordem, mas ele não tinha autoridade real e seu poder era menor ainda. Em 1837, duzentos missionários e colonos solicitaram proteção à Coroa britânica.[70] O próximo passo, óbvio e consagrado por muitas outras repetições, seria a Grã-Bretanha intervir e anexar a Nova Zelândia ao império. Havia pressões em Londres em prol de tal medida, que estancaria possíveis ambições francesas naquela parte do Pacífico e proporcionaria à Grã-Bretanha, já entrando na era das agitações cartistas, um lugar para enviar o seu suposto excedente populacional. Mas o governo da época estava mais interessado em poupar dinheiro do que em obter novos bocados de terras dos antípodas. A anexação era realmente necessária? Será que a longo prazo a Nova Zelândia valeria mesmo a pena?

As discussões a respeito da anexação em si não nos interessam aqui, mas dispomos de algumas observações notáveis de ministros e comitês parlamentares curiosos quanto ao potencial da Nova Zelândia como um lugar viável para sociedades neoeuropeias. Se a Grã-Bretanha assumisse a responsabilidade por esse lugar exótico do outro lado do mundo e enviasse para lá navios e mais navios carregados de emigrantes, a colônia seria capaz de se autossustentar ou iria ficar sempre sorvendo os recursos da Inglaterra? Em nossos termos, poderia a Nova Zelândia tornar-se uma boa Neoeuropa? Os especialistas, homens que haviam estado lá, responderam afirmativamente; na realidade, disseram eles, a Nova Zelândia já demonstrara ser uma boa terra. O seu clima era ideal, isto é, muito parecido com o inglês, só que melhor. O trigo, afirmou um defensor entusiasmado, tornara-se bienal lá, e possivelmente perene, brotando repetidas vezes da sua própria raiz![71] Quanto aos animais de criação, Robert Fitz Roy, que capitaneou o *Beagle* de Darwin e se tornaria governador da Nova Zelândia, declarou que os cavalos, vacas, carneiros e veados, se soltos no interior do país, se multiplicariam enormemente. A New Zealand Land Company, que tentava convencer cidadãos britânicos a emigrar para a Nova Zelândia, resumiu tudo em 1839 e, ao contrário de muitas outras companhias imobiliárias, ateve-se à verdade: "Em qualquer parte de ambas as Ilhas [de Nova Zelândia] que tenham sido plantados, vegetais, legumes, frutas, relvas e muitos tipos de grãos da Europa floresceram notavelmente, mas não mais do que os diferentes animais importados até o presente, tais como coelhos, cabras, porcos, carneiros, gado e cavalos". A opinião geral acerca do país era a de Thomas McDonnell, que dizia possuir 390 quilômetros quadrados de terra em Hokianga: "Não; é preciso estar em descomunal penúria para não conseguir ganhar a vida na Nova Zelândia, o melhor país do mundo para os pobres".[72]

A única mosca digna de nota na sopa da Nova Zelândia eram os maoris: pelo menos 100 mil indígenas intrépidos, com uma forte tradição militar e um amplo estoque de mosquetes e munição, que lá estavam ocupando a terra. Na melhor das hipóteses, eles poderiam envolver a Grã-Bretanha numa guerra dispendiosa cujas linhas de suprimento teriam que percorrer metade da circunferência do globo. Como lidar com eles? A resposta dos especialistas era desconcertantemente simples: não era preciso lidar com os maoris, pois eles estavam desaparecendo. As testemunhas concordavam em que o principal problema dos maoris eram as infecções glandulares: a escrófula, infecção tubercular dos nodos linfáticos, especialmente os do pescoço.[73] James Busby, o administrador britânico, colocou por escrito a sua apreciação da condição dos maoris numa carta ao secretario colonial, datada 16 de junho de 1837: sim, os maoris estavam em acelerado declínio, em parte por causa das doenças venéreas e das mortes provocadas por suas guerras, mas a história completa era mais complicada e irreversivelmente lúgubre — do ponto de vista deles:

> A doença e a morte prevalecem até entre aqueles nativos que, por sua devoção aos missionários, só receberam benefícios de sua ligação com os ingleses; e até mesmo as crianças criadas sob os cuidados dos missionários são levadas numa proporção que promete, em um período não muito distante, deixar o país inteiro sem um único habitante aborígine. Os nativos têm perfeita consciência dessa diminuição; e quando comparam a sua própria condição com a das famílias inglesas, cujos casamentos têm sido extraordinariamente prolíficos, com a mais saudável progênie, concluem que o Deus dos ingleses está eliminando os habitantes aborígines a fim de abrir espaço para os estrangeiros; e me parece que essa impressão provocou neles uma atitude de total indiferença e temeridade em relação à vida.[74]

A opinião de Busby era semelhante à de muitos dos maoris mais instruídos. Os chefes da ilha do Norte, paralisados pelas rivalidades tribais e perplexos diante de um mundo repleto de instrumentos, práticas e pessoas mais estranhas do que qualquer entidade de suas mitologias, vendo os parentes e todo o seu povo caminhando para o desaparecimento, voltaram-se novamente para os *pakehas* em busca de ajuda. Em 1840, várias centenas de maoris reuniram-se em Waitangi, na presença de William Hobson, o novo administrador britânico e presumível primeiro governador das ilhas, que lhes ofereceu a anexação como uma saída para suas dificuldades. Alguns maoris argumentaram com veemência rejeitando a proposta. Eles sabiam — pois com certeza alguns deles haviam presenciado — o que acontecera com os aborígines australianos, e temiam que os *pakehas* também os reduzissem à escravidão econômica e à mendicância. Te Kemara, chefe dos ngatakawas, apontou para o reverendo Henry Williams, pretenso amigo dos maoris, e gritou: "Tu! Tu, homem careca, tu tomaste minhas terras".[75]

O clima das discussões parecia levar à rejeição do tratado até que Tamati Waaka Nene, um maori convertido ao wesleyanismo e na juventude um dos tenentes de Hongi, falou. Ele estava ciente da magnitude das mudanças que os *pakehas* haviam provocado no seu povo, mudanças grandes demais para serem revertidas. Os maoris já haviam se incorporado à comunidade mundial. Nene dirigiu-se inicialmente aos outros chefes tribais, pedindo que apresentassem alternativas à oferta de Hobson. Mas, se a rejeitassem,

O que faremos então? Digam-me agora, ó chefes das tribos do Norte da Nova Zelândia, como agiremos daqui para a frente? Amigos, de quem são as batatas que comemos? De quem os cobertores? Estas lanças [e empunhou a sua *taiaha*] foram deixadas de lado. O que têm os ngapuhis? As armas dos *pakehas*, as suas balas, a sua pólvora. Há muitos meses eles estão em nossas *whares* [casas]; muitos de seus filhos são nossos filhos. A terra já não se foi? Não está ela coberta, inteiramente coberta, de homens, de forasteiros, de estrangeiros — como de relva e ervas — sobre os quais não temos poder?

Tamati Waaka Nene voltou-se então para Hobson como para a única fonte possível de autoridade: "Não nos deixem; permaneçam conosco como pais, juízes, apaziguadores. Não permitam que nos tornemos escravos. Ajudem-nos a preservar nossos costumes. Não deixem jamais que a nossa terra seja arrancada de nós".[76]

Cerca de cinquenta chefes assinaram ou firmaram o seu *moko* (desenhos das tatuagens faciais, quase tão distintivas quanto as impressões digitais) no tratado pelo qual abdicavam da soberania em troca de uma garantia de suas terras — ou assim dizia a versão inglesa. A versão maori dizia que eles abdicavam do governo da ilha em troca de uma confirmação das suas chefaturas. Dezenas de outros chefes assinaram o tratado mais tarde, que foi enviado de navio para Londres e lá ratificado pelo governo, e a Nova Zelândia tornou-se parte do império britânico.[77]

1841-1879

As esperanças de Nene (esperanças, não expectativas, pois ele era um homem sagaz) foram quase todas frustradas. Os processos de mudança, que ele reconhecera como sendo muito mais profundos do que apenas políticos, não pararam; pelo contrário, aceleraram-se e ampliaram-se. Se havia antes uma baía das Ilhas, agora havia muitas delas, a começar por colônias completas de *pakehas* em Auckland, Wellington e New Plymouth na ilha do Norte, e, pela primeira vez, colônias efetivas na ilha do Sul, em Nelson, Christchurch e Dunedin. Os *pakehas* da baía das Ilhas haviam sido homens pecaminosos, ao passo que os das novas colônias eram geralmente religiosos praticantes; mas isso não fez a menor diferença diante do fato de haver algumas centenas de brancos na Nova Zelândia antes de 1840 e logo depois haver milhares deles. Na realidade, os brancos começaram a chegar a Wellington um mês antes de os chefes encontrarem-se com Hobson em Waitangi. Te Wharepouri havia concordado em vender-lhes terras antecipadamente, pois não os julgava capazes de chegar em número maior do que ele e seu povo pudessem controlar. Porém, logo que começaram a desembarcar, percebeu que se enganara:

> Vejo que cada navio carrega duzentas pessoas, e acredito agora que haja outros chegando. [Os brancos] estão bem armados, e têm o ânimo forte, pois começaram a construir suas casas sem conversar. Eles se tornarão poderosos demais para nós. Meu coração está entristecido.[78]

No primeiro dia de 1840, não havia mais de 2 mil *pakehas* na Nova Zelândia; em 1854, havia 32 mil, e a europeização do país acelerou-se proporcionalmente.[79]

Em junho de 1841, Ernst Dieffenbach, ao explorar o centro da ilha do Norte para os futuros colonos, chegou até o lago Rotorua, onde os maoris estavam tão desacostumados com os brancos que ficaram assombrados quando o viram. Dieffenbach encontrou lá tanchagem, morrião-dos-passarinhos e outras ervas europeias conhecidas, cujas sementes com certeza haviam sido inadvertidamente levadas para o interior por comerciantes maoris e por porcos e pássaros selvagens.[80] Meio ano depois, no inverno, William Colenso, o primeiro botânico residente da Nova Zelândia, encontrou na ilha do Norte "certos lugares abundando com exuberante vegetação, mas sem uma única planta nativa. As novas espécies parecem vegetar tão depressa que chegam a exterminar e suplantar as ocupantes originais do solo".[81] Joseph D. Hooker, o botânico mais importante da Grã-Bretanha e um dos grandes cientistas do seu tempo, também se encontrava do outro lado do globo mais ou menos na mesma época e se surpreendeu com o sucesso das plantas adventícias na Nova Zelândia e na Austrália. Uma década depois, publicou uma lista das plantas aclimatadas da Nova Zelândia, uma lista que ele sabia incompleta mas que incluía 61 plantas, 36 das quais europeias (entre elas a filária de haste vermelha, que Frémont encontrara na Califórnia na mesma década, a labaça-crespa, o dente-de-leão, o morrião-dos-passarinhos, a serralha e outras que John Josselyn também vira em Massachusetts no século XVII).[82]

Os porcos, carneiros, vacas, cabras, cachorros, gatos, galinhas, gansos e outros animais do Velho Mundo continuaram a tomar posse da ilha do Norte; mas as explorações biológicas mais espetaculares estavam ocorrendo na ilha do Sul, onde milhares de *pakehas* e seus organismos começavam a penetrar numa terra quase despovoada. O que aconteceu na ilha do Sul nas décadas de 1840 e 1850 foi, em proporção ao tamanho da região, muito parecido com o que acontecera nos pampas dois séculos e meio antes. Os maoris eram em pequeno número, pois só recentemente haviam obtido plantas e animais que lhes permitiam sustentar uma população maior naquela região mais fria; e poucos também eram os predadores, com exceção dos cães selvagens, mas a estricnina deu cabo de quase todos eles. Os pastores imigrantes, acostumados à presença de predadores, foram obrigados a inventar pelo menos um devorador de carneiros, o *kea*, um enorme papagaio de voz rouca. O *kea* supostamente descia voando sobre um carneiro, fixava-se às suas costas de tal forma que ele não podia se defender e então bicava a pobre criatura até a morte! Se isso aconteceu uma vez, já foi extraordinário; se duas vezes, absolutamente fantástico.[83] As doenças de animais eram raras se não fossem importadas junto com os quadrúpedes, e a única de alguma importância durante muitos anos foi a escabiose ovina, uma praga mas não um desastre.[84]

Como já fizemos, comecemos pelos porcos, que aparentemente já estavam se espalhando para a ilha do Sul antes do tratado de Waitangi, e lá proliferavam rapidamente quando os colonizadores chegaram. Como sempre, só temos relatos de impressões e nenhuma estatística, mas segundo estes o número de suínos (ao menos na parte norte da ilha) era superior ao de qualquer outra região da Nova Zelândia até aquele momento. Na década de 1850, o vale Wangapeka, em Nelson, foi domicílio de milhares e milhares de porcos, que literalmente aravam o solo hectare após hectare. Em vinte meses, três homens conseguiram matar não menos do que 25 mil porcos por lá, deixando ainda milhares de outros para se propagarem.[85]

Os quadrúpedes maiores tiveram sua explosão populacional mais ao sul, em Canterbury, uma colônia anglicana fundada em 1853, e em Otago, fundada pelos presbiterianos em 1848, onde havia pouco mais do que vastos capinzais balançando ao vento que soprava dos Alpes do Sul. Mas em 1861, 600 mil carneiros, 34 500 cabeças de gado bovino e 4800 cavalos pastavam nas colinas de Otago, e em Canterbury quase 900 mil carneiros, 33 500 cabeças de gado e 6 mil cavalos,[86] sem contar os animais selvagens.

É provável que uma situação semelhante à dos pampas por volta de 1650, com uma quantidade enorme de animais selvagens sendo caçados por bandos de maoris montados, teria se desenvolvido se os *pakehas*, como fizeram os primeiros colonizadores espanhóis em Buenos Aires, houvessem partido e só retornado meio século depois. Entretanto eles permaneceram e acompanharam as suas manadas, de modo que as histórias dos pampas e da ilha do Sul são muito diferentes. Mesmo assim, o meio ambiente neozelandês era tão propício aos bovinos e aos ovinos que ambos se tornaram selvagens em número suficiente para criar problemas para os colonos. Uma parte do gado bravio que se espalhou pelas montanhas chegou mesmo a tornar-se do tipo *longhorn* [de chifres compridos], como na América. Havia até um número considerável de carneiros selvagens "indecorosos com seus rabos compridos e arrastando longos velos de seis ou sete anos sem corte". Melhor prova da ausência de predação não poderia haver.[87]

As enormes manadas alteraram a flora da Nova Zelândia, como haviam alterado a dos pampas. Ervas alienígenas vicejavam de ambos os lados das estradas. A grama-de-ponta ficava exuberante, chegando às vezes a alcançar um metro e meio de diâmetro. O labaçol crescia ao longo das margens de todos os rios, e até em regatos no alto das montanhas. A serralha brotou em todo lugar, crescendo viçosa em altitudes de até 2 mil metros. O agrião entulhava os rios, e a nova cidade de Christchurch precisava gastar seiscentas libras por ano para limpar o rio Avon e permitir a navegação. O trevo-branco, possivelmente com a ajuda competente das abelhas, abriu caminho em toda parte, tornando-se tão espesso que abafou completamente as relvas nativas e fez jus à reputação que tinha no Novo Mundo. O naturalista W. T. L. Travers escreveu de Canterbury a Hooker dizendo que as plantas nativas "parecem se retrair diante da competição dessas invasoras mais vigorosas".[88] Travers justificou o sucesso das plantas do Velho Mundo na Nova Zelândia mencionando, um tanto vagamente, as mesmas forças "que levaram a tais modificações nas Canárias e em outras ilhas há muito colonizadas pelos europeus".[89]

Em meados do século XIX, a vida era tão boa para os *pakehas* recém-vindos quanto para os organismos que os acompanhavam. Quando os recém-chegados comentavam que os neozelandeses só morriam de afogamento ou embriaguez (uma observação que costumavam fazer),[90] estavam se referindo apenas a si mesmos. Para os maoris, o caminho da queda tornou-se ainda mais íngreme. Em 1840, ano do tratado de Waitangi, os *pakehas* que melhor conheciam a Nova Zelândia, os missionários e os oficiais, estimavam a população indígena em 100 mil, talvez 120 mil. Em 1857-8, ano do primeiro censo real dos maoris, seu número era de 56 mil.[91] Os *pakehas* não estavam massacrando os maoris, e o genocídio entre tribos já era algo do passado. O infanticídio, o alcoolismo, a má alimentação e o desespero estavam tendo a sua nefasta influência, mas serviam apenas para confirmar e ampliar a obra dos grandes assassinos: as doenças infecciosas.

O sarampo surgiu pela primeira vez na ilha do Norte em 1854, matando 4 mil pessoas de acordo com uma testemunha.[92] Depois disso, houve menos epidemias de doenças bem delineadas, pois a maioria das enfermidades capazes de se manter durante uma longa viagem pelo oceano já havia chegado, e o afastamento da Nova Zelândia ainda a protegia das demais, que tiveram que esperar até o advento dos navios transoceânicos a vapor. A varíola chegou a desembarcar em terras neozelandesas mas não se espalhou, um milagre pelo qual os maoris podem ficar eternamente agradecidos. Em novembro de 1840, o *Martha Ridgeway* aportou em Wellington com varíola a bordo. O navio foi posto de quarentena de maneira canhestra, mas bem-sucedida, e antes que o mal desembarcasse novamente quase todos os maoris haviam sido vacinados. A sorte salvou a Nova Zelândia de sofrer o mesmo destino do Havaí, onde a varíola disseminou-se em 1853, matando milhares de pessoas, talvez 8% da população, a despeito das quarentenas e de um considerável programa de vacinação.[93]

Os patógenos que haviam matado tantos maoris em 1820, 1830 e 1840 continuaram penetrando em todas as suas vilas. No final da década de 1850, o dr. Arthur S. Thomson, uma das fontes mais confiáveis a respeito da Nova Zelândia do século XIX, afirmou taxativamente que a escrófula era "a maldição da raça neozelandesa". Ele viu em certas regiões 10% da população com as marcas desse tipo de tuberculose, em outras, 20%, e ressaltou que de maneira alguma todas as vítimas de escrófula apresentam tais cicatrizes visíveis. "A escrófula", escreveu ele, "é a predisposição e causa remota de muitas das enfermidades dos neozelandeses; na infância, provoca marasmos, febres, perturbações intestinais; na idade adulta, consumpção, males da coluna, úlceras e diversas outras doenças."[94] Vale notar que em 1939 a tuberculose ainda era responsável por 22% de todos os óbitos entre os maoris.[95]

As doenças venéreas certamente estavam se espalhando por todas as tribos, exceto as mais remotas; pelo menos era essa a impressão dos *pakehas*. Sobre isso dispomos de algumas estatísticas: no final da década de 1850, Francis D. Fenton, ocupado então em efetuar um censo de toda a população maori, compilou dados sobre 444 esposas indígenas, presumivelmente uma amostra representativa; esses dados forneceram fortes indicações de que as doenças venéreas estavam destruindo a capacidade procriadora de toda a raça. Das 444, só 221 tinham filhos vivos, e 155 eram completamente estéreis. Fenton descreveu os maoris da época como vivendo num "estado de decrepitude".[96] Na mesma década, um certo dr. Rees, cirurgião colonial em Wanganui, notou que em uma amostra de 230 mulheres maoris, 124 não tinham filhos ou não os tinham vivos.[97] Há muitas explicações possíveis para a esterilidade das mulheres maoris — o infanticídio, sobretudo o de meninas, provavelmente continuava sendo praticado —, mas com toda a certeza eram as doenças venéreas o pior vilão da tragédia. Elas matam os pais, matam a fertilidade, matam os fetos, matam as crianças e fazem desaparecer o desejo de ter filhos.

Nosso relato da influência dos patógenos alienígenas sobre os maoris está longe de ser completo — na realidade, é pouco mais do que um esboço —, mas indica que o seu impacto foi devastador. Seria desejável, no entanto, termos algumas outras estatísticas, especialmente as que nos permitissem ver como os maoris se saíam em comparação com, digamos, os europeus seus contemporâneos — que também não eram muito saudáveis pelos nossos padrões. O dr. Thomson nos oferece algo nesse sentido na página 323 da sua inestimável obra *The story of New Zealand: past and present — savage and civilized*, publicada em 1859. (Veja o quadro 1.)

Esse quadro fica muito aquém daquele de que gostaríamos de dispor. Quão representativos da população da Grã-Bretanha eram os 19 866 casos? Quão representativos da população nativa da Nova Zelândia eram os seus 2 580 casos? Certamente os maoris que buscavam ajuda em hospitais incluíam poucos das regiões interioranas mais afastadas, talvez os mais saudáveis da raça. O que representa uma categoria saco de surpresas como "Febres"? Ao que se referem as "Doenças do cérebro"? Seriam perturbações emocionais? O quadro não é inteiramente satisfatório, mas é muito mais exato do que o tipo de dados impressionistas acerca da saúde e da doença que a história nos proporciona, e confirma os comentários do dr. Thomson, do dr. Peter Buck (Te Rangi Hiroa) e muitos outros. Uma proporção maior de maoris do que de *pakehas* adoecia com infecções respiratórias, gastrintestinais e venéreas, e também com escrófula. O contraste entre os índices de adoecimento das duas raças; as implicações óbvias da posição geográfica da Nova Zelândia no Pacífico, distante do Velho Mundo; o registro geral da saúde e da diminuição populacional dos maoris no século posterior à primeira visita de

QUADRO 1

FREQUÊNCIAS COMPARATIVAS DE DIFERENTES CLASSES DE DOENÇAS
ENTRE OS HABITANTES DE UMA GRANDE CIDADE DA INGLATERRA[a]
E ENTRE OS NATIVOS DA NOVA ZELÂNDIA[b]

Classes de doenças	*Número de casos que se apresentaram para tratamento em uma enfermaria inglesa*	*Número de casos que se apresentaram para tratamento em hospitais da Nova Zelândia*	*Proporção entre cada raça: de cada mil casos da doença houve entre os:*	
			ingleses	*neozelandeses*
Febres	390	190	20	74
Doenças do pulmão	2165	435	109	169
Doenças do fígado	228	—[c]	12	—[c]
Doenças do estômago e do fígado	1418	304	71	119
Doenças do cérebro	1031	15	52	5
Hidropisias	451	2	23	—[c]
Afecções reumáticas	2365	495	119	191
Doenças venéreas	86	99	4	38
Abcessos e úlceras	2195	278	111	108
Ferimentos e machucados	1952	89	92	34
Doenças dos olhos	703	91	35	35
Doenças da pele	801	181	45	70
Escrófula	1173	210	59	82
Todas as outras doenças	4908	191	248	75
TOTAL	19866	2580	1000	1000

(a) Compilado de uma sinopse de casos admitidos na Sheffield Infirmary durante 22 anos, pelo dr. R. Ernest, em Farr, "Annuals of Medicine, 1837".

(b) Compilado de retornos obtidos do dr. Frod, na baía das Ilhas; dr. Davies, em Auckland; dr. Fitzgerald, em Wellington; dr. Rees, em Wanganul; e dr. Wilson, em New Plymouth.

(c) Dados não disponíveis.

269

Cook: tudo isso tende a corroborar a hipótese de que eles desconheciam várias das infecções trazidas pelos *pakehas*. A população polinésia nativa da Nova Zelândia caiu de talvez 200 mil, e certamente não menos que 100 mil, em 1769 para 42 113, de acordo com o censo de 1896.[98] (Veja o quadro 2.)

O tratado de Waitangi não trouxe alívio aos maoris, apenas mais *pakehas*. Em sua agonia, os maoris começaram a correr em círculo, desesperados como um animal acossado por cães ferozes. Alguns simplesmente tentaram se assemelhar mais aos *pakehas*. Na década de 1840, mais da metade dos maoris era cristã praticante, e mais da metade sabia ler.[99] Em 1849, o governador George Gray afirmou que, a seu ver, uma proporção maior de maoris era alfabetizada do que de qualquer outra população da Europa.[100] O dr. Thomson conta-nos que ouvira falar de maoris alfabetizados e bilíngues, capazes de navegar com bússola, jogar xadrez e "calcular a área de uma gleba de terra para que ela produza dois *bushels* [72 litros] de trigo por acre, ou o peso de um porco em pé e o seu valor a três *pence* por libra, descontando um quinto pelas vísceras".[101]

Algumas tribos dedicaram-se à agricultura e a atividades pastoris, e até a uma indústria incipiente, vendendo seus produtos não apenas para os colonos (que geralmente precisavam de toda ajuda que pudessem obter durante os primeiros anos na nova terra) mas até para a Austrália, reinvestindo os lucros em mais cavalos, carneiros e escunas e, por volta de 1850, também numa verdadeira mania de moinhos de farinha. "Cada pequena Tribo tem que ter o seu Moinho", ironizou um missionário. "Dois bons Moinhos bastariam para moer todo o Trigo dos rios Waipa e Waikato, mas Seis já foram erigidos."[102] Em 1857, os maoris da baía de Plenty, de Taupo e de Rotorua, cerca de 8 mil pessoas, tinham 1200 hectares plantados com trigo, 1200 com batatas, oitocentos com milho e talvez quatrocentos com batata-doce. Possuíam quase mil cavalos, duzentas cabeças de gado bovino e 5 mil porcos. Eram donos de 96 arados, 41 embarcações de cabotagem de aproximadamente vinte toneladas cada uma, e quatro moinhos movidos a água.[103]

270

QUADRO 2

TAMANHO DA POPULAÇÃO MAORI DA NOVA ZELÂNDIA, 1769 A 1921[a]

Ano	População
Estimativas	
1769	100000-200000
1814-5	150000-180000
1830-9	150000-180000
1837 (aprox.)	"não excede" 130000
1840	100000-120000
1846	120000
1853	56400-60000
Censo	
1857-8	56049
1874	47330
1886	43927
1896	42113
1901	45330
1911	52723
1921	56987

(a) As estatísticas para os anos de 1769 a 1853 variam, em termos de qualidade, desde o simples palpite à conjectura razoável, e estão sujeitas a discussão. Consulte-se D. Ian Pool, *The maori population of the New Zealand, 1769-1971*, pp. 234-7 para as estatísticas em si, e pp. 48-57 para os argumentos. Depois de 1853, os números são relativamente confiáveis, i.e., satisfatórios para a maioria dos historiadores, embora não para os demógrafos.

Em 1849, King George Te Waru e John Baptist Kahawai enviaram à rainha Vitória uma amostra de farinha de trigo cultivado em seus próprios campos e moído em seu próprio moinho no centro da ilha do Norte. Os maoris haviam construído o moinho praticamente com as próprias mãos, sob a direção de um *pakeha* a quem haviam pago duzentas libras esterlinas, economizadas ao longo de um ano com a venda de porcos e linho. "Ó

271

Rainha", dizia a mensagem que enviaram junto com a farinha, "estamos ansiosos para viver em paz, cultivar trigo e criar vacas e cavalos, para que possamos ser assimilados pelos brancos."[104]

James E. Fitzgerald, jornalista correspondente, político e um humanitário sem o usual desprezo do vencedor pelo vencido, afirmou categoricamente que não conhecia "outra raça, em qualquer período da história do mundo, que progredira tanto em tão pouco tempo".[105] Talvez ele tivesse razão, mas nada do que os maoris fizeram interrompeu a sua derrocada — e os *pakehas* não estavam interessados em assimilação. O maior perigo imediato era a perda das terras. Estas, já bastante voláteis quando Te Kemara apontou o dedo para o reverendo Williams em Waitangi, tornaram-se pomo de discórdia entre maoris e *pakehas*. O problema foi mais grave na ilha do Norte, onde vivia o maior número de maoris. A ilha era na época ocupada por dois povos: os maoris, que declinavam em todos os sentidos mas ainda eram maioria na década de 1860, dotados de um senso coletivista e quase místico de posse da terra; e os *pakehas*, que avançavam em todos os sentidos e eram dotados de um senso individualista e absolutamente simples de posse de terra. O conceito europeu era chamado *fee simple* [posse da terra com direito irrestrito para dispor dela]: eu, um indivíduo, sou dono desse pedaço de terra, ou você, um indivíduo, é dono dele e pode, individualmente, vendê-lo para mim para sempre. Por um ou outro meio — legais ou ilegais, mas sempre legalistas — a terra ia passando dos maoris para os *pakehas*. Enquanto remavam no rio Waikato, os maoris cantavam:

> *Como algo que se arrasta,*
> *Nossa terra se move;*
> *Quando ela se for, onde acharemos*
> *Lugar para morar?*[106]

Os maoris não aceitavam derrota sem uma guerra antes. A resistência à usurpação de suas terras pelos *pakehas* foi se inflamando com o passar dos anos e ocasionalmente irrompia em violência, cada incidente servindo para deixar claro que uma oposição dispersa seria inútil. Os maoris então tomaram mais uma página do livro dos *pakehas*: o nacionalismo. Na década de 1850, diversas tribos da ilha do Norte tentaram o que seria impensável alguns anos antes: deixar de lado para sempre as rivalidades tribais e unirem-se sob um único líder. Para isso, utilizaram muitos dos símbolos de nacionalidade dos *pakehas*, criando um rei, um trono, uma bandeira, um parlamento, todos legitimados com cerimônias e adereços da tradição maori. O primeiro rei maori foi empossado em 1858: Te Wherowhero, que se chamou Potatau I. Dois maoris que haviam aprendido tipografia em Viena criaram uma imprensa maori. Surgiu um jornal maori, chamado *Te Hokioi*, nome de um pássaro mítico que nunca se vê mas é reconhecido pelo seu canto, um pássaro que é presságio de guerra ou pestilência. Esse jornal ajudou a unir e manter informados os súditos do novo rei e, incidentalmente, lançou o que deve ter sido o primeiro brado de alerta em prol da conservação ecológica da Nova Zelândia. Numa terra onde os maoris haviam praticado queimadas durante séculos e onde o céu muitas vezes escurecia com a fumaça dos tremendos incêndios que os *pakehas* provocavam para limpar o terreno do mato e de touças e abrir espaço para suas plantas e animais, o *Te Hokioi* pediu aos seus leitores que não pusessem fogo nas florestas, "para que nossos descendentes não fiquem sem árvores. Também não ponham fogo nos cerrados dos desertos para que a *manuka* [um tipo de arbusto] e os *eel-weirs* não sejam destruídos e o solo não se estrague".[107]

Esses maoris exigiam que se sustassem as vendas de terras, que se retomassem os costumes antigos e que houvesse uma separação rígida dos *pakehas*. "Que os bêbados loucos voltem para a Europa", cantavam eles, "o Rei haverá de dominar toda a ilha."[108] A guerra inevitável ficou em suspenso durante vários meses em 1860, enquanto o desespero da situação dos maoris se intensificava por uma epidemia, supostamente de gripe, que assolou Waikato, prostrando metade da população e matando o seu primeiro rei. A morte de Te Wherowhero talvez tenha até mesmo precipitado a guerra, pois ele era um homem dividido:

273

morreu clamando para que seus seguidores fossem bons cristãos e para que seu amigo *pakeha*, sir William Martin, fosse "bom para os negros".[109]

A época de conciliação talvez já tivesse passado quando ele morreu. Na guerra que se seguiu, os maoris lutaram com grande perícia e imensa coragem, adaptando-se admiravelmente a combater os soldados de linha britânicos e as tropas irregulares de *pakehas* nas cordilheiras, ravinas e sertões da ilha do Norte. Mas não estavam verdadeiramente unificados: muitos deles ignoraram a convocação para a guerra, acreditando, acertadamente, que ela só poderia tornar as coisas piores, enquanto outros chegaram mesmo a ajudar os *pakehas*. Além disso, as tribos que empreenderam a guerra careciam de um elemento crucial para a vitória, não sendo capazes de fazer o que o império britânico e os *pakehas* da Nova Zelândia estavam dispostos a fazer: sustentar a campanha de guerra por anos a fio, aparentemente para sempre, se necessário.

Em meados da década de 1860, a guerra deixou de ser um confronto formal e tornou-se uma luta de guerrilha e contraguerrilha, com toda a bestialidade que esse tipo de combate geralmente implica. À medida que a situação dos maoris se deteriorava, um credo religioso que lembrava o culto de Papahurihia trinta anos antes espalhou-se entre os militantes. Novamente surgiu uma estranha mistura de crenças cristãs e maoris: o anjo Gabriel apareceu para o profeta Te Ua Haumene e lhe disse para erguer altos mastros, os *nius*, e que lá prestasse culto como se fosse um altar. Em troca, haveria milagres: todas as coisas materiais que os maoris queriam dos *pakehas* seriam suas, e além disso adquiririam um conhecimento instantâneo da língua inglesa; os *pakehas* seriam derrotados e partiriam; os fiéis seriam invulneráveis a balas se erguessem os braços de determinada maneira e repetissem certas palavras; e assim por diante. Seus cantos eram uma sucessão patética e sem sentido de frases maoris e *pakehas* — só conotação, nenhuma denotação:

Montanha, montanha grande, montanha comprida, cajado grande,
[cajado comprido — Atenção!
Norte, norte-pelo-leste, nor-nor-leste, nor-leste-pelo-norte, colônia
[norleste — Atenção!
Venham para o chá, todos homens, em torno do niu — Atenção!
Sem [filho de Noé], domine o vento, vento demais, venham para o
[chá — Atenção! [110]

Os seguidores mais fanáticos da nova seita, os *hauhaus* (cujo nome provinha das palavras que repetiam em batalha para desviar as balas), reviveram o canibalismo do passado e, em seu desespero, inventaram os ritos mais hediondos que a imaginação pode conceber e talvez tenham mesmo encurtado a guerra ao se lançarem temerariamente na linha de fogo, confiantes em sua invulnerabilidade.

Nada que os maoris pudessem fazer anularia a superioridade numérica e de perseverança dos soldados *pakehas*. O poderio maori declinou, a segurança dos *pakehas* aumentou e, em 1870, o último regimento britânico retirou-se. Os colonos continuaram lutando, com resultados cada vez melhores à medida que aprendiam o detestável ofício do combate não convencional, e a guerra foi minguando até chegar ao fim. Por muito tempo ainda, nenhum *pakeha* no interior da ilha do Norte sentiu-se seguro longe de sua arma, mas em 1875 não havia mais dúvida sobre de quem era a Nova Zelândia. A Nova Zelândia tornara-se neoeuropeia.

Os maoris continuaram lutando por muito tempo depois de a guerra estar perdida. É possível que tenham *começado* a lutar quando a guerra já estava perdida. Em 1870 — um século depois que um cidadão britânico avistara a Nova Zelândia pela primeira vez, uma terra que só tinha um tipo de mamífero quando Carlos Magno foi coroado imperador e apenas quatro quando Cook lá aportou — essa terra contava 80 mil cavalos, 400 mil cabeças de gado bovino e 9 milhões de carneiros, além de uma população de 250 mil *pakehas* (e apenas 50 mil maoris). Durante a guerra, descobrira-se ouro na ilha do Sul, e em dois anos a população branca de Otago aumentou a ponto de se igualar numericamente aos maoris de toda a Nova Zelândia.[111]

Em 1770, o capitão Cook fez a sua célebre afirmação de que a Nova Zelândia daria uma excelente colônia europeia, tendo uma grande semelhança com a Europa, ou pelo menos com a Grã-Bretanha. No entanto, paradoxalmente, não há no século subsequente qualquer evidência de algum organismo neozelandês, vegetal ou animal, micro ou macro, que tenha se naturalizado em qualquer parte da Europa. Em contraste — e consoante com a afirmação de Cook —, muitas espécies de organismos do Velho Mundo se fixaram na Nova Zelândia, propagando-se aos bilhões nos mesmos cem anos. Os *pakehas* não desembarcaram sozinhos na Nova Zelândia. Se o houvessem feito, seu destino talvez tivesse sido igual ao imponente cavaleiro, magnificamente treinado e equipado, que comete o erro fatal de investir sozinho contra as linhas inimigas.

O paralelismo entre a extrema usurpação da biota neozelandesa e o declínio dos maoris não passou despercebido pelos indígenas. Anos antes do tratado de Waitangi, os maoris reconheceram o elo entre o seu destino e o do ecossistema do qual haviam feito parte durante quarenta gerações antes da chegada dos *pakehas*. Eles se identificavam intimamente com o rato polinésio, seu imemorial companheiro e prato principal de muitos banquetes festivos. O rato-preto (ou rato de navio) do Velho Mundo provavelmente se aclimatou bem depressa na Nova Zelândia, e sem causar maiores perturbações — ao contrário do rato marrom (ou norueguês), grande e agressivo, que lá desembarcou por volta de 1830. Em dois anos, esse animal, considerado não comestível pelos maoris, aniquilou os ratos polinésios de boa parte da Terra do Norte e em seguida partiu para o Sul, expulsando seus rivais nativos por onde fosse. No decorrer da década seguinte, o invasor exterminou o rato polinésio em toda a ilha do Norte, exceto em algumas fendas e ilhotas. Os lenhadores brancos, quando provocados pelos maoris, diziam-lhes que os brancos iriam eliminá-los da mesma forma que o novo rato eliminara os antigos, uma ideia que já circulava entre os maoris à medida que a sua situação se deteriorava. Ernst Dieffenbach disse em 1843 que "um dos temas favoritos deles é especular sobre o seu próprio extermínio pelos europeus, à maneira como o rato inglês exterminou o rato indígena".

Na década de 1850, com a chegada de uma avalanche de *pakehas* e de espécies a eles associadas, surgiram novos modelos para a extinção dos maoris. Ervas alienígenas escorriam como mercúrio pelas estradas e mata adentro. As aves nativas fugiam diante do avanço dos cachorros, gatos e ratos importados. A mosca-doméstica, inadvertidamente importada do Velho Mundo, mostrou-se tão eficaz em eliminar a varejeira azul nativa (odiada pelos *pakehas* por causa dos ovos que punha no corpo dos carneiros) que os pastores adotaram o costume de carregar a sua conterrânea em vidros quando viajavam pelo interior. Os ratos marrons tomaram de assalto a ilha do Sul, novamente exterminando quase todos os ratos polinésios, e na década de 1860 já se encontravam nos Alpes do Sul, onde atingiam tamanhos enormes. Julius von Haast, um geólogo que chegou à Nova Zelândia em 1858, escreveu para Darwin que os maoris tinham um provérbio segundo o qual "assim como o rato do homem branco exterminou o rato nativo e a mosca europeia expulsou a nossa mosca, e o trevo dizimou as nossas filifolhas, também os maoris desaparecerão ante o homem branco".[112]

Pakehas de formação científica observaram os mesmos fenômenos e chegaram a conclusões similares. Darwin ficou perplexo diante da falta de reciprocidade no intercâmbio de formas de vida entre a Grã-Bretanha e a Nova Zelândia, e em *A origem das espécies* concluiu que "os produtos da Grã-Bretanha se encontram numa posição muito mais elevada na escala que os da Nova Zelândia. Todavia, um hábil naturalista, examinando os dois países, não poderia prever esse resultado".[113] Dez anos mais tarde, exatamente cem anos depois que o capitão Cook despontou pela primeira vez no litoral da Nova Zelândia, um naturalista *pakeha* e político neozelandês, W. T. L. Travers, observou que o ecossistema das ilhas "atingira um ponto em que, como uma casa construída com materiais incompatíveis, um golpe dado em uma parte faz trepidar e danifica toda a estrutura". Ele estava convencido de que "se todos os seres humanos fossem retirados de uma só vez das ilhas [...] a fauna e a flora introduzidas lograriam substituir a fauna e a flora indígenas". Nem os maoris estavam fazendo frente à competição europeia; o resultado era inevitável e tolerável.

Se, pela intrusão de raças vigorosas da Europa, fazendas risonhas e mercados buliçosos vierem a substituir a clareira tosca e as choupanas dos selvagens, e se milhões chegados de um país populoso, trazendo consigo artes e letras, uma política madura e os impulsos enobrecedores de um povo livre vierem a tomar o lugar de algumas tribos esparsas que hoje vivem num estado de aparente desorientação e estagnação, então até o mais sensível filantropo haverá de aprender a olhar com resignação, ou mesmo complacência, o desaparecimento de uma gente que no passado atingiu tão imperfeitamente todo objetivo da existência humana.[114]

Nem o desesperançado maori nem o perplexo Darwin nem o complacente Travers estavam inteira ou mesmo basicamente corretos. Os maoris atingiram o fundo do poço demográfico na década de 1890, com um nadir de pouco mais de 40 mil habitantes; mas desde então eles recuperaram boa parte do seu ânimo e todo o seu número, e mais. Em 1981, havia 280 mil neozelandeses que se diziam maoris.[115] E nem a biota nativa da Nova Zelândia desapareceu. Qualquer fazendeiro afirmará que a flora indígena é inerradicável e retomará para si qualquer pastagem da qual os animais forem retirados. A fauna, como a flora, foi devastada; mas também ela saiu-se melhor nos últimos cem anos do que o esperado. O quivi ainda remexe o humo à cata de insetos e larvas.

Mesmo assim, não podemos dizer que os maoris, Darwin e Travers eram tolos. As forças que eles observaram remodelando a Nova Zelândia não mantiveram o mesmo ritmo impetuoso para fazerem da Nova Zelândia uma Europa, mas confirmaram-na como uma Neoeuropa. Em 1981, a Nova Zelândia tinha 2,7 milhões de *pakehas*, 70 milhões de carneiros e 8 milhões de cabeças de gado bovino; produziu 326 mil toneladas métricas de trigo, 150 mil de milho, cerca de 7 mil de mel e, em memória aos velhos tempos, 10 mil de *kumara*.[116]

11. EXPLICAÇÕES

Talvez seja a própria simplicidade da coisa que o deixa confuso.
Edgar Allan Poe, *"The purloined letter"*

Se restringirmos o conceito de ervas às espécies que se adaptaram à alteração humana, então o homem é por definição a primeira e grande erva sob cuja influência todas se desenvolveram.
Jack R. Harlan, *Crops and man* (1975)

DA MANEIRA COMO ESTÃO ATUALMENTE constituídas, a biota e a sociedade da Nova Zelândia, e também as das outras Neoeuropas, são basicamente produtos da propagação e disseminação desenfreadas do que chamei biota "portátil", uma designação coletiva para os europeus e todos os organismos que eles carregaram consigo. Compreender o sucesso da biota portátil é a chave para entender o enigma da ascensão das Neoeuropas.

Adam Smith afirmou a respeito do sucesso de um dos organismos mais proeminentes da biota portátil que "em um país nem semipovoado nem semicultivado, o gado naturalmente se multiplica além do consumo de seus habitantes".[1] Smith era um homem dos mais sábios, mas não era historiador nem ecologista, e nós talvez gostássemos de lhe perguntar por que esse país se mostrava tão parcamente povoado e cultivado. Também nos sentimos tentados a ressaltar para ele que na maioria dos lugares e em quase todas as épocas, com ou sem a presença de seres humanos, a proliferação do gado (e, na realidade, a de todos os organismos) é naturalmente mantida dentro de limites decentes pela ação de predadores, parasitos, patógenos e fome. Todavia, a profusão de acontecimentos que contrariavam isso na época de Smith era tal que parece ter ofuscado o seu bom senso.

O triunfo da biota portátil foi maciço nas Neoeuropas, mas

a maioria das previsões extremas de naturalistas do século XIX como W. T. L. Travers revelaram-se exageradas. Pouquíssimas das formas de vida indígenas das Neoeuropas tornaram-se extintas, e na América do Norte e na Australásia os povos nativos estão aumentando mais depressa do que os descendentes de seus conquistadores. No entanto, os indígenas constituem apenas uma pequena fração da população total, e o número de organismos invasores que se disseminaram pelas Neoeuropas não pode ser motivo de escárnio. Hoje as biotas dessas terras são muito diferentes do que eram há apenas algumas gerações humanas. A magnitude da mudança foi sentida mais intensamente pelas suas vítimas humanas do que por seus beneficiários humanos. No final do século XIX, os ameríndios das planícies e das montanhas do Oeste da América do Norte, enfrentando uma derrota absoluta em seu longo embate com os brancos, conceberam uma nova religião que antevia uma mudança imediata tão grandiosa quanto a dos trezentos anos anteriores: um mundo inteiramente novo, em que os ameríndios falecidos voltariam à vida e em que os búfalos, os uapitis [uma espécie de alce] e todos os outros animais que eles costumavam caçar reapareceriam em sua antiga profusão vindos do Oeste, tocando de leve a superfície do mundo atual. Os ameríndios que dançassem a Dança dos Espíritos seriam carregados para cima graças às suas penas sagradas usadas nas danças, e então desceriam e pousariam nesse mundo renovado — onde, depois de quatro dias de inconsciência, despertariam para encontrar tudo como era antes da chegada dos europeus.[2] Os navegadores e sua biota portátil haviam realizado uma revolução mais extrema do que qualquer outra jamais vista no planeta desde as extinções do final do Pleistoceno, e os derrotados só conseguiam conceber a sua reversão por meio de um milagre colossal.

O que estava e está subjacente a essa revolução biológica? Voltemos à técnica de C. Auguste Dupin recomendada no primeiro capítulo e consideremos o fator mais óbvio: a localização geográfica. As Neoeuropas estão todas situadas em zonas climáticas semelhantes às da Europa, e para os organismos de origem europeia isso representa uma vantagem que não precisa ser reiterada. Além do mais elas estão todas situadas muito longe da Europa, no mínimo do outro lado do oceano Atlântico, e algumas até do outro lado do mundo. Monsieur Dupin dá uma baforada em seu cachimbo de espuma do mar e recomenda *"cherchez* os sinais e efeitos da distância e do isolamento".

As suturas da Pangeia soltaram-se e afastaram-se dezenas de milhões de anos atrás, e depois disso a biota do Velho Mundo, inclusive a da Europa e a das Neoeuropas evoluíram separadamente. Esse processo de tempos em tempos era interrompido pelo aparecimento de largas "pontes terrestres" sobre as quais se fazia um intercâmbio de espécies, mas de um modo geral as histórias das formas de vida de cada uma das regiões foram significativamente diferentes.

As várias biotas distintas não se desenvolveram de maneiras intrinsecamente melhores ou piores, superiores ou inferiores — estes termos não têm qualquer significado científico —, mas as biotas das futuras Neoeuropas talvez tenham sido mais simples no sentido de possuírem menos membros do que a da Europa (que fazia parte de um conjunto geográfico muito maior do que o daquelas que viriam a ser suas futuras colônias no além-mar). Essa diferença — ou talvez devêssemos dizer *suposta* diferença, quando comparamos Europa e América do Norte — precisa ser encarada com cautela, antes de podermos tirar muitas conclusões, pois essa dessemelhança era muito mais evidente quando os navegadores chegaram do que quando as Neoeuropas se tornaram pela primeira vez hábitat de seres humanos, milhares de anos antes. Essa ampliação recente das diferenças entre a biota nativa do Velho Mundo e as das Américas e da Australásia é uma questão que aguça a nossa curiosidade.

Porém, antes de a considerarmos, vejamos a consequência mais óbvia do isolamento das Américas e da Australásia em relação ao Velho Mundo. Nem os humanos nem os antropoides são nativos daquelas regiões; quando os seres humanos lá puseram os pés pela primeira vez estavam ingressando em ecossistemas em que eram inteiramente alienígenas. Não havia nas novas terras nenhum predador, parasito ou patógeno nativo que estivesse adaptado para tomá-los como vítimas. As criaturas carnívoras, por possuírem cérebro e vontade, talvez conseguissem se adaptar depressa o bastante, mas os micro-organismos haveriam de demorar muito mais. Pelo que sabemos, nenhuma grande doença humana teve origem na Australásia, e há pouquíssimas de procedência americana, sendo que os seus patógenos nunca se adaptaram o suficiente aos seres humanos para se estabelecerem por conta própria em qualquer lugar fora das Américas — com a possível exceção dos espiroquetas da sífilis venérea.

Não podemos ignorar a probabilidade de esses primeiros seres humanos que chegaram às Américas e à Oceania terem trazido patógenos e parasitos consigo; todavia, esses organismos não devem ter sido passageiros muito mortíferos ou debilitantes. Aqueles que os transportavam eram nômades que acompanhavam manadas pela tundra, da Sibéria ao Alasca, passando de ilha para ilha no arquipélago indonésio, navegando de afloramento vulcânico para atol e para outro atol pelo Pacífico inteiro. Todos, exceto os mais robustos, sucumbiram, e os que adoeciam eram abandonados. Quanto às verminoses dos nômades, o fato de mudarem periodicamente de lugar obrigava-os a deixar para trás a maior parte do seu lixo e, com ele, os vermes. Os maoris foram com certeza um bando particularmente saudável, pois precisaram se livrar de todo um sortimento de insetos, vermes e patógenos tropicais — os causadores da bouba, por exemplo — quando navegaram das ilhas quentes da Polinésia central para as terras mais frias da Nova Zelândia.

É lógico supor que as taxas de crescimento populacional dos primeiros seres humanos a chegar às Américas e à Australásia tenham sido muito maiores do que as usuais para povos caçadores ou coletores. Eles haviam deixado para trás os seus antigos inimigos e entrado em regiões onde não havia qualquer inimigo novo. Além disso, deve ter existido a princípio uma verdadeira cornucópia de alimentos disponíveis.

O ingresso de uma nova espécie em um ecossistema pode

alterá-lo tremendamente. O ser humano, na qualidade de primeira espécie do Novo Mundo, da Austrália e da Nova Zelândia a ser capaz de um uso extensivo da razão e das ferramentas, deve ter tido um efeito totalmente desproporcional ao seu número. Pois o ser humano consegue adaptar rapidamente suas técnicas de caça de modo a tirar proveito do previsível comportamento defensivo de uma espécie. Pode, por exemplo, levar o macho ou machos dominantes a adotar uma posição de briga, deixando assim a fêmea e os filhotes sem defesa para um ataque de outro ângulo. Pode aprender a pôr em debandada uma manada para que despenque de um penhasco ou caia em um pântano. Pode aprender a atacar onde e quando os animais se reúnem para acasalar, ou a atacar fêmeas prenhes ou filhotes ainda mais discriminadamente do que os predadores normais. Pode incendiar florestas e pradarias e, se for constante nisso, pode alterar a biota dessas regiões para sempre. O ser humano, mesmo que armado apenas com uma tocha e instrumentos de pedra e madeira calcinada, é o mais perigoso e implacável predador do mundo.

Quando os seres humanos entraram pela primeira vez nas Américas e na Australásia, não havia por certo qualquer escassez de animais de grande porte. Mamutes, bichos-preguiça terrícolas gigantes, tigres-dentes-de-sabre e outras criaturas horripilantemente gigantescas dominavam o Novo Mundo, e vastíssimas manadas de búfalos gigantes, cavalos nativos e camelos estrepitavam pelas pradarias americanas. Na Austrália, reinavam os grandes monotremados e marsupiais, entre eles cangurus um terço maiores do que qualquer exemplar vivo hoje, além do *Thylacoleo carnifex*, uma criatura carnívora parecida com o tâmia, mas dotada de enormes presas e garras, e medindo mais de dois metros, sem contar a cauda. Não havia nenhum desses monstros mamíferos para saudar os maoris na praia, embora os maiores moas fossem duas vezes mais altos e mais de duas vezes mais pesados que um homem. No geral, podemos dizer que as Américas eram tão ricas em grandes animais quanto o Velho Mundo, a Austrália menos, mas não muito menos, e até a Nova Zelândia tinha os seus gigantes.[3]

No entanto, quando os navegadores despontaram nos horizontes maoris, aborígines e ameríndios, os gigantes das Américas e da Australásia tinham desaparecido. Não havia nenhum mamífero carnívoro americano tão grande quanto os leões e tigres do Velho Mundo, e nenhum herbívoro que se comparasse ao elefante, rinoceronte ou hipopótamo, como ressaltou depreciativamente o conde de Buffon, um naturalista francês do século XVIII. A anta, o maior quadrúpede da América do Sul, "não é maior que um bezerro de seis meses ou que uma mula muito pequena".[4] Americanos patrióticos podem apontar orgulhosamente para o seu condor, a maior ave existente, mas subsiste a verdade de que em tempos históricos a biota nativa do Novo Mundo era inferior à do Velho Mundo no que se refere à existência de grandes quadrúpedes (embora os americanos possam reinflar o ego apontando a biota da Austrália e da Nova Zelândia, inferiores em quadrúpedes até mesmo à da América).

No cômputo geral, o mundo perdeu mais tipos de grandes animais terrícolas nos mil anos próximos ao fim do Pleistoceno do que em qualquer outro período igualmente breve dos últimos muitos milhões de anos, e em nenhuma outra região as perdas foram tão notáveis quanto nas Américas e na Austrália. Alguns milhares de anos depois, essa onda de extinções alcançou as últimas grandes ilhas habitadas por seres humanos, a Nova Zelândia e Madagascar — cujas perdas, em proporção ao tamanho de suas biotas, foram tão grandes ou até maiores.[5] Quando os navegadores chegaram, os campos e florestas dessas terras e ilhas depauperadas estavam mais suscetíveis à invasão de uma fauna alienígena do que qualquer outro do mundo. Se estivessem tão densamente povoados com manadas de ruminantes e bandos de carnívoros — como haviam estado quando os primeiros seres humanos lá chegaram (ou, por exemplo, como a África do Sul se encontrava quando os holandeses lá se fixaram em meados do século XVII) — a disseminação e a vitória dos animais europeus de criação, domesticados e selvagens, teriam sido lentas e exigido consideravelmente mais intervenção humana. O triunfo dos europeus, que até recentemente sempre dependeu de cavalos, gado bovino, carneiros e outros animais, também teria sido mais lento, talvez tão lento e discutível quanto o dos europeus na África do Sul, onde, mais do que em qualquer outra Neoeuropa, os seus animais de criação tiveram que partilhar o *veldt* com alguns dos maiores e mais perigosos animais que vivem até hoje e com maior quantidade de parasitos e patógenos da flora e da fauna locais. Cinquenta anos depois de os primeiros cavalos serem introduzidos na África do Sul, havia ainda só novecentos deles; meio século depois de os cavalos desembarcarem nos pampas, o número dos que corriam pelas pradarias era incontável.[6]

O momento e o modo como os gigantes foram extintos são questões da maior importância na história de como as Neoeuropas se tornaram neoeuropeias. Uma teoria que diversos cientistas, notadamente Paul S. Martin, apresentaram para explicar essas extinções tem provocado a maior controvérsia entre paleontólogos, arqueólogos e outros especialistas. Se verdadeira, ela lança muita luz sobre a obscura Pré-História das Neoeuropas. Martin chama a atenção para um grande corpo de evidências que mostram que, em todo o mundo, o surgimento de caçadores humanos dos grandes animais coincidiu com o desaparecimento dos gigantes (certamente o repasto mais apetitoso disponível em quantidade). Naquelas regiões em que seres humanos e gigantes haviam habitado juntos por vários milênios, como no Velho Mundo, os gigantes aprenderam a se precaver contra os caçadores bípedes, muitos — não todos, mas muitos — dos maiores animais tendo sobrevivido até os tempos modernos e alguns até os nossos dias: os elefantes e os leões da África, e os elefantes, tigres, cavalos selvagens e camelos da Ásia. Mas naquelas regiões onde os grandes animais não contavam com a vantagem de centenas de milhares de anos de adaptação à presença humana, como nas Américas e na Australásia, os caçadores conseguiram massacrá-los de tal forma que quase todos eles foram completamente eliminados.[7]

Para muitos essa teoria é estapafúrdia. Como poderiam caçadores da Idade da Pedra eliminar espécies inteiras, e até gêneros, de animais supostamente tão perigosos? Entretanto, contrateorias de alteração climática universal (invernos mais longos, verões mais secos, ou seja lá o quê) parecem ainda menos satisfatórias: simplesmente não houve tal alteração, pelo menos ela não afetou as várias partes do globo em questão nas várias e diferentes épocas em que cada uma perdeu os seus gigantes. E por que a alteração climática acabaria com os animais grandes mas não com os pequenos? Talvez os menores precisassem de menos alimento e, portanto, tenham sobrevivido melhor à fase de penúria do que os maiores. Talvez; mas a teoria do *deus ex climatica* tem atualmente menos evidência a corroborá-la do que a teoria da supermatança. Talvez parasitos e patógenos letais, anteriormente presentes apenas no Velho Mundo, tenham entrado nas Américas e na Australásia junto com os caçadores e com as outras criaturas que chegaram na mesma época e pelos mesmos meios. Mas por que eles matariam só os grandes animais e não os pequenos? Voltamos aos caçadores como a melhor maneira de explicar o desaparecimento dos gigantes.

Os caçadores, é claro, não precisariam atacar os grandes carnívoros para eliminá-los, pois estes teriam sucumbido automaticamente se as suas presas, os grandes herbívoros, desaparecessem. Quanto às enormes bestas vegetarianas, dispomos de evidências arqueológicas — por exemplo, ossos de mamutes contíguos com pontos de projéteis — de que os seres humanos de fato mataram alguns deles. Temos também evidências bastante persuasivas de que os seres humanos, usando fogo, foram responsáveis pela eliminação de várias espécies de criaturas gigantescas pouco depois do ano 1000 d.C. em Madagascar e na Nova Zelândia. As queimadas dos maoris transformaram as florestas da parte oriental da ilha do Sul em pradarias — ou, em outras palavras, fizeram com que o cenário natural no qual os moas podiam viver se transformasse a ponto de não permitir mais isso.[8]

A "estupidez" de animais desacostumados à investida humana deve ter sido importante. Num grau considerável, os animais

287

aprendem a evitar o perigo não através da experiência individual mas da hereditariedade; são necessárias várias gerações para estampar nos genes as informações referentes a novas ameaças. Os caçadores humanos eram muito menores do que quaisquer criaturas que os gigantes precisassem temer anteriormente; na realidade, os humanos não se assemelhavam a nada que as bestas americanas e australasianas tivessem visto antes. Os gigantescos animais terrestres estavam tão mal equipados para se protegerem da agressão humana quanto as baleias nos dias de hoje. Na primeira metade do século XIX, baleeiros europeus e neoeuropeus, embora dispusessem apenas do vento e da sua própria força para impelir as embarcações, e nenhuma arma mais eficiente do que o arpão manual, conseguiram eliminar quase totalmente algumas espécies de baleias no Atlântico e no Pacífico. Esses animais enormes, fortes e inteligentes seriam fisicamente capazes de se defenderem dos caçadores evitando-os ou atacando-os, mas simplesmente não sabiam como, e nem sequer sabiam que deveriam agir assim.[9] A grande exceção, Moby Dick, foi menos a manifestação de uma malevolência abstrata do que um aprendiz excepcionalmente rápido.

Não há motivo para que as histórias de baleias e baleeiros e de animais gigantescos das Américas e Australásia e caçadores invasores não tenham sido basicamente as mesmas. Se os caçadores acabaram de fato com os gigantescos animais terrestres, que não dispunham da vastidão dos oceanos para se abrigarem, isso ajuda muito a explicar o sucesso dos animais de criação bravios do Velho Mundo nas Neoeuropas durante as últimas centenas de anos. Oferece uma explicação para os misteriosos nichos ecológicos vazios, ou talvez devêssemos dizer esvaziados, da Austrália em 1788 e de que os invasores logo tomaram posse. Por exemplo, antes da proliferação das cabras, camelos e outros animais de boca insensível e estômago de ferro, não havia grandes ruminantes na Austrália devorando os seus arbustos e touças. Hoje há — aos milhares. As cabras espalharam-se pelo interior despovoado, e por volta de 1950 a Austrália tinha a maior população de camelos selvagens do mundo, entre 15 mil e 30 mil.[10]

A teoria de Martin também ajuda a explicar a história da fauna dos pampas, onde os animais de criação bravios vindos da Europa obtiveram o seu mais espetacular sucesso. Os pampas distam cem graus de latitude do estreito de Bering, o presumível ponto de entrada dos primeiros seres humanos que chegaram às Américas, de modo que estamos justificados em especular que eles foram uma das últimas regiões a serem ocupadas pelos caçadores e que o desregramento do ecossistema que provocaram ocorreu recentemente em relação às outras regiões férteis das Américas. Quando os navegadores desembarcaram no século XVI e animais de criação do Velho Mundo avançaram determinadamente em terra firme, ainda havia grandes nichos escancarados no ecossistema. Daí a espantosa proliferação do gado bovino e dos cavalos nas décadas subsequentes. Até os carneiros, dóceis e mansos, conseguiram viver independentemente nos pampas — não aos milhões, mas aos milhares.[11]

A biota portátil chegou até mesmo a fornecer aos pampas o seu principal animal carnívoro. Os carnívoros locais deveriam ter sido suficientes para conter as manadas selvagens, mas obviamente não foram. Talvez não tivessem ainda se recuperado da primeira onda de seres humanos que haviam chegado à região vindos do Norte. Mas, quaisquer que tenham sido os motivos, as manadas de animais de criação do Velho Mundo derribaram os animais carnívoros locais e atingiram populações de dezenas de milhões de cabeças. (Teriam atingido números ainda um pouco maiores não fosse a regra de que os alimentos acabam com o tempo gerando comedores.) Não depois da metade do século XVIII, e com toda a probabilidade muito antes disso, os mais importantes predadores animais dos pampas eram os cachorros do Velho Mundo, foragidos e de volta ao estado selvagem, conhecedores dos modos dos seres humanos e dos animais de criação, e correndo em matilhas como seus longínquos ancestrais. Viviam de carniça, porcos selvagens e o mais que conseguissem abater. Comparados com os leões, os leopardos e os lobos eurasianos e norte-americanos, os cães não chegavam a impressionar, mas havia tantos deles que os colonos ibéricos tinham de instituir campanhas anuais para reduzir o seu número.[12]

Em 1500, o ecossistema dos pampas estava arrasado, desgastado, incompleto — como um brinquedo nas mãos de um colosso pouco cuidadoso. Os ibéricos o reconstruíram, embora quase sempre sem tal intenção, usando novas peças se as velhas estivessem faltando ou fossem inadequadas, e acabando por convertê-las (mas não antes do século XIX) em seus organismos dominantes.

Um caso contrastante foi o das planícies norte-americanas, onde os europeus tiveram de desmontar um ecossistema existente antes que pudessem obter um mais compatível com as suas necessidades. Até três séculos depois da chegada dos brancos, essas estepes ainda eram dominadas por milhões de búfalos americanos, embora os quadrúpedes imigrantes tivessem tido iguais oportunidades para adquirir o mesmo controle que tiveram nos pampas. Havia gado bravio em grande quantidade no Sul do Texas no século XVIII e início do século XIX, e quando os rancheiros texanos levaram seus *longhorns* para o Norte a fim de aproveitar as vantagens da expansão dos mercados urbanos do Nordeste dos Estados Unidos depois da Guerra Civil, os animais saíram-se bem. Mas não parecem ter sido capazes de prosperar por conta própria nas vastas extensões do Centro e do Norte estadunidense. Cavalos selvagens espalharam-se do México ao Canadá, mas nunca vagaram pelas planícies na mesma quantidade que nos pampas. Provavelmente a rapidez do seu avanço foi consequência mais do comércio lícito e ilícito dos ameríndios do que de uma tendência migratória natural.

Búfalos maiores do que qualquer um que conhecemos hoje vagavam pela América do Norte muitos milhares de anos antes da chegada dos seres humanos; e sucumbiram na mesma época que os mamutes, cavalos e camelos. O búfalo moderno sobreviveu, talvez por ter as patas mais céleres, talvez por ser um pouco mais esperto ou um pouco menos desdenhoso da ameaça dos novos bípedes, talvez porque se reproduzia mais depressa. Não sabemos por quê — mas a sua presença na América do Norte em tempos históricos, juntamente com a de outros gigantes de médio porte como o alce, o uapiti [*Cervus canadensis*], o *musk ox* [conhecido como boi-almiscarado ou carneiro-almiscarado por combinar características de ambas espécies] e o urso-escuro, é motivo de especulação. Animais do mesmo porte não sobreviveram na América do Sul ou na Australásia. Björn Kurtén chamou a atenção para a origem eurasiana da maioria dos grandes quadrúpedes norte-americanos sobreviventes, e sugere que eles conseguiram se manter graças a um prolongado condicionamento anterior com os caçadores humanos.[13] Os europeus tiveram que massacrá-los, especialmente os búfalos, antes que pudessem assumir, junto com seus animais de criação e suas plantas, a posição que hoje detêm na biota das planícies.

Não podemos aqui comprovar ou refutar a teoria de Martin, mas apenas notar que ela oferece uma explicação para muitos fenômenos das Neoeuropas que, sem ela, permaneceriam obscuros. E estabelece entre os ameríndios, os aborígines e os maoris, de um lado, e os invasores europeus, de outro, uma relação nova e intelectualmente instigante: não apenas como adversários, sendo os indígenas passivos e os brancos ativos, mas como duas ondas sucessivas de invasores da mesma espécie, os primeiros atuando como tropas de choque e abrindo caminho para a segunda onda, numericamente maior e com economias mais complicadas.

Deixemos a influência sobre as Neoeuropas de acontecimentos de milênios e eras anteriores aos navegadores e passemos para os últimos quinhentos anos, onde pisaremos em terreno mais firme.

Os membros da biota portátil gozavam no mínimo da mesma vantagem que tiveram os primeiros seres humanos e seus organismos ao atravessarem da Eurásia para o Novo Mundo: a de ingressar em território virgem e, com sorte, deixar muitos inimigos para trás. Lá no Velho Mundo, especialmente nas áreas densamente povoadas da civilização, diversos organismos haviam aproveitado a contiguidade com os seres humanos, suas plantas e animais para tornarem-se parasitos e patógenos. Esses "bicões" tendiam a demorar mais para emigrar para as Neoeuropas do que os seres humanos e os organismos que estes carregavam intencionalmente consigo. Por exemplo, os europeus levaram o trigo para a América do Norte, criando no século XVIII o primeiro de seus muitos cinturões de trigo no vale do rio Delaware, onde o cereal muito prosperou pela ausência de inimigos. Mas então o seu arquifustigador, a mosca hessiana, desembarcou — trazida, segundo acusações injustas, pelos mercenários de George III [as tropas hessianas da Revolução Americana], que a teriam transportado desde o outro lado do Atlântico em seus colchões de palha —, obrigando os fazendeiros daquele vale a se dedicarem a outro tipo de plantação. A *Mayetiola destructor* — quem lhe deu esse nome tinha em mente a sua significação econômica — também chegou à Nova Zelândia, mas na Austrália e nos pampas continuava até 1970 sendo uma presença secundária, se é que estava presente.[14]

Vários dos patógenos dos animais de criação só seguiram os seus hospedeiros nas travessias transoceânicas muito tempo depois. A raiva, uma doença de gatos, morcegos e roedores selvagens do Velho Mundo, aparentemente só chegou às Américas em meados do século XVIII, e nunca se estabeleceu na Australásia.[15] A peste bovina explodiu na Europa ocidental no século XVIII, matando hostes de reses, e alcançou o Sul e o Leste da África no final do século XIX, massacrando literalmente milhões de ungulados domesticados e selvagens, mas nunca se firmou no Novo Mundo, na Austrália ou na Nova Zelândia.[16] A febre aftosa, uma praga bem conhecida na maioria dos países criadores, surgiu diversas vezes nas Neoeuropas, mas sempre foi erradicada na América do Norte e na Australásia. A doença conseguiu se estabelecer na América do Sul, que, no entanto, havia se preservado dela por vários séculos depois da chegada dos primeiros animais do Velho Mundo.[17] No artigo "Diseases of animals" na 15ª edição da *Encyclopaedia Britannica*, há uma tabela intitulada "Doenças de animais geralmente restritas a certas regiões do mundo" onde estão incluídos os nomes de treze grandes infecções. Destas, apenas duas estão estabelecidas nas Neoeuropas: a

292

pleuropneumonia contagiosa, na Austrália, e a febre aftosa, no Sul da América do Sul. Através de quarentenas, fumigação, vigilância e, se necessário, até do abate de animais doentes ou suspeitos, os neoeuropeus continuam mantendo sua vantagem sobre os pecuaristas das seções centrais da Pangeia no tocante às doenças dos animais.[18]

A vantagem dos neoeuropeus com relação às suas próprias doenças foi durante anos quase igualmente expressiva, embora os colonizadores tenham atravessado os mares em maior número do que os animais e tenham rechaçado todas as técnicas mencionadas acima para impedir a disseminação de seus próprios patógenos. Do século XV nas ilhas Canárias a meados do século XIX na Nova Zelândia, os intrusos europeus não cessaram de comentar a respeito da salubridade de seus novos lares, da inexistência de doenças a serem contraídas e da ausência das doenças antigas. A região em torno de Buenos Aires — cujo nome já diz tudo — tinha um clima excelente, e os espanhóis de lá atingiam idades bem avançadas em excelente estado de saúde, chegando aos noventa ou cem anos, de acordo com Juan López de Velasco.[19] Um jesuíta, o padre Bressani, disse acerca da Nova França em 1653 que nenhum europeu ligado à missão do Huron morrera de causas naturais em dezesseis anos, "ao passo que na Europa raros são os anos em que não morre alguém em nossos Colégios, mesmo aqueles com não muitos internos".[20] Os primeiros ianques recomendavam que "toda compleição fria* busque remédio na *Nova Inglaterra*; pois um sorvo de ar da Nova Inglaterra é melhor que toda uma talagada de *ale* [espécie de cerveja] da *Velha Inglaterra*". Publicidade imobiliária? Sim, mas não inteiramente enganosa. Em Andover, Massachusetts, os primeiros colonizadores morriam em média com 71,8 anos, uma longevidade impressionante para a época.[21] Em 1790, o governador de Nova Gales do Sul afirmou que "clima melhor e mais

---

* Referência aos humores frio, quente, úmido e seco que em variadas combinações determinavam a natureza de todo ser vivo na fisiologia medieval. (N. T.)

saudável não se encontra em qualquer parte do mundo". Das 1030 pessoas que haviam desembarcado com ele dois anos antes, muitas com escorbuto e metade delas prisioneiros condenados advindos das subnutridas classes baixas da Grã-Bretanha, somente 72 haviam morrido, "e, pelos relatórios do médico do regimento, parece que 26 faleceram por causa de doenças antigas, que com toda a probabilidade as teriam levado ainda mais depressa na Inglaterra".[22] Na Nova Zelândia, os *pakehas* diziam que a sua terra era a mais salubre do mundo, e citavam estatísticas para provar. Em 1859, a taxa de mortalidade entre os soldados de infantaria britânicos no Reino Unido era 16,8 por mil, mas na Nova Zelândia apenas 5,3 por mil. Em 1898, de cada 10 mil bebês do sexo masculino nascidos vivos na Nova Zelândia, 9033 sobreviveram o primeiro ano; em Nova Gales do Sul e em Victoria, 8672; na Inglaterra, 8414.[23]

Isso se deveu a uma melhor alimentação e a um padrão de vida ascendente. Outro fato significativo é que os patógenos do Velho Mundo demoraram mais do que as pessoas de lá para emigrar além-mar e foram ainda mais lentos em se aclimatar. O vírus da varíola nunca se fixou permanentemente na Australásia, e nos pampas e na América do Norte só o fez depois da era colonial. Não havia gente suficiente para manter a doença como uma infecção endêmica. As epidemias de varíola proporcionavam seus horrores aos neoeuropeus no mínimo a cada geração, mais ou menos; porém, com toda a probabilidade, uma porcentagem maior deles do que de europeus conseguia escapar da infecção. Os plasmódios da malária só foram se aclimatar na América do Norte na década de 1680, e a data de sua chegada à América do Sul é incerta. Eles nunca conseguiram se estabelecer permanentemente na Australásia, embora o clima das regiões do Norte da Austrália fosse quase ideal para os mosquitos transmissores.[24]

Contudo, não devemos exagerar a importância da data em que uma dada doença se instalou ou não nessa ou naquela colônia. O predomínio dos patógenos — a densidade, por assim dizer, do meio ambiente mórbido — é mais importante; durante muitos anos após a chegada dos povos do Velho Mundo, o

294

perigo de infecção permaneceu para eles menor nas Neoeuropas do que em seus países de origem. Para estabelecermos uma analogia, existem irlandeses morando em Denver, no Colorado, e em Dublim, na Irlanda; só que podemos caminhar dez quarteirões em Denver sem encontrar um único irlandês, ao passo que em Dublim não podemos dar dez passos sem nos depararmos com um.

Milhares de europeus — para quem as pestilências, da peste bubônica à gripe, eram presença constante desde o momento em que nasciam (sendo causa de alguns problemas e clímax de outros, como crises econômicas, fomes e guerras)[25] — haviam cruzado as suturas da Pangeia e deixado para trás seus algozes microscópicos. Havia um preço a pagar, é claro. Um preço baixo, por certo, mas que não podia ser relegado: o fato de estarem afastados da biota afro-eurasiana, ainda que por apenas uma geração, aumentava a sua vulnerabilidade às doenças. Por exemplo, os neoeuropeus nascidos nas colônias da América do Norte britânica cresceram numa região em que a varíola era epidêmica e não endêmica, e por isso muitas vezes chegavam à idade adulta sem terem sido expostos a ela. Quando membros de sua aristocracia iam para Oxford e Cambridge receber um polimento europeu, passavam a ter uma chance muito grande de contraírem "esse Hediondo Vil e perigoso mal antes de se aclimatarem ao Ar da Inglaterra em que muitos de nossos Conterrâneos e Conterrâneas perderam a vida". Esse perigo bastante real teve diversas consequências, algumas não muito evidentes. Por exemplo, uma tal ameaça tendia a prejudicar a Igreja Anglicana nas colônias, pois somente um bispo podia ordenar seus ministros, e os únicos bispos anglicanos moravam nas ilhas Britânicas. Para quem quisesse servir a Deus como ministro anglicano, a viagem até a Inglaterra era longa e dispendiosa, e implicava o risco de contrair varíola. A Igreja da Inglaterra, já numa posição de fragilidade em colônias dominadas por religiões não conformistas, prosseguiu manquejando, ao passo que suas rivais, que podiam ordenar o clero do lado seguro do Atlântico, prosperavam.[26]

Se uma ou duas gerações afastadas desses patógenos podiam

provocar tamanha vulnerabilidade, o que dizer de 10 mil anos, ou o dobro ou o triplo disso? Os indígenas das Américas e da Australásia eram praticamente indefesos diante da violenta ofensiva dos patógenos do Velho Mundo trazidos pelos europeus. Os ameríndios, os aborígines e os maoris haviam deixado para trás muitos dos patógenos que afligiram seus antepassados e, em seus novos lares, haviam se deparado com pouquíssimos outros. Essa vanguarda da humanidade estava protegida nos limites extremos das suturas da Pangeia quando novos patógenos mortíferos estavam se desenvolvendo nos centros populacionais criados pela Revolução Neolítica do Velho Mundo. Nem os aborígines nem os maoris haviam construído centros densos como as cidades do Velho Mundo, como também não possuíam grandes manadas de animais domesticados (não havendo, portanto, hibridação de novas classes de patógenos). Os ameríndios edificaram cidades, mas muito depois que no Oriente Médio, e também não tinham manadas de animais domesticados, exceto na região dos incas. Em relação aos europeus, os ameríndios provavelmente estavam tão atrasados no cultivo de patógenos quanto na metalurgia.[27]

Os indígenas das Américas e da Australásia pagaram de uma só vez o preço por seus milênios de boa saúde, pois eram tão indefesos quanto os bebês contra a maioria dos patógenos trazidos pelos homens e mulheres vindos do Velho Mundo. Na realidade, talvez fossem até mais vulneráveis às doenças importadas do que as crianças de colo do Velho Mundo, pois esses bebês descendiam de gerações que haviam convivido com as infecções — infecções que há milênios vinham pondo de lado os membros mais vulneráveis da população do Velho Mundo, eliminando-os da cadeia genética. Em contraste, os patógenos do Velho Mundo nem sequer haviam roçado nos povos das Américas e da Australásia, tão ou mais isolados que os guanchos. Como estes, eles trazem, e presumivelmente traziam há quinhentos anos, o sinal distintivo de povos que viveram por milhares de anos afastados da Eurásia e da África e, portanto, do grosso da humanidade: poucos membros (ou nenhum) com sangue do tipo B e, no caso dos ameríndios, uma porcentagem quase absoluta de sangue do tipo O.[28] Os ameríndios, os aborígines e os australasianos eram povos verdadeiramente isolados. Mantiveram-se diferentes dos europeus, asiáticos e africanos por milhares de anos, de modo que a capacidade de seu sistema imunológico provavelmente também era diferente.

Mas isso é pura especulação, e não precisamos da genética para explicar a facilidade com que os patógenos de doenças alienígenas se espalharam entre os indígenas das Neoeuropas. Doenças infecciosas e populações de vítimas em potencial são como fogo e floresta: se há muito tempo que não ocorrem incêndios numa floresta, o primeiro que sobrevier tenderá a ser uma conflagração generalizada, uma verdadeira tempestade de fogo. Qualquer povo da Terra, quando exposto a um tipo virulento de varíola pela primeira vez, irá sofrer taxas de infecção de até 100%, e com índices de mortalidade de um quarto, um terço ou mais. Até mesmo a medicina moderna só consegue uma ligeira redução desses índices, e provavelmente os remédios caseiros e o pânico daqueles que nunca se defrontaram com o flagelo resultarão na elevação deles. Em 1972, um peregrino voltando de Meca introduziu a varíola na Iugoslávia, onde há 42 anos não se tinha um único caso. Antes que medidas de saúde pública estancassem a sua proliferação, 174 iugoslavos haviam contraído a doença e 35 morrido.[29] Se um povo da sofisticação científica dos iugoslavos modernos não conseguiu fazer mais do que manter o índice de mortalidade em um quinto dos infectados, não devemos nos surpreender com relatos em que um terço ou metade dos aborígines de Sydney, ou dos narrangasetts, ou dos araucanos, sucumbiram pela ação de patógenos semelhantes.

O único modo verdadeiramente eficaz de enfrentar os principais patógenos transmissíveis do mundo é diretamente, adquirindo assim — aqueles que conseguirem sobreviver — imunidade contra eles. Isso pode ser feito pela inoculação de vírus mortos ou atenuados, ou de variedades muito parecidas mas mais brandas; ou pode ser feito contraindo-se a doença, preferivelmente enquanto criança, quando as chances de sobreviver são maiores. O primeiro método caracteriza as sociedades avançadas dos últimos cento e poucos anos; o último tem caracterizado a maioria das sociedades humanas ao longo de toda a história registrada. Quarentena absoluta — isolamento perpétuo — é um método superficialmente atraente para lidar com o perigo; ele é capaz de salvar o indivíduo, mas condena todo o seu grupo mais cedo ou mais tarde ao desastre, pois o isolamento nunca pode ser permanente. Em meados do século XIX, durante a Guerra das Castas na península do Yucatán, alguns maias, os cruzobs, que adoravam a Cruz Falante, retiraram-se do contato com qualquer estranho. Seu intuito primordial não era evitar a varíola, mas o afastamento acabou tendo esse efeito. Em 1915, os líderes dos cruzobs iniciaram negociações com os mexicanos e imediatamente contraíram varíola. Seguiu-se então uma epidemia em "solo virgem" como as do século XVI, reduzindo a população dos cruzobs de 8 a 10 mil para aproximadamente 5 mil.[30] Esses ameríndios sofreram o suplício do Neolítico do Velho Mundo não uma, mas duas vezes.

Um dos fatores mais importantes do sucesso da biota portátil é tão simples que se torna fácil relegá-lo: os seus membros não atuaram isoladamente, mas em equipe. Às vezes uns contra os outros, como no caso dos fazendeiros e das moscas hessianas, mas mais frequentemente uns em benefício dos outros, ao menos a longo prazo. Às vezes a ajuda mútua é óbvia, como quando os europeus importaram abelhas para polinizar suas plantações; outras vezes é obscura, como nas Grandes Planícies, quando os brancos e seus mercenários dizimaram quase todos os búfalos — propiciando assim o alastramento de patógenos venéreos, alguns dos quais eram certamente imigrantes. Um médico que cuidava dos sioux em Fort Peck no final do século passado estimou que a tragédia das infecções venéreas entre as mulheres não era apenas uma consequência da imoralidade, e sim o resultado de uma mudança mais geral: "Elas eram castas até o desaparecimento dos búfalos".[31]

Vejamos um exemplo mais claro de como a biota portátil se assemelha a uma sociedade de ajuda mútua: a história dos capins de forragem. Essas ervas (vale lembrar que neste livro chamamos de erva toda planta oportunista) foram vitais para a proliferação dos animais de criação europeus e, portanto, dos próprios europeus. Existem cerca de 10 mil espécies de capim, mas apenas quarenta estão presentes em 99% das pastagens semeadas de todo o mundo. Poucas, se é que há alguma, dessas quarenta são nativas das grandes pradarias situadas fora do Velho Mundo. Vinte e quatro das quarenta são encontradas naturalmente e, ao que tudo indica, têm crescido há muitíssimo tempo numa região que compreende a Europa (com exceção da Escandinávia), o Norte da África e o Oriente Médio. É uma área tão pequena que em certa época quase toda ela fazia parte do Império Romano.[32] Nossos capins de forragem mais importantes são nativos da parte do mundo onde a maioria dos nossos animais de criação foi domesticada pela primeira vez, e eles têm pastado nesses capins desde o primeiro milênio do Neolítico.

A adaptação mútua entre esses capins e os animais de pasto vem se processando desde antes do Neolítico. A família *Bovidae* — que inclui o boi, o carneiro, o bode, o búfalo e o bisão — surgiu e evoluiu ao longo do Plioceno e do Pleistoceno no Norte da Eurásia. Muitos membros migraram para a África, alguns para a América do Norte, mas nenhum para a América do Sul ou Australásia.[33] Há milhares de anos, os animais de pasto e os capins do Velho Mundo, juntamente com outras ervas da Eurásia e do Norte da África, vêm se adaptando uns aos outros. Ao serem transportados para a América, Austrália e Nova Zelândia, os quadrúpedes do Velho Mundo devoraram os capins e arbustos, e estes, que até então só eram submetidos a uma pastagem leve, geralmente custaram a se recuperar. Nesse ínterim, as ervas do Velho Mundo, sobretudo as da Europa e de regiões próximas da Ásia e África, entraram avassaladoramente para ocupar o solo desnudado. Elas toleravam bem o sol direto, o solo desértico, o corte rente e o pisoteio constante, além de terem diversos meios para se propagar e disseminar. Por exemplo, em muitos casos as suas sementes eram dotadas de pequenos ganchos com os quais se agarravam ao couro do gado, ou então eram suficientemente resistentes para sobreviver a uma viagem por seu estômago e serem depositadas em lugares mais distantes. Quando os animais retornavam em busca de comida na temporada seguinte, encontravam-na lá; e quando o criador saía em busca de seus animais, lá estavam eles também, em perfeita saúde.

Félix de Azara observou o processo em andamento nos pampas, quando os gaúchos e as enormes manadas de quadrúpedes europeus submeteram a flora local a um trauma que ela não sofrera nem mesmo no apogeu dos guanacos e das emas, substituindo as "altas pastagens" por "pastagens fofas e modernas" usando *pata y diente*, casco e dente.[34] Thomas Budd, escrevendo na Pennsylvania do século XVII, também presenciou o mesmo fenômeno: "Se lançarmos um pouco que seja de semente de feno inglês sobre a Terra sem arar, e lá deixarmos Carneiros pastando, em pouco tempo o solo estará inteiramente coberto de relva inglesa, tamanho é o seu crescimento".[35] Em Nova Gales do Sul, os colonizadores derrubaram as árvores tão rapidamente, expondo os capins nativos ao sol abrasante, e os animais de criação devoraram os capins e arbustos indígenas tão depressa que o capim canguru [uma planta perene] desapareceu das cercanias de Sydney poucas décadas após a chegada dos brancos. Onde o solo se tornara estéril, as plantas europeias, semeadas artificialmente e se autossemeando, espalharam-se de modo agressivo.[36] Na Nova Zelândia, as ervas europeias parecem ter se adiantado ao colonizador branco. O naturalista William Colenso encontrou um exemplar de bardana-maior — um só — numa parte densa e praticamente virgem de Seventy-Mile Bush em 1882, e "o contemplou assombrado, como Robinson Crusoé ao encontrar a pegada de um pé europeu na areia!". Ele deixou a planta intacta e só retornou ao local na primavera seguinte, quando gado bravio já entrara na região e espalhara por toda parte os carrapichos pegajosos que a compõem. O resultado é que havia agora centenas de bardanas-maiores "com quatro pés [1,20 m] de altura, densas, cerradas e robustas, de tal modo que algumas plantas juntas ofereciam um obstáculo formidável ao viajante".[37]

A coevolução das ervas e dos animais de pasto do Velho Mundo proporcionou às primeiras uma vantagem especial depois que ambos se espalharam pelas Neoeuropas, além da vantagem adicional de terem os dois evoluído lado a lado com o desenvolvimento da agricultura do Velho Mundo. O arado, uma invenção do Velho Mundo, é um instrumento de perturbação, violento mesmo, conforme já sabia Smohalla, um profeta ameríndio do rio Columbia: "Você me pede que eu are o solo. Devo tomar uma faca e rasgar o ventre de minha mãe?".[38] As ervas do Velho Mundo começaram a se adaptar para sobreviver e suportar a ação do arado logo depois que este foi inventado na Mesopotâmia, 6 mil anos atrás;[39] e aprenderam a modificar as suas sementes e espigas, como o trigo, o linho e outros produtos do Velho Mundo. Os fazendeiros europeus, ao tomarem de assalto as Neoeuropas, foram acompanhados pelas suas ervas.

A região das Grandes Planícies da América do Norte é a exceção mais misteriosa à história do sucesso das ervas do Velho Mundo nas Neoeuropas, como é exceção à história do sucesso dos quadrúpedes selvagens do Velho Mundo nas Neoeuropas. As plantas nativas dessas pradarias haviam suportado por centenas de gerações a pastagem de dezenas de milhões de búfalos, uma espécie de procedência eurasiana e que continuou existindo em tempos pós-navegadores. Os búfalos e os capins e arbustos nativos formaram uma parceria íntima, uns sustentando e perpetuando os outros, e impedindo o ingresso de um grande número de plantas e animais alienígenas. Os animais e capins europeus, embora houvessem obtido vitória após vitória nas zonas temperadas desde os primeiros milênios da Revolução Neolítica, foram ali barrados. Em extensas áreas o clima era quente demais no verão, frio demais no inverno e seco demais no geral para muitas das plantas europeias, enquanto os búfalos e seus parceiros florais gozavam da tremenda vantagem da posse da terra. Os invasores fizeram pouco progresso até que a criatura dominante da sua biota lá chegasse, abrindo caminho à força com rifles. Depois da Guerra Civil americana, bandos de fuzileiros entraram nas planícies e destruíram os búfalos, removendo assim um elemento vital da biota nativa. Junto com os búfalos desapareceu a capacidade dos ameríndios das planícies de viver independentemente e resistir à nova ordem. Rancheiros e fazendeiros do Velho Mundo e seus bovinos e ovinos avançaram então pelas planícies. Algumas mulheres sioux, vendo o seu modo de vida destroçado como um pote de barro, sucumbiram à prostituição. As bactérias venéreas aproveitaram a oportunidade e reduziram drasticamente a taxa de natalidade dos sioux, tornando a terra mais segura para os estrangeiros. Brancos, negros, bois, vacas, porcos, cavalos, trigo e ervas prosperaram, e em torno das casas, celeiros e poços d'água prosperaram também os camundongos, ratos, capins e arbustos do Velho Mundo.

Talvez seja útil examinarmos a cooperação dos membros da biota portátil de um outro ângulo. Há pouco ou nada intrinsecamente superior a respeito dos organismos do Velho Mundo em comparação com os das Neoeuropas. "Superior", na realidade, é um termo que não faz sentido nesse contexto, exceto na medida em que um organismo se encaixa num dado ecossistema e outro não. Os organismos do Velho Mundo são quase sempre "superiores" quando a competição se dá em seu meio ambiente natal. Daí o número minúsculo de ervas, vermes e patógenos naturalizados do Velho Mundo, e o sucesso da biota portátil em todo lugar em que o meio ambiente colonial foi europeizado.

O que significa "europeizado" nesse contexto? Refere-se a uma condição de contínua perturbação e ruptura: de campos arados, florestas devastadas, pastagens exauridas e pradarias queimadas; de vilarejos abandonados e cidades em expansão; de seres humanos, animais, plantas e micro-organismos que, tendo evoluído separadamente, são de repente colocados em íntimo contato. Refere-se a um mundo tornado efêmero em que espécies de ervas de todos os filos prosperam e outras formas de vida só são encontradas em grande número em enclaves acidentais ou parques especiais. Alguns organismos nativos das Neoeuropas já se enquadravam na categoria de ervas, isto é, de plantas oportunistas, quando os europeus chegaram, pois toda biota tem formas de vida adaptadas a tirar proveito da desgraça alheia

— e essas formas até se expandiram geograficamente desde a chegada dos navegadores. Na Nova Zelândia, plantas indígenas que os animais de criação importados não acham apetitosas proliferaram enormemente nas pastagens dizimadas das terras altas.[40] Esse caso, no entanto, é uma exceção; como regra, as ervas, no sentido mais amplo do termo, são mais características da biota de terras ancestralmente afetadas pelo Neolítico do Velho Mundo do que de qualquer outra.

Precisamos de um exemplo específico: na Austrália de outrora, a erva chamada dente-de-leão poderia ter definhado e até sucumbido se sua quantidade fosse pequena, como deve ter acontecido com as ervas que os nórdicos levaram para a Vinlândia. Jamais saberemos, pois essa Austrália não existe há duzentos anos. Quando o dente-de-leão proliferou, ele o fez, por assim dizer, em outra terra, uma que abrigava e que havia sido transformada pelos europeus e suas plantas, bactérias, carneiros, cabras, porcos e cavalos. Nessa Austrália, o dente-de-leão tem um futuro mais assegurado que os cangurus.

Um exemplo mais radical seriam os pardais e estorninhos do Velho Mundo na América do Norte diante dos hoje extintos *passenger pigeons* nativos [uma espécie de pombo-bravo, *Ectopistes migratorius*]. No início do século XIX, não havia um único exemplar dos dois primeiros em qualquer parte da América do Norte (ou em qualquer das outras Neoeuropas), ao passo que havia bilhões do terceiro. O pardal e o estorninho são criaturas de uma Europa urbana e rural, não de uma Europa selvagem; são criaturas da orla das florestas e de bosques isolados, de campos cultivados e campinas roçadas; prosperam com alimentos encontrados no lixo e sementes nos excrementos de animais grandes. São pássaros bem adaptados ao meio ambiente humanizado do Velho Mundo — a ponto de não serem agradáveis ao paladar humano. Os *passenger pigeons* estão extintos; eram criaturas de matas cerradas e se alimentavam basicamente de bolotas. À medida que os colonizadores americanos avançavam, com tocha e machado e animais de criação, a América do Norte foi se tornando cada vez mais propícia para os pardais e estorninhos, e cada vez menos para os *passenger pigeons*, que aparentemente não conseguiam se reproduzir o suficiente nos bandos dispersos a que o ambiente europeizado os reduzira e que, além disso, agradaram ao paladar dos neoeuropeus — da mesma forma como os seus animais de criação haviam aprendido a gostar dos capins nativos, tenros e não habituados a se reproduzir sob tamanha pressão. Assim, dezenas de milhões de pardais e estorninhos habitam hoje a América do Norte, e todas as Neoeuropas, mas nem um único exemplar de *passenger pigeon*.[41]

O sucesso da biota portátil e do seu membro dominante, o ser humano europeu, foi um trabalho em equipe de organismos que vinham se desenvolvendo em conflito e cooperação há muito tempo. O período mais significativo dessa coevolução, ao menos no que tange ao sucesso ultramarino dessa biota dotada de velas e rodas, ocorreu durante e após o Neolítico do Velho Mundo, uma revolução de múltiplas espécies cujos tremores ainda reverberam pela biosfera.

12. CONCLUSÃO

Terras unidas que nos concedem alimento!
Terra de carvão e ferro! terra de ouro! terra de algodão,
[açúcar e arroz!
Terra de trigo, vacas, porcos! terra de madeiras e
[cânhamo! terra da maçã e da uva!
Terra de planícies de pastoreio, as pradarias do mundo!
[terra da brisa doce em infindáveis platôs!
Terra das manadas, dos jardins, da boa casa de barro!
Walt Whitman, "Starting from Paumanok"

NO ÚLTIMO CAPÍTULO, fiz uso de uma metáfora para descrever os papéis desempenhados pela primeira leva de seres humanos a chegar às Américas e à Australásia, os indígenas, e pela segunda leva, os europeus e africanos. Sugeri que os ameríndios, aborígines e maoris foram tropas de choque — fuzileiros navais, por assim dizer — que, avançando basicamente a pé, tomaram cabeças de praia e abriram caminho para a segunda onda. É quase certo que todos os ameríndios vieram a pé; os aborígines também vieram a pé, mas percorreram alguns trechos das ilhas da Indonésia em canoas; e os maoris só utilizaram barcos. Talvez seja útil desenvolver um pouco a metáfora (metáfora, note-se, não teorema), dividindo a segunda leva em um par de ondas sucessivas. Podemos conceber a primeira onda que desembarcou nas Neoeuropas (constituída principalmente por aqueles que chegaram durante a era da navegação a vela) como um exército, carregando equipamento pesado, trazendo grandes unidades de apoio e com um número maior de soldados para substituir os fuzileiros navais. Os membros desse exército vieram com armas, lutaram muitas batalhas e passaram a vida inteira (ou a maior parte dela) sob uma disciplina severa. É bem sabido que os primeiros afro-americanos foram escravos, mas poucos se dão conta de que metade a dois terços dos brancos que migraram para a

América do Norte antes da Revolução Americana eram servos que haviam abdicado por contrato de sua liberdade por até sete anos em troca de uma passagem para o Novo Mundo. Até 1830, a maioria dos emigrantes que iam para a Austrália era de prisioneiros condenados, o que nos deixa apenas a Nova Zelândia como tendo sido fundada por trabalhadores livres.[1]

O próximo grande lote de pessoas do Velho Mundo a chegar às Neoeuropas, quase todas provenientes da Europa, cruzou os oceanos basicamente em navios a vapor. Penso nelas coletivamente como a onda civil, pois colheram os benefícios de invasões anteriores em vez de lançarem invasões elas próprias. Vieram sem armas e sem muita organização institucional além do nível familiar. Vieram, com raríssimas exceções, como indivíduos livres e independentes. E vieram em números nunca antes vistos: mais de 50 milhões atravessaram os oceanos para as Neoeuropas entre 1820 e 1930.[2]

Essas 50 milhões de pessoas vieram porque foram empurradas por trás — a população da Europa estava crescendo, mas não as terras cultiváveis disponíveis — e porque em meados do século XIX a aplicação da força a vapor às viagens oceânicas tornou o transporte ultramarino mais seguro e mais barato do que nunca. Mas havia também algo que as puxava: a convicção de que a sua sorte seria melhor nas terras estrangeiras além das suturas da Pangeia do que em suas terras natais.

Em meados do século XVIII, o predomínio branco na Austrália e na Nova Zelândia ainda estava no futuro, mas já se tornara óbvio que os europeus, a sua agricultura, as suas plantas e os seus animais estavam se saindo muito bem na América do Norte. A maior prova possível de sucesso colonial foi a taxa extraordinariamente elevada de crescimento natural das populações do Velho Mundo na América do Norte. No início da década de 1750, Benjamin Franklin observou com orgulho que havia cerca de 1 milhão de britânicos na América do Norte, embora apenas 80 mil houvessem emigrado da Europa. No final do século, Thomas Malthus, buscando comprovar a rapidez com que os seres humanos conseguem se multiplicar em condições ideais, voltou os olhos para as colônias setentrionais da América do Norte britânica, onde os dois grandes redutores, "miséria e vício", não pareciam estar operando. Em Nova Jersey, por exemplo, "a proporção média entre nascimentos e mortes nos sete anos terminando em 1743 foi de trezentos para cem. Na França e na Inglaterra, mesmo se tomarmos a melhor proporção, foi de 117 para cem".[3] Nas colônias do Sul, da Virgínia à Geórgia, localizadas entre a fresca salubridade da Nova Inglaterra e das colônias intermediárias e a insalubridade quente e úmida das Antilhas, as estatísticas não eram tão estimulantes, mas de um modo geral a América do Norte britânica foi um sucesso estonteante.

Se no final do século XVIII os pampas ibéricos não eram um fiasco, também não se podia dizer que haviam sido um grande sucesso. Sua população era pequena e crescia muito devagar. Em 1790, Alejandro Malaspina, um navegador italiano zarpando para a Espanha e exasperado pelo paradoxo de uma sociedade conseguir manter-se estagnada em meio a uma prodigiosa riqueza natural, atribuiu aos próprios habitantes a culpa de seus apuros: as pessoas eram destituídas de moral e disciplina.[4] Todavia, se o eram, isso se devia ao fato de os pampas ainda continuarem em grande parte bravios. A cidade de Buenos Aires, embora um século mais antiga que a Filadélfia, estava mais próxima da fronteira do que a capital da Pennsylvania. A tremenda abundância de gado e cavalos nos pampas servira para sustentar os ameríndios hostis e seduzira muitos dos súditos locais dos reis da Espanha e de Portugal a retroceder a uma vida de caça e coleta a cavalo. O gaúcho parecia mais um salteador do que um pastoreador australiano. Ironicamente, a dádiva das manadas europeias desestimulou o crescimento das famílias e da civilização europeias. O sucesso arrogante dos animais de criação e das plantas de forragem da biota portátil havia entravado o seu componente humano. Além disso, a política da Espanha imperial ao longo de muitas décadas havia sido a de subordinar os pampas a outras partes do império, preservando assim o seu atraso econômico, social e intelectual, e reforçando a singularidade de sua biota.[5] Mas para Malaspina, e para qualquer um minimamente desperto, estava claro que a sociedade europeia nos pampas não precisava permanecer retrógrada para sempre. Milhões de animais e plantas da Europa prosperavam, indicando que essa terra estava destinada a tornar-se no mínimo tão europeia quanto a América do Norte.

O sucesso do imperialismo ecológico europeu nas Américas foi tamanho que os europeus passaram a aceitar como inevitável que outros triunfos semelhantes aconteceriam sempre que o clima e a patologia não fossem absolutamente hostis. O capitão Cook, após uma breve estadia na Nova Zelândia, previu um futuro brilhante para os colonos europeus de lá. Quando uma comissão parlamentar pediu a Joseph Banks, um dos cientistas que navegara com Cook, a sua opinião sobre a Austrália como local para uma colônia, ele respondeu que os colonos de Nova Gales do Sul "iriam necessariamente aumentar". Quanto às vantagens que poderiam propiciar à metrópole, oras, eles seriam um mercado para bens manufaturados; e a Austrália, maior que toda a Europa, iria com certeza "fornecer Matéria de proveitoso Retorno".[6] Necessariamente? Mas isso era arrogância! Matéria de proveitoso retorno? O que seria isso? Banks, é claro, estava certíssimo em seu singelo otimismo.

Excetuando-se acontecimentos efêmeros como corridas em busca de ouro, os emigrantes europeus, que confirmariam as profecias de Cook, Banks e outros, foram atraídos para as terras além-mar de acordo com três fatores. As terras tinham que ter um clima temperado; os emigrantes queriam ir para onde pudessem manter um estilo de vida mais confortavelmente europeu — e não menos — que em seus países de origem. Segundo, para atrair um grande número de europeus, o país precisava produzir ou mostrar um nítido potencial para produzir bens para os quais houvesse demanda na Europa — carne, trigo, lã, couro, café — e a sua população local precisava ser pequena demais para satisfazer essa demanda. Foi assim que no século XIX os europeus chegaram torrencialmente à cornucópia da América do Norte, Australásia e Sul do Brasil, particularmente São Paulo (onde as plantações de café começavam a florescer) e as regiões agrícolas e pastoris de clima ameno mais ao sul.[7] Multidões de imigrantes desembarcaram nos pampas do Rio Grande do Sul, Uruguai e Argentina, desbotando quaisquer traços ameríndios e africanos que pudessem ter existido. O Chile montanhoso — "talvez o país pior construído e pior localizado deste planeta", disse Ezequiel Martínez Estrada, "é como uma planta brotando entre duas pedras" — produzia poucas das coisas que a Europa queria na quantidade necessária e por um preço vantajoso, e em 1907 somente 5% da sua população nascera no estrangeiro comparado com mais de 25% nos pampas.[8]

O outro fator era pessoal e visceral. Os camponeses da Europa do século XIX podem ou não ter ansiado por liberdade política e religiosa, mas eles certamente ansiavam por se verem livres da falta de comida. A fome e o temor da fome haviam sido presenças constantes na vida de seus antepassados desde tempos imemoriais. A maioria das escassezes de alimentos da Europa do *Ancien Régime* era localizada, mas nem por isso, dada a deficiência dos sistemas de distribuição, menos mortífera. Quanto a escassezes generalizadas, a França, em termos agrícolas a nação europeia mais rica, sofreu dezesseis no século XVIII. Fome e morte por inanição eram parte da vida, e os pobres chegavam a recorrer ao infanticídio para manter alguma espécie de equilíbrio entre oferta de alimentos e população.[9] Nas pouco refinadas histórias de fadas dos camponeses, o herói triunfante costumava receber como recompensa não necessariamente a mão da princesa e nem mesmo pilhas de moedas de ouro, mas sempre uma quantidade enorme de boa comida. Numa certa história, o banquete de casamento ao final está cheio de porcos assados correndo à solta com garfos espetados nos flancos para a conveniência dos convivas carentes de proteínas.[10]

Para os camponeses da Europa, a imagem das terras além dos oceanos fervilhava como o vapor que sobe de um boi sendo assado no espeto sobre brasas quentes. Exceto nos primeiros anos de colonização e em épocas de guerra ou de calamidade natural extraordinária, a fome era desconhecida na América do Norte.[11] Durante a fome das batatas em meados do século XIX na Europa, enquanto 1 milhão de irlandeses morriam de fome ou de doenças causadas pela fome, trabalhadores irlandeses nos pampas conseguiam ganhar dez ou doze xelins por dia, mais toda a carne que conseguissem comer.[12] Samuel Butler, que apascentou ovelhas na ilha do Sul da Nova Zelândia na década de 1860, traçou um quadro paradisíaco da vida colonial. Depois de um ou dois anos, disse ele, dirigindo-se a quem pretendesse emigrar:

> Você terá vacas, e muita manteiga e leite e ovos; terá porcos e, se quiser, abelhas e legumes em abundância; na realidade, terá para si toda a fartura da terra, com poucos cuidados e praticamente nenhuma despesa.[13]

Um imigrante precisaria trazer um certo capital consigo e ter muita sorte para alcançar esse patamar de beatitude em apenas um ou dois anos, mas dezenas de milhões de europeus atravessaram as suturas da Pangeia com tais perspectivas em mente. Anthony Trollope, que esteve na Austrália na década de 1870, resumiu toda a questão do que estava por trás da emigração para a Australásia em uma sentença: "O homem que trabalha, qualquer que seja o seu ofício, come carne três vezes por dia nas colônias mas quase sempre tem que passar inteiramente sem ela em seu país de origem".[14]

Essa carne não era uapiti ou canguru assado, e sim carne de carneiro, porco ou vaca. Quando desembarcaram pela primeira vez nas Neoeuropas, muitos imigrantes ficaram inicialmente desconsolados ao se verem obrigados, tanto no hemisfério norte como no hemisfério sul, a uma dieta de alimentos não europeus: *raccoons* [um animal da América do Norte, semelhante ao guaxinim], gambás, batata-doce, batata-inglesa e, muito frequentemente, milho. Com o tempo, porém, em todos os lugares, eles puderam retornar a uma dieta baseada nos alimentos do dia a dia do Velho Mundo. Na América do Norte, os pioneiros do Velho Mundo mantiveram um caso de amor de dois séculos com o milho, mas mesmo lá o pão de trigo finalmente substi-

310

tuiu a broa de milho. A mudança era previsível: praticamente todo animal, planta e fonte alimentícia que Crèvecouer menciona de maneira positiva em seu clássico *Letters from an American farmer* (1782) era de origem europeia, o *passenger pigeon* sendo a única exceção digna de nota.

E assim vieram os europeus entre 1840 e a Primeira Guerra, a maior leva de seres humanos a cruzar os oceanos — e provavelmente a maior leva que jamais os cruzará. Esse *tsunami* [perturbação sísmica no fundo do mar] caucasiano começou com irlandeses esfaimados e alemães ambiciosos, e também com os britânicos, que, embora nunca tenham alcançado os picos de emigração das outras nacionalidades, também demonstraram um anseio insaciável de deixar a mãe-pátria para trás. Os escandinavos foram os seguintes a se juntar ao êxodo e, por volta do final do século, os camponeses do Sul e Leste da Europa. Italianos, poloneses, espanhóis, portugueses, húngaros, gregos, servos, tchecos, eslovacos, judeus asquenazim [os que se fixaram no Centro e Norte da Europa após a Diáspora] — pela primeira vez cientes das oportunidades ultramarinas e, graças à ferrovia e ao navio a vapor, com a possibilidade de deixar para trás toda uma existência miserável — partiram aos borbotões dos portos da Europa para cruzar as suturas da Pangeia até terras tão estranhas quanto Catai havia sido para seus avós. A Rússia, que mandou 5 milhões de habitantes para a Sibéria entre 1880 e a Primeira Guerra, enviou outros 4 milhões para os Estados Unidos.[15] Era como se esses milhões de pessoas se dessem conta de que se abrira uma janela de oportunidades, mas que essa janela não permaneceria aberta para sempre.

Dos 50 milhões de emigrantes, os Estados Unidos receberam dois terços, retendo uma maior proporção deles do que os demais países que os acolheram — de onde muitos voltaram para a Europa ou emigraram para outros lugares, geralmente para os Estados Unidos. Esse influxo modificou os Estados Unidos para sempre, proporcionando ao país os fazendeiros que precisava para povoar a região Centro-Norte e os trabalhadores que o desabrochar da sua revolução industrial exigia. Os imigrantes, e especialmente os "novos imigrantes" vindos do Sul e do Leste da Europa, transformaram radicalmente as cidades americanas da costa leste. Até hoje, muitos dos descendentes dos "imigrantes antigos" vindos do Sudoeste da Europa consideram Nova York, Pittsburgh e Chicago, onde é fácil encontrar lasanha e *kielbasa* [linguiça polonesa defumada], cidades pouco aconchegantes, quase estranhas. A Argentina recebeu menos imigrantes que os Estados Unidos, cerca de 6 milhões entre 1857 e 1930, e a grande maioria mudou novamente de país, mas a imigração a afetou ainda mais intensamente. Pouco antes da Primeira Guerra, 30% da população argentina nascera no estrangeiro, enquanto nos Estados Unidos a proporção dessa categoria na população como um todo era 15%.[16] Os imigrantes transformaram os pampas. Os irlandeses e os bascos lideraram a mudança com sua criação de carneiros; a lã tornou-se o principal produto argentino de exportação na década de 1880. Meeiros italianos puseram arado nas pastagens e fizeram delas plantações de trigo, até que no final do século a sua nova pátria se tornara um dos principais exportadores de cereais do mundo.[17] O Brasil recebeu 5,5 milhões de imigrantes entre 1851 e 1960, retendo cerca de 2,5 milhões, a maioria dos quais se fixou na região Sul do país, do Rio de Janeiro para baixo. E o Uruguai, a despeito de suas reduzidas dimensões, recebeu mais de meio milhão de europeus, confirmando as suas qualidades europeias.[18] Entre 1815 e 1914, 4 milhões de europeus (entre os quais pouquíssimos franceses) emigraram para o Canadá, e embora uma grande parcela deles tenha seguido adiante, os que permaneceram foram suficientes para anglicizar o país; desse modo, a partir de meados do século XIX, os descendentes dos fundadores da Nova França têm sido uma minoria irritada em sua própria terra.[19] A emigração de centenas de milhares de europeus para a Australásia, a maioria deles das ilhas Britânicas, entre a metade do século XIX e a Primeira Guerra confirmou as Neoeuropas antipódicas como Neo-Grã-Bretanha. De um modo geral, a Nova Zelândia permanece como tal até hoje, mas a partir da Segunda Guerra a Austrália recebeu mais imigrantes em relação ao tamanho da sua população que qualquer outro país com exceção de Israel, e agora é quase tão fácil achar lasanha e *kielbasa* em Sydney quanto em Nova York.[20]

O impacto da migração de europeus cruzando as suturas da Pangeia até as Neoeuropas não se limitou a essas terras. A população da Europa, que já vinha aumentando (na realidade, o crescimento populacional foi o ímpeto subjacente ao êxodo europeu), continuou crescendo mesmo com o alívio proporcionado pelos milhões que partiam; e estes, uma vez no além-mar, proporcionaram às indústrias europeias novos mercados, novas fontes de matérias-primas e uma nova prosperidade — o que ajudou a população a continuar aumentando. Entre 1840 e 1930, a população da Europa passou de 194 para 463 milhões, o dobro da taxa de crescimento do resto do mundo. Nas Neoeuropas, o número de pessoas disparou a taxas nunca antes vistas, ou pelo menos nunca antes registradas. Entre 1750 e 1930, a população total das Neoeuropas aumentou quase catorze vezes, enquanto a do resto do mundo aumentava apenas 2,5 vezes.[21] Por causa da explosão populacional na Europa e nas Neoeuropas, o número de caucasianos aumentou mais de cinco vezes entre 1750 e 1930, comparado com um aumento de 2,3 vezes para os asiáticos. O número de africanos e afro-americanos menos que dobrou, a despeito do enorme aumento de negros nos Estados Unidos, de 1 milhão em 1800 para 12 milhões em 1930.[22] Nos últimos cinquenta anos, a arrancada anterior da parcela caucasiana da humanidade à frente das demais foi em grande parte anulada pelo crescimento destas, um crescimento tardio porém enorme. Não obstante, o surto populacional dos caucasianos continua sendo uma das maiores aberrações da história demográfica das espécies: os 30 milhões de quilômetros quadrados conquistados pelos brancos como causa e efeito da disparada da sua população permanecem sob seu controle, uma situação que essa minoria considera permanente.

No século XIX, as populações das Neoeuropas dispararam não apenas por causa da imigração mas também porque as suas populações residentes apresentaram as maiores taxas de aumento natural que esses países jamais atingiriam. Os índices de mortalidade eram animadoramente baixos, a alimentação abundante e boa pelos padrões do Velho Mundo, e os neoeuropeus mostraram-se agradecidamente fecundos e se multiplicaram. Na América do Norte do século XVIII e início do XIX, a fertilidade dos neoeuropeus foi das mais elevadas jamais registradas em qualquer lugar, chegando a atingir cinquenta a 57 nascimentos por mil habitantes por ano;[23] na Austrália na década de 1860, o índice de natalidade manteve-se em torno de quarenta por mil; e na Argentina, cujos imigrantes começavam a povoar os pampas pela primeira vez em grande número, cerca de 46 por mil.[24] Na Austrália em 1860-2, o número de óbitos foi de 18,6 por mil e o de nascimentos 42,6, implicando um aumento natural anual de 24 seres humanos em cada mil (comparado com 13,8 na Inglaterra e no País de Gales, onde se achava que a população estava aumentando rapidamente).[25] Os índices de nascimento e aumento natural dos *pakehas* da Nova Zelândia permaneceram no mesmo patamar elevado até quase o final da década de 1870.[26]

As populações neoeuropeias apresentavam nesses anos o que nós consideraríamos um número desproporcionalmente grande de jovens adultos — o que fornece ao alto índice de natalidade e ao baixo índice de mortalidade uma explicação apenas parcial. Com exceção da América do Norte, as Neoeuropas também tinham populações em que os homens eram acentuadamente mais numerosos que as mulheres, um desequilíbrio que costuma aumentar a taxa de mortalidade e com certeza diminui a de natalidade. Não, o fator mais importante do aumento natural da população — de recém-chegados — das Neoeuropas foi a vida humana superior que elas ofereciam.

Se tais taxas tivessem se mantido, as Neoeuropas não teriam permanecido subpovoadas por muitas gerações. Darwin, um homem dotado de mais senso de humor do que aqueles que o admiram (mas não leram suas obras) se dão conta, calculou que se a população dos Estados Unidos continuasse se expandindo na mesma velocidade que a fizera chegar a 30 milhões de habitantes em 1860, ela "em 657 anos cobriria todo o globo terrestre tão densamente que quatro homens teriam que conviver em cada jarda quadrada [0,83 m²] da sua superfície".[27] O chiste nos parece hoje, um século depois, falacioso. Se os neoeuropeus povoassem todas as suas terras e comessem toda a sua comida, quem alimentaria o mundo? Felizmente, as taxas de crescimento natural do século XIX recuaram logo que, primeiro, a pirâmide populacional dos imigrantes foi adquirindo a distribuição etária normal e os jovens adultos foram envelhecendo e morrendo; segundo, os índices de natalidade diminuíram graças à elevação dos padrões de vida e à urbanização, que mostraram aos neoeuropeus que pouquíssimas crianças morreriam na infância e que as famílias grandes eram inimigas, e não aliadas, da prosperidade. Os índices de mortalidade dos neoeuropeus estão entre os mais baixos do mundo, mas também as suas taxas de natalidade. O crescimento natural dos neoeuropeus é pequeno, de modo que uma boa parte dos alimentos que as Neoeuropas produzem fica disponível para exportação.

As Neoeuropas, coletiva e individualmente, são da maior importância, mais importantes do que as suas dimensões, a sua população e até a sua riqueza indicariam. Têm uma agricultura extraordinariamente produtiva e, com a população do mundo caminhando para os 5 bilhões e mais, são vitais para a sobrevivência de muitas centenas de milhões de pessoas. As razões dessa produtividade incluem a inegável virtuosidade de seus fazendeiros e cientistas agrícolas, mas também várias circunstâncias fortuitas que precisam ser explicadas. Todas as Neoeuropas compreendem grandes áreas de altíssimo potencial fotossintético, áreas em que a quantidade de energia solar — luz do sol — disponível para a transformação de água e matéria inorgânica em alimento é tremenda. A quantidade de luz nos trópicos é, evidentemente, enorme, mas menor do que se poderia supor, em virtude da nebulosidade e das névoas decorrentes da umidade tropical e também por causa da duração invariável do dia durante todo o ano — não há nos trópicos aqueles intermináveis dias de verão. Esses fatores, aliados a outros (como as pragas e doenças tropicais e a escassez de solo fértil), tornam o potencial agrícola da zona tórrida inferior ao das zonas temperadas. Além disso, a maioria das plantas mais aptas a fazer uso da luz intensa dos trópicos — plantas como a cana-de-açúcar e o abacaxi — contém pouquíssima proteína, sem a qual a desnutrição é inevitável. Quanto ao potencial agrícola do resto do mundo, as regiões polares são, por motivos óbvios, imprestáveis, enquanto a região entre cinquenta graus de latitude sul e o círculo polar antártico é quase inteiramente água. Por outro lado, a zona entre cinquenta graus de latitude norte e o círculo polar ártico inclui mais terra do que água, terra com um elevado potencial fotossintético por causa dos dias de verão muito longos e frequentemente muito claros. O Alasca e a Finlândia produzem legumes e frutas enormes, morangos do tamanho de ameixas, por exemplo. Todavia, a temporada de cultivo lá é tão curta que não há tempo para que as folhas de muitas das mais importantes plantas alimentícias do mundo cresçam o suficiente para aproveitarem com eficiência a luz abundante.

No cômputo geral, as zonas da Terra mais ricas em potencial fotossintético encontram-se entre os trópicos e os cinquenta graus de latitude norte e sul. É lá que mais prosperam as plantas alimentícias com um ciclo ideal de crescimento de oito meses. E, nessas zonas, as regiões de solo fértil que recebem a maior abundância de luz solar e que também têm água na quantidade que os nossos principais produtos agrícolas exigem — as terras agrícolas mais importantes do planeta, em outras palavras — estão localizadas no centro dos Estados Unidos, na Califórnia, no Sul da Austrália, na Nova Zelândia e numa área europeia em forma de cunha (a metade sudoeste da França e a metade noroeste da península Ibérica). Todas essas regiões, com exceção da cunha europeia, estão situadas nas Neoeuropas; e boa parte do restante das terras das Neoeuropas, como os pampas ou Saskatchewan, é quase tão rica em termos fotossintéticos e igualmente produtiva na prática, ainda que não em teoria.[28]

Conforme se afirmou no Prólogo, o valor total de todas as exportações agrícolas mundiais em 1982 foi 210 bilhões de dólares. Desse total, Estados Unidos, Canadá, Argentina, Uruguai,

Austrália e Nova Zelândia foram responsáveis por 64 bilhões de dólares, ou pouco mais de 30%. Os mesmos países são responsáveis por uma parcela ainda maior do mais importante produto agrícola de exportação, o trigo. Em 1982, 18 bilhões de dólares de trigo cruzaram fronteiras nacionais, sendo que as Neoeuropas exportaram cerca de 13 bilhões de dólares.[29] A participação das Neoeuropas nas exportações mundiais de cereais — na realidade, apenas a participação da América do Norte — é maior do que a participação do Oriente Médio nas exportações de petróleo.[30]

Um número extraordinariamente grande, talvez assustadoramente grande, de pessoas em todo o mundo depende hoje das Neoeuropas para obter boa parte de sua alimentação — um número que, ao que tudo indica, irá crescer ainda mais com o aumento da população do mundo. Essa tendência não é nova: a aceleração da urbanização, da industrialização e do crescimento populacional já forçara a Grã-Bretanha a abdicar de suas esperanças autárquicas há quase um século e meio: em 1846 foram revogadas as chamadas *Corn Laws*, eliminando-se assim todas as tarifas alfandegárias sobre cereais estrangeiros. No início do século seguinte, os fazendeiros britânicos só estavam produzindo trigo para alimentar o país por oito semanas no ano. Em ambas as guerras mundiais, bloqueios de submarinos impedindo o seu acesso às Neoeuropas quase derrotaram a Grã-Bretanha pela fome. No século XIX, grande parte dos cereais que ela importava vinha da Rússia czarista; entretanto, muitos dos mesmos fatores demográficos e econômicos que a forçaram a aceitar a sua dependência de outros para obter alimentos passaram desde então a atuar sobre a Rússia comunista, e desde 1970 a URSS vem comprando enormes quantidades de cereais das Neoeuropas. Cada vez mais, também o Terceiro Mundo recorre às Neoeuropas para obtenção de alimentos.[31] Contrariando frequentemente a sua ideologia e talvez o próprio bom senso, mais e mais membros da nossa espécie estão se tornando dependentes de regiões remotas do mundo onde pálidos desconhecidos cultivam comida para vender. Um número grande demais de pessoas tornou-se refém dos possíveis efeitos do clima, das pragas, das doenças, de caprichos políticos e econômicos, e da guerra nas Neoeuropas.

As responsabilidades dos neoeuropeus exigem uma sofisticação ecológica e diplomática sem precedentes: habilidade política no campo e nas embaixadas, e uma verdadeira grandeza de espírito. Perguntamo-nos se a compreensão que os neoeuropeus têm do mundo está à altura do desafio imposto pelo estado atual da nossa espécie e da biosfera. A compreensão deles advém de uma convivência com um a quatro séculos de fartura — um episódio único em toda a história registrada da humanidade. Não estou afirmando que essa fartura tenha sido equitativamente distribuída: os pobres são pobres nas Neoeuropas, e a pergunta incômoda de Langston Hughess — "O que acontece com um sonho adiado?" — continua a nos incomodar, mas eu insisto em que os povos das Neoeuropas quase universalmente acreditam que uma grande afluência material pode e deve ser atingida por todos, sobretudo no que se refere a questões de dieta. Na Palestina de Cristo, a multiplicação dos pães e dos peixes foi um milagre; nas Neoeuropas é o esperado.

Por duas vezes as Américas e a Australásia já propiciaram benefícios imensuráveis para a humanidade, uma durante o Paleolítico e outra durante o último meio milênio. O lucro obtido durante a primeira entrada nessas divisões menores da Pangeia foi quase todo utilizado nos primeiros milhares de anos do Holoceno. Hoje estamos auferindo os benefícios provenientes da segunda entrada, mas a erosão extensiva, a redução da fertilidade e o aumento explosivo do número daqueles que dependem da produtividade dos solos neoeuropeus devem nos fazer lembrar que os lucros são finitos. Carecemos hoje de um florescimento de inventividade equivalente ao ocorrido no Neolítico — ou, na ausência disso, de sabedoria.

Apêndice
O QUE FOI A "VARÍOLA" DE NOVA GALES DO SUL EM 1789?

A DOENÇA QUE ACOMETEU OS ABORÍGINES australianos em 1789 lhes era certamente desconhecida, como demonstra o impacto que teve sobre eles, e é improvável que anteriormente tenha se alastrado pelo seu continente muitas vezes. Mas terá sido varíola? Esta é uma doença que associa virulência e extrema transmissibilidade, e não existe em estado latente nos seres humanos ou em qualquer outra espécie — ela só pode grassar, nunca ficar à espreita. Mesmo os vírus que vivem nas crostas das pústulas das vítimas morrem em pouco tempo; não há nada que se assemelhe a um estado de esporo. De modo que os britânicos devem ter trazido a doença consigo. Todavia, não poderiam tê-lo feito — não de acordo com os registros existentes e com o que sabemos sobre ela. Não houve casos ativos de varíola a bordo da Primeira Armada em alto-mar, nem nos navios franceses que navegavam nas águas de Nova Gales do Sul em 1789. Na realidade, os registros escritos não indicam navio algum com doença a bordo em Nova Gales do Sul ou nas proximidades em 1788 ou 1789. Via de regra, esse tipo de prova, sendo puramente negativa, não valeria muito; mas a varíola é uma doença tão terrível e na época os europeus das cercanias de Nova Gales do Sul estavam tão cientes da devastação que ela poderia provocar, que seria estranhíssimo se alguém estivesse com a doença e ninguém se lembrasse de mencionar isso em carta, diário ou relatório.[1]

Nenhum dos colonizadores brancos adoeceu, o que não chega a surpreender, pois todos eles provavelmente já haviam sido imunizados na Europa contra essa "doença da infância". Mas algumas crianças brancas tinham nascido em Sydney e tampouco alguma delas adoeceu, apesar da presença de aborígines com casos ativos na cidade. O único não aborígine que contraiu a doença em Sydney em 1789 foi um marinheiro de um navio visitante, um ameríndio vindo da América do Norte — o que pode ser bastante significativo — que veio a falecer.[2]

Talvez a doença fosse varíola mas tenha sido introduzida por marinheiros malaios de passagem pelo Norte da Austrália. Talvez; mas teria sido uma tremenda coincidência se eles houvessem introduzido a varíola justo a tempo de ela encontrar os britânicos na praia, por assim dizer. Talvez não fosse varíola, e sim varicela, uma doença pustular que tem um estado latente. A varicela é considerada hoje uma doença menor, mas os casos graves costumam levar a perigosas infecções pneumônicas e até à morte.[3] Entre um povo como os aborígines, que nunca haviam sido expostos a qualquer espécie de infecção viral similar, ela certamente teria consequências mais graves do que entre populações com alguma experiência epidemiológica.

Entretanto, a varicela é quase tão transmissível quanto a varíola. Mas então por que nenhuma das crianças brancas, individualmente tão inexperientes em termos epidemiológicos quanto os aborígines, a contraiu? Talvez os aborígines doentes tenham sido postos em quarentena. Talvez as crianças brancas fossem tão pequenas que ainda estivessem protegidas pelos anticorpos da corrente sanguínea da mãe, recebidos junto com o leite materno. Talvez elas simplesmente tenham tido muita sorte, o que confundiria qualquer análise (sobretudo as mais sofisticadas). Ou talvez os australianos nativos, mantidos em isolamento por milhares de anos, não tivessem absolutamente nenhuma defesa imunológica contra uma infecção que para os europeus era insignificante a ponto de os colonizadores nunca chegarem a percebê-la em si mesmos. Se for esse o caso, teremos que reexaminar os casos de "varíola" sempre que se tratar de sua primeira ocorrência.

NOTAS

1. PRÓLOGO [pp. 13-9]

1. As estatísticas para esta breve discussão foram tiradas de *The new Rand McNally College World Atlas* (Chicago, Rand McNally, 1983), *The world almanac and book of facts*, *1984* (Nova York, Newspaper Enterprise Association, 1983) e T. Lynn Smith, *Brazil; people and institutions* (Baton Rouge, Louisiana Press, 1972), p. 70.

2. *Food and agricultural organization of the United Nations trade yearbook*, *1982* (Roma, Food and Agricultural Organization of the United Nations, 1983, vol. XXXVI, 42-4, 52-8, 112-4, 118-20, 237-8); *The statesman's year-book*, *1983-84* (Londres, Macmillan, 1983), p. xviii; Lester R. Brown, "Putting food on the world's table, a crisis of many dimensions", *Environment*, 26 (maio 1984), p. 19.

3. *The world almanac and book of facts, 1984* (Nova York, Newspaper Enterprise Association, 1983), p. 156.

4. Para as finalidades deste livro, definirei "América do Norte" como a região desse continente ao norte do México.

5. Colin McEvedy e Richard Jones, *Atlas of world population history* (Harmondsworth, Penguin Books, 1978), pp. 285, 287, 313-4, 327; Robert Southey, *History of Brazil* (Nova York, Greenwood Press, 1969), III, p. 866.

6. Huw R. Jones, *A population geography* (Nova York, Harper & Row, 1981), p. 254.

7. O búfalo americano é na realidade o bisão (os búfalos são criaturas semelhantes aos bois que vivem na Ásia e na África), mas uma terminologia pedantemente correta só provocaria confusão neste contexto.

8. Joseph M. Powell, *Environmental management in Australia, 1788-1914* (Oxford University Press, 1976), pp. 13-4.

2. REVISITANDO A PANGEIA: O NEOLÍTICO RECONSIDERADO [pp. 20-52]

1. Robert S. Dietz e John C. Holden, "The breakup of Pangaea", *Continents adrift and continents aground* (San Francisco, Freeman, 1976), pp. 126-7.

2. John F. Dewey, "Plate tectonics", *Continents adrift and continents aground*, pp. 34-5.

3. Björn Kurtén, "Continental drift and evolution", *Continents adrift and continents aground*, pp. 176, 178; Charles Elton, *The ecology of invasions by animals and plants* (Grã-Bretanha, English Language Book Society, 1966), pp. 33-49.

4. E. C. Pielou, *Biogeography* (Nova York, Wiley, 1979), pp. 28-31, 49-57.

5. Peter Kalm, *Travels into North America*, traduzido por John R. Forster (Barre, Massachusetts, The Imprint Society, 1972), p. 24.

6. Wilfred T. Neill, *The geography of life* (Nova York, Columbia University Press), pp. 98, 104.

7. Loring C. Brace, *The stages of human evolution*, 2ª edição (Englewood Cliffs, New Jersey, Prentice-Hall, 1979), pp. 54, 59, 61, 68.

8. Loring C. Brace, *op. cit.*, pp. 76-7; Bernard G. Campbell, *Humankind emerging* (Boston, Little, Brown, 1976), p. 248; David Pilbeam, "The descent of hominoids and hominids", *Scientific American*, 250 (março 1984), pp. 93-6.

9. Loring C. Brace, *op. cit.*, p. 78.

10. Berbard G. Campbell, *op. cit.*, pp. 383-4; Loring C. Brace, *op. cit.*, p. 95.

11. A. G. Thorne, "The arrival and adaptation of Australian aborigines", *Ecological biogeography of Australia*, organizado por Allen Keast (Haia, Dr. W. Junk, 1981), pp. 178-9; D. Merrilees, "Man the destroyer: late quaternary changes in the Australian marsupial fauna", *Journal of the Royal Society of Western Australia*, 51 (Parte I, 1968), pp. 1-24; D. Mulvaney, "The prehistory of the Australian aborigene", *Avenues of Antiquity, readings from the Scientific American*, organizado por Brian M. Fagan (San Francisco, Freeman, 1976), p. 84; Geoffrey Blainey, *Triumph of the nomads, a history of aboriginal Australia* (Woodstock, Nova York, Overlook Press, 1976), pp., 6, 16, 51-66.

12. Paul S. Martin, "The discovery of America", *Science*, 179 (9 de março de 1973), p. 969; James E. Mosimann e Paul S. Martin, "Simulating overkill by paleoindians", *American Scientist*, 63 (maio-junho 1975), p. 304; Paul S. Martin e H. E. Wright (organizadores) *Pleistocene extinctions, the search for a cause* (New Haven, Yale University Press, 1967), *passim*.

13. François Bordes, *The old stone age* (Nova York, McGraw-Hill, 1968), p. 218.

14. *Encyclopaedia Britannica*, 11ª edição (Cambridge University Press, 1911), vol. II, pp. 348-51; vol. XIX, p. 372; Gordon V. Childe, *Man makes himself* (Londres, Watts & Co., 1956), *passim*.

15. Daqui para a frente irei me referir aos indígenas da Austrália como aborígines, jamais usando esse termo para outros povos.

16. Juliet Clutton-Brock, *Domesticated animals from early times* (Austin, Univeristy of Texas Press, 1981), pp. 66-8.

17. Clara Sue Kidwell, "Science and ethnoscience: native american world views as a factor in the development of native technologies", *Environmental history, critical issues in comparative perspective*, organizado por Kendall E. Bailes

(Lanham, Maryland, University Press of America, 1985), pp. 277-87; Lynn White, Jr., "The historical roots of our ecologic crisis", *Science*, 155 (10 de março de 1967), pp. 1202-7.

18. Mark Nathan Cohen, *The food crisis in prehistory, overpopulation and the origins of agriculture* (New Haven, Yale University Press, 1977), pp. 86-9, 279-84.

19. Juliet Clutton-Brock, *op. cit.*, p. 34.

20. Jack R. Harlan, "The plants and animals that nourish man", *Scientific American*, 235 (setembro 1976), pp. 94-5.

21. Samuel Noah Kramer, *Mythologies of the ancient world* (Chicago, Quadrangle, 1961), pp. 96-100.

22. Jó 39:19-25, *A Bíblia de Jerusalém* (São Paulo, Edições Paulinas, 1985), p. 937; Sófocles, *The Oedipus cycle*, traduzido por Dudley Fitts e Robert Fitzgerald (Nova York, Harcourt Brace & World, 1949), p. 199.

23. Jó 1:2-3, *A Bíblia de Jerusalém*.

24. Erik P. Eckholm, *The picture of health, environmental sources of disease* (Nova York, Norton, 1977), p. 195; Paul Fordham, *The geography of African affairs* (Baltimore, Penguin Books, 1965), pp. 26, 30.

25. *The travels of Marco Polo*, traduzido por Ronald Latham (Harmondsworth, Penguin Books, 1958), p. 100.

26. Edward Hyams, *Soils and civilization* (Nova York, Harper & Row, 1976), pp. 230-72.

27. *Geoffrey Chaucer. A Bantam dual-language book. Canterbury tales, tales of Canterbury*, organizado por Kent Hieatt e Constance Hieatt (Nova York, Bantam Books, 1964), pp. 384-5.

28. Robert McNab (organizador), *Historical records of New Zealand* (Wellington, John McKay, impressor público, 1908), vol. I. pp. 14-5.

29. Frederick J. Simoons, "The geographical hypothesis and lactose malabsorption, a weighing of the evidence", *American Journal of Digestive Diseases*, 23 (novembro 1978), p. 964; veja também Gebhard Flatz, "Lactose nutrition and natural selection", *Lancet*, 2 (14 de julho de 1973), pp. 76-7.

30. Júlio César, *Caesar's Gallic War*, traduzido por F. P. Long (Oxford, Clarendon Press, 1911), p. 15.

31. Gênesis 22:17; Jó 1:2-3, *A Bíblia de Jerusalém*.

32. D. B. Grigg, *The agricultural systems of the world, an evolutionary approach* (Cambridge University Press, 1974), pp. 50-1.

33. Edgar Anderson, *Plants, man and life* (Berkeley, University of California Press, 1967), pp. 161-3; James M. Renfrew, *Palaeoethnobotany, the prehistoric food plants of the Near East and Europe* (Nova York, Columbia University Press, 1973), pp. 85, 96, 164-89; Michael Zohary, *Plants of the Bible* (Cambridge, Cambridge University Press, 1982), p. 92.

34. Provérbios 24:30-4, *A Bíblia de Jerusalém*.

35. Samuel Noah Kramer, *The Sumerians, their history, culture and character* (University of Chicago Press, 1963), p. 105.

36. I Samuel 5-6, *A Bíblia de Jerusalém*.

37. Frederick Dunn, "Epidemiological factors: health and disease in hunter-gatherers", *Man the hunter*, organizado por Richard B. Lee e Irven de Vore (Chicago, Aldine, 1968), pp. 223, 225; Francis L. Black, "Infectious diseases in primitive societies", *Science*, 187 (14 de fevereiro de 1975), pp. 515-8.

38. William H. McNeill, *Plagues and peoples* (Garden City, New Jersey, Anchor/Doubleday, 1976), pp. 40-53.

39. T. A. Cockburn, "Where did our infectious diseases come from?", *Health and disease in tribal societies*, *CIBA Foundation Symposium 49 (New Series)* (Londres, Elsevier, 1977), pp. 103-12.

40. Êxodo 30:11-12, *A Bíblia de Jerusalém*.

41. Deuteronômio 7:15, *A Bíblia de Jerusalém*.

42. William McNeill, *op. cit.*, pp. 69-71; Henry F. Dobyns, *Their number become thinned, Native american population dynamics in eastern North America* (Knoxville, University of Tennessee Press, 1983), pp. 9, 11.

43. James B. Pritchard (organizador), *Ancient near eastern texts relating to the Old Testament* (Princeton University Press, 1969), pp. 394-6.

44. Carol Laderman, "Malaria and progress: some historical and ecological considerations", *Social Science and Medicine*, 9 (novembro-dezembro 1975), pp. 587-94.

45. Paul Ashbee, *The ancient British, a social-archaeological narrative* (Norwich, Geo Abstracts, University of East Anglia, 1978), p. 70; Richard Elphick, *Kraal and Castle, Khoikhoi and the founding white South Africa* (New Haven, Yale University Press, 1977), p. 11.

46. *Bede's ecclesiastical history of the English people*, organizado por Bertram Colgrave e R. A. B. Mynors (Oxford, Clarendon Press, 1969), pp. 311-2; J. F. D. Shrewsbury, "The yellow plague", *Journal of the History of Medicine and Allied Sciences*, 4 (inverno 1949), pp. 5-47; Charles Creighton, *A history of epidemics in Britain* (Cambridge University Press, 1891), vol. I, pp. 4-8; Richard Elphick, *op. cit.*, pp. 231-2.

47. A. E. Mourant, Ada C. Kopec e Kazimiera Domaniewska-Sobczak, *The distribution of the human blood groups and other polymorphisms* (Oxford University Press, 1976), mapas 1, 2 e 3.

48. A. P. Okladnikov, "The ancient population of Siberia and its culture", *The peoples of Siberia*, organizado por M. G. Levin e L. P. Potapov (University of Chicago Press, 1956), p. 29.

49. *Goode's world atlas*, 12ª edição (Chicago, Rand McNally, 1964), pp. 11-3; James R. Gibson, *Feeding the Russian fur trade, provisionment of the Okhotsk seabord and the Kamchatka peninsula, 1639-1856* (Madison, University of Wisconsin Press, 1969), pp. xvii-xviii.

50. A. P. Okladnikov, *Yakutia before its incorporation into the Russian state* (Montreal, McGill-Queen's University Press, 1970), p. 444.

51. Terence Armstrong, George Rogers e Graham Rowley, *The circumpo-*

lar Arctic, a political and economic geography of the Arctic and Sub-Arctic (Londres, Methuen, 1978), p. 24.

52. "Introduction", *Peoples of Siberia*, vol. I.

53. Peter Simon Pallas, *A naturalist in Russia, letters from Peter Simon Pallas to Thomas Pennant*, organizado por Carol Urness (Minneapolis, University of Minnesota Press, 1967), pp. 60, 64, 86, 87.

54. L. P. Potapov, "The Altays", *Peoples of Siberia*, p. 311; William Tooke, *View of the Russian Empire* (Nova York, Arno Press e *New York Times*, 1970), vol. III, pp. 271-2.

55. Élisée Reclus, *The Earth and its inhabitants, Asia*, I, *Asiatic Russia* (Nova York, D. Appleton & Co., 1884), pp. 357, 360, 396.

56. S. M. Shirokogoroff, *Social organization of the northern Tungus* (Xangai, The Commercial Press, 1933), p. 208.

57. S. M. Shirokogoroff, *op. cit.*, p. 208; W. G. Sumner (organizador), "The Yakuts", *Journal of the Anthropological Institute of Great Britain and Ireland*, 31 (1091), pp. 75, 79-80, 96; Waldemar Jochelson, "The Yukaghir and yukaghirized Tungus", *Memoirs of the American Museum of Natural History*, 13 (1926), pp. 27, 62-8; Waldemar Jochelson, "The Yakut", *Anthropology Papers of the American Museum of Natural History*, 30 (1934), p. 132; Waldemar Bogoras, "The Chukchi of northeastern Siberia", *American Anthropologist*, 3 (janeiro--março 1901), pp. 102-4; Stepan Petrovich Krasheninnikov, *Explorations of Kamchatka, 1735-1741*, traduzido por E. A. P. Crownhart-Vaughan (Portland, Oregon Historical Society, 1972), p. 272; Elisée Reclus, *op. cit.*, p. 341; Kai Donner, *Among the Samoyed in Siberia* (New Haven, Human Relations File, 1954), p. 86.

58. James R. Gibson, *op. cit.*, p. 196; W. T. Tooke, *op. cit.*, vol. I, pp. 547, 591, 594; vol. II, pp. 86-9; Auguste Hirsch, *Handbook of geographical and historical pathology* (Londres, New Sydenham Society, 1883), vol. I, p. 133; Bogoras, "Chukchi", *American Anthropologist*, 3 (janeiro-março 1901), p. 91; W. G. Sumner, *op. cit.*, pp. 104-5; Jean-Baptiste Barthélemy de Lesseps, *Travels in Kamtschatka* (Nova York, Arno Press e *New York Times*, 1970), vol. I, pp. 94, 128-9, 199; vol. II, pp. 83-4; Waldemar Jochelson, "Material culture and social organization of the Koryak", *Memoirs of the American Museum of Natural History*, 10, Parte 2 (1905-8), p. 418; Waldemar Jochelson, "Yukaghir", *Memoirs of the American Museum of Natural History*, 13 (1926), pp. 26-7; Peter Simon Pallas, *Reise durch verschiedne Provinzen des Russischen Reichs* (Graz, Akademische Druck- u. Verlagsanstalt, 1967), vol. III, p. 50.

59. Waldemar Jochelson, "Yukaghir", *Memoirs of the American Museum of Natural History*, 13 (1926), p. 27; M. V. Stepanova, I. S. Gurvich e V. V. Khramova, "The Yukaghirs", *Peoples of Siberia*, pp. 788-9.

60. Frank Lorimer, *The population of the Soviet Union, history and prospects* (Genebra, Liga das Nações, 1946), pp. 11, 26, 27; Donald W. Treadgold, *The great Siberian migration* (Princeton University Press, 1957), pp. 32, 34; Robert

R. Kuczynski, *The balance of births and deaths*, II, *eastern and southern Europe* (Washington D. C., The Brookings Institution, 1931), p. 101.

61. *The Cambridge Encyclopaedia of Russia and the Soviet Union*, organizado por Archie Brown, John Fennell, Michael Kaser e H. T. Willetts (Cambridge University Press, 1982), pp. 70-1.

62. Kai Donner, *op. cit.*, p. 138.

3. OS ESCANDINAVOS E OS CRUZADOS [pp. 53-81]

1. George C. Vaillant, *Aztecs of Mexico: origin, rise and fall of the aztec nation* (Harmondsworth, Penguin Books, 1965), p. 160.

2. David Day, *The Doomsday book of animals* (Nova York, Viking Press, 1981), pp. 223-4.

3. Vale notar aqui que um outro grupo de marinheiros, os do oceano Índico, havia cruzado uma cordilheira submersa antes dos nórdicos, e continuavam cruzando-a em grande número todos os anos, aproveitando as monções. Eles passavam de um lado para outro da chamada cordilheira de Carlsberg, que se estende para sudeste a partir da Arábia sob as águas que separam os portos do Oriente Médio e Índia dos portos do Leste da África. Essa cordilheira é também uma sutura da Pangeia, mas é biogeograficamente menos importante quando comparada com a cordilheira do Meio-Atlântico porque divide continentes que estão ligados em outros lugares.

4. G. J. Marcus, *The conquest of the north Atlantic* (Oxford University Press, 1981), pp. 63-70.

5. G. J. Marcus, *op. cit.*, pp. 67, 71-8; Bruce E. Gelsinger, *Icelandic enterprise, commerce and economy in the Middle Ages* (Columbus, University of South Carolina Press, 1981), p. 239, nota 26.

6. G. J. Marcus, *op. cit.*, pp. 83-4; Bruce E. Gelsinger, *op. cit.*, p. 47; C. N. Parkinson (organizador), *The trade winds: a study of British overseas trade during the French wars, 1793-1815* (Londres: Allen & Unwin, 1948), p. 87.

7. Richard F. Tomasson, *Iceland, the first new society* (Minneapolis, University of Minnesota Press, 1980), pp. 60-2; G. J. Marcus, *op. cit.*, p. 64; Finn Gad, *The history of Greenland*, traduzido por Ernst Dupont (Londres, C. Hurst Co., 1970), vol. I, pp. 53, 84.

8. *The Vinland sagas*, organizado e traduzido por Magnus Magnusson e Hermann Palsson (Baltimore, Penguin Books, 1965), pp. 65-7, 71, 99.

9. *Ibidem*, p. 55

10. Frederick J. Simoons, "The geographical hypothesis and lactase malabsorption", *American Journal of Digestive Diseases*, 23 (novembro 1978), pp. 964-5.

11. *The Vinland sagas*, p. 65.

12. Samuel Eliot Morison, *The European discovery of America. The northern voyages, A. D. 500-1600* (Oxford University Press, 1971), p. 49.

13. *The Vinland sagas*, p. 61.

14. *Ibidem*, pp. 65, 94; G. J. Marcus, *op. cit.*, p. 64; Samuel Eliot Morison, *Admiral of the ocean sea, a life of Christopher Columbus* (Boston, Little, Brown, 1942), pp. 395, 397; Richard F. Tomasson, *op. cit.*, p. 58; *The Australian encyclopedia* (Sydney, The Grolier Society of Australia, 1979), vol. III, pp. 25, 26.

15. G. J. Marcus, *op. cit.*, pp. 91-2; Bruce E. Gelsinger, *op. cit.*, p. 93.

16. *The Vinland sagas*, pp. 66, 99, 100, 102.

17. Richard F. Tomasson, *op. cit.*, p. 63; P. Kubler, *Geschichte der pocken und der impfung* (Berlim, Verlag von August Hirschwald, 1901), p. 45; August Hirsch, *Handbook of geographical and historical pathology* (Londres, New Sydenham Society, 1883), vol. I, pp. 135, 145; George S. MacKenzie, *Travels in the island of Iceland during the summer of the year MDCCCX* (Edimburgo, Archibald Constable & Co., 1811), pp. 409-10. Praticamente qualquer doença infecciosa do continente podia provocar grandes estragos. Seiscentos islandeses morreram de sarampo durante uma epidemia em 1797. Quando a doença atingiu os povos das ilhas Faroe em 1846, após uma trégua de 75 anos, 6100 das 7864 possíveis vítimas adoeceram: MacKenzie, *Travels in the island of Iceland*, p. 410; Abraham M. Lilienfeld, *Foundations of Epidemiology* (Oxford University Press, 1976), p. 24. A vulnerabilidade dos escandinavos do Atlântico Norte chega até os nossos dias. O sarampo, diversas vezes erradicado na Islândia, foi reintroduzido a partir da Europa e da América pelo menos onze vezes no século XX, provocando epidemias a cada uma das delas (graças à alimentação e à medicina modernas, porém, essas epidemias já não são mais letais): Andrew Cliff e Peter Haggett, "Island epidemics", *Scientific American*, 250 (maio 1984), p. 143.

18. Ronald G. Popperwell, *Norway* (Londres, Ernest Benn, 1972), pp. 94-5; Tomasson, *Iceland*, p. 63.

19. G. J. Marcus, *op. cit.*, pp. 89, 99, 121, 155.

20. Sigurdur Thorarinsson, *The 1000 years struggle against ice and fire* (Reykjawick, Bokautgafa Menningarsjods, 1965), pp. 24-5.

21. G. J. Marcus, *op. cit.*, p. 90; Bruce E. Gelsinger, *op. cit.*, p. 173.

22. Bruce E. Gelsinger, *op. cit.*, p. 6; Sigurdur Thorarinsson, *op. cit.*, pp. 13, 15-6, 18; G. J. Marcus, *op. cit.*, pp. 97-8, 156.

23. *The Vinland sagas*, p. 22.

24. Bruce E. Gelsinger, *op. cit.*, p. 173; G. J. Marcus, *op. cit.*, pp. 159-60, 163.

25. *The Vinland sagas*, p. 60.

26. G. J. Marcus, *op. cit.*, pp. 78, 95-6, 106-7, 108-16; Bruce E. Gelsinger, *op. cit.*, pp. 52-8.

27. G. J. Marcus, *op. cit.*, pp. 50-4.

28. *Idem, ibidem*, p. 103.

29. *The Vinland sagas*, pp. 87, 97.

30. E. G. R. Taylor, *The haven-finding art* (Nova York, Abelard-Schuman, 1957), p. 94; Joseph Needham, *Science and civilisation in China*, IV, *Physics and physical technology*, parte III, *Civil engineering and nautics* (Cambridge University Press, 1971), p. 698.

31. R. W. Southern, *The making of the Middle Ages* (Londres, Hutchinson's Library, 1953), p. 51; G. C. Coulton (organizador), *A medical garner, human documents from the four centuries preceding the Reformation*, pp. 10-6; *The Vinland sagas*, p. 71.

32. Robinson Jeffers, "The eye", *Robinson Jeffers, selected poems* (Nova York, Random House, 1963), p. 85.

33. G. J. Marcus, *op. cit.*, p. 64; Joshua Prawer, *The world of the crusaders* (Nova York, Quadrangle Books, 1972), p. 73.

34. Joshua Prawer, *op. cit.*, p. 73.

35. Edward Peters (organizador), *The First Crusade, the chronicles of Fulcher of Chartres and other source materials* (Filadélfia, University of Pennsylvania, 1971), p. 25.

36. *Chronicles of the crusades* (Londres, Henry G. Bohn, 1848), p. 89.

37. Hans E. Mayer, *The crusades*, traduzido por John Gillingham (Oxford University Press, 1972), pp. 137-9.

38. Joshua Prawer, *The Latin Kingdom of Jerusalem, European colonialism in the Middle Ages* (Londres, Weidenfeld and Nicolson, 1972), p. 82; Joshua Prawer, *The world of the crusaders*, pp. 73-4; Jean Richard, *The Latin Kingdom of Jerusalem*, traduzido por Janet Shirley (Amsterdam, North Holland, 1979), vol. A, p. 131; Hans E. Mayer, *op. cit.*, p. 177.

39. William, arcebispo de Tiro, *A history of deeds done beyond the sea*, traduzido por Emily A. Babcock e A. C. Krey (Nova York: Columbia University Press, 1943), vol. I, p. 507, nota 508.

40. Hans E. Mayer, *op. cit.*, pp. 150, 153, 161.

41. James A. Brundage (organizador), *The Crusades, a documentary study* (Milwaukee Marquette University Press, 1962), p. 75.

42. Jacques de Vitry, *History of the Crusades, A. D. 1180* (Londres, Palestine Pilgrims Society, 1896), p. 67.

43. *Idem, ibidem*, pp. 64-5.

44. Joshua Prawer, *The Latin Kingdom of Jerusalem, European colonialism in the Middle Ages*, pp. 506-8.

45. Friedrich Prinzing, *Epidemics resulting from wars* (Oxford, Clarendon Press, 1916), p. 13.

46. *Chronicles of Crusades*, p. 432.

47. *Ibidem*, p. 55.

48. Darret B. Rutman e Anita H. Rutman, "Of agues and fevers: malaria in the early Chesapeake", *William and Mary Quarterly*, 3ª série, 33 (janeiro 1976), p. 43.

49. Hans E. Mayer, *op. cit.*, pp. 150, 177.

50. L. W. Hackett, *Malaria in Europe, an ecological study* (Oxford University Press, 1937), p. 7; Carol Laderman, "Malaria and progress: some historical and ecological considerations", *Social Science and Medicine*, 9 (novembro--dezembro 1975), pp. 589, 590-2; Milton J. Friedman e William Trager, "The biochemistry of resistance to malaria", *Scientific American*, 244 (março 1981), pp. 154, 159; "Prevention of malaria in travelers, 1982", *United States Public Health Service Morbidity and Mortality Weekly Report, Supplement* 31 (16 de abril de 1982), pp. 10, 15; Israel J. Kligler, *The epidemiology and control of malaria in Palestine* (University of Chicago Press, 1930), p. 105; Thomas C. Jones, "Malaria", *Textbook of medicine*, organizado por Paul B. Beeson e Walsh McDermott (Filadélfia, Saunders, 1975), p. 475.

51. T. A. Archer (organizador), *The Crusade of Richard I, 1189-92* (Londres, David Nutt, 1900), pp. 84-5, 88-9, 92, 115, 117, 132, 194, 199, 205, 243, 245, 247, 281, 305, 312-4, 318-9, 322; Ambroise, *The Crusade of Richard the Lion--Heart*, traduzido por Merton Jerome Hubert (Nova York, Columbia University Press, 1941), pp. 196, 198, 201, 203, 207, 219, 446; Israel J. Kligler, *op. cit.*, pp. 2, 111.

52. Archibald Wavell, *Allenby, a study in greatness* (Londres, George P. Harrap & Co., 1940), pp. 195, 156.

53. Israel J. Kligler, *op. cit.*, p. 87; W. G. MacPherson (organizador), *History of the Great War based on official documents. Medical services, general history* (Londres, His Majesty's Stationery Office, 1924), vol. III, p. 483.

54. Steven Runciman, *A history of the Crusades*, II, *The kingdom of Jerusalem* (Cambridge University Press, 1955), pp. 323-4; Hans E. Mayer, *op. cit.*, p. 159.

55. Carol Laderman, *op. cit.*, p. 588; H. M. Giles *et. al.*, "Malaria, anaemia and pregnancy", *Annals of Tropical Medicine and Parasitology*, 63 (1969), pp. 245-63.

56. Hans E. Mayer, *op. cit.*, pp. 274-5.

57. Joseph Needham, *Science and civilisation in China*, IV, *Physics and physical technology*, parte III, *Civil engineering and nautics*, p. 698.

58. Noel Deere, *The history of sugar* (Londres, Chapman & Hall, 1949), vol. I, pp. 73-258; Charles Verlinden, *The beginnings of modern colonization, eleven essays with an introduction*, traduzido por Yvonne Freccero (Ithaca, Cornell University Press, 1970), pp. 18-24, 29, 47.

59. G. J. Marcus, *op. cit.*, p. 67.

60. *The Vinland sagas*, p. 90.

4. AS ILHAS AFORTUNADAS [pp. 82-114]

1. John Mercer, *The Canary Islands, their prehistory, conquest and survival* (Londres, Rex Collings, 1980), pp. 155-63, 198, 217; Raymond Mauny, *Les navigations médiévales sur les côtes sahariennes antérieures à la découverte portugaise*

(*1434*) (Lisboa, Centro de Estudos Históricos Ultramarinos, 1960), pp. 44-8, 92-6.

2. John Mercer, *op. cit.*, pp. 2-13; W. B. Turrill, *Pioneer plant geography, the phytogeographical researches of sir Joseph Dalton Hooker* (Haia, Nijhoff, 1953), pp. 2-4, 206, 211; Sherwin Carlquist, *Island biology* (Nova York, Columbia University Press, 1974), p. 180.

3. Pierre Bontier e Jean le Verrier, *The canarian, or, book of the conquest and conversion of the Canarians*, traduzido por Richard H. Major (Londres, Hakluyt Society, 1872), p. 92.

4. T. Bentley Duncan, *Atlantic islands: Madeira, the Azores and the Cape Verdes in seventeenth century navigation* (University of Chicago Press, 1972), p. 12; Charles Verlinden, *The beginnings of modern colonization, eleven essays with an introduction*, traduzido por Yvonne Freccero (Ithaca, Cornell University Press, 1970), p. 220.

5. A. H. de Oliveira Marques, *History of Portugal*, I, *From Lusitania to empire* (Nova York, Columbia University Press, 1972), p. 158; T. Bentley Duncan, *op. cit.*, pp. 12-6; Joel Serrão (organizador), *Dicionário de historia de Portugal* (Lisboa, Iniciativas Editoriais, 1971), vol. I, pp. 20, 797.

6. Sidney M. Greenfield, "Madeira and the beginnings of New World sugar cane cultivation and plantation slavery: a study in institution building", *Comparative perspectives on slavery in New World plantation societies*, organizado por Vera Rubin e Arthur Tuden, *Annals of the New York Academy of Sciences*, 292 (1977), p. 537.

7. T. Bentley Duncan, *op. cit.*, p. 26

8. David A. Bannerman e W. Mary Bannerman, *Birds of the Atlantic islands* (Edimburgo, Oliver & Boyd, 1966), vol. II, pp. xxxv-xxxvii; Sidney M. Greenfield, *op. cit.*, pp. 537-9.

9. Gomes Eannes de Azurara, *The chronicle of the discovery and conquest of Guinea*, traduzido por Charles R. Beazley e Edgar Prestage (Nova York, Burt Franklin, sem data), vol. II, pp. 245-6; *Voyages of Cadamosto*, traduzido por G. R. Crone (Londres, Hakluyt Society, 1937), nota 7; Samuel Purchas (organizador), *Hakluytus posthumus, or Purchas his pilgrimes* (Glascow, James MacLehose & Sons, 1906), vol. XIX, p. 197; Edward Arber (organizador), *Travels and works of captain John Smith* (Nova York, Burt Franklin, sem data), vol. II, p. 471; Juan de Abreu de Galindo, *Historia de la conquista de las siete islas de Canaria*, organizado por Alejandro Cioranescu (Santa Cruz de Tenerife, Goya Ediciones, 1955), p. 60; Frank Fenner, "The rabbit plague", *Scientific American*, 190 (fevereiro 1954), pp. 30-5.

10. *Voyages of Cadamosto*, p. 9; Gommes Eannes de Azurara, *op. cit.*, vol. II, p. xcix.

11. David A. Bannerman e W. Mary Bannerman, *op. cit.*, vol. II, p. XXI; Gommes Eannes de Azurara, *op. cit.*, vol. II, pp. 246-7; *Voyages of Cadamosto*, pp. 4, 7, 9-10.

12. A. H. de Oliveira Marques, *op. cit.*, vol. I, p. 153; Charles Verlinden, *op. cit.*, pp. 210, 212; *Voyages of Cadamosto*, p. 10; Gommes Eannes de Azurara, *op. cit.*, vol. II, pp. 247-8; Maria de Lourdes Esteves dos Santos de Ferraz, "A ilha da Madeira na época quatrocentista", *Studia, Centro de Estudos Históricos Ultramarinos, Lisbon*, 9 (1962), pp. 179, 188-90.

13. Sidney M. Greenfield, *op. cit.*, pp. 545, 547; Vitorino Magalhães Godinho, *Os descobrimentos e a economia mundial* (Lisboa, Editora Arcádia, 1965), vol. II, p. 430; veja também Virginia Rau e Jorge de Macedo, *O açúcar da Madeira nos fins do século XV, problemas de produção e comércio* (Lisboa, Junta-Geral do Distrito Autónomo do Funchal, 1962).

14. Joel Serrão, *op. cit.*, vol. II, p. 879.

15. T. Bentley Duncan, *op. cit.*, p. 11.

16. *Idem, ibidem*, p. 25.

17. Robin Bryans, *Madeira, pearl of the Atlantic* (Londres, Robert Hale, 1959), p. 30.

18. T. Bentley Duncan, *op. cit.*, p. 29.

19. Sidney M. Greenfield, *op. cit.*, p. 541.

20. Maria de Lourdes Esteves dos Santos de Ferraz, *op. cit.*, p. 169; Joel Serrão, *Dicionário de história de Portugal*, vol. II, p. 879.

21. Francisco Sevillano Colom, "Los viajes medievales desde Mallorca a Canarias", *Anuario de Estudios Atlánticos*, 18 (1972), p. 41; Vitorino Magalhães Godinho, *op. cit.*, p. 521; Joel Serrão; *op. cit.*, vol. II, p. 879.

22. Ferdinand Columbus, *The life of the admiral Christopher Columbus by his son Ferdinand*, traduzido por Benjamin Keen (New Brunswick, Rutgers University Press, 1959), p. 60; Vitorino Magalhães Godinho, *op. cit.*, pp. 520-1, 581.

23. Sherwin Carlquist, *Island ecology* (Nova York, Columbia University Press, 1974), pp. 180-1; John Mercer, *op. cit.*, pp. 4, 7, 18.

24. Ilse Schwidetzky, "The prehispanic population of the Canary Islands", *Biogeography and ecology in the Canary Islands*, organizado por G. Kunkel (Haia, Dr. W. Junk, 1976), p. 20; John Mercer, *op. cit.*, pp. 17-8, 59, 64-5, 112.

25. John Mercer, *op. cit.*, pp. 59-60, 64; Ilse Schwidetzky, *op. cit.*, p. 23; Ilse Schwidetzky, *La población prehispánica de las Islas Canarias* (Santa Cruz de Tenerife, Publicaciones del Museo Arqueológico, 1963), pp. 127-9.

26. John Mercer, *op. cit.*, p. 10; Leonard Huxley, *Life and letters of Sir Joseph Dalton Hooker* (Londres, John Murray, 1918), vol. II, p. 232; David Bramwell, "The endemic flora of the Canary Islands; distribution, relationships and phytogeography", *Biogeography and ecology in the Canary Islands*, p. 207.

27. John Mercer, *op. cit.*, pp. 115-9.

28. Vitorino Magalhães Godinho, *op. cit.*, p. 520.

29. John Mercer, *op. cit.*, pp. 160-8, 177-8; Pierre Bontier e Jean le Verrier, *op. cit.*, pp. 123, 131. Veja uma documentação mais detalhada da invasão francesa, com os originais e traduções modernas para o espanhol, em Jean de Be-

thencourt, *Le canarien, crónicas francesas de la conquista de Canarias*, traduzido por Elias Serra e Alejandro Cioranescu (La Laguna de Tenerife, Fontes Canariu, 1959-64), 3 volumes.

30. Sidney M. Greenfield, *op. cit.*, p. 543.

31. Gomes Eannes de Azurara, *op. cit.*, p. 238; Pierre Bontier e Jean le Verrier, *op. cit.*, p. 128; Juan de Abreu de Galindo, *op. cit.*, pp. 145-6.

32. John Mercer, *op. cit.*, pp. 188-93; Juan de Abreu de Galindo, *op. cit.*, p. 145.

33. John Mercer, *op. cit.*, pp. 195-6.

34. *Idem, ibidem*, pp. 198-203; Alonso de Espinosa, *The Guanches of Tenerife*, traduzido por Clements Markham (Londres, Hakluyt Society, 1907), p. 93.

35. John Mercer, *op. cit.*, pp. 207-9.

36. Juan de Abreu Galindo, *The history of the discovery of the Canary Islands*, traduzido por George Glas (Londres, R. & J. Dodsley, 1764), p. 82.

37. Pierre Bontier e Jean le Verrier, *op. cit.*, pp. 135, 149; Alonso de Espinosa, *op. cit.*, p. 102; Gomes Eannes de Azurara, *op. cit.*, p. 209.

38. John Mercer, *op. cit.*, pp. 66-7.

39. Gomes Eannes de Azurara, *op. cit.*, p. 238.

40. Gonzalo Fernández de Oviedo y Valdés, *Historia general y natural de las Indias* (Madri, Ediciones Atlas, 1959), vol. I, p. 24.

41. John Mercer, *op. cit.*, pp. 65-6, 201; Alonso de Espinosa, *op. cit.*, p. 89.

42. John Mercer, *op. cit.*, pp. 148-59; Pierre Bontier e Jean le Verrier, *op. cit.*, p. 137.

43. Juan de Abreu de Galindo, *Historia de la conquista de las siete islas de Canaria*, p. 169.

44. Gomes Eannes de Azurara, *op. cit.*, p. 240; Alonso de Espinosa, *op. cit.*, p. 83.

45. Juan de Abreu de Galindo, *Historia de la conquista de las siete islas de Canaria*, p. 93; John Mercer, *op. cit.*, p. 178.

46. Juan de Abreu de Galindo, *Historia de la conquista de las siete islas de Canaria*, p. 80; John Mercer, *op. cit.*, pp. 182-3.

47. Alonso de Espinosa, *op. cit.*, pp. x, 45-73; Juan de Abreu de Galindo, *Historia de la conquista de las siete islas de Canaria*, pp. 41, 301-13.

48. Alonso de Espinosa, *op. cit.*, pp. 89, 96-7, 103.

49. *Idem, ibidem*, pp. 106-7.

50. *Idem, ibidem*, p. 92; Juan de Abreu de Galindo, *Historia de la conquista de las siete islas de Canaria*, p. 183.

51. Charles S. Elton, *The ecology of invasions by animals and plants* (Londres, Methuen, 1958), cap. IV; Alfred W. Crosby, *Epidemic and peace, 1918* (Westport, Connecticut, Greenwood Press, 1976), pp. 235-6.

52. Juan de Abreu de Galindo, *Historia de la conquista de las siete islas de Canaria*, p. 161.

53. *Idem, ibidem*, pp. 154-5; Leonardo Torriani, *Descripción e historia del*

reino de las Islas Canarias, traduzido e editado por Alejandro Cioranescu (Santa Cruz de Tenerife, Goya Ediciones, 1978), p. 115.

54. Pierre Bontier e Jean le Verrier, *op. cit.*, p. 92.

55. Leonardo Torriani, *op. cit.*, p. 116; Juan de Abreu de Galindo, *Historia de la conquista de las siete islas de Canaria*, p. 169

56. Alonso de Espinosa, *op. cit.*, pp. 104-8; José de Viera y Clavijo, *Noticias de la historia general de las Islas Canarias* (Santa Cruz de Tenerife, Goya Ediciones, 1951), vol. II, p. 108.

57. Alonso de Espinosa, *op. cit.*, p. 108.

58. *Diccionario de la lengua española* (Madri, Real Academia Española, 1970), pp. 886, 1016; Elias Zerolo, *Diccionario enciclopédico de la lengua castellana* (Paris, Casa Editorial Garnier Hermonos, sem data), vol. II, p. 324; Juan Bosch Millares, "Enfermedades y terapéutica de los aborígenes", *Anales de la Clínica Médica del Hospital de San Martín* (Las Palmas, Ilhas Canárias) I (1945), pp. 172--3; dr. Francisco Guerra, entrevista pessoal.

59. Alfred W. Crosby, "Virgin soil epidemics as a factor in the aboriginal depopulation in America", *The William and Mary Quarterly*, 3ª série, 33 (abril 1976), pp. 289-99. Veja um exemplo recente em Robert J. Wolfe, "Alaska's great sickness, 1900: an epidemic of measles and influenza in a virgin soil population", *Proceedings of the American Philosophical Society*, 126 (8 de abril de 1982), pp. 92-121.

60. Leonardo Torriani, *op. cit.*, p. 46; Richard Hakluyt (organizador), *Voyages* (Londres, Everyman's Library, 1907), vol. IV, p. 26.

61. Juan de Abreu de Galindo, *Historia de la conquista de las siete islas de Canaria*, p. 60.

62. Thomas D. Seeley, "How honeybees find a home", *Scientific American*, 247 (outubro 1982), p. 158; Alonso de Espinosa, *op. cit.*, pp. 61, 63; Juan de Abreu de Galindo, *Historia de la conquista de las siete islas de Canaria*, pp. 83, 262, 312; Felipe Fernández-Armesto, *The Canary Islands after the conquest, the making of a colonial society in the early sixteenth century* (Oxford, Clarendon Press, 1982), p. 86.

63. Felipe Fernández-Armesto, *op. cit.*, p. 70; Juan de Abreu de Galindo, *Historia de la conquista de las siete islas de Canaria*, p. 239.

64. Richard Hakluyt, *op. cit.*, pp. 25-6; Felipe Fernández-Armesto, *op. cit.*, p. 74; James J. Parsons, "Human influences on the pine and laurel forests of the Canary Islands", *Geographical Review*, 71 (julho 1981), pp. 260-4.

65. Ferdinand Columbus, *op. cit.*, p. 143; John Mercer, *op. cit.*, p. 219; Pierre Bontier e Jean le Verrier, *op. cit.*, p. 135; Felipe Fernández-Armesto, *op. cit.*, p. 219; Parsons, "Human influences", *Geographical Review*, 71 (julho 1981), pp. 259-60.

66. Gunther Kunkelm "Notes on the introduced elements in the Canary Islands flora", *Biogeography and ecology in the Canary Islands*, pp. 250, 256-7, 259, 264-5.

67. Fernández de Oviedo y Valdés, *Historia general*, vol. I, p. 24; Girolamo

Benzoni, *History of the New World*, traduzido e editado por W. H. Smyth (Londres: Hakluyt Society, 1857), p. 260; Alonso de Espinosa, *op. cit.*, p. 120; Felipe Fernández-Armesto, *op. cit.*, p. 6.

68. Felipe Fernández-Armesto, *op. cit.*, pp. 39-40; John Mercer, *op. cit.*, pp. 215, 230.

69. John Mercer, *op. cit.*, p. 213; José de Viera y Clavijo, *Noticias*, vol. II, p. 394; Rafael Torres Campos, *Carácter de la conquista y colonización de las Islas Canarias* (Madri, Imprensa y Litografia del Deposito de la Guerra, 1901), p. 71; Analola Borges, "La región canaria e los origenes americanos", *Anuario de Estudios Atlanticos*, 18 (1972), pp. 237-8.

70. John Mercer, *op. cit.*, pp. 222-32; *Ouvres de Christophe Columb*, traduzido e editado por Alexandre Cioranescu (s. l., Éditions Gallimard, 1961), p. 241; Felipe Fernández-Armesto, *op. cit.*, pp. 20, 40, 127-9, 174.

71. Felipe Fernández-Armesto, *op. cit.*, p. 11; Juan de Abreu de Galindo, *Historia de la conquista de las siete islas de Canaria*, p. 298; Alonso de Espinosa, *op. cit.*, p. 34; José de Viera y Clavijo, *op. cit.*, pp. 156, 290, 348, 496-7, 511, 538; Alfred W. Crosby, *The Columbian exchange, biological and cultural consequences of 1492* (Westport, Connecticut, Greenwood Press, 1972), pp. 122-64.

72. Juan de Abreu de Galindo, *Historia de la conquista de las siete islas de Canaria*, p. 387; Benzoni, *History of New World*, vol. I, p. 260.

73. John Mercer, *op. cit.*, pp. 27-41, 241-58; Alonso de Espinosa, *op. cit.*, p. xviii; Felipe Fernández-Armesto, *op. cit.*, p. 5.

74. Felipe Fernández-Armesto, *op. cit.*, pp. 13, 15, 21, 31, 33, 35-7, 41.

75. Alexander de Humboldt e Aimé Bopland, *Personal narrative of travels to the equinoctial region of the new continent* (Londres, Longman, Hurat, Rees, Orme & Brown, 1818), vol. I, p. 293.

76. José de Viera y Clavijo, *op. cit.*, p. 394.

77. *Idem, ibidem, passim.*

5. VENTOS [pp. 115-42]

1. Dois de seus livros mais conhecidos sobre o assunto são, respectivamente, *The discovery of the sea* (Berkeley, University of California Press, 1981) e *Admiral of the ocean sea, a life of Christopher Columbus* (Boston, Little, Brown, 1942).

2. Joseph Needham, *Science and civilisation in China*, IV, *Physics and physical technology*, parte III, *Civil engineering and nautics* (Cambridge University Press, 1971), pp. 487-91, 518, 524, 562-3, 567, 594-9.

3. Samuel Eliot Morison, *Admiral of the ocean sea, a life of Christopher Colombus* (Boston, Little, Brown, 1942), pp. 183-96; Carlo M. Cipolla, *Guns, sails and empires: technological innovation and the early phases of European expansion, 1400-1700* (Nova York, Pantheon Books, 1965), pp. 75-6.

4. J. H. Parry, *The discovery of the sea* (Berkeley, University of California Press, 1981).

5. Aristóteles, *Meteorologica*, traduzido por H. D. P. Lee (Cambridge, Harvard University Press, 1952), pp. 179-81; *The geography of Strabo*, traduzido por Horace L. Jones (Londres, Heinemann, 1917), vol. VIII, pp. 367-71.

6. Samuel Eliot Morison, *Admiral of the ocean sea, a life of Christopher Colombus*, p. 230.

7. J. C. Beaglehole, *The life of captain James Cook* (Stanford University Press, 1974), pp. 107-8.

8. Pierre Chaunu, *European expansion in the later Middle Ages*, traduzido por Katherine Bertram (Amsterdam, North Holland, 1979), p. 106

9. *The voyage of John Huyghen van Linschoten to the East Indies* (Nova York, Burt Franklin, sem data), vol. II, p. 264.

10. Raymond Mauny, *Les navigations médiévales sur les côtes sahariennes antérieures à la découverte portugaise (1434)* (Lisboa, Centro de Estudos Históricos Ultramarinos, 1960), pp. 16-7.

11. J. H. Parry, *op. cit.*, pp. 101-2.

12. Joseph de Acosta, *The natural and moral history of the Indies*, traduzido por Edward Grimstone (Nova York, Burt Franklin, sem data), vol. I, p. 116.

13. Willy Rudloff, *World climates: with tables of climatic data and practical suggestions* (Suttgart, Wissenschaftliche Verlagsgesellschaft, 1981), p. 15; J. H. Parry, *op. cit.*, p. 119; Glen T. Trewartha, *An introduction to climate* (Nova York, McGraw-Hill, 1968), pp. 107-8; "Monsoons", *Encyclopaedia Britannica, Macropaedia* (Chicago, Encyclopaedia Britannica, Inc., 1982), vol. XII, p. 392.

14. *The four voyages of Christopher Columbus*, traduzido por J. M. Cohen (Baltimore, Penguin Books, 1969), p. 207.

15. Baily W. Diffie e George D. Winius, *Foundations of the Portuguese empire, 1415-1580* (Minneapolis, University of Minnesota Press, 1977), p. 147.

16. J. H. Parry, *Discovery*, pp. 124-6; Chunu, *European expansion*, p. 130.

17. Eric Axelson, *Congo to Cape, early Portuguese explorers* (Londres, Faber & Faber, 1973), pp. 100-1, 107-10, 114.

18. Charles M. Andrews, *The colonial period of American history* (New Haven, Yale University Press, 1934), vol. I, p. 98; Franklin Jameson (organizador), *Narratives of New Netherland, 1609-1664* (Nova York, Scribner, 1909), p. 75.

19. Joseph Acosta, *op. cit.*, p. 114; Samuel Purchas (organizador), *Hakluytus posthumus, or Purchas his pilgrimes* (Glasgow, James MacLehose & Sons, 1905--7), vol. XIV, p. 433.

20. Ferdinand Columbus, *op. cit.*, p. 51; G. R. Crone, *The discovery of America* (Nova York, Weybright & Talley), p. 90.

21. Samuel Purchas, *op. cit.*, vol. XIX, p. 261.

22. Vincent Jones, *Sail the Indian Sea* (Londres, Gordon & Cromonesi, 1978), pp. 40-7; G. R. Crone, *The discovery of the East* (Nova York, St. Martin's

Press, 1972), pp. 28-9; Charles Ley (organizador), *Portuguese voyages, 1498-
-1663* (Londres, Dent, 1947), pp. 4-7.

23. Samuel Eliot Morison, *Portuguese voyages to America in the 15th century* (Cambridge, Harvard University Press, 1940), pp. 95-7.

24. *The travels of Marco Polo*, traduzido por Ronald Latham (Harmondsworth, Penguin Books, 1958), p. 300.

25. David Day, *The Doomsday book of animals* (Nova York, Viking Press, 1981), pp. 19-21.

26. C. R. Boxer, *The Portuguese seaborne empire, 1415-1825* (Londres, Hutchinson & Co., 1969), p. 44.

27. Vincent Jones, *op. cit.*, pp. 59-68; João de Barros, *Da Ásia*, I (Lisboa, Livraria San Carlos, 1973), p. 318.

28. Vincent Jones, *op. cit.*, pp. 68-73; João de Barros, *op. cit.*, p. 319.

29. *The travels of Marco Polo*, p. 248.

30. R. G. Barry e R. J. Chorley, *Atmosphere, weather and climate* (Londres, Methuen & Co, 1968), pp. 157-8; Glen T. Trewartha, *op. cit.*, pp. 89, 92, 102-8.

31. G. B. Crone, *The discovery of the East*, p. 36.

32. Vincenr Jones, *op. cit.*, pp. 106-7.

33. G. B. Crone, *The discovery of the East*, p. 38; Vincent Jones, *op. cit.*, p. 107; Pierre Chaunu, *op. cit.*, p. 132.

34. Samuel Eliot Morison, *The European discovery of America, the southern voyages, 1492-1616* (Oxford University Press, 1974), pp. 356-7; Charles E. Nowell (organizador), *Magellan's voyage around the world, three contemporary accounts* (Evanston, Northwestern University Press, 1962), pp. 91-4.

35. Samule Eliot Morison, *The European discovery of America, the southern voyages 1492-1616*, pp. 359-97.

36. *Idem, ibidem*, p. 405.

37. *Idem, ibidem*, pp. 406, 440.

38. *Idem, ibidem*, pp. 122-3.

39. *Idem, ibidem*, pp. 123-4.

40. *Idem, ibidem*, p. 172.

41. *Idem, ibidem*, pp. 444-5; Charles E. Nowell, *op. cit.*, p. 199.

42. Charles E. Nowell, *op. cit.*, p. 10; Samule Eliot Morison, *The European discovery of America, the southern voyages 1492-1616*, pp. 441, 451.

43. Samule Eliot Morison, *The European discovery of America, the southern voyages 1492-1616*, p. 406; Charles E. Nowell, *op. cit.*, pp. 255-6.

44. Charles E. Nowell, *op. cit.*, p. 259; Samule Eliot Morison, *The European discovery of America, the southern voyages 1492-1616*, pp. 460-2.

45. Samule Eliot Morison, *The European discovery of America, the southern voyages 1492-1616*, pp. 467, 469.

46. *Idem, ibidem*, pp. 507-10, 531.

47. Carl Ortwin Sauer, *The early Spanish Main* (Berkeley, University of California Press, 1969), p. 216.

48. Samule Eliot Morison, *The European discovery of America, the southern voyages 1492-1616*, pp. 545-55.

49. William L. Schurz, *The Manila galleon* (Nova York, Dutton, 1939), pp. 19, 22, 32, 47, 219, 220-1.

50. J. E. Heeres, *The part borne by the dutch in the discovery of Australia, 1606-1765* (Londres, Luzac & Co, 1899), pp. xiii-xiv.

51. Francesco Carletti, *Razonamientos de mi viaje alrededor del mundo (1594-1606)*, traduzido por Francisco Perujo (México, Instituto de Investigaciones Bibliográficas, Universidad Nacional Autónoma de México, 1983), p. 109.

52. Alfred W. Crosby, *The Columbian exchange, biological and cultural consequences of 1492, passim*.

53. Samuel Purchas, *op. cit.*, vol. I, p. 251.

6. FÁCIL DE ALCANÇAR, DIFÍCIL DE AGARRAR [pp. 143-54]

1. John Huyghen Linschoten, *The voyage of John Huyghen Linschoten to the East Indies* (Nova York, Burt Franklin, sem data), vol. I, pp. 235-40.

2. K. W. Goonewardena, "A new Netherlands in Ceylon", *Ceylon Journal of Historical and Social Studies*, 2 (julho 1959), pp. 203-41; Charles Boxer, *Women in iberian expansion overseas, 1415-1812* (Oxford University Press, 1975), *passim*; Jean Gelman Taylor, *The social world of Batavia, European and Eurasian in Dutch Asia* (Madison, University of Wisconsin Press, 1983), *passim*.

3. Richard Hakluyt (organizador), *Voyages* (Londres, Everyman's Library, 1907), vol. IV, p. 98.

4. John W. Blake (organizador e tradutor), *Europeans in West Africa, 1450--1560* (Londres, Hakluyt Society, 1912), vol. I, pp. 163-4.

5. William Bosman, *A new and accurate description of the coast of Guinea* (Londres, Frank Cass, 1967), pp. 236-8; Robin Law, *The horse in west African history* (Oxford University Press, 1980), pp. 44-5, 76-82; *Voyages of Cadamosto*, traduzido por G. R. Crone (Londres, Hakluyt Society, 1937), pp. 30, 33.

6. *Voyages of Cadamosto*, p. 143; veja também pp. 96, 123, 125, 141.

7. Philip D. Curtin, "Epidemiology and the slave trade", *Political Science Quarterly*, 83 (junho 1968), pp. 202-3.

8. Roger Tennat, *Joseph Conrad, a biography* (Nova York, Atheneum, 1981), p. 76.

9. C. R. Boxer, *Four centuries of Portuguese expansion, 1415-1825* (Johanesburgo, Witwatersrand University Press, 1965), p. 27; original na página 266 do primeiro volume de João de Barros, *op. cit.*.

10. Philip D. Curtin, *The image of Africa, British ideas and action, 1780--1850* (Madison, University of Wisconsin Press, 1964), pp. 60, 88-9, 91, 94-5.

11. *Idem, ibidem*, p. 89; Donald L. Wiedner, *A history of Africa south of*

the Sahara (Nova York, Vintage Books, 1964), pp. 75-8; Tom W. Shick, "A quantitative analysis of liberian colonization from 1820 to 1843 with special reference to mortality", *Journal of African History*, 12 (nº 1, 1971), pp. 45-59.

12. Joseph de Acosta, *op. cit.*, p. 233.

13. Alfred W. Crosby, *The Columbian exchange, biological and cultural consequences of 1492*, pp. 64-121.

14. Francisco Guerra, "The influence of disease on race, logistics and colonization in the Antilles", *Journal of Tropical Medicine and Hygiene*, 69 (fevereiro 1966), pp. 23-35.

15. Philip D. Curtin, "Epidemiology and the slave trade", *Political Science Quarterly*, 83 (junho 1968), pp. 202-3.

16. John Prebble, *The Darien disaster, a scots colony in the New World, 1698-1700* (Nova York, Holt, Rinehart & Winston, 1968), *passim*; Herbert I. Priestly, *France overseas through the Old Regime* (Nova York, Appleton--Century, 1939), pp. 104-6; Jean Chaia, "Échec d'une tentative de colonisation de la Guyane au XVIII e siècle", *Biologie Médicale*, 47 (abril 1958), pp. i-lxxxiii.

17. Kenneth F. Kiple, *The Caribbean slave: a biological history* (Cambridge University Press, 1984), *passim*.

18. G. C. Bolton, *A thousand miles away, a history of North Queensland to 1920* (Sydney, Australian National University Press, 1970), pp. vii, 76, 149, 249, 251; Raphael Cilento, *Triumph in the tropics, a historical sketch of Queensland* (Brisbane, Smith & Paterson, 1959), pp. 289, 291, 293, 421, 437; Bruce R. Davidson, *The northern myth, a study of the physical and economic limits to agricultural and pastoral development in tropical Australia* (Melbourne University Press, 1966), pp. 112-46.

19. William Bradford, *Of Plymouth plantation*, organizado por Samuel Eliot Morison (Nova York, Knopf, 1963), p. 28. A atitude britânica em relação aos trópicos é muito bem delineada em Karen Ordahl Kupperman, "Fear of hot climates in the Anglo-American colonial experience", *William and Mary Quarterly*, 3ª série, 41 (abril 1984), pp. 213-40.

20. Gênesis 22:17-18, *A Bíblia de Jerusalém*.

21. Walter Raleigh, "The discovery of Guiana", em *Voyages and travels ancient and modern* (Nova York, Collier & Son, 1910), p. 389.

7. ERVAS [pp. 155-80]

1. As estatísticas para esta breve discussão foram tiradas de *The new Rand McNally College world atlas* (Chicago, Rand McNally, 1983), *The world almanac and book of facts* (Nova York, Newspaper Enterprise Association, 1983), *The*

American encyclopedia (Danbury, Grolier, 1983), vol. XXI, e T. Lynn Smith, *Brazil, people and institutions* (Baton Rouge, Louisiana University Press, 1972), p. 70.

2. J. D. Hooker, "Note on the replacement of species in the colonies and elsewhere", *The Natural History Review* (1864), p. 125.

3. Jack R. Harlan, *Crops and man* (Madison, American Society of Agronomy, Crop Science Society of America, 1975), pp. 86, 89.

4. Herbert G. Baker, *Plants and civilization* (Belmont, Califórnia, Wadsworth Publishing, 1966), pp. 15-8.

5. Jack R. Harlan, *op. cit.*, p. 91; Noel Vietmeyer, "The revival of amaranth", *Ceres* 15 (setembro-outubro 1982), pp. 43-6.

6. Jack R. Harlan, *op. cit.*, p. 101.

7. Gonzalo Fernández de Oviedo, *Natural history of the West Indies*, traduzido por Sterling A. Stoudemire (Chapel Hill, University of North Carolina Press, 1959), pp. 10, 97, 98.

8. Alfred W. Crosby, *The Columbian exchange, biological and cultural consequences of 1492*, pp. 66-7; Charles Darwin, *The voyage of the "Beagle"* (Garden City, N. Y., Doubleday, 1962), p. 120.

9. Bartolomé de las Casas, *Apologética historia sumaria* (México, Universidade Nacional Autónoma de México, Instituto de Investigaciones Históricas, 1967), vol. I, pp. 81-2.

10. Elinor G. K. Melville, "Environmental degradation caused by overgrazing of sheep in 16th century Mexico", manuscrito inédito.

11. Alonso de Molina, *Aqui comiença un vocabulario en la lengua castellana y mexicana* (México, Juan Pablos, 1555), p. 238.

12. Jerzey Rzedowski, *Vegetación de México* (México, Editorial Limusa, 1978), pp. 69-70.

13. G. W. Hendry, "The adobe brick as a historical source", *Agricultural History*, 5 (julho 1931), p. 125.

14. Andrew H. Clark, "The impact of exotic invasion on the remaining New World mid-latitude grasslands", *Man's role in changing the face of the Earth*, organizado por William L. Thomas Jr. (University of Chicago Press, 1956), vol. II, pp. 748-51; Joseph B. Davy, "Stock ranges of northwestern California", United States Bureau of Plant Industry, Bulletin nº 12 (1902), pp. 40-2.

15. Michael Zohary, *Plants of the Bible*, (Cambridge University Press, 1982), p. 93; G. W. Hendry, *op. cit.*, p. 125.

16. Donald Jackson e Mary Lee Spense (organizadores), *The expeditions of John Charles Frémont*, I, *Travels from 1838 to 1844* (Urbana, University of Illinois Press, 1970), p. 649.

17. Andrew H. Clark, *op. cit.*, p. 750; R. W. Allard, "Genetic systems associated with colonizing ability in predominantly self-pollinated species", *The genetics of colonizing species*, organizado por H. G. Baker e G. Ledyard Stebbins (Nova York, Academic Press, 1965), p. 50; M. W. Talbot, H. H. Biswell e A. L. Hormay, "Fluctuations in the annual vegetation of California", *Ecology*, 20

(julho 1939), pp. 396-7; W. W. Robbins, "Alien plants growing without cultivation in California", *California Agricultural Experiment Station, Bulletin* no 637 (julho 1940), pp. 6-7; L. T. Burcham, "Cattle and range forage in California: 1770-1880", *Agricultural History*, 35 (julho 1961), pp. 140-9.

18. *Obras de Bernabé Cobo* (Madri, Ediciones Atlas, 1956), vol. I, p. 414; Garcilaso de la Vega, *Royal commentaries of the Incas and general history of Peru*, traduzido por Harold V. Livermore (Austin, University of Texas Press, 1966), vol. I, pp. 601-2; Abundio Sagastegui Alva, *Manual de las malezas de la costa norperuana* (Trujillo, Peru, Talleres Gráficos de la Universidad Nacional de Trujillo, 1973), pp. 229, 231, 234, 236.

19. John Fitzherbert, *Booke of husbandry* (Londres, John Awdely, 1562), folhas xii verso, xiiii recto.

20. *Henrique V*, ato 5, cena II; *Henrique IV* (primeira parte), ato II, cena III; *Rei Lear*, ato IV, cena IV.

21. John Josselyn, *An account of two voyages to New England made during the years 1638, 1663* (Boston, William Veazie, 1865), pp. 137-41; Edward Tuckerman (organizador), "New-England's rarities discovered", *Transactions and Collections of the American Antiquarian Society*, 4, (1860), pp. 216-9. Seria bastante fácil fornecer os nomes científicos da maioria dessas plantas e de outras que serão em breve mencionadas; mas não o fiz por temer conferir assim um ar de exatidão ao que, por mais livremente que eu recorra ao latim e ao grego, não poderá ser senão um relato impreciso.

22. Edmund Berkeley e Dorothy S. Berkeley (organizadores), *The reverend John Clayton, a parson with a scientific mind. His writings and other related papers* (Charlottesville, University Press of Virginia, 1965), p. 24; John Josselyn, *op. cit.*, p. 138. Henry Wadsworth Longfellow soube do nome que os algonquins davam a essa planta, e incluiu-a no sonho de Hiawatha sobre a chegada dos brancos: "Onde quer que caminhem, sob seus pés/ brota uma flor de nós desconhecida/ Floresce o pé-do-homem-branco" (Nova York, Modern Library, 1944), p. 259.

23. U. P. Hedrick, *A history of horticulture in America to 1860* (Oxford University Press, 1950), pp. 19, 119, 121-2; Peter Kalm, *Travels into North America* (Barre, Massachusetts, The Imprint Society, 1972), pp. 70-1, 398; Robert Beverley, *The history and present state of Virginia* (Chapel Hill, University of North Carolina Press, 1947), pp. 181, 314-5; Michel-Guillaume St. Jean de Crèvecoeur, *Journey into northern Pennsylvania and the state of New York*, traduzido por Clarissa S. Bostelmann (Ann Arbor, University of Michigan Press, 1964), p. 198; Mark Catesby, *The natural history of Carolina, Florida and the Bahama Islands* (Londres, 1731-43), vol. I, p. x; vol. ii, p. xx; John Lawson, *A new voyage to Carolina* (Londres: 1709; Readex Microprint, 1966), pp. 109-10; Joseph Ewan e Nesta Ewan (organizadores), *John Banister and his history of Virginia, 1678-1692* (Urbana, University of Illinois Press, 1970), pp. 355-6, 367.

24. Robert W. Schery, "The migration of a plant", *Natural History*, 74 (dezembro 1965), p. 44.

25. Peter Kalm, *op. cit.*, pp. 174, 264; Carl O. Sauer, "The settlement of the humid east", *Climate and man, yearbook of agriculture* (Washington, D. C., United States Department of Agriculture, 1941), pp. 159-60.

26. Robert W. Schery, *op. cit.*, pp. 41-4.

27. Lyman Carrier e Katherine S. Bort, "The history of Kentucky bluegrass and white clover in the United States", *Journal of the American Society of Agronomy*, 8 (1916), pp. 256-66.

28. Robert W. Schery, *op. cit.*, pp. 41-9.

29. Douglas H. Campbell, "Exotic vegetation of the pacific regions", *Proceedings of the Fifth Pacific Science Congress, Canada, 1933, Pacific Science Association* (University of Toronto Press, 1934), vol. I, 785.

30. Lewis D. de Schweinitz, "Remarks on the plants of Europe which have become naturalized in a more or less degree in the United States", *Annals Lyceum of Natural History of New York*, 3 (1832), pp. 148-55.

31. Gonzalo Fernández de Oviedo y Valdés, *Historia general y natural de las Indias* (Madri, Ediciones Atlas, 1959), vol. II, p. 356.

32. Félix de Azara, *Descripción e historia del Paraguay y del rio de la Plata* (Madri, Imprenta de Sanchiz, 1847), vol. I, pp. 56-8.

33. Charles Darwin, *op. cit.*, pp. 119-20; Oscar Schmieder, "Alteration of the Argentine pampa in the colonial period", *University of California Publications in Geography* II, n° 10 (27 de setembro de 1927), p. 310; Mariano B. Berro, *La agricultura colonial* (Montevidéu, Colección de Clásicos Uruguayos, vol. 148, 1975), pp. 138-40.

34. W. H. Hudson, *Far away and long ago, a history of my early life* (Nova York: Dutton, 1945), pp. 64, 68-9, 71-2, 148; U. P. Hedrick (organizador), *Sturtevant's edible plants of the world* (Nova York, Dover, 1973), p. 535; Alexander Martin, *Weeds* (Nova York, Golden Press, sem data), p. 148; Mariano B. Berro, *op. cit.*, pp. 140-1.

35. Francis Bond Head, *Journeys across the pampas and among the Andes*, organizado por Harvey Gardiner (Carbondale, Southern Illinois Press, 1967), pp. 3-4; Charles Darwin, *op. cit.*, p. 119.

36. Carlos Berg, "Enumeración de las plantas europeas que se hallen como silvestres en las provincias de Buenos Aires y en Patagonia", *Anales de La Sociedad Científica Argentina*, 3 (abril 1877), pp. 183-206.

37. Schmieder, "Alteration", *University of California Publications in Geography*, II, n° 10 (1927), p. 310

38. W. H. Hudson, *The naturalist in La Plata* (Nova York, Dutton, 1922), p. 2.

39. *Commonwealth* da Austrália, *Historical records of Australia*, série I, *Governors' dispatches to and from England* (The Library Committee of the Commonwealth Parliament, 1914-25), vol. IV, pp. 234-41.

40. Joseph Dalton Hooker, *The botany of the antarctic voyage of H. M. discovery ships Erebus and Terror in the years 1839-1843* (Londres, Lovell Reeve, 1860), vol. I, parte 3, pp. cvi-cix.

41. *Historical records of Australia*, série III, vol. X, p. 367.

42. Henry W. Haygarth, *Recollections of bush life in Australia* (Londres, John Murray, 1848), p. 131; veja também *Historical records of Australia*, série III, vol. x, p. 367.

43. Joseph Dalton Hooker, *op. cit.*, vol. I, parte 3, pp. cvi-cix.

44. A. Grenfell Price, *The western invasions of the Pacific and its continents* (Oxford, Clarendon Press, 1963), p. 194.

45. Alex G. Hamilton, "On the effect which settlement in Australia has produced upon indigenous vegetation", *Journal and Proceedings of the Royal Society of New South Wales*, 26 (1892), p. 234.

46. Hamilton, "Effect which settlement in Australia has produced", *Journal and Proceedings of the Royal Society of New South Wales*, 26 (1892), pp. 185, 209-14; Thomas Perry, *Australia's first frontier, the spread of settlement in New South Wales, 1788-1829* (Melbourne University Press, 1963), pp. 13, 27; R. M. Moore, "Effects of the sheep industry on Australian vegetation", *The simple fleece: studies in the Australian wool industry*, organizado por Alan Barnard (Melbourne University Press e Australian National University, 1962), pp. 170-1, 174, 182; Joseph M. Powell, *Environmental management in Australia, 1788-1914* (Oxford University Press, 1976), pp. 17-8, 31-2.

47. Edward Salisbury, *Weeds and aliens* (Londres, Collins, 1961), p. 87.

48. Walter C. Muenscher, *Weeds* (Nova York, Macmillan, 1955), p. 23.

49. "Weeds", *Australian encyclopedia*, vol. IV, pp. 275-6.

50. Angel Lulio Cabrera, *Manual de la flora de los alrededores de Buenos Aires* (Buenos Aires, Editorial Acme, 1953), *passim*; Arturo E. Ragonese, *Vegetación y ganadería en la República Argentina* (Buenos Aires, Colección Científica del I.N.T.A., 1967), pp. 28, 30.

51. Joseph Dalton Hooker, *op. cit.*, vol. I, parte 3, pp. cvi-cix.

52. Carlos Berg, "Enumeración de las plantas europeas", *Anales de la Sociedad Científica Argentina*, 3 (abril 1877), pp. 184-204; Thomas Nuttall, *The genera of North American plants* (Nova York, Hafner, 1971; fac-símile da edição de 1818), 2 vols., *passim*; John Torrey e Asa Gray, *A flora of North America* (Nova York, Hafner, 1969; fac-símile da edição de 1838-43), 2 vols., *passim*.

53. Francis Darwin (organizador), *The life and letters of Charles Darwin* (Londres, John Murray, 1887), vol. II, p. 391; Jane Gray (organizadora), *Letters of Asa Gray* (Boston, Houghton Mifflin, 1894), vol. II, p. 492.

54. A respeito do contexto, veja Janet Brown, *The secular ark, studies in the history of biogeography* (New Haven, Yale University Press, 1983).

55. W. B. Turrill, *Pioneer plant geography. The phytogeographical researches of Sir Joseph Dalton Hooker* (Haia, Nijhoff, 1953), p. 183.

56. E. W. Claypole, "On the migration of plants from Europe to America,

with an attempt to explain certain phenomena connected therewith", *Annual Report*, Montreal Horticultural Society and Fruit Growers' Association, nº 3 (1877-8), pp. 79-81; Joseph Dalton Hooker, *op. cit.*, vol. I, parte 3, p. cv.

57. Asa Gray, "The pertinacity and predominance of weeds", *Scientific papers of Asa Gray* (Boston, Houghton Mifflin, 1889), pp. 237-8.

58. Claypole, "On the migration of plants", *Montreal Horticultural Society*, nº 3 (1877-8), p. 79.

59. Joseph Dalton Hooker, *op. cit.*, vol. I, pt. 3, p. cv.

60. Edward Salisbury, *op. cit.*, p. 22; Hugo Iltis, "The story of wild garlic", *Scientific Monthly*, 67 (fevereiro 1949), p. 124; Talbot, Bisell e Hornay, "Fluctuations in annual vegetation of California", *Ecology*, 20 (julho 1939), p. 397.

61. Edward Salisbury, *op. cit.*, pp. 97, 188.

62. Henry N. Ridley, *The dispersal of plants throughout the world* (Reino Unido, L. Reeve & Co., 1930), p. 364; Peter Cunningham, *Two years in New South Wales* (Londres, Henry Colburn, 1828), vol. I, p. 200.

63. Edward Salisbury, *op. cit.*, pp. 147-8.

64. Otti Solbrig, "The population biology of dandelions", *American Scientist*, 59 (novembro-dezembro 1971), pp. 686-7.

65. G. S. Dunbar, "Henry Clary on Kentucky bluegrass, 1838", *Agricultural History*, 51 (julho 1977), p. 522.

66. Edward Salisbury, *op. cit.*, pp. 220-2; M. Grieve, *A modern herbal* (Nova York, Dover, 1971), vol. II, pp. 640-2; Leroy G. Holm *et al.* (organizadores), *The world's worst weeds, distribution and biology* (Honolulu, University Press of Hawaii, 1977), pp. 314-9.

67. John C. Kricher, "Needs of weeds", *Natural History*, 89 (dezembro 1980), p. 144; Robert F. Betz e Marion H. Cole, "The peacock pairie — a study of a virgin Illinois mesic black-soil prairie forty years after initial study", *Transactions of the Illinois State Academy of Science*, 62 (março 1969), pp. 44-53.

8. ANIMAIS [pp. 181-204]

1. Ward H. Goodenough, "The evolution of pastoralism and Indo-European origins", *Indo-European and Indo-European origins* (Filadélfia, University of Pennsylvania Press, 1970), pp. 255, 258-9.

2. Alfred W. Crosby, *The Columbian exchange, biological and cultural consequences of 1492*, p. 65; Edgars Dunsdorfs, *The Australian wheat-growing industry, 1788-1948* (Melbourne, The University Press, 1956), pp. 15-6, 34-5, 47.

3. Watkin Tench, *Sydney's first four years* (Sydney, Angus & Robertson, 1961), pp. 48-9.

4. Anthony Leeds e Andrew P. Vayda (organizadores), *Man, culture and animals, the role of animals in human ecological adjustments* (Washington, D. C., Association for the Advancement of Science, 1965), p. 233.

5. Victor M. Patiño, *Plantas cultivadas y animales domésticos en América equinoctial*, V, *Animales domésticos introducidos* (Cali, Imprenta Departmental, 1970), p. 308.

6. Mark Catesby, *The natural history of Carolina, Florida and the Bahama Islands* (Londres, 1731-43), vol. II, p. xx.

7. Thomas Morton, "New English Canaan", *Tracts and other papers relating principally to the origin, settlement, and progress of the colonies in North America*, organizado por Peter Force (Nova York, Peter Smith, sem data), vol. II, p. 61.

8. E. M. Pullar, "The wild (feral) pigs of Australia: their origin, distribution and economic importance", *Memoirs of the National Museum of Victoria*, nº 18 (18 de maio de 1953), pp. 8-9.

9. *Idem, ibidem*, pp. 16-8; Alfred W. Crosby, *The Columbian exchange, biological and cultural consequences of 1492*, pp. 75-9; "Cerdo", *Gran enciclopedia argentina* (Buenos Aires, Ediar, 1956), vol. 2, p. 267; W. H. Hudson, *Far away and long ago, a history of my early life* (Nova York, Dutton, 1945), pp. 170-2; Joseph Sánchez Labrador, *Paraguay Cathólico. Los indios: pampas, peulches, patagoners*, editado por Guillermo Fúrlong Cárdiff (Buenos Aires, Viau y Zona, Editores, 1936), p. 168.

10. Peter Martyr D'Anghera, *De orbo novo*, traduzido por F. A. MacNutt (Nova York, Putnam, 1912), vol. I, p. 180; Bartolomé de las Casas, *Apologética historia sumario*, editado por Edmundo O'Gorman (México, Universidad Nacional Autónoma de México, Instituto de Investigaciones Históricas, 1967), vol. I, p. 30; Antonio de Herrera, *The general history of the vast continents and islands of America*, traduzido por John Stevens (Londres, Wood & Woodward, 1740), vol. II, p. 157.

11. Bartolomé de las Casas, *Historia de las Indias*, editado por Agustín Millares Carlo (México, Fondo de Cultura Económica, 1951), vol. I, p. 351; Pationo, *Plantas*, vol. V, p. 312.

12. Alfred W. Crosby, *The Columbian exchange, biological and cultural consequences of 1492*, p. 79; Marc Lescarbot, *The history of New France*, traduzido por W. L. Grant (Toronto, Champlain Society, 1907), vol. I, pp. xi-xii.

13. Robert Beverley, *The history and present state of Virginia* (Chapel Hill, University of Carolina Press, 1947), pp. 153, 318.

14. Alfred W. Crosby, *The Columbian exchange, biological and cultural consequences of 1492*, p. 78; E. M. Pullar, *op. cit.*, pp. 10-1; Tracy I. Storer, "Economic effects of introducing alien animals into California", *Proceedings of the Fifth Pacific Science Conference, Canada* I (1933), p. 779.

15. Henry W. Haygarth, *op. cit.*, p. 148.

16. Harry F. Recher, Daniel Lunney e Irina Dunn (organizadores), *A natural legacy; ecology in Australia* (Ruschcutter's Bay, Nova Gales do Sul, Pergamon Press, 1979), p. 136; Eric C. Rolls, *They all ran wild, the story of pests on the land in Australia* (Sydney, Angus & Robertson, 1969), p. 338.

17. E. M. Pullar, *op. cit.*, pp. 13-5.

18. W. H. Hudson, *op. cit.*, pp. 170, 172. Os porcos de hoje não são diferentes dos de outrora quanto à sua capacidade de retornar ao estado selvagem. Em 1983, cerca de 5 mil porcos selvagens vagavam pelo Centro Espacial de Cabo Kennedy na Flórida, descendentes dos porcos domesticados que pertenciam aos residentes da região, cujas terras haviam sido adquiridas pela NASA nos anos 1960 para expansão da base. "Space center's problem pigs a taste treat at Florida jail", *New York Times*, 12 de setembro de 1983, p. A20.

19. John E. Rouse, *The criollo, Spanish cattle in the Americas* (Norman, University of Oklahoma Press, 1977), pp. 21, 24, 33, 44-6, 50, 52-3, 64-5.

20. Alfred W. Crosby, *The Columbian exchange, biological and cultural consequences of 1492*, p. 88.

21. Juan Agustín de Morfí, *Viaje de indios y diario Nuevo México* (México, Bibliófilos Mexicanos, 1935), p. 165.

22. Rollie E. Poppino, *Brazil, the land and people*, 2ª edição (Oxford University Press, 1973), pp. 71, 109, 233.

23. Alfred W. Crosby, *The Columbian exchange, biological and cultural consequences of 1492*, p. 91; Horacio C. E. Gilberti, *Historia económica de la ganadería argentina* (Buenos Aires, Solar/Hachette, 1974), pp. 20-5; Paolo Blanco Acevedo, *El gobierno colonial en el Uruguay y los origines de la nacionalidad* (Montevidéu, 1936), vol. II, pp. 7, 15.

24. Esteban Campal (organizador), *Azura y su legado al Uruguay* (Montevidéu, Ediciones de la Banda Oriental, 1969), p. 176; veja também Thomas Falkner, *A description of Patagonia* (Chicago, Armann & Armann, 1935), p. 38.

25. W. H. Hudson, *op. cit.*, p. 288.

26. Martin Dobrizhoffer, *An account of the Abipones, an equestrial people* (Londres, John Murray, 1822), vol. I, p. 219; Alfred W. Crosby, *The Columbian exchange, biological and cultural consequences of 1492*, p. 88.

27. John E. Rouse, *op. cit.*, p. 92; Ray Allen Billington, *Westward expansion, a history of the american frontier* (Nova York, Macmillan, 1974), pp. 4, 60.

28. John Lawson, *A new voyage to Carolina* (Londres, 1709, Readex Microprint, 1966), p. 4.

29. Lewis C. Gray, *History of agriculture in the southern United States to 1860* (Washington, D. C., Carnegie Institute of Washington, 1933), vol. I, p. 141.

30. Frank L. Owsly, "The pattern of migration and settlement on the southern frontier", *Journal of Southern History*, 11 (maio 1945), p. 151.

31. Michel Guillaume St. Jean de Crèvecoeur, *op. cit.*, pp. 333, 336.

32. *The reverend John Clayton, a parson with a scientific mind. His writings and other related papers*, organizado por Edmund Berkeley e Dorothy S. Berkeley (Charlottesville, University Press of Virginia, 1965), p. 88.

33. John White, *Journal of a voyage to New South Wales* (Sydney, Augus & Robertson, 1962) 142, n. 242, n. 257; *Commonwealth* da Australia, *Historical records of Australia*, Série I, *Governors' dispatches to and from England* (The

345

Library Committee of the Commonwealth Parliament, 1914-25), vol. I, pp. 55, 77, 96.

34. *Historical records of Australia*, série I, vol. I, pp. 550-1.

35. *Ibidem*, pp. 310, 461, 603, 608; vol. II, p. 589; vol. V, pp. 590-2; vol. VI, p. 641; vol. VIII, pp. 150-1; vol. IX, p. 715.

36. *Ibidem*, vol. IX, p. 349; vol. X, pp. 91-2, 280, 687; "Cowpastures", *Australian encyclopedia*, vol. II, p. 134.

37. Henry W. Haygarth, *op. cit.*, p. 55.

38. Peter Cunningham, *Two years in New South Wales* (Londres, Henry Colburn, 1828), vol. I, p. 272.

39. "Cattle industry", *Australian encyclopedia*, vol. I, p. 483.

40. T. L. Mitchell, *Three expeditions into the interior or eastern Australia* (Londres, T. & W. Boone, 1838), vol. II, p. 306.

41. Henry W. Haygarth, *op. cit.*, pp. 59-61, 65-6.

42. Peter Martyr D'Anghera, *op. cit.*, p. 113; Robert M. Denhardt, *The horse of the Americas* (Norman, University of Oklahoma Press, 1975), pp. 27-84; Alfred W. Crosby, *The Columbian exchange, biological and cultural consequences of 1492*, pp. 79-85.

43. Victor M. Patiño, *op. cit.*, vol. V, pp. 137-8.

44. Samuel Purchas (organizador), *Hakluytus posthumus, or Purchas his pilgrimes* (Glasgow, James MacLehose & Sons, 1905-7), vol. XIV, p. 500.

45. Juan Agustín de Morfí, *op. cit.*, p. 334; Frances Perry (organizador), *Complete guide to plants and flowers* (Nova York, Simon & Schuster, 1974), p. 463; Oscar Sánchez, *Flora del valle de México* (México, Editorial Herro, S. A., 1969), pp. 186-8; Robert T. Clausen, *Sedum of North America north of the Mexican plateau* (Ithaca, Cornell University Press, 1975), p. 554.

46. Robert M. Denhardt, *op. cit.*, p. 92

47. *Idem, ibidem*, pp. 92, 126.

48. Frank G. Roe, *The Indian and the horse* (Norman, University of Oklahoma Press, 1955), pp. 64-5. Veja também William Bartram, *Travels of William Bartram*, editado por Mark van Doren (Nova York, Dover, 1955), pp. 187-8; Fairfax Harrison, *The John's Island stud* (*South Carolina*), *1750-1788* (Richmond, Old Dominion Press, 1931), pp. 166-71.

49. Peter Kalm, *Travels into North America* (Barre, Massachusetts, The Imprint Society, 1972), pp. 115, 226, 255, 366; Robert M. Denhardt, *op. cit.*, p. 92; John Josselyn, *An account of two voyages to New England made during the years 1638, 1663* (Boston, William Veazie, 1865), p. 146.

50. Adolph B. Benson (organizador), *The America of 1750, Peter Kalm's travels in North America* (Nova York, Wilson-Erickson, 1937), vol. II, p. 737; *Rev. John Clayton*, p. 105; Lewis C. Gray, *op. cit.*, p. 140; Robert Beverley, *op. cit.*, p. 322.

51. Tom L. McKnight, "The feral horse in Anglo-America", *Geographical*

Review, 49 (outubro 1959), pp. 506, 521; veja também Hope Ryden, *America's last wild horses* (Nova York, Dutton, 1978).

52. Alfred W. Crosby, *The Columbian exchange, biological and cultural consequences of 1492*, pp. 84-5; Antonio Vázquez de Espinosa, *Compendium and description of the West Indies*, traduzido por Charles Upson Clark (Washington, D. C., Smithsonian Institution, 1942), pp. 675, 694; Blanco Acevedo, *op. cit.*, pp. 7, 15.

53. William McCann, *Two thousand mile ride through the Argentine provinces* (Londres, Smith, Elder & Co., 1852), vol. I, p. 23.

54. Thomas Falkner, *op. cit.*, p. 39.

55. *Historical records of Australia*, série I, vol. I, p. 55.

56. "Horses", *Australian encyclopedia*, vol. III, p. 329.

57. "Brumby", *Australian encyclopedia*, vol. I, p. 409; A. G. L. Shaw e C. M. H. Clark (organizadores), *Australian dictionary of biography* (Cambridge University Press, 1966), vol. I, p. 171; Eric C. Rolls, *op. cit.*, p. 349.

58. Henry W. Haygarth, *op. cit.*, pp. 61, 74, 77-8, 83; "Vermin", *Walkabout*, 38 (setembro 1972), pp. 4-7; Anthony Trollope, *Australia*, editado por P. D. Edwards e R. B. Joyce (St. Lucia, University of Queensland Press, 1967), p. 212.

59. Henry W. Haygarth, *op. cit.*, pp. 77, 81; Anthony Trollope, *op. cit.*, p. 212.

60. Eric C. Rolls, *op. cit.*, pp. 349-51.

61. *Juízes*, 14:8; Rémy Chauvin, *Traité de biologie de l'abeille* (Paris, Masson et Cie, 1968), vol. I, pp. 38-9.

62. John B. Free, *Bees and mankind* (Londres, Allen & Unwin, 1982), p. 115; Elizabeth B. Pryor, *Honey, maple sugar and other farm produced sweeteners in the colonial Chesapeake* (Accokeek, Maryland, The Accokeek Foundation, 1983), *passim*; Victor M. Patiño, *op. cit.*, vol. V, pp. 23-5; *Obras de Bernabé Cobo* (Madri, Ediciones Atlas, 1956); vol. I, pp. 332-6; Nils E. Nordenskiold, "Modifications on indian culture through inventions and loans", *Comparative Ethnographic Studies*, nº 8 (1930), pp. 196-210; Ricardo Piccirilli, Francisco L. Romay e Leoncio Gianello (organizadores), *Diccionario histórico argentino* (Buenos Aires: Ediciones Históricas Argentinas, s. d.), vol. I, p. 4; Eva Crane (organizadora), *Honey, a comprehensive survey* (Nova York, Crane, Russak & Co., 1975), pp. 126-7, 477.

63. Eva Crane, *op. cit.*, p. 475; Everett Oertel, "Bicentennial bees, early records of honey bees in the eastern United States", *American Bee Journal*, 116 (fevereiro 1976), pp. 70-1; (março 1976), pp. 114, 128.

64. Eva Crane, *op. cit.*, p. 476.

65. *Idem, ibidem*, p. 476; Everett Oertel, *op. cit.*, p. 215; (junho 1976), p. 260.

66. Washington Irving, *A tour on the prairie*, editado por John F. McDermott (Norman, University of Oklahoma Press, 1956), nota 50.

67. *Idem, ibidem*, pp. 52-3.

68. Paul Dudley, "An account of a method lately found in New England for discovering where the bees hive in the woods, in order to get their honey", *Philosophical Transactions of the Royal Society of London*, 31 (1720-1), p. 150; Michel-Guillaume St. Jean de Crèvecoeur, *op. cit.*, p. 166. Veja também *The portable Thomas Jefferson*, organizado por Merril Peterson (Nova York, Viking Press, 1975), p. 111; Washington Irving, *op. cit.*, p. 50.

69. Eva Crane, *op. cit.*, p. 4; "Beekeeping", *Australian encyclopedia*, vol. I, p. 275; "Bees", *Australian encyclopedia*, vol. I, p. 297; *Historical records of Australia*, série I, vol. XI, p. 386.

70. Peter Cunningham, *op. cit.*, vol. I, pp. 320-1; James Backhouse, *A narrative of a visit to the Australian colonies* (Londres Hamilton, Adams & Co., 1843), p. 23; Henry W. Parker, *Van Dieman's Land, its rise, progress and present state, with advice to emigrants* (Londres, J. Cross, 1834), p. 193.

71. Eva Crane, *op. cit.*, pp. 68-70.

72. Anthony Trollope, *op. cit.*, p. 211.

73. Eva Crane, *op. cit.*, pp. 116-39.

74. *Obras de Bernabé Cobo*, vol. I, pp. 350-2; Garcilaso de la Vega, *Royal commentaries of the Incas and general history of Peru*, traduzido por Harold V. Livermore (Austin, University of Texas Press, 1966), vol. I, pp. 589-90.

75. *Acuerdos del extinguido cabildo de Buenos Aires*, série I (Buenos Aires, Talleres Gráficos de la Penitenciaria Nacional, 1907-34), vol. I, p. 96; vol. II, p. 406; vol. III, p. 374; vol. IV, pp. 76-7; Alexander Gillespie, *Gleanings and remarks collected during many months of residence at Buenos Aires* (Leeds, B. Dewirst, 1818), p. 120.

76. John Smith, *A map of Virginia with a description of the country* (Oxford, Joseph Banks, 1612), pp. 86-7. Veja a triste história das Bermudas e dos ratos em *Travels and works of captain John Smith*, organizado por Edward Arber (Nova York, Burt Franklin, sem data), vol. II, pp. 658-9.

77. Marc Lescarbot, *The history of New France* (Toronto, Champlain Society, 1914), vol. III, pp. 226-7.

78. *Historical records of Australia*, série I, vol. I, pp. 143-4.

79. Eric C. Rolls, *op. cit.*, p. 330.

80. "Mammals, introduced", *Australian encyclopedia*, vol. IV, p. 111.

81. Paul L. Errington, *Muskrat populatio* (Ames, Iowa University Press, 1963), pp. 475-81; veja também Hans Kampmann, *Der waschbar* (Hamburgo, Verlag Paul Pareu, 1975).

82. Albert B. Friedman (organizador), *The Penguin book of folk ballads of the English-speaking world* (Harmondsworth, Penguin Books, 1976), pp. 432-4.

9. DOENÇAS [pp. 205-25]

1. Alfred W. Crosby, "Virgin soil epidemics as a factor in the aboriginal depopulation in America", *William and Mary Quarterly*, 3ª série, 33 (abril 1976), pp. 293-4.

2. Donald Joralemon, "New World depopulation and the case of disease", *Journal of Anthropological Research*, 38 (primavera 1982), p. 118.

3. Este é, evidentemente, um assunto ambíguo e controvertido. Veja Calvin Martin, *Keepers of the game. Indian-animal relationships and the fur trade* (Berkeley, University of California Press, 1978), p. 48; William Denevan, "Introduction", *The native population of the Americas in 1492*, organizado por William Denevan (Madison, University of Wisconsin Press, 1976), p. 5; Marshall T. Newman, "Aboriginal New World epidemiology and medical care, and the impact of Old World disease imports", *American Journal of Physical Anthropology*, 45 (novembro 1976), p. 671; Henry F. Dobyns, *Their number become thinned, native American population dynamics in eastern North America* (Knoxville, University of Tennessee Press, 1983), p. 34.

4. Ronald M. Berndt e Catherine H. Berndt, *The world of the first Australians* (Londres, Angus & Robertson, 1964), p. 18; Peter M. Moodie, *Aboriginal health* (Canberra, Australian National University Press, 1973), p. 29; A. A. Abbie, "Physical changes in Australian aborigines consequent upon European contact", *Oceania*, 31 (dezembro 1960), p. 140

5. Bartolomé de las Casas, *Historia de las Indias*, vol. I, p. 332; *Journals and other documents of the life and voyages of Christopher Columbus*, traduzido por Samuel Eliot Morison (Nova York, Heritage Press, 1963), pp. 68, 93; *The four voyages of Christopher Columbus*, traduzido por J. M. Cohen (Baltimore, Penguin Books, 1969), p. 151. Veja cifras ligeiramente diferentes em Peter Martyr D'Anghera, *De orbo novo*, traduzido por F. A. MacNutt (Nova York, Putnam, 1912), vol. I, p. 66; Andrés Bernáldez, *Historia de los reyes católicos don Fernando y doña Isabel*, em *Crônicas de los reyes de Castilla desde don Alfonso el Sabio, hasta los católicos don Fernando y Doña Isabel* (Madri, M. Rivadeneyra, 1878), vol. III, p. 660.

6. Andrés Bernáldez, *op. cit.*, p. 668; *Journals and other documents of the life and voyages of Christopher Columbus*, pp. 226-7.

7. Louis Becke e Walter Jeffery, *Admiral Philip* (Londres, Fisher & Unwin, 1909), pp. 74-5.

8. Macfalane Burnet e David O. White, *Natural history of infectious disease* (Cambridge University Press, 1972), p. 100.

9. Há um sem-número de continuações desta história. Por exemplo, Jacques Cartier retornou à França de sua viagem de 1534 ao Canadá com dez ameríndios a bordo. Em sete anos todos, exceto uma jovem, haviam morrido de doenças europeias. Veja Bruce G. Trigger, *The children of Aataentsic, a history of the Huron people to 1660* (Montreal, McGill-Queen's University Press), vol. I, pp. 200-1.

10. Estarei sempre me referindo à varíola maior; a varíola menor, mais branda, só foi surgir no final do século XIX. Donald R. Hopkins, *Princes and peasants, smallpox in history* (University of Chicago Press, 1983), pp. 5-6.

11. Michael W. Flinn, *The European demographic system, 1500-1800* (Baltimore, Johns Hopkins Press, 1981), pp. 62-3; Ann G. Carmichael, "Infection, hidden hunger, and history", *Hunger and history, the impact of changing food production and consumption patterns on society*, organizado por Robert I. Rotberg e Theodore K. Rabb (Cambridge University Press, 1985), p. 57.

12. Alfred W. Crosby, *The Columbian exchange, biological and cultural consequences of 1492*, pp. 47-58.

13. Harold E. Driver, *Indians of North America* (University of Chicago Press, 1969), mapa 6; Jane Pyle, "A reexamination of aboriginal population claims for Argentina", *The native population of the Americas in 1492*, organizado por William Denevan (Madison, University of Wisconsin Press, 1976), pp. 184-204; Henry F. Dobyns, *op. cit.*, p. 259.

14. *The Merck manual*, 12ª edição (Rahway, New Jersey, Merck Sharp & Dohme Research Laboratories, 1972), pp. 37-9; Martin Dobrizhoffer, *op. cit.*, vol. II, p. 338.

15. John Duffy, "Smallpox and the indians in the American colonies", *Bulletin of the History of Medicine*, 25, (julho-agosto 1951), p. 327.

16. William Bradford, *Of Plymouth plantation*, editado por Samuel Eliot Morison (Nova York, Knopf, 1952), p. 271.

17. Bruce G. Trigger, *op. cit.*, vol. II, pp. 588-602.

18. Alfred W. Dobyns, *op. cit.*, p. 15.

19. Alfred. W. Crosby, "Virgin soil epidemics as a factor in the aboriginal depopulation in America", pp. 290-1.

20. Richard White, *Land use, environment, and social change. The shaping of Island County, Washington* (Seattle, University of Washington Press, 1980), pp. 26-7; Robert H. Ruby e John A. Brown, *The Chinook indians, traders of the lower Columbia river* (Norman, University of Oklahoma Press, 1976), p. 80.

21. Juan López de Velasco, *Geografia y descripción universal de las Indias desde el año de 1571 al de 1574* (Madri, Establecimiento Tipográfico de Fortanet, 1894), p. 552.

22. Pedro Lautaro Ferrer, *Historia general de la medicina en Chile, I, Desde 1535 hasta la inauguración de la Universidad de Chile en 1843* (Santiago de Chile, Talca, de J. Martín Garrido C., 1904), pp. 254-5; José Luis Molinari, *Historia de la medicina argentina* (Buenos Aires, Imprenta López, 1937), p. 98; Dauril Alden e Joseph C. Miller, "Unwanted cargoes", manuscrito inédito, University of Washington, Seattle.

23. Roberto H. Marfany, *El indio en la colonización de Buenos Aires* (Buenos Aires, Talleres Gráficos de la Penintenciaria Nacional de Buenos Aires, 1940), p. 24; José Luis Molinari, *op. cit.*, pp. 98-9; Pedro Leon Luque, "La medicina en la epoca hispanica", *Historia general de la medicina argentina* (Córdoba,

Dirección General de Publicaciones, 1976), pp. 50-1; Eliseo Cantón, *Historia de la medicina en el rio de la Plata* (Madri, Imp. G. Hernández y Galo Saez, 1928), vol. I, págs, 369-74; Dauril Alden e Joseph Miller, *op. cit.*

24. Rafael Schiaffino, *Historia de la medicina en el Uruguay* (Montevidéu, Imprenta Nacional, 1927-52), vol. I, pp. 416-7, 419; Martin Dobrizhoffer, *op. cit.*, p. 240.

25. Thomas Falkner, *A description of Patagonia* (Chicago, Armann & Armann, 1935), pp. 98, 102-3, 117; *Handbook of South American indians*, organizado por Julian H. Steward (Washington D. C., United States Government Printing Office, 1946-59), vol. VI, pp. 309-10; veja também Guillermo Fúrlong, *Entre las pampas de Buenos Aires* (Buenos Aires, Talleres Gráficos "San Pablo", 1938), p. 59.

26. Eliseo Cantón, *op. cit.*, pp. 373-4.

27. *Commonwealth* da Austrália, *Historical records of Australia*, série I, *Governors' dispatches to and from England* (The Library Committee of the Commonwealth Parliament, 1914-25), vol. I, pp. 63, 144.

28. *Historical records of Australia*, série I, vol. I, p. 159; J. H. L. Cumpston, *The history of small-pox in Australia, 1788-1900* (*Commonwealth* da Austrália, Quarantine Service, publicação nº 3, 1914), p. 164.

29. John Hunter, *An historical journal at Sydney and at sea* (Sydney, Angus & Robertson, 1968), p. 93.

30. J. H. L. Cumpston, *op. cit.*, pp. 3, 8, 147-8; Peter M. Moodie, *op. cit.*, pp. 156-7; Edward M. Curr, *The Australian race* (Melbourne, John Ferres, 1886), vol. I, pp. 213-4.

31. Edward M. Curr, *op. cit.*, vol. I, pp. 214, 226-7.

32. Henry Reynolds, *Aborigines and settlers, the Australian experience, 1788--1939* (North Melbourne, Cassell Australia, 1972), p. 72; J. H. L. Cumpston, *op. cit.*, pp. 147-8, 154; George Angas, *Savage life and scenes in Australia and New Zealand* (Londres, Smith Elder & Co., 1847), vol. II, p. 226; veja também W. C. Wentworth, *A statistical account of the British settlements in Australia* (Londres, Geo. B. Whittaker, 1824), p. 311.

33. Citação, em forma abreviada, de Alice Marriott e Carol Rachlin, *American Indian mythology* (Nova York, New American Library, 1968), pp. 174-5.

34. *Winthrop papers, 1631-1637* (Boston, Massachusetts Historical Society, 1943), vol. III, p. 167.

35. Peter M. Moodie, *op. cit.*, pp. 217-8.

36. Alvar Nuñez Cabeza de Vaca, *Relation of Nuñez Cabeza de Vaca* (Estados Unidos, Readex Microprint Corp., 1966), pp. 74-5, 80.

37. Daniel Drake, *Malaria in the interior valley of North America, a selection*, organizado por Norman D. Levine (Urbana, University of Illinois Press, 1964), *passim*.

38. Esse é um lugar tão bom quanto qualquer outro para abordar a velha lenda da guerra bacteriológica intencional por parte dos europeus. Os coloni-

zadores certamente teriam gostado de empreender tal guerra, e chegaram a mencionar a ideia de presentear os indígenas com cobertores infectados e coisas semelhantes — o que talvez tenham mesmo chegado a fazer algumas vezes. Porém, de um modo geral, a lenda é apenas isso, uma lenda. Antes do desenvolvimento da bacteriologia moderna no final do século XIX, as doenças não vinham em ampolas, nem havia geladeiras nas quais guardar as ampolas. Em termos bem práticos, doenças eram as pessoas doentes — uma arma bastante canhestra para se apontar para alguém. Quanto aos cobertores infectados, poderiam ou não funcionar. Além disso, e o mais importante de tudo, a doença intencionalmente transmitida poderia dar a volta e atacar a população branca. À medida que os brancos iam vivendo cada vez mais tempo nas colônias, um número crescente deles nasciam lá e *não* chegavam mais a contrair todas as doenças de infância do Velho Mundo. Essas pessoas tinham o maior interesse em conter a varíola, não em disseminá-la.

39. Jacqueta Hawkes (organizadora), *Atlas of ancient archeology* (Nova York, McGraw-Hill, 1974), p. 234.

40. Richard B. Morris (organizador), *Encyclopedia of American history* (Nova York, Harper & Bros., 1953), p. 442.

41. Jesse D. Jennings, *Prehistory of North America* (Nova York, McGraw-Hill, 1974, pp. 220-65; Melvin L. Fowler, "A pre-Columbian urban center on the Mississippi", *Scientific American*, 223 (agosto 1975), pp. 93-101; Robert Silverberg, *The mound builders* (Nova York, Ballantine Books, 1974), pp. 3, 16-81.

42. *Narratives of the career of Hernando de Soto*, traduzido por Buckingham Smith (Nova York, Allerton Book Co., 1922), vol. I, pp. 65, 70-1.

43. Garcilaso de la Vega, *The Florida of the Inca*, traduzido por John Varner e Jeannette Varner (Austin, University of Texas Press, 1962), pp. 315-25.

44. Henry F. Dobyns, *op. cit.*, p. 294.

45. John R. Swanton, *The indians of the southeastern United States* (Smithsonian Institution Bureau of American Ethnology, boletim 137, 1946), pp. 11-21; Harold E. Driver, *op. cit.*, mapa 6; Alfred Kroeber, *Cultural and natural areas of native North America* (Berkeley, University of California Press, 1963), pp. 88-91; William G. Haag, "A prehistory of Mississippi", *Journal of Mississippi History*, 17 (abril 1955), p. 107; Henry F. Dobyns; *Their number become thinned*, p. 198.

46. Erhard Rostlund, "The geographical range of the historic bison in the southeast", *Annals of the Association of American Geographers*, 50 (dezembro 1970), pp. 395-407.

47. *Narratives of the career of Hernando de Soto*, vol. I, pp. 66-7; Garcilaso de la Vega, *op. cit.*, pp. 298, 300, 302, 315, 325.

48. *Narratives of the career of Hernando de Soto*, vol. I, pp. 27, 67; vol. II, p. 14.

49. Charles Creighton, *A history of epidemics in Britain* (Cambridge University Press, 1891), vol. I. p. 585-9; Julian S. Corbett (organizador), *Papers*

relating to the navy during the Spanish War, 1585-1587 (Navy Records Society, 1898), vol. XI, p. 26.

50. John R. Swanton, *Indian tribes of the lower Mississippi valley and adjacent coast of the gulf of Mexico* (Smithsonian Institution Bureau of American Ethnology, boletim nº 43, 1911), p. 39. Veja também Henry F. Dobyns, *op. cit.*, pp. 247-90; George R. Milner, "Epidemic disease in the postcontact southeast: a reappraisal", *Mid-Continent Journal of Archeology*, 5 (nº 1, 1980), pp. 39-56. Os arqueólogos estão começando a descobrir evidências físicas que comprovam a hipótese de epidemias violentas, que aceleraram o declínio populacional e transformações culturais radicais na região do golfo do México no século XVI. Veja Caleb Curren, *The protohistoric period in central Alabama* (Camdem, Alabama Tombigbee Regional Commission, 1984), pp. 54, 240, 242.

51. T. D. Stewart, "A physical anthropologist's view of the peopling of the New World", *Southwest Journal of Anthropology*, 16 (outono 1960), pp. 266-7; Philip H. Manson-Bahr, *Manson's tropical diseases* (Baltimore, Williams & Wilkins, 1972, pp. 108-9, 143, 579-82, 633-4 Veja também Newman, "Aboriginal New World epidemiology", *American Journal of Physical Anthropology*, 45 (novembro 1976), p. 669.

52. Alfred W. Crosby, *The Columbian exchange biological and cultural consequences of 1492*, pp. 122-64.

53. *Idem, ibidem*, p. 209; J. R. Audy, "Medical ecology in relation to geography", *British Journal of Clinical Practice*, 12 (fevereiro 1958), pp. 109-10.

10. NOVA ZELÂNDIA [pp. 226-79]

1. Graeme R. Stevens, *New Zealand adrift, the theory of continental drift in a New Zealand setting* (Wellington, A. H. & A. W. Reed, 1980), p. 240.

2. Gordon R. Williams (organizador), *The natural history of New Zealand, an ecological survey* (Wellington, A. H. & A. W. Reed, 1973), p. 4; Joseph Banks, *The Endeavour journal of Joseph Banks, 1768-1771*, editado por J. C. Beaglehole (Sydney, Augus & Robertson, 1962), vol. II, p. 8.

3. Graeme R. Stevens, *op. cit.*, pp. 249-54. Há um estudo cuidadoso dos vertebrados da Nova Zelândia em P. C. Bull e A. H. Whitaker, "The amphibians, reptiles, birds and mammals", *Biogeography and ecology of New Zealand*, organizado por G. Kuschel (Haia, Dr. W. Junk, 1975), pp. 231-76.

4. Como a batata-doce dos ameríndios se tornou um dos pratos básicos dos polinésios é uma questão fascinante e controvertida; veja D. E. Yen, *The sweet potato and Oceania* (Honolulu, Bernice P. Bishop Museum, boletim nº 236, 1974).

5. J. C. Beaglehole, *The discovery of New Zealand* (Oxford University Press, 1961) é um excelente livro sobre esse período.

6. W. J. Wendelken, "Forests", *New Zealand atlas*, organizado por Ian

Wards (Wellington, A. R. Shearer, 1976), p. 98; Janet M. Davidson, "The Polynesian foundation", *Oxford history of New Zealand*, organizado por W. H. Oliver e B. R. Williams (Oxford University Press, 1981), p. 7.

7. Peter Buck, *The coming of the Maori* (Wellington, Whitcombe & Tombs, 1950), pp. 19, 64, 103; W. Colenso, "Notes chiefly historical on the anciend dog of the New Zealanders", *Transactions and Proceedings of the New Zealand Institute*, 10 (1877), p. 150. Daqui para a frente irei me referir a este periódico como *TPNZI*.

8. D. Ian Pool, *The maori population of New Zealand, 1769-1971* (University of Auckland Press, 1977), pp. 49-51.

9. Richard A. Cruise, *Journal of ten months' residence in New Zealand* (Christchurch, Capper Press, 1974), p. 37.

10. *The journals of captain James Cook on his voyages of discovery*, I, *The voyage of the "Endeavour", 1768-1771*, editado por J. C. Beaglehole (Cambridge, Hakluyt Society, 1955), pp. 276-8.

11. Robert McNab, *Murihiku* (Wellington, Whitcombe & Tombs, 1909), pp. 92-100, 208; *Historical records of New Zealand*, organizado por Robert Mc-Nab (Wellington, John MacKay, 1908-14), vol. I, p. 459; Kenneth B. Cumberland, "A land despoiled: New Zealand about 1838", *New Zealand Geographer*, 6 (abril 1950), p. 14.

12. *Irish University Press, British Parliamentary Papers [...] Colonies, New Zealand*, vol. II, pp. 100, 615. Daqui para a frente o título desta fonte será abreviado como *BPPCNZ*.

13. Harrison M. Wright, *New Zealand, 1769-1840. Early years of western contact* (Cambridge, Harvard University Press, 1959), pp. 27-8.

14. *Idem, ibidem*, p. 44.

15. Hermann Melville, *Omoo, a narrative of adventures in the south seas* (Evanston, Northwestern University Press, 1968), pp. 10, 71.

16. *Historical records of New Zealand*, vol. I, p. 553; Georg Foster, *Florulae insularum Australium prodromus* (Gottingae, Joann. Christian Dieterich, 1786), p. 7; Elmer D. Merrill, *The botany of Cook's voyages* (Waltham, Massachusetts, Chronica Botanica Co., 1954), p. 227; T. Kirk, "Notes on introduced grasses in the provice of Auckland", *TPNZI*, 4 (1871), p. 295.

17. John Savage, *Savage's account of New Zealand in 1805 together with the schemes of 1771 and 1824 for commerce and colonization* (Wellington, L. T. Watkins, 1939), p. 63.

18. Richard A. Cruise, *op. cit.*, pp. 315-6.

19. W. R. B. Oliver, "Presidential address: changes in the flora fauna of New Zealand", *TPNZI*, 82 (fevereiro 1955), p. 829.

20. Harrison M. Wright, *op. cit.*, pp. 67-8.

21. *Idem, ibidem*, p. 65; *An encyclopedia of New Zealand*, editada por A. H. McLintock (Wellington, R. E. Owen, 1966), vol. II, p. 390; K. A. Wodzicki,

Introduced mammals of New Zealand, an ecological and economic survey (Wellington, Department of Scientific and Industrial Research, 1950), pp. 227-8.

22. A. E. Mourant, Ada C. Kopec e Kazimiera Domaniewska-Sobczak, *The distribution of the human blood groups and other polymorphism* (Oxford University Press, 1976), p. 105, mapa 2; R. T. Simmons, "Blood group genes in Polynesians and comparisons with other Pacific peoples", *Oceania*, 32 (março 1962), pp. 198-9, 209; J. R. H. Andrews, "The parasitology of the Maori in pre-Columbian times", *New Zealand Medical Journal*, 84 (28 de julho de 1976), pp. 62-4; P. Houghton, "Prehistoric New Zealanders", *New Zealand Medical Journal*, 87 (22 de março de 1978), pp. 213, 215; *Journals of Cook*, vol. I, p. 278; Joseph Banks, *op. cit.*, vol. I, pp. 443-4; vol. II, pp. 21-2.

23. Peter Buck, *op. cit.*, pp. 404-9; C. Servant, *Customs and habits of the New Zealanders, 1838-42*, traduzido por J. Glasgow (Wellington, A. H. & A. W. Reed, 1973), p. 41.

24. Peter Buck, *op. cit.*, pp. 365, 369-70; Joseph Banks, *op. cit.*, vol. I, pp. 461; vol. II, pp. 13-4; Harrison M. Wright, *New Zealand*, pp. 73-4.

25. Arthur S. Thomson, *The story of New Zealand: past and present — savage and civilized* (Londres, John Murray, 1859), vol. II, pp. 286-7, 334, 336-7.

26. René Dubos e Jean Dubos, *The white plague: tuberculosis, man and society* (Boston, Little, Brown, 1952), pp. 8-10.

27. J. C. Beaglehoel, *The life of captain James Cook* (Stanford University Press, 1974), p. 269; L. K. Gluckman, *Medical history of New Zealand prior to 1860* (Christ-church, Whitcoulls, 1976), p. 26; James Watt, "Medical aspects and consequences of Cook's voyages", em *Captain James Cook and his times*, organizado por Robin Fisher e Hugh Johnston (Vancouver, Douglas & McIntyre, 1979), pp. 141, 152, 156.

28. Naqueles tempos, a ciência não distinguia entre sífilis e gonorreia, e tendia a se referir a todas as infecções venéreas no singular.

29. L. K. Gluckman, *op. cit.*, pp. 191-5; *Historical records of New Zealand*, vol. II, p. 204.

30. Peter Buck, "Medicine amongst the Maoris in ancient and modern times", tese para doutoramento em medicina, Nova Zelândia, Alexander Turnbull Library, Wellington, Nova Zelândia, pp. 82-3; W. H. Goldie, "Maori medical lore", *TPNZI*, 37 (1904), p. 84; L. K. Gluckman, *op. cit.*, pp. 167-8.

31. Robert C. Schmidt, "The okuu Hawaii's epidemic", *Hawaii Medical Journal*, 29 (maio-junho 1970), pp. 359-64.

32. John Savage, *op. cit.*, p. 87.

33. Arthur S. Thomson, *op. cit.*, vol. I, pp. 305-8.

34. *The letters and journals of Samuel Marsden*, editado por John R. Elder (Dunedin, Coulls Somerville Wilkie, 1932), p. 67; J. L. Nicholas, *Narrative of a voyage to New Zealand* (Auckland, Wilson & Horton, sem data), vol. I, pp. 84-5.

35. William Yate, *An account of New Zealand* (Shannon, Irish University Press, 1970), p. 103.

36. Raymond Firth, *Economics of the New Zealand Maori* (Wellington, R. E. Owen, 1959), p. 443.

37. Richard A. Cruise, *op. cit.*, p. 20.

38. *Encyclopedia of New Zealand*, vol. I, pp. 111-2; Harrison M. Wright, *op. cit.*, pp. 97-9.

39. D. U. Urlich, "The introduction and diffusion of firearms in New Zealand, 1800-1840", *Journal of the Polynesian Society*, 79 (dezembro 1970), pp. 399-409.

40. Charles Darwin, *op. cit.*, p. 426.

41. J. S. Polack, *New Zealand: being a narrative of travels and adventures* (Londres, R. Bentley, 1838), vol. I, pp. 290-2.

42. *Idem, ibidem*, p. 313.

43. *The letters and journals of Samuel Marsden*, p. 230; J. S. Polack, *New Zealand*, vol. I, p. 315; *The early journals of Henry Williams*, editado por Lawrence M. Rogers (Christchurch, Pegasus Press, 1961), p. 342.

44. J. L. Nicholas, *op. cit.*, vol. II, p. 249; Charles Darwin, *op. cit.*, p. 423; *BPPCNZ*, vol. II, parte 2, p. 64.

45. William Yate, *op. cit.*, p. 75.

46. Richard Sharell, *New Zealand insects and their story* (Auckland, Collins, 1971), p. 176; William Charles Cotton, *A manual for New Zealand bee keepers* (Wellington, R. Stokes, 1848), pp. 7, 8, 51-2; *Encyclopedia of New Zealand*, vol. I, p. 186; W. T. Travers, "On changes effected in the natural features of a new country by the introduction of civilized races", *TPNZI*, 2 (1869), p. 312.

47. *The letters and journals of Samuel Marsden*, p. 383.

48. J. L. Nicholas, *op. cit.*, vol. I, pp. 121, 257; vol. II, p. 386; *The letters and journals of Samuel Marsdem*, pp. 63-70, 76, 239, 246; *The missionary register* (agosto 1820), pp. 326-7, 499-500; *Marsden's lieutenants*, organizado por John R. Elder (Dunedin, Otago University Council, 1934), p. 167; John B. Marsden, *Memoirs of the life and labours of Samuel Marsden* (Londres, Religious Tract Society, 1858), pp. 153-4; H. T. Purchas, *A history of the English Church in New Zealand* (Christchurch, Simpson & Williams, 1914), pp. 36-7; L. K. Gluckman, *op. cit.*, p. 209; Richard A. Cruise, *op. cit.*, p. 20; Harrison M. Wright, *op. cit.*, pp. 97-8.

49. Arthur S. Thomson, *op. cit.*, vol. I, p. 212

50. *Idem, ibidem*, p. 213; D. Ian Pool, *op. cit.*, p. 119.

51. Augustus Earle, *Narrative of a residence in New Zealand*, editado por E. H. McCormick (Oxford University Press, 1966), pp. 121-2; *Early journals of Williams*, pp. 87-9, 92; D. Ian Pool, *op. cit.*, p. 126; Joel Polack, *Manners and customs of the New Zealanders* (Christchurch, Capper Press, 1976), vol. II, p. 98.

52. *Historical records of New Zealand*, vol. I, p. 555; Richard A. Cruise, *op. cit.*, p. 284.

53. Augustus Earle, *op. cit.*, p. 178.

54. *Duperry's visit to New Zealand in 1824*, organizado por Andrew Sharp (Wellington, Alexander Turnbull Library, 1971), p. 55.

55. *BPPCNZ*, vol. I, parte I, pp. 19, 22.

56. *Historical records of New Zealand*, vol. I, p. 555.

57. Charles Darwin, *op. cit.*, p. 434; Judith Binney, "Papahurihia: some thoughts on interpretation", *Journal of the Polynesian Society*, 75 (setembro 1966), pp. 321-2.

58. *The letters and journals of Samuel Marsden*, p. 441.

59. Ormond Wilson, "Papahurihia, first maori prophet", *Journal of the Polynesian Society*, 74 (dezembro 1965), pp. 473-83; J. M. R. Owen, "New Zealand before annexation", *The Oxford history of New Zealand*, pp. 38-9.

60. Charles Darwin, *op. cit.*, pp. 424-5.

61. Michael D. Jackson, "Literacy, communication and social change", *Conflict and compromise, essays on the Maori since colonization*, organizado por I. H. Kawharu (Wellington, A. H. & A. W. Reed, 1975), p. 33; *Encyclopedia of New Zealand*, vol. II, pp. 869-70.

62. Jackson, "Literacy", *Conflict and compromise*, pp. 33, 37; William Yate, *op. cit.*, pp. 239-40.

63. Judith Binney, "Christianity and the Maori to 1840 a comment", *New Zealand Journal of History*, 3 (outubro 1969), pp. 158-9.

64. John B. Marsden, *op. cit.*, p. 130.

65. Harrison M. Wright, *op. cit.*, pp. 174-5; Ernst Dieffenbach, *Travels in New Zealand* (Christchurch, Capper Press, 1974), vol. II, p. 19; Edward Markham, *New Zealand, or the recollection of it* (Wellington, R. E. Owen, 1963), p. 55.

66. J. Watkins, "Journal of 1840-44", manuscrito datilografado, Alexander Turnbull Library, Wellington, Nova Zelândia.

67. T. Lindsay Buick, *The treaty of Waitangi* (Wellington, S. & W. MacKay, 1914), p. 29.

68. *Historical records of New Zealand*, vol. II, pp. 609-11.

69. Alan Ward, *A show of justice: racial amalgamation in nineteenth century New Zealand* (University of Toronto Press, 1973), p. 27.

70. Keith Sinclair, *A history of New Zealand* (Oxford University Press, 1961), pp. 36-40; T. Lindsay Buick, *op. cit.*, pp. 24-6.

71. *BPPCNZ*, vol. II, p. 124.

72. *BPPCNZ*, vol. I, p. 336; vol. II, pp. 7, 124; vol. III, pp. 78-9.

73. *BPPCNZ*, vol. I, parte I, p. 119; parte 2, p. 183; vol. II, parte 2, pp. 2, 106, 186; vol. III, p. 27.

74. *BPPCNZ*, vol. III, pp. 27-8.

75. T. Lindsay Buick, *op. cit.*, pp. 104-14.

76. *Idem, ibidem*, pp. 118-20.

77. *Idem, ibidem*, pp. 135 e seguintes.

78. E. Jerningham Wakefield, *Adventure in New Zealand*, organizado e

resumido por Joan Stevens (Christchurch, Whitecombe & Tombs, 1955), pp. 86-7.

79. Harold Miller, *Race conflict in New Zealand, 1814-1865* (Auckland, Blackwood & Janet Paul, 1966), p. 220.

80. Ernst Dieffenbach, *op. cit.*, vol. I, p. 393.

81. William Colenso, "Memorandum of an excursion made in the Northern Island of New Zealand", *The Tasmanian Journal*, 2 (1846), p. 280.

82. Joseph Dalton Hooker, *The botany of the Antactic voyage of H. M. discovery ships Erebus and Terror in the years 1839-1843* (Londres, Lovell Reeve, 1860), vol. II, pp. 320-2.

83. *Encyclopedia of New Zealand*, vol. II, p. 213

84. P. R. Stevens, "The age of the great sheep runs", *Land and society in New Zealand, essays in historical geography*, organizado por R. F. Watters (Wellington, A. H. & A. W. Reed, 1965), pp. 56-7.

85. Ferdinand von Hocksetter, *New Zealand, its physical geography, geology and natural history*, traduzido por Edward Sauter (Stuttgart, J. G. Cotta, 1867), pp. 162, 284.

86. Muriel F. Loyd Prichard, *An economical history of New Zealand* (Auckland, Collins, 1970), p. 78.

87. K. A. Wodzicki, *op. cit.*, p. 151; Robert V. Fulton, *Medical practice in Otago and Southland in the early days* (Dunedin, *Daily Times* e *Witness* [jornais de Otago], 1922), p. 13; Lady (Mary Anne) Barker, *Station life in New Zealand* (Avondale, Auckland: Golden Press, 1973), pp. 183-4.

88. J. D. Hooker, "Note on the replacement of species in the colonies and elsewhere", *The Natural History Review* (1864), p. 124.

89. W. T. L. Travers, "Remarks on a comparison of the general features of the provinces of Nelson and Marlborough with that of Canterbury", *TPNZI*, vol. I, parte III (1868), p. 21.

90. Lady (Mary Anne) Barker, *op. cit.*, p. 83.

91. D. Ian Pool, *op. cit.*, pp. 234-5.

92. Arthur S. Thomson, *op. cit.*, vol. I, p. 212.

93. *New Zealand Gazette and Britannia's Spectator*, 21 de novembro de 1840; Arthur S. Thomson, *op. cit.*, vol. I, p. 212; Ralph W. Kuykendall, *The hawaiian kingdom, 1778-1854* (Honolulu, University of Hawaii Press, 1938), pp. 412-3; August Hirsch, *Handbook of geographical and historical pathology* (Londres, New Sydenham Society, 1883), vol. I, p. 14; *The journal of Ensign Best, 1837-1843*, organizado por Nancy M. Taylor (Wellington, R. E. Owen, 1966), p. 258; Richard A. Greer, "Oahu's ordeal — the smallpox epidemic of 1853", *Hawaii Historical Review*, 1 (julho 1965), pp. 221-42.

94. Arthur S. Thomson, *op. cit.*, vol. I, pp. 214-6.

95. N. L. Edson, "Mortality from tuberculosis in the Maori race", *New Zealand Medical Journal*, 42 (fevereiro 1943), pp. 102, 105.

96. F. D. Fenton, *Observations on the state of the aboriginal inhabitants of New*

Zealand (Auckland, W. C. Wilson, para o governo da Nova Zelândia, 1859), pp. 21, 29.

97. Arthur S. Thomson, *op. cit.*, vol. II, p. 285.

98. D. Ian Pool, *op. cit.*, pp. 234-6.

99. Harrison M. Wright, *op. cit.*, p. 165; David Hall, *The golden echo* (Auckland, Collins, 1971), p. 143.

100. *BPPCNZ*, vol. VI, p. 195.

101. Arthur S. Thomson, *op. cit.*, vol. II, pp. 293-4.

102. Ann Parsonson, "The pursuit of Mana", *Oxford history of New Zealand*, p. 153.

103. Raymond Firth, *op. cit.*, p. 449.

104. *BPPCNZ*, vol. VI. p. 167.

105. *BPPCNZ*, vol. XIII, p. 127.

106. Harold Miller, *op. cit.*, p. 44.

107. I. H. Kawharu, "Introduction", *Conflict and compromise, essays on the Maori since colonisation*, p. 43; Keith Sinclair, *The origins of the Maori wars* (Wellington, New Zealand University Press, 1957), p. 5.

108. Keith Sinclair, *A history of New Zealand*, pp. 99-100.

109. Harold Miller, *op. cit.*, p. 54; Edgar Holt, *The strangest war. The story of the Maori wars, 1860-1872* (Londres, Putnam, 1962), pp. 168-9.

110. James Cowan, *The New Zealand wars* (Wellington, R. E. Owen, 1956), vol. II, p. 10.

111. D. Ian Pool, *op. cit.*, p. 237; Muriel F. Loyd Prichard, *Economic history*, pp. 97, 108, 408; Keith Sinclair, *A history of New Zealand*, p. 91.

112. Ernst Dieffenbach, *op. cit.*, vol. II, pp. 45, 185; J. D. Hooker, "Note on the replacement of species in the colonies and elsewhere", *Natural History Review* (1864), pp. 16-7; Charles Darwin, *op. cit.*, p. 434; J. M. R. Owens, "Missionary medicine and maori health: the record of the wesleyan mission to New Zealand before 1840", *Journal of the Polynesian Society*, 81 (dezembro 1972), pp. 429-30; K. A. Wodzicki, *op. cit.*, p. 89; W. T. L. Travers, "Notes on the New Zealand flesh-fly", *TPNZI*, 3 (1870), p. 119; T. Kirk, "The displacement of species in New Zealand", *TPNZI*, 28 (1895), pp. 5-6; Samuel Butler, *A first year in Canterbury settlement*, organizado por A. C. Brassington e P. B. Maling (Auckland, Blackwood & Janet Paul, 1964), p. 50.

113. Charles Darwin, *The origin of the species* (Nova York, Mentor, 1958), p. 332.

114. W. T. L. Travers, "On the changes effected in the natural features of a new country by the introduction of civilized races", *TPNZI*, 11 (1869), pp. 312-3.

115. D. Ian Pool, *op. cit.*, p. 237; *New Zealand official yearbook 1983* (Wellington, Department of Statistics, 1983), p. 85.

116. *New Zealand official yearbook 1983*, pp. 81, 420, 423, 432, 436. Na preparação deste capítulo eu deveria também ter consultado Peter Adams, *Fatal necessity. British intervention in New Zealand, 1830-1847* (Auckland, Auck-

land University Press, 1977), que eu só fui descobrir tarde demais, um inexplicável lapso da minha parte.

11. EXPLICAÇÕES [pp. 280-304]

1. Adam Smith, *An inquiry into the nature and cause of the wealth of nations* (Oxford, Clarendon Press, 1976), vol. II, p. 577.

2. James Mooney, *The ghost-dance religion and the Sioux outbreak of 1890*, organizado por F. C. Wallace (Chicago, University of Chicago Press, 1965), p. 28.

3. Paul S. Martin, "Prehistoric overkill: the global model", *Quaternary extinctions, a prehistoric revolution*, organizado por Paul S. Martin e Richard G. Klien (Tucson, University of Arizona Press, 1984), pp. 360-3, 370-3; Peter Murry, "Extinctions downunder: a bestiary of extinct Australian late Pleistocene monotremes and marsupials", *Quaternary extinctions*, pp. 600-25; Michael M. Trotter e Beverly McCulloch, "Moas, men, and middens", *Quaternary extinctions*, pp. 708-9.

4. *Was America a mistake? An eighteenth century controversy*, organizado por Henry Steele Commager e Elmo Giordanetti (Columbia, University of South Carolina Press, 1967), p. 53.

5. Paul S. Martin, *op. cit.*, p. 358.

6. Daphne Child, *Saga of the South African horse* (Cidade do Cabo, Howard Timmins, 1967), pp. 5, 10, 14-5, 192-3; Michiel W. Henning, *Animal diseases in South Africa* (África do Sul, Central News Agency, 1956), pp. 718-20, 785-91.

7. Paul S. Martin, *op. cit.*, p. 358.

8. Robert E. Dewar, "Extinctions in Madagascar, the loss of subfossil fauna", *Quaternary extinctions*, pp. 574-93; Atholl Anderson, "The extinction of moa in southern New Zealand", *Quaternary extinctions*, pp. 728-40.

9. George Perkins Marsh, *Man and nature* (Cambridge, Harvard University Press, 1965), pp. 99-100; Michael Graham, "Harvest of the seas", *Man's role in changing the face of the Earth*, organizado por William L. Thomas Jr. (University of Chicago Press, 1956), vol. II, pp. 491-2.

10. M. D. Fox e D. Adamson, "The ecology of invasions", *A natural legacy, ecology in Australia*, organizado por Harry F. Recher, Daniel Lunney e Irina Dunn (Rushcutter's Bay, Nova Gales do Sul, Pergamon Press, 1979), pp. 136, 142-3; Archibald Grenfell Price, *Island continent, aspects of the historical geography of Australia and its territories* (Sydney, Angus & Robertson, 1972), p. 106.

11. Herbert Gibson, *The history and present state of the sheep-breeding industry in the Argentine Republic* (Buenos Aires, Ravenscrof & Mills, 1893), pp. 10, 12-3.

12. Alexander Gillespie, *Gleanings and remarks collected during many months of residence at Buenos Aires* (Leeds, B. Demirst, 1818), pp. 120, 136; Joseph Sánchez Labrador, *Paraguay cathólico. Los indios: pampas, peulches, patagones*, organizado por Guillermo Fúrlong Cárdiff (Buenos Aires, Viau y Zona, Edi-

tores, 1936), pp. 168-9, 204; Richard Walter, *Anson's voyage round the world in the years 1740-44* (Nova York, Dover, 1974), p. 63; Rafael Schiaffino, *Historia de la medicina en el Uruguay* (Montevidéu, Imprenta Nacional, 1927-52), vol. III, pp. 16-7.

13. Björn Kurtén, *The age of mammals* (Londres, Weidenfeld & Nicolson, 1971), p. 221.

14. O. W. Richards e R. G. Davies, *Imms' general textbook of entomology* (Londres, Chapman & Hall, 1977), vol. II, p. 995; Percy W. Bidwell e John I. Falconer, *History of agriculture in the northern United States, 1620-1860* (Washington, D. C., Carnegie Institution of Washington, 1925), pp. 93, 95-6; E. L. Jones, "Creative disruptions in American agriculture, 1620-1830", *Agricultural history*, 48 (outubro 1974), p. 523.

15. *The Merck veterinary manual* (Rahway, New Jersey, Merck & Co., 1973), p. 232; Folke Henschen, *The history and geography of disease*, traduzido por Joan Tate (Nova York, Delacorte Press, 1966), p. 41; Charles Darwin, *The voyage of the "Beagle"*, pp. 354-5; Hilary Koprowski, "Rabies", *Textbook of medicine*, 14ª edição, organizado por Paul B. Beeson e Walsh McDermott (Filadélfia, Saunders, 1971), p. 701.

16. J. F. Smithcors, *Evolution of the veterinary art, a narrative account to 1850* (Kansas City, Veterinary Medicine Publishing Co., 1957), pp. 232-5; *Merck veterinary manual*, p. 263; Helge Kjekshus, *Ecology, control and economic development in east African history: the case of Tanganyika* (Londres, Heinemann, 1977), pp. 126-32.

17. United States Department of Agriculture, *Animal diseases, yearbook of agriculture, 1956* (Washington, D. C., United States Government Printing Office, 1956), p. 186; Manuel A. Machado, *Aftosa, a historical survey of foot-and--mouth disease and inter-american relations* (Albany, State University of New York Press, 1969), pp. xi, xiii, 3, 15-6, 110.

18. *Encyclopaedia britannica, macropaedia* (Chicago, Encyclopaedia Britannica, 1982), vol. V, p. 879.

19. Juan López de Velasco, *Geografia y descripción universal de las Indias desde el año de 1571 al de 1574* (Madri, Establecimiento Tipográfico de Fortanet, 1894), p. 281.

20. *The jesuit relations and allied documents*, organizado por Reuben Gold Thwaites (Cleveland, Burrows Brothers, 1896-1901), vol. XXVIII, p. 225

21. *The founding of Massachusetts, historians and documents*, organizado por Edmund S. Morgan (Indianapolis, Bobbs-Merrill, 1964), pp. 144-5; Bernard Bailyn *et al*, *The great republic* (Boston, Little, Brown, 1977), p. 88.

22. *Commonwealth* da Austrália, *Historical records of Australia*, série I, *Governors' dispatches to and from England* (The Library Committee of the Commonwealth Parliament, 1914-25), vol. I, p. 144.

23. Arthur S. Thomson, *The story of New Zealand: past and present — savage and civilized* (Londres, John Murray, 1859), vol. II, p. 321; C. E. Adams, "A comparison

of the general mortality in New Zealand, in Victoria and New South Wales, and in England", *Transactions and Proceedings of the New Zealand Institute*, 31 (1898), p. 661.

24. John Duffy, *Epidemics in colonial America* (Baton Rouge, Louisiana State University Press, 1953), pp. 21-2, 104, 108; St. Julien R. Childs, *Malaria and colonization in the Carolina low country, 1526-1696* (Baltimore, Johns Hopkins Press, 1940), pp. 146-7, 202.

25. Michael W. Flinn, *The European demographic system, 1500-1800* (Baltimore, Johns Hopkins Press, 1981), p. 47.

26. "Speeches of students at the College of William and Mary delivered may 1, 1699", *William and Mary Quarterly*, série II, 10 (outubro 1930), p. 326; Daniel J. Boorstin, *The Americans, the colonial experience* (Nova York, Random House, 1958), p. 126.

27. T. D. Stewart, "A physical anthropologist's view of the peopling of the New World", *Southwest Journal of Anthropology*, 16 (outono 1960), pp. 257-79; Aidan Cockburn, *The evolution and eradication of infectious diseases of man* (Baltimore, Johns Hopkins Press, 1963), pp. 20-103; Frank Fenner, "The effects of changing social organization on the infectious diseases of man", *The impact of civilisation on the biology of man*, organizado por S. V. Boyden (Canberra, Australian National University Press, 1970), pp. 48-76.

28. A. E. Mourant, Ada C. Kopec e Kazimiera Domaniewska-Sobczak, *The distribution of human blood groups and other polymorhisms* (Oxford University Press, 1976), mapas 2, 16; John Mercer, *The Canary islanders, their prehistory, conquest and survival* (Londres, Rex Collings, 1980), p. 57.

29. Donald R. Hopkins, *Princes and peasants, smallpox in history* (University of Chicago Press, 1983), p. 98.

30. Nelson Reed, *The caste war of Yucatan* (Stanford University Press, 1964), pp. 250-1; Victoria Bricker, *The Indian Christ, the indian king* (Austin, University of Texas Press, 1981), p. 117.

31. A. B. Holder, "Gynecic notes taken among the american indians", *American Journal of Obstetrics*, 25 (junho 1892), p. 55.

32. W. Hartley e R. J. Williams, "Centres of distribution of cultivated pasture grasses and their significance for plant introduction", *Proceedings of the Seventh Annual International Grassland Congress, Palmerston North, New Zealand* (Wellington, 1956), pp. 190-2.

33. Edwin H. Colbert, *Evolution of vertebrates*, 3ª edição (Nova York, Wiley, 1980), pp. 416, 419.

34. Oscar Schmieder, "Alteration of the Argentine pampa in the colonial period", University of California Publications in Geography, II, nº 10 (27 de setembro de 1927), pp. 309-10.

35. Thomas Budd, *Good order established in Pennsylvania and New Jersey* (Ann Arbor University Microfilms, 1966), p. 10.

36. Joseph M. Powell, *Environmental management in Australia, 1788-1914* (Oxford University Press, 1976), pp. 17-8; Peter Cunningham, *Two years in*

New South Wales (Londres, Henry Colburn, 1828), vol. I, pp. 194-200; vol. II, p. 176; Thomas M. Perry, *Australia's first frontier, the spread of settlement in New South Wales, 1788-1829* (Melbourne University Press, 1963), p. 13.

37. W. Colenso, "A brief list of some British plants (weeds) lately noticed", *Transactions and proceedings of the New Zealand Institute*, 18 (1885), pp. 289-90.

38. James Mooney, "The ghost dance religion and the Sioux outbreak of 1890", *Annual Report of the Bureau of Ethnology to the Smithsonian Institution, 1892-93*, vol. XIV, parte 2, p. 72.

39. D. B. Grigg, *The agricultural systems of the world, an evolutionary approach* (Cambridge University Press, 1974), p. 50.

40. L. Cockayne, *New Zealand plants and their story* (Wellington, R. E. Owen, 1967), p. 197.

41. Frank M. Chapman, "The European starling as an American citizen", *Natural History*, 89 (abril 1980), pp. 60-5; J. O. Skinner, "The house sparrow", *Annual Report of the Smithsonian Institution for 1904*, pp. 423-8; A. W. Schorger, *The passenger pigeon, its natural history and extinction* (Madison, University of Wisconsin Press, 1955), pp. 212-5.

12. CONCLUSÃO [pp. 305-18]

1. David W. Galenson, *White servitude in colonial America, an economic analysis* (Cambridge University Press, 1981), p. 17; *Australian encyclopedia*, vol. III, p. 376.

2. Huw R. Jones, *A population geography* (Nova York, Harper & Row, 1981), p. 254.

3. *The papers of Benjamin Franklin, IV, July 1, 1750, through june 30, 1753*, organizado por Leonard W. Labaree (New Haven, Yale University Press, 1961), p. 233; Thomas R. Malthus, *First essay on population, 1798* (Nova York, Sentry Press, 1965), pp. 105-7.

4. Alejandro Malaspina, *Viaje al rio de la Plata en el siglo XVIII* (Buenos Aires, Sociedad de Historia Argentina, 1938), pp. 296-7.

5. Nicolás Sánchez-Albornoz, *The population of Latin America, a history*, traduzido por W. A. R. Richardson (Berkeley, University of California Press, 1974), 114-5, 134-5.

6. *Sources of Australian history*, organizado por Clark Manning (Oxford University Press, 1957), pp. 61-3.

7. Nicolás Sánchez-Albornoz, *op. cit.*, p. 154.

8. Ezequiel Martínez Estrata, *X-ray of the pampa*, traduzido por Alain Swietlicki (Austin, University of Texas Press, 1971), p. 91; Arthur P. Whitaker, *The United States and the Southern Cone: Argentina, Chile and Uruguay* (Cambridge, Harvard University Press, 1976), pp. 63-4; Arnold J. Bauer, *Chilean rural society from the Spanish conquest to 1930* (Cambridge University Press, 1975), pp. 62, 70-1.

9. Fernand Braudel, *Civilization and capitalism, 15th-18th century*, I, *The structure of everyday life, the limits of the possible*, traduzido por Sian Reynolds (Nova York, Harper & Row, 1981), pp. 73-88; William L. Langer, "Infanticide: an historical view", *History of Childhood Quarterly*, I (inverno 1974), pp. 353-65; William W. Flinn, *The European demographic system, 1500-1800* (Baltimore, Johns Hopkins Press, 1981), pp. 42, 46, 49-51, 96.

10. Robert Darnton, "The meaning of Mother Goose", *New York Review of Books*, 31 (2 de fevereiro de 1984), p. 43.

11. Robert W. Fogel *et al.*, "Secular changes in American and British stature and nutrition", *Hunger and history, the impact of changing food production and consumption on society*, organizado por Robert I. Rotberg e Theodore K. Rabb (Cambridge University Press, 1985), pp. 264-6.

12. William MacCann, *Two thousand mile ride through the Argentine provinces* (Londres, Smith, Elder & Co., 1852), vol. I, p. 99.

13. Samuel Butler, *A first year in Canterbury settlement*, organizado por A. C. Brassington e P. B. Maling (Auckland, Blackwood & Janet Paul, 1964), p. 126.

14. Anthony Trollope, *Australia*, organizado por P. D. Edwards e R. B. Joyce (St. Lucia, University of Queensland Press, 1967), p. 284.

15. Donald W. Treadgold, *The great Siberian migration* (Princeton University Press, 1957), p. 34; Salvatore J. LaGumina e Frank J. Cavaioli, *The ethnic dimension in American society* (Boston, Holbrook Press, 1974), p. 155.

16. William Woodruff, *Impact of western man, a study of Europe's role in the world economy, 1750-1960* (Nova York, St. Martin's Press, 1967), p. 80; Nicolás Sánchez-Albornoz, *op. cit.*, pp. 163-4.

17. James R. Scobie, *Argentina, a city and a nation*, 2ª edição (Oxford University Press, 1971), pp. 83-4, 118-9, 123.

18. William Woodruff, *op. cit.*, pp. 77-8; Nicolás Sánchez-Albornoz, *op. cit.*, p. 155.

19. William Woodruff, *op. cit.*, pp. 69-70.

20. *Idem, ibidem*, p. 86; *Australian encyclopedia*, vol. III, pp. 376-9; *New Zealand encyclopedia*, vol. II, pp. 131-2.

21. Os maiores reprodutores dentre os neoeuropeus parecem ser os franceses do Canadá, que se multiplicaram oitenta vezes entre 1760 e 1960, sem qualquer imigração digna de nota e com uma considerável emigração. Jacques Henripin e Yves Perón, "La transition démographique de la province de Québec", *La population du Québec: études rétrospectives*, organizado por Hubert Charbonneau (Montreal, Les Éditions du Boréal Express, 1973), p. 24.

22. Kingsley Davis, "The migrations of human populations", *Scientific American*, 231 (setembro 1974), p. 99.

23. Joseph J. Bogue, *The population of the United States* (Glencoe, Illinois, Free Press, 1959), p. 29; Robert V. Wells, *The population of the British colonies in America before 1776* (Princeton University Press, 1975), p. 263 e *passim*; Hen-

ripin e Penón, "La transition démographique", *La population du Québec*, pp. 35-6.

24. Kingsley Davis, "The place of Latin America in world demographic history", *The Milbank Memorial Fund Quarterly*, 42, parte 2 (abril 1964), p. 32.

25. W. D. Borrie, *Population trends and policies, a study of Australian and world demography* (Sydney, Australian Publishing Co., 1948), p. 40.

26. Seção de Análise Demográfica do Departamento de Estatísticas da Nova Zelândia, *The population of New Zealand, CICRED Series*, 23; Miriam G. Vosburgh, "Population", *New Zealand atlas*, organizado por Ian Wards (Wellington A. R. Shearer, impressor governamental, 1976), pp. 60-1.

27. Charles Darwin, *The origin of species and the descent of man*, p. 428.

28. Jen-Hu Chang, "Potential photosynthesis and crop productivity", *Annals of the Association of American Geographers*, 60 (março 1970), pp. 92-101.

29. *Food and Agricultural Organization of the United Nations, trade yearbook, 1982* (Roma, Food and Agricultural Organization das Nações Unidas, 1983), vol. XXXVI, pp. 42-4, 52-8, 112-4, 118-20, 237-8.

30. Lester R. Brown, "Putting food on the world's table, a crisis of many dimensions", *Environment*, 26 (maio 1984), p. 19.

31. Dan Morgan, *Merchants of grain* (Harmondsworth, Penguin Books, 1980), p. 25.

APÊNDICE [pp. 319-20]

1. J. H. L. Cumpston, *The history of small-pox in Australia, 1788-1900* (*Commonwealth* da Austrália, Quarantine Service, publicação nº 3, 1914), p. 165; Edward M. Curr, *The Australian race* (Melbourne John Ferres, 1886), vol. I, pp. 223-6.

2. David Collins, *An account of the English colony in New South Wales* (Sydney, A. H. & A. W. Reed, 1975), vol. I, p. 54.

3. Richard T. Johnson, "Herpes zoster", *Textbook of medicine*, organizado por Paul B. Beeson e Walsh McDermott (Filadélfia, Saunders, 1975), pp. 684-5.

ÍNDICE REMISSIVO

abelha, 50, 106, 198, 250, 266, 279, 298, 310
abipones, 211
aborígines australianos, 27, 156, 182, 207, 214-5, 233, 319-20
Acentejo, matança de, 95
Açores, 82-4, 111-2
Acre, Palestina, 69, 76, 80, 82
açúcar, 80, 89-90, 94, 106-7, 112, 115, 145, 152
Afortunadas, ilhas, 82-114; *ver também* ilhas e arquipélagos específicos
África do Sul, 48, 156, 175, 190, 196
África e africanos, 9, 192, 225, 305, 313; *ver também* África do Sul
afro-americanos, 305, 313; *ver também* miscigenação racial
agricultura, 15, 30, 35, 40, 156, 182, 255; *ver também* exportações agrícolas
Ahmad Ibn Majid, 131
Alaminos, Antonio de, 139
alcachofra silvestre, 169
alfabetização, 255, 270
algonquinos, 171, 211
alísios, ventos, 83, 124-8, 133-5, 137-9
alpiste, 238
América, 188, 192, 306, 318; *ver também* América do Norte
América do Norte, 28, 58, 156, 158, 184, 188-9, 193-4, 198-203, 211-2, 219-23, 293, 306, 308, 314
ameríndios, 31, 40, 151, 157, 165, 199, 206-7, 213, 320; *ver também* tribos específicas
animais: domesticados, 17, 19, 34-7, 50, 60, 65, 93, 106, 112, 114, 148, 150, 245, 248-9, 259, 264, 275, 310; Novo Mundo, 31, 203; selvagens, 55, 85, 86, 92, 104, 106, 112, 148, 182-204, 265, 284-92, 308; Velho Mundo, 17, 31; *ver também* espécies específicas
anomia, 110, 148
Antilhas, 62-3, 127, 150; seus nativos, *ver* arauaques
arado, 41, 301, 312
arauaques, 207-9
Argentina, 309, 312, 314, 316
armas, 61, 93, 95, 96, 112, 130, 156, 237; *ver também* mosquetes
arroba, 89
arroz, 15, 16, 147
Ásia e asiáticos, 313; norte, 143; sudoeste, *ver* Oriente Médio; sul, 28, 145
assobios, 97
astecas, 161, 209
Atlântico mediterrâneo, 122
Australásia, 281-8, 318
Austrália, 27-8, 55, 141, 158, 227, 305-6, 308, 312, 314; *ver também* aborígenes, espécies específicas, malária, Primeira Armada, Queensland, varíola
Azara, Félix de, 169, 187, 188, 300
Azurara, Gomes Eannes de, 97

baleia, caça à, 233-5, 237, 257
Banks, Joseph, 229, 308
Barros, João de, 149
batata-doce, 150, 230-1, 239, 270, 310
batata-inglesa, 239, 310
Benzoni, Girolamo, 109-0
Berg, Carlos, 170
Bering, estreito de, 23, 28, 227, 289
Bíblia, 20, 41-2, 44, 162, 255
bicho-de-pé, *ver* niguas
biogeografia: Ilhas Afortunadas, 83, 92; neoeuropeus, 17, 22; Nova Zelândia, 227; Queensland, 152
biota portátil, 280, 281, 289, 291, 298, 302, 304, 307
Bordes, François, 29
Bovidae, 299
Brasil, 133, 184, 192, 206, 213, 312; *ver também* Rio Grande do Sul
Brendan, são, 134
brisas, *ver* alísios, ventos
Britânico, Império, *ver* Grã-Bretanha
Bruckner, John, 143
brumbies, 196
Buck, Peter (Te Rangi Hiroa), 268
Buenos Aires, *ver* pampas
búfalos, 18, 222, 290-1, 301-2, 321
Busby, James, 260
bússola, *ver* navegação
Butler, Samuel, 310

Cabeza de Vaca, Alvar Nuñez, *ver* Nuñez Cabeza de Vaca, Alvar
Cabo Verde, ilhas do, 125, 129, 224
cabra, 39, 93, 106, 288; *ver também* animais domesticados
caçadores e coletores, 32, 34-5, 43-4
cães, 43, 93, 104, 106, 264, 270, 289
Cahokia, 219
Califórnia, 161-3, 168, 172, 185-6
calmaria, zonas de, 125, 128, 133, 137
calota de gelo, *ver* geleiras

camelos, 284, 288
camundongos, 201
Canadá, 156, 193, 202, 312; *ver também* América do Norte
Canárias, corrente das, 83, 123, 126
Canárias, ilhas, 66, 83, 90-1, 95, 110, 114, 122, 184, 186, 293; *ver também* ilhas específicas
Candelária, Nossa Senhora da, 100, 102, 107, 198
Cantón, Eliseo, 214
"capim-azul", 167-8
cardo gigante, 169
Carletti, Francesco, 141
carne, 186, 310
carneiros, 59, 84, 93, 178, 249, 264-5, 275, 279
Carrion, mal de, 225
catapora, 207
catawbas, 212
caucasianos, 13, 313
cavalos, 35-6, 53, 60, 101, 142, 191-7, 248-9, 265, 275, 307
cercas, 191, 194
cereais: como ervas, 159, 163; escandinavos, 63; Ilhas Afortunadas, 85, 89, 93, 102, 106, 112; Nova Zelândia, 230, 238, 245, 250, 255, 259, 270, 279; Novo Mundo, 30-31, 40, 182; sumérios, 34; tropicais, 148; Velho Mundo, 33, 40
César, Júlio, 39
Chagas, doença de, 225
Chaucer, Geoffrey, 38-9, 179
Chaunu, Pierre, 122
checheletes, 214
Cheng Ho, 116-7
cheroquis, 212, 219
Chile, 14, 169, 201, 213, 227, 309
China, 15, 26, 36, 51, 117, 131, 138, 143, 218
Claypole, E. W., 176

367

clima: Atlântico Norte, 66; Ilhas Afortunadas, 88; neoeuropeu, 17, 113, 308; Nova Zelândia, 227, 229-30, 259; Sibéria, 49; tropical, 145, 148, 192

Cobo, Bernabé, 163, 201

coelhos, 86, 106

Cofachiqui, 220-1, 223

Cohen, Mark Nathan, 31

Colombo, Cristovão, 33-4, 53, 57, 62, 66, 86, 108, 116-8, 124-5, 127-9, 133, 138, 158, 181, 184, 186, 192, 207-8, 218

comércio, 15, 44, 56, 65, 72, 91, 99, 152, 223, 234, 237, 241, 253, 290

condenados, prisioneiros, 149-50, 294, 306

Conrad, Joseph, 149

conservacionismo, 273

Construtores de Túmulos, 219-24

Cook, James, 229, 231-3, 236-40, 242-3, 252, 270, 275-7, 308

Cooper, James Fenimore, 52, 115

Cortés, Hernando, 73, 75, 95, 160, 198, 209-10

Costa Rica, 145

crescimento vegetativo, 76, 79, 102, 306-7, 314; *ver também* nascimentos

Crèvecoeur, J. Hector St. Jean de, 181, 200, 311

cristãos orientais, 74, 75

Crozet, Julien, 238

cruzadas, 70-80, 112

Cuba, 138-9, 209-10

cultura, 18, 24

Darien, 151

Darwin, Charles, 160, 169-70, 174, 226-7, 247, 254-5, 259, 277-8, 314

dente-de-leão, 19, 165, 177-8, 263, 303

desespero, *ver* anomia

desflorestamento, *ver* devastação ambiental

deslizamento dos continentes, 21-4

desnutrição, *ver* dieta

devastação ambiental: americana, 161, 163, 170-1, 189, 201; Austrália, 27, 172; escandinava, 65; Ilhas Afortunadas, 86-7, 102, 106-7; Nova Zelândia, 231, 249, 276

Dias, Bartolomeu, 116, 126-9, 133

Dieffenbach, Ernst, 256, 263, 277

dieta, 38, 39, 77, 310, 318

dingo, *ver* cães

dinossauros, 20, 21

Dobrizhoffer, Martin, 188, 211

doenças, animais, 264, 292

doenças humanas: Austrália, 207, 319-20; cruzados, 76, 79-80; escandinavas, 64-5; Ilhas Canárias, 103-5, 110, 113; neolíticas, 42-8; Nova Zelândia, 24-2, 251-5, 260, 266-8; Novo Mundo, 206, 224; paleolíticas, 27; Sibéria, 51; tropicais, 146, 148, 151-3; Velho Mundo, 207; *ver também* doenças específicas

doenças venéreas, 51, 110, 218, 225, 241-3, 253, 260, 267-8; *ver também* doenças humanas

Drake, Francis, 224

Dupin, técnica de, 17, 281

Earle, Auguste, 252

Egito, 44-6, 72

Elcano, Juan Sebastián, 133, 136

epidemias, 42, 45-6, 48, 51, 102, 104-5, 205-6, 222-5, 242-3, 266, 273; *ver também* doenças específicas

Erik, o Vermelho, 57, 60, 68

Eriksson, Leif, 61

Eriksson, Thorvald, 62, 67

erosão, *ver* devastação ambiental

"erva d'água" canadense, 175

ervas: América do Norte, 164-8; Antilhas, 160; Argentina, 170; Austrália, 171-3; Califórnia, 162-3; Ilhas Canárias, 108; México, 160; neoeuropeias, 298-301; neolíticas, 40-1; Nova Zelândia, 237, 247, 263, 265; Novo Mundo, 175-7; pampas, 167-70; Peru, 164; *ver também* espécies específicas

escorbuto, 77, 132, 135, 139-40, 214, 294

escravidão, 58, 91, 94, 98-9, 109, 150-1, 207, 213, 256, 261

escrófula, *ver* tuberculose

Espanha, 94, 98, 110, 127-8, 133, 136--7, 139, 140-1, 162, 193, 207-8, 210, 307

Espinoza, Afonso de, 102, 104, 109

esquilo, 203

esquimó, *ver* skraeling

Estados Unidos da América, 16, 158, 258, 311, 314; *ver também* América do Norte

esterco, 37

eurasianos, *ver* miscigenação racial

Europa, 14, 55, 111, 116, 198, 209, 241, 309, 311; rejeição das espécies neoeuropeias, 148, 175, 202, 276

evolução, 22-3, 29, 92, 152, 174, 178, 229

exportações agrícolas, 15, 18, 316

extinções, 27-8, 52, 102, 109-10, 230, 276-7, 281, 285-6, 303

Falkner, Thomas, 195

fauna, *ver* biogeografia

febre amarela, 148, 151, 207

Fenton, Francis D., 267

figos, 102

filária de haste vermelha, 162-3, 170, 173, 263

Filipinas, 134-6, 139-40

Fitzgerald, James E., 272

Fitz Roy, Robert, 259

flora, *ver* biogeografia

florestas, 65, 87-8, 107-8, 222, 229, 234

Flórida, 138-9, 166, 221

focas, 232-3

fogo, *ver* devastação ambiental

fome, 103-4, 309-10

fotossíntese, 315-6

França, 89, 93, 151, 167, 238, 253, 258, 364

francos, *ver* latinos

Franklin, Benjamin, 306

Frederico Barba-Ruiva, 73

Frémont, John Charles, 163

Fresne, Marion du, 238-9

Fuerteventura, 96

gado: África, 148; América do Norte, 188-9; Antilhas e México, 160; Austrália, 190-1; comparado com porcos, 183; domesticação, 33; escandinavo, 59; Ilhas Afortunadas, 85, 88, 106; Nova Inglaterra, 165; Nova Zelândia, 245, 249, 264-5, 275, 279; pampas, 187-8; Texas, 290

Gama, Vasco da, 116, 124, 128-33, 136

gaúcho, 195, 300, 307

geleiras, 28, 29, 66, 114, 178

Glas, George, 96

Golfo, corrente do, 21, 138-9, 223

Gomera, 97, 99

Grã-Bretanha, 39, 47, 227, 241, 258, 262-3, 268-9, 271, 294-5; exército, 79, 151, 274

Grã-Canária, 91, 94-9, 102, 104-5, 107

369

grama, 159, 162, 166-7, 173, 177, 188-9, 239, 299-300, 302; *ver também* espécies específicas
Gray, Asa, 174
Gray, George, 270
gripe (*influenza*), 206-7, 251
Groenlândia, 57-8, 63-6, 80-1
guanchos, 82-104
guaranis, 213
Guerra, Francisco, 105
Guiana, 151, 153-4
Guthrie-Smith, H., 226

Haast, Julius von, 277
hafvilla, 67, 69
Harlan, Jack R., 280
hauhau, 275
Havaí, 86, 102, 243, 267
Haygarth, Henry W., 172
Hellulândia, 57
Hierro, ilha de, 99
Hispaniola, 128, 161, 184, 186, 192, 209, 216; *ver também* Antilhas
hititas, 46
Hobson, William, 261
Homo sapiens, 24, 26-9, 32-3
Hongi Hika, 246, 247, 251
Hooker, Joseph Dalton, 155, 158, 174, 176, 263, 266
hospitalidade sexual, 51, 241, 253; *ver também* prostituição
Hudson, William H., 169, 171, 186, 188
Hunter, John, 190, 215
huron, 212

ianomâmis, 206
Ilhas, baía das, 238, 243-7, 250
Illinois, 167
imunidade, 44, 78, 209, 297
Inca, Império, 164
Índia, 81, 116, 130, 131-2, 146
Índico, oceano, 117, 126, 129-31, 138

indígenas, 207, 281; *ver também* povos específicos
índios, *ver* ameríndios
indo-europeus, 181-2
infanticídio, 104, 241, 266, 268, 309
Inglaterra, *ver* Grã-Bretanha
Irlanda, 69, 295
iroquês, 212
Irving, Washington, 199
Islândia, 56-7, 59-60, 62, 64-9, 71, 81, 91, 105
isolamento, 111, 162, 206, 227, 237, 240, 280-304
Israel, *ver* Bíblia
italianos, 83, 311-2

Jamestown, 57-8
Jerusalém, *ver* cruzadas
jesuítas, 187, 212-3
Jó, 35-6, 40
Josselyn, John, 165, 168, 177-8, 193, 198, 263

Kalm, Peter, 23
Karlsefni, Thorfinn, 57, 60-1, 63, 68-9
kea, 264
khoikhois, 48
kiowas, 216
Knörr, 59, 68
kumara, *ver* batata-doce
kwashiorkor, 37

Lanzarote Malocello, 83, 98
La Palma, 94-5, 106-7, 110
laranjas, 160
Las Casas, Bartolomé de, 160, 184
latinos, 70, 72, 74-6
Lawson, John, 166, 189
leite, 38-9, 61, 148
leme, *ver* navegação
levadas, 90-1, 94
Levante, 69, 72, 74-5, 77-9, 83; *ver também* Oriente Médio

370

Libéria, 150
linho, 232, 234, 271, 301
lobo da Tasmânia (lobo marsupial), 55
Lopez Legaspi, Miguel, 139
Lugo, Alonso de, 95

Madagascar, 130-1, 285, 287
madeira de corte, 87, 106, 234; *ver também* florestas
Madeiras, ilhas, 89-91, 93-4, 100, 113
Magalhães, Fernão de, 117, 124, 133-6, 139
Maiorca, 91, 101
malária, 47, 77-9, 148, 152-3, 207, 217, 294
Malaspina, Alejandro, 307
Malthus, Thomas, 306
mamíferos, 21-2, 231
mandans, 212
mandioca, 150, 182
Manila, galeão de, 141
má nutrição, *ver* dieta
maoris: adaptabilidade, 230, 233, 235, 254-5, 270; agricultura, 231, 245, 248, 270; alfabetização, 256, 270, 273; anomia, 253, 258, 267, 275; cristianismo, 235, 254, 256-7, 270; doença e saúde, 240--3; extinção, 277; guerra com os pakehas, 273-5; guerras intertribais, 247, 260; mulheres, 253; nacionalismo, 272; natalidade, taxa de, 249, 260, 267; origens, 230; população, 268-9, 276; recuperação, 278; *ver também* polinésios
Marklândia, 57-8, 61
Marsden, Samuel, 251
Martin, Lope, 140
Massachusetts, *ver* Nova Inglaterra
McNeill, William H., 11-2, 45, 64

Meio-Atlântico, cordilheira do, 21, 57-8, 61, 66, 80-1
Melindi, 130-2
Melville, Herman, 13, 235
mestiço, *ver* miscigenação racial
metais, 29-30, 49, 61-2, 93, 96, 99, 195, 237, 243, 246
México, 136, 138-41, 145, 160-3, 186--7, 192, 209-10, 218, 221, 223, 290
migração, 29, 31, 72, 74, 153, 157, 176, 193, 257, 310-3
milho, 30-1, 35, 40, 150, 166, 168, 182-3, 239, 245, 270, 279, 310-1
miscigenação racial, 14, 49, 146, 162, 169, 289, 313; *ver também* afro--americanos, eurasianos, mestiços
missionários: Ilhas Canárias, 100; Nova Zelândia, 234-5, 244-5, 249-51, 254-8, 260, 266, 270
Mitchell, Thomas L., 191
moas, 18, 230, 284, 287
modorra, 104-5, 110, 113-4
Molucas, ilhas, 134, 136, 139
monções, 117, 125, 131, 138
Monges, Outeiro dos, 219
Morfí, Juan Augustín de, 187, 192
Morison, Samuel Eliot, 116, 134
mortalidade, taxas de, 314
mosca, 277
"mosca inglesa", 200
mosquetes, 237, 246-7, 251, 254, 260; *ver também* armas
mostardeira-preta, 162
mustang (mesteño), 188, 192-4, 196

nascimentos, 40, 76, 79, 249, 258, 260, 267, 313-4, 320; *ver também* crescimento vegetativo
Natchez, 224
navegação, 68-71, 80, 97, 112, 115, 117, 119, 124, 129

371

navegadores, 118-9, 137-8, 141-2, 159, 181, 198, 217-8, 231-2, 281-2, 285, 291, 303

Nene, Tamati Waaka, 261-2

neoeuropeus, 14, 16, 18, 23, 143, 152, 155-9, 174, 179, 181, 197, 200, 202, 218, 259, 279, 306, 312, 314--5, 318; *ver também* nações específicas

Neolítico, revolução do: Novo Mundo, 54; Velho Mundo, 29-30, 32, 36, 47-50, 52-3, 59, 112

ngapuhis, 244, 246, 254, 256, 261

niguas, 225

nórdicos, 56-69; *ver também* escandinavos

Northland, península de, 244

Noruega, 63, 65

Nova Amsterdam (Nova York), 127

Nova Escócia, *ver* Canadá

Nova França, *ver* Canadá

Nova Gales do Sul, *ver* Austrália

Nova Guiné, 27, 236

Nova Inglaterra, 154, 165, 176-7, 183, 211, 293, 307; *ver também* América do Norte

Nova Zelândia, 141, 157-8, 175, 179, 231-4, 236-51, 256-8, 266-8, 270, 273-5, 279-80, 283-5, 287, 292-4, 299-300, 303, 306, 308, 310, 312, 314, 316-7; biota, 226--30, 276-8; descrição, 227; *ver também* Hongi Hika, maori, moa, mosquetes, ngapuhi, *pakehas*; anexação, 259-264

Novo Mundo, *ver* América

Nuñez Cabeza de Vaca, Alvar, 217

nutrição, *ver* dieta

Ockam, navalha de, 17

oeste, ventos predominantes de, 119, 124, 126, 128-9, 138, 139-141, 227

okuu, 243

omaha, 212

Oriente Médio, 30, 33-5, 40, 42-5, 55, 64, 70, 72-3, 80, 93, 132, 144, 150, 159, 198, 296, 299, 317; *ver também* Levante

ouro, 163, 275, 308

Oviedo y Valdés, Gonzalo Fernando, 109

Pacífico, oceano, 35, 137-41, 143, 153, 201, 212, 227, 230-1, 234-5, 242, 245, 258, 268, 283, 288

pakehas, 234-9, 242-5, 247-55, 257-8, 261-8, 270, 272-7, 279

Palestina, *ver* Levante

pampas, 168, 170-1, 184, 186-7, 190, 194-5, 210, 212-4, 226, 248, 264-5, 286, 289-90, 292, 294, 300, 307-10, 312, 314, 316

Pangeia, 20, 23-4: suturas de, 21, 23, 33, 55, 80, 111, 114-5, 118, 122, 142, 157, 175, 200, 205, 209, 218, 225, 306, 310-1, 313

Papahurihia (Te Atua Wera), 254, 274

papareti, 242

Paraguai, 210-1, 213

Parry, J. H., 116, 118

pássaro-elefante (*Aepyornis maximus*), 130

pé-de-inglês, *ver* tanchagem ("pé--de-inglês")

peregrinos, imigrantes da Nova Inglaterra, 154

Peru, 96, 163-4, 167, 201, 210, 218, 220-1, 223, 249

pêssego, 165-7, 183, 255

peste, 39, 42, 92, 104-5, 108, 194

pilotos, 136, 138

Pizarro, Francisco, 95, 184, 201, 210, 223

Plínio, 82

Poe, Edgar Allan, 17, 280
Polack, Joel S., 247, 252
polinésios, 227, 229-30, 243; *ver também* maoris
Polo, Marco, 129, 131
Ponce de Leon, Juan, 138-9
população: escandinava, 62; Estados cruzados, 72-3, 75-6; europeia, 16, 313; Ilhas Afortunadas, 89, 93, 98, 105, 111; neoeuropeia, 14, 16, 306, 309, 312-4; Nova Zelândia, 232, 258, 266-7, 271, 275, 279
população, aumento da, 52, 89, 102, 155, 278, 313-6
população, declínio da, 51-2, 108, 110, 156, 213, 215, 221-2, 267, 278
população, pressão, 16, 31-2
porcos, 34, 36, 43, 88, 93, 101, 106, 112, 142, 150, 181-6, 188, 192, 194, 197, 204, 239, 243, 246, 248-9, 253, 255, 258, 263-4, 270--1, 289, 302-3, 305, 309-10
Porto Santo, 85-8, 103
Portugal, 84-6, 88, 90, 93-4, 126, 132, 146, 307
pragas, 42, 44, 315, 317
Prawer, Joshua, 76
Primeira Armada, 62, 190, 214, 319; *ver também* Austrália
prostituição, 253, 302; *ver também* hospitalidade sexual
Puget, estreito de, 212
pulicária canadense, 175
Purchas, Samuel, 142

Queensland, 152-3, 186, 196; *ver também* Austrália

rato almiscarado, 203
ratos, 42, 50, 171, 201, 202, 277; *ver também* pragas
remos, *ver também* navegação

répteis, 20, 21, 27
rewa-rewa, 242, 243
Ricardo Coração de Leão, 53, 78
Rio da Prata, *ver* pampas
Rio Grande do Sul, 14, 158, 187, 213, 309; *ver também* Brasil
Ruatara, 250-2
Rússia, 15, 51, 67, 311, 317; *ver também* Sibéria

Sagas da Vinlândia, 53
sal, 189
Saladino, 73
sanguíneos, tipos, 49, 92, 240
sarampo, 206-7, 251, 266
sarracenos, *ver* Levante
Saynday, 216
sazonamento, 77
Schweinitz, Lewis D., 168
Sedum, 193
semeadura, 37, 104, 238
Serra Leoa, 133
servos (que abdicavam temporariamente da liberdade por contrato), 306
Shakespeare, William, 164-5, 179
Sibéria, 26, 28-9, 48-52, 131, 283, 311
sickle-cell, *ver* malária
sífilis, *ver* doenças venéreas
sionistas, 78
skraelings, 60-3, 66-7, 71, 81
Smith, Adam, 205, 280
soja, 15
Soto, Hernando de, 220, 222-4
St. Louis, Missouri, 199
Sul, ilha do, 247-8; *ver também* Nova Zelândia
Suméria, 33, 35-7, 40, 54, 59
"Sweet Betsy, de Pike County", 203

tabaco, 246-7, 251, 254-5
tanchagem ("pé-de-inglês"), 161, 165, 171, 178, 263

373

Tasman, Abel, 231
tempestades, 125-6, 129, 135, 139, 156, 297
Tenerife, 91, 94-5, 97-102, 104-5, 107-9, 122, 198; *ver também* Canárias, ilhas, guanches
Terceiro Mundo, 317
Terra Santa, *ver* Levante
terras, perdas das, pelos indígenas, 109, 257, 261, 272
Te Ua Haumene, 274
Texas, 187-8, 190, 192, 217, 223, 290
Thomson, Arthur S., 267-8, 270
tiko-tiko, 242
Torriani, Leonardo, 104
tracoma, 207
Travers, W. T. L., 266, 277-8, 281
trébol, trevo-branco, 161, 164, 167-8, 170, 177, 249, 250, 265, 277
Triads of Ireland, 20
trigo, 31-3, 85, 88-9, 93, 106, 148, 150, 245, 250-1, 270-2, 279, 292; *ver também* plantações
Trinidad, 136, 139
tripanossomíase, 37, 148
Trollope, Anthony, 200, 310
trópicos, 119, 124, 129, 135, 139-40, 144-5, 148, 151, 155, 182-3, 315-6
tuatara, 229
tuberculose, 207-8, 241-2, 251-2, 267

Ungava, baía, 206
Urdaneta, Andrés de, 140
URSS, União das Repúblicas Socialistas Soviéticas, *ver* Rússia

urtigas, 161, 165
Uruguai, 158, 169, 187, 309, 312, 316

vacinação, 209, 267
Vancouver, George, 212, 243
varicela, 320
varíola, 43, 48, 51-2, 64, 142, 207, 209-17, 243, 251, 266, 294-5, 297-8, 319-20
Vega, Garcilaso de la, 163, 201
velas, *ver* navegação
Vera, Pedro de, 107
Victoria, 136-7, 139
Victória, 172; *ver também* Austrália
Vinlândia, 53, 57, 80-1
Virgínia, 58, 63, 87, 127, 153, 156, 165-6, 183-5, 193-4, 198, 202, 222, 307; *ver também* América do Norte
Vivaldi, Vadino e Ugolino, 82-3, 122-3, 130
"volta" do mar, 122, 124, 127-9, 133, 140

Waitangi, tratado de, 264
Watkins, J., 253, 257
Wellington, 262; *ver também* Nova Zelândia
Wharepouri Te, 262
Wherowhero Te (Potatau I), 273
Whitman, Walt, 305
Williams, Henry, 258, 261
Winthrop, John, 217, 224

Xingu, Parque Nacional do, 206

ALFRED W. CROSBY nasceu em Boston em 1931. Ph.D em história na Universidade de Boston, lecionou em diversas universidades americanas, até estabelecer-se na Universidade do Texas, em Austin. Aposentou-se em 1999 como professor emérito de geografia, história e estudos americanos. Estudioso da história biológica, entre seus livros anteriores estão *The Columbian exchange: biological consequences of 1492* e *America's Forgotten Pandemic*.

1ª edição Companhia das Letras [1993] 2 reimpressões
1ª edição Companhia de Bolso [2011] 1 reimpressão

Esta obra foi composta pela Verba Editorial
em Janson Text e impressa pela Gráfica Bartira
em ofsete sobre papel Pólen Soft da Suzano S.A.

A marca FSC® é a garantia de que a madeira utilizada na fabricação do
papel deste livro provém de florestas que foram gerenciadas de maneira
ambientalmente correta, socialmente justa e economicamente viável,
além de outras fontes de origem controlada.